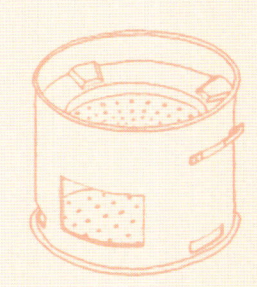
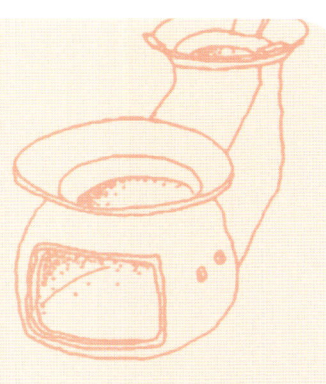

점화본능을 일깨우는

화덕의 귀환

개량화덕·로켓스토브·화목난로·벽난로·깡통난로구들 만들기

김성원 지음·남궁철 그림

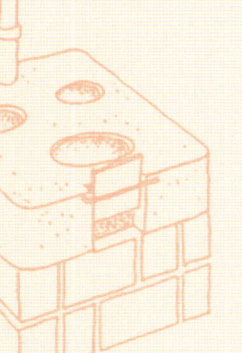
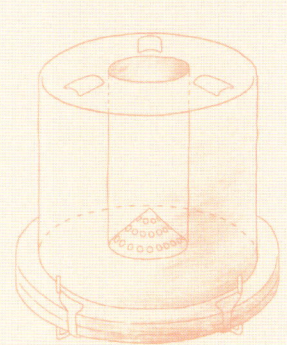

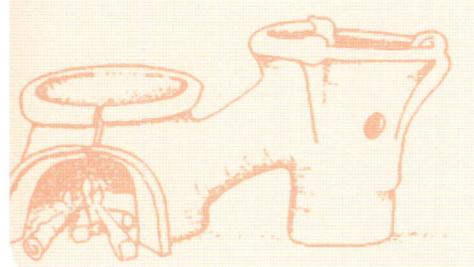

소나무

점화본능을 일깨우는
화덕의 귀환
초판 발행일 2011년 11월 28일
4쇄 발행일 2018년 3월 1일

지은이 | 김성원
그림 | 남궁철
펴낸이 | 유재현
출판감독·디자인 | 박정미
편집 | 강주한·장만
마케팅 | 유현조
인쇄·제본 | 영신사
종이 | 한서지업사

펴낸곳 | 소나무
등록 | 1987년 12월 12일 제2013-000063호
주소 | 경기도 고양시 덕양구 대덕로 86번길 85
전화 | 02-375-5784
팩스 | 02-375-5789
전자우편 | sonamoopub@empas.com
전자집 | blog.naver.com/sonamoopub1
책값 | 33,000원

ⓒ 김성원, 2011

ISBN 978-89-7139-820-3 03540

소나무 머리 맞대어 책을 만들고, 가슴 맞대고 고향을 일굽니다.

점화본능을 일깨우는

화덕의 귀환

개량화덕·로켓스토브·화목난로·벽난로·깡통난로구들 만들기

김성원 지음·남궁철 그림

점화본능을 일깨우는 화덕의 시대

저와 아내는 전남 장흥군 용산면 정장(正壯) 마을에 살고 있습니다. 본래 마을 이름은 솥 정(鼎), 감출 장(藏) 정장(鼎藏)이었답니다 . 마을 지형이 솥처럼 생겨서죠. 건너 척산마을은 밥주걱 모양새라는데 솥 안에 있는 밥을 척산 마을에서 퍼가지 못하게 마을 앞에 솥뚜껑 덮듯이 소나무 동산을 만들어 감췄다고 합니다. 그 소나무 동산은 아직도 마을 앞 논밭 한가운데 흔적이 남아 있습니다. 소나무 동산이 솥뚜껑이 되어 솥처럼 생긴 산 안에 감추어둔 마을입니다. '솥을 감춘다'는 뜻의 본래 마을 이름이 아무래도 궁색하게 여겨졌는지 지금의 소리만 같은 다른 뜻의 정장(正壯)으로 바꾸었나봅니다. 왠지 본래 마을의 한자 이름인 정장(鼎藏)이 더욱 끌립니다. 정장(鼎藏)을 내 멋대로 풀이해보니 '솥뚜껑'입니다. 솥이 있으니 밥이 없을 리 없겠죠. 예전엔 마을 앞을 '밥골등', '밥굴뎅이'라 불렀답니다. 솥과 밥이 있으니 불 피우는 화덕이 없을 리 없겠죠. 마을 뒷편 오른쪽 주산을 '굴뚝봉'이라 불렀습니다. 주산이 있는 남동쪽으로 바람이 불곤하니 집집마다 불을 피우면 하얀 연기가 주산 방향으로 올랐을 테니 그렇게 부른 이유겠지요. 바람이 불어오는 북서쪽 주산 왼편 능선을 '불때재', '불땅재'라 불렀다네요. 굴뚝 반대편 바람부는 쪽으로 보통 화덕의 화구를 열어놓는 법이니 불때는 곳이라 하여 그렇게 불릴 만합니다. 제가 사는 마을 형국 전체를 보면 솥을 얹은 '화덕'인 셈입니다. 옛날 가난한 농촌 마을에선 하루 세 끼니 거르지 않고 배불리 먹는 게 최대의 관심사였겠죠. 그때 그 시절 밥솥을 얹고 매일 매일 열심히 불을 지피던 화덕들은 어떻게 생겼을까요? 농사 절기마다 마을 사람들이 한데 모여 한가족 같은 정을 나누며 한솥밥 먹기 위해 지피던 화덕들은 다 어디로 갔을까요?

　귀농한 지 벌써 5년째. 벌이는 여전히 시원찮지만 가능하면 수입에 연연하지 않도록 자급자족하며 살겠노란 마음을 놓치고 싶지 않네요. 그동안 도시에 살면서 죄다 사서 쓰던 것들을 하나둘씩 직접 만들기 시작했습니다. 제일 먼저 제 집을 직접 지었죠. 그 다음 푸성귀를 길러 먹고, 논농사도 시작했죠. 집에 필요한 가구를 제 손으로 만들거나 헌 가구를 고쳐 쓰고 있답니다. 요즘은 나무를 땔감으로 사용하는 갖가지 화덕과 난방장치를 만들어 보고 있습니다. 시골에 살게 되면 집 밖에서 불피울 일이 많기 때문이지요. 처음 돌과 흙을 쌓아 만든 화덕은 실패작이었답니다. 나무도 너무 많이 들고 연기도 많고 불도 잘 붙질 않았습니다. 간단히 만들 줄 알았던 화덕 만들기가 그리 녹록지 않았습니다. 이후로 화덕에 대한 자료들도 찾아보고 실험해보고 만들어보면서 점점 나무 화덕의 매력에서 헤어나오질 못하고 있습니다.

　제가 만들어 쓰고 있는 요리용 '단열깡통화덕(Rocket Stove)'은 연기나 그을음이 적고 나무도 적게 들어갑니다. 앞마당엔 가스레인지처럼 불길이 솟아나는 '나무가스풍로(Wood Gas Stove)'를, 공주 마곡사에는 '개량형 철판화덕'을, 전국귀농운동본부 군포 텃밭 교육장에는 '벽돌조적 철판화덕'을, 해남 공부방연합과 해남 민예총과는 '드럼통 철판화덕'을 만들었습니다. 이러한 화덕들은 집 안에서 요리하기에 무더운 여름 바깥 부엌일을 즐겁게 만듭니다. 갖가지 야외 화덕은 봄가을 이웃끼리 모여앉아 음식을 나눌 수 있는 중심이 되기도 합니다.

　　점점 화덕에 대한 제 관심은 아시아 화덕과 아프리카, 중남미 화덕까지 확대되었습니다. 서양의 장작오븐도 만들어보고, 새로 지은 창고 안에는 피자, 닭, 빵 등을 구울 수 있는 이태리식 돔Dome형 피자오븐도 만들어 사용하고 있습니다. 나무 잡아 먹는다는 대형 가마솥화덕 때문에 걱정하는 인근 농원에 가서는 땔감이 적게 들어가는 '두 구멍 대형 가마솥화덕'으로 바꾸는 방법을 알려주기도 하고, 정남진 생약초체험장에서는 여름 캠프를 보내기 위해 찾아온 산마을고등학교 학생들과 '벽돌조적 두 구멍 가마솥화덕(Lion Stove)'을 만드는 워크숍을 진행했습니다. 모두 제3세계 가난한 원주민들을 위해서 과학자들이 개발하고 환경운동가들이 널리 보급하고 있는 개량 화덕들입니다. 이러한 화덕들은 제3세계 가난한 주민들과 원주민들의 경제적 형편과 능력에 맞게 제작비가 적게 들고 누구나 쉽게 배워 직접 만들 수 있는 '중간기술'과 환경에 영향을 덜 끼치는 '적정기술'이 적용된 대안 화덕들입니다.

　　화덕에 대해서 공부하고 만들다보니 화목난방 쪽으로 관심과 공부가 확대되었습니다. 첫 번째로 겨울 야외에서 간단하게 만들어 사용할 수 있는 거꾸로 타는 주머니 깡통난로(Pocket Stove)를 만들어 사용했습니다. 흙부대와 짚버무리를 이용해 새로 지은 사랑채엔 공간 난방과 바닥난방을 겸할 수 있는 '거꾸로 타는 깡통난로구들(Rocket Mass Heater)'을 놓았습니다. 더 나아가 북미와 북유럽, 러시아의 벽난로까지 파고들기 시작했습니다. 부족한 지식과 솜씨로 간단한 '종탑형 장작꽂이 벽난로'도 만들었습니다. 자연스럽게 우리 민족의 전통 난방장치인 구들에도 관심을 가지고 자료들을 찾고 구들을 비롯한 동서양의 화덕과 난방장치들을 비교 연구하고 있습니다. 아직도 이렇게 툴속에서 벗어나질 못하고 있네요.

다양한 화덕과 벽난로, 개량형 난로구들을 만들고 사용해보면서 보다 많은 사람들에게 알리고 싶어졌습니다. 이동형 간이 화덕을 하나둘씩 만들어 가까운 마을 사람들에게 나눠주기도 하고 귀농운동본부와 지역 단체, 생태건축 모임들과 함께 화덕 워크숍을 열었습니다. 인터넷 카페에도 조금씩 모은 자료들과 화덕 공부의 결과들을 네티즌들에게 꾸준히 공개하고 있습니다. 틈나는 대로 다양한 화덕을 만들고 있고 서양의 벽난로 이론을 우리의 그들에 결합해 개량하는 작업도 시도해봅니다. 귀농을 하고 나서부터는 이렇게 시시때때로 불을 지피며 훈훈해진 마음으로 조금씩 몸으로 하는 일의 즐거움과 내 속의 점화본능이 살아나는 기쁨을 즐기고 있답니다. 그 즐거운 점화본능을 나누기 위해 이 책을 쓰게 되었습니다.

이 책은 저의 독자적 실험과 연구의 기록만은 아닙니다. 이 책은 사라졌던 나무화덕에 대한 여러 사람들의 노력과 그 결과를 정리한 정보서이자 화덕 만들기 안내서입니다. 이 책에서 미처 소개하지 못한 화덕과 벽난로, 구들에 대한 다양한 자료들은 흙부대생활기술네트워크(http://cafe.naver.com/earthbaghouse)에서 찾아보실 수 있습니다. 카페의 내용과 이 책에 소개한 자료들은 카페 회원들이 각각의 현장에서 함께 만들어보고 실험한 경험의 종합이기도 하고 전세계 수많은 환경운동가들과 과학자들과 기술자들이 공개하고 있는 자료를 정리하고 있는 자료집이기도 합니다.

이 책을 내는 데 결정적인 도움을 주신 흙부대생활기술네트워크의 회원이고 제주도에서 생태건축과 깡통난로구들을 직접 시공하고 계신 참나무님과 지원아방님, 경상도의 야인님, 산돌님, 도목님, 도기랜드님, 다빈치님, 계곡좋아님, 화천의 배요섭님, 건축공방 무의 이일우 소장님, 흙건축연구회 '살림'의 김석균 대표님, 전국귀농운동본부 식구들과 회원들, 구들에 대해서 이야기해주신 원불교 안성원 교무님, 구들에 대한 온라인 논쟁을 통해 구들에 대해 더 깊이 배울 수 있는 기회를 주신 삼륜구들연구소의 무운 선생님과 그의 제자 치깐목수님 등 많은 분들께 감사드립니다. 이들이 함께 나눈 경험·정보·지식이 없었다면 이 책은 쓰여지지 못했을 것입니다. 끊임없는 제 불장난을 지켜보고 격려해준 나의 아내 김정옥과 이 책의 삽화를 그려준 남궁철 군에게도 감사한 마음을 전합니다. 이 책을 내도록 격려하고 힘써주신 전국귀농운동본부의 안철환 선배님과 출판을 허락하신 소나무 출판사의 유재현 대표님께도 마음 깊은 곳에서 화덕처럼 뜨거운 감사의 마음을 전합니다.

경이로운 생명의 그물 속에서 자신의 손으로 삶을 만들고자 귀농·귀촌하는 모든 이들에게 이 책을 바칩니다.

2011년 7월 1일
장흥 화덕마을 정장에서
김 성 원

목차

| 들어가는 말 | 점화본능을 일깨우는 화덕의 시대 ▶ 4

| 제1장 | **세상에서 가장 오래된 기술, 화덕** ▶ 12

화덕의 시대[14] | 좋은 화덕의 조건[23] | 나무 연소의 비밀[42]

| 제2장 | **세계의 개량 화덕들** ▶ 48

전통 화덕들[50] | 아프리카의 개량 화덕[58] | 중남미의 개량 화덕[61] | 아시아의 개량 화덕[65]

| 제3장 | **숲과 사람을 생각하고 만든 화덕** ▶ 72

밥할 나무도 귀하던 시절[74] | 삽 한 자루로 만드는 벵갈 구덩이화덕[76] | 거꾸로 타는 시멘트블록화덕[78] | 진흙반죽 단열화덕[81] | 초간단 단열깡통화덕[83] | 위나르스키 박사의 로켓화덕[90]

| 제4장 | **땔감 걱정 없는 가마솥화덕** ▶ 98

GTZ의 두 구멍 대형 화덕[100] | 무여농원의 부뚜막 아궁이 가마솥화덕[107] | 말라위의 희망화덕[110] | 산마을고교 학생들과 만든 가마솥화덕[111] | 스와질란드의 대형 사자화덕[115] | 열기고리를 장착한 가마솥화덕[122]

| 제5장 | **연기 없는 조리용 화덕** ▶ 130

솥자리가 여러 개인 다구 화덕[132] | 벽돌조적 다구 화덕 만들기[138] | 빵 굽는 함석오븐화덕[143] | 나무로 만든 가구형 화덕[145] | 싱거화덕[158] | 2차 공기주입구를 가진 포그비화덕[165] | 전국귀농운동본부 벽돌 철판화덕[178] | 막돌과 기와로 만든 철판화덕[191] | 자연과 건강을 돌보는 팟사리화덕[195] | 남미의 다양한 철판화덕들[202] | 부담 없는 드럼통 철판화덕[204] | 필립스 디자인의 조립 점토판화덕[207] | 전통 부뚜막과 아궁이[212]

| 제6장 | **버너처럼 타오르는 나무가스풍로** ▶ 216

나무는 가스가 되어야 불이 붙는다[218] | 나무가스풍로의 원리[220] | 깡통으로 만드는 나무가스풍로[224] | 강제 송풍식 나무가스풍로[226] | 단열 개량 화덕과 나무가스풍로의 만남[229] | 남아프리카의 조왕화덕[232] | 베트남의 TLUD 왕겨가스풍로[235] | 솜씨 좋게 나무가스풍로에 불 피우기[237] | 나무가스화 이론을 응용한 숯 만들기[239]

| 제7장 | **화목난로를 손에 쥐다** ▶ 242

철제난로의 기본 구조[246] | 오븐 장착 화목난로[267] | 거꾸로 타는 난로[273]

| 제8장 | **화목난로의 3박자, 열복사·대류·열전도** ▶ 282

열복사·대류·열전도[284] | 열복사·대류·열전도를 이용한 난로 만들기[287]

| 제9장 | **알고 있던 벽난로 그 이상** ▶ 310

커다란 몸체, 은근한 열기[319] | 벽난로 그 속을 들여다보면[322]

| 제10장 | **장작꽂이 종탑형 벽난로** ▶ 332

자연대류식 종탑형 벽난로[334] | 간단한 장작꽂이 종탑형 벽난로[338] | 'J'형 로켓 연소실을 장착한 벽난로[342] | 연통 모래축열 장작꽂이 벽난로[347]

| 제11장 | **벽난로와 구들의 결합, 그 아름다운 만남** ▶ 348

벽난로와 구들의 결합[350] | 위나르스키 박사의 깡통난로구들[353]

| 제12장 | **깡통난로구들을 만들기 위한 준비** ▶ 366

만드는 순서[368] | 필요한 자재들[370] | 만들기 위한 준비[376]

| 제13장 | **깡통난로구들의 크기와 비율** ▶ 382

연소부 각 부위의 크기와 영향[384] | 정확히 지켜야 할 크기와 비율[386]

| 제14장 | **로켓엘보 연소부 만들기** ▶ 396

로켓엘보 벽돌 쌓기[398] | 장작투입구보호와 화구 만들기[402] | 연소기둥과 발열 드럼통 얹기[404] | 연소부와 축열부 연결하기[408] | 연소부 단열처리 하기[410]

| 제15장 | **축열부 흙침대 만들기** ▶ 412

따뜻한 흙침대 몸체 만들기[414] | 흙침대 밑에 수평연통 깔기[418] | 축열부, 구들 침대 만들기[422] | 배출 연통 만들기[423]

| 제16장 | **솜씨 좋게 불 다루기** ▶ 426

불 때기 5단계[428] | 깡통난로구들의 문제 해결[435]

| 제17장 | **국내 시공 사례** ▶ 440

창원 다빈치님의 로켓깡통난로[442] | 무안 감풀마을 도서관의 로켓연통구들[447] | 인제 진동리의 하문기 씨 로켓구들[452] | 영천 도기호 씨의 깡통난로 의자[458] | 부산 경상공방의 깡통난로구들 흙침대[462] | 화천 공연예술텃밭 배요섭 씨의 깡통난로구들 흙침대[467] | 제주도 깡통난로구들 방과 깡통난로구들 의자[472] | 전남 장흥 적당채의 벽돌난로구들 흙침대[475] | 만나 생태마을의 벽난로 연통구들[478]

| 제18장 | **구들 구조의 이해** ▶ 486

전통 구들의 구조[488] | 전통 구들 용어[491] | 연소부-아궁이와 함실 구조[494] | 축열부-구들장과 고래구조와 개자리[498] | 배연부-연도(내굴길), 굴뚝개자리, 굴뚝[503] | 서양의 고급 구들[506]

| 제19장 | **전통 구들을 다시 생각하다** ▶ 512

구들 함실과 로켓연소부[514] | 방 구들과 축열 흙침대[518] | 냉습을 제어하는 구조[527]

참고 사이트 ▶ 539

11

1

세상에서 가장 오래된 기술, 화덕

세상에서 가장 오래된 기술, 화덕

석유문명 속에 사는 현대인들은 인류사 어느 시대의 사람들보다 불에 대해서 가장 무지한 사람들입니다. 사람들이 불을 사용하기 시작한 때는 200만 년 전 석기시대부터입니다. 인류가 화덕을 처음 사용한 때는 기원전 50만 년 전입니다. 석유보일러와 가스레인지가 한국에서 널리 이용되기 시작한 때는 20년 전. 그 이전 도시지역은 석유곤로나 연탄 보일러를 사용했고, 농촌은 여전히 대다수가 화목을 때는 아궁이와 화덕을 사용했습니다. 현재로부터 조금만 거슬러 올라가도 사람들은 최근까지 수백만 년 동안 장작을 직접 때며 불을 가까이 바라보고, 불을 직접 다루며 살아왔습니다. 그만큼 불에 대해서 잘 알고 있었습니다. 우리는 불에 대해 얼마나 알고 있습니까?

동서양 어디서나 불을 귀중히 여기고 신격화했습니다. 로마의 베스타Vesta, 그리스의 헤스티아Hestia는 화로의 여신으로 숭앙을 받았습니다. 중국에선 삼황오제 중 한 명인 염제炎帝가 불의 제왕으로 알려져 있습니다. 농사와 의료의 신으로 받들어지는 신농씨神農氏는 화덕火德으로서 왕이 되었다고 합니다. 우리 민속에서는 화덕진군火德眞君을 불을 맡은 신령으로 모셨습니다. 부엌 살림을 다스리던 조왕신도 불과 관계된 가택신입니다. 예로부터 불을 잘 피우고 다루는 솜씨가 있는 사람은 신과 가까이 있는 사람이고 지혜로운 사람으로 여겨졌습니다. 화덕에 대해 배우려 하고 있는 우리는 벌써 불의 신전에 발을 들여 놓은 지혜로운 사제의 길을 가고 있는지 모릅니다.

화덕의 시대

　　화덕은 인류 문명과 불의 발견만큼이나 오래된 기술입니다. 가장 오래되었다고 알려진 화덕은 기원전 40만 년 전 중국 화덕과 50만 년 전의 유럽 화덕이죠. 석기시대 동굴에서 살았던 인류는 원시적인 돌화덕을 만들어 사용했습니다. 빙하기에 인류는 주로 추위를 막기 위해 불을 피웠습니다. 난방이 주 목적이었죠. 실제로 요리를 위해 불을 피우기 시작한 때는 50만 년 전이고, 기원전 10만 년 전쯤 인류는 본격적으로 요리에 불을 사용했습니다. 불을 다루고 이용하기 시작한 때부터 인류 문명은 시작되었다 해도 지나친 말이 아닙니다. 불은 인류 문명의 혁신과 생존을 위한 필수 요소였죠. 요리의 수단으로서 불을 이용하기 시작하면서 음식문화가 바뀌었습니다. 화덕과 함께 일어난 혁명적 변화는 인류의 삶과 문화를 획기적으로 바꾸어 놓았습니다. 최초의 요리 방법 중 하나는 부족 공동체가 함께 먹을 만큼 많은 양을 원시적인 오븐과 같은 화덕에 굽는 것이었다고 하네요. 구덩이 안에 불에 달군 돌을 깔고 다시 구운 돌 위에 넓은 잎에 감싼 고기를 반복해서 깐 후 흙을 덮는 방식입니다. 라틴아메리카와 아시아 일부 지역에서는 지금도 이와 같은 방식이 이용되고 있습니다.

　　인류는 꽤 오랫동안 수많은 세대를 거쳐 누적된 불의 기억을 DNA 속에 담고 있는 셈입니다. 불의 유전자라고 할까, 50만 년 동안 불을 지펴온 점화본능이랄까, 우리 속에 화인으로 각인되어 있는 게 분명합니다. 그렇기 때문에 화덕을 사용하다 보면 오래된 점화본능이 후끈후끈 살아납니다.

점토화덕이 있는 신성한 주방

인류는 농사를 짓고 동물을 키우기 시작하면서 흙으로 그릇을 만들거나 흙집을 짓는 기술을 발전시켰습니다. 인류는 이전에 사용하던 돌화덕을 발전시켜 도기그릇 만들 듯 점토화덕과 도기화덕을 만들기 시작했습니다. 1만2천 년 전부터 이렇게 만든 화덕 위에 사람들은 점차 도기 솥이나 석판을 올려놓고 요리를 하기 시작했습니다. 비바람을 피해 움막 안에 설치한 화덕은 주거의 중심이었습니다. 추운 날씨 불은 주변으로 사람을 끌어 모으는 힘이 있지요. 화덕은 각 지역에서 다양한 목적을 위해 다양한 크기와 형태로 만들어졌습니다. 삶고, 굽고, 찌고, 연기로 그을리고, 집 안을 따뜻하게 만들기 위해 사용되었습니다. 지금으로부터 100여 년 전까지 화덕이 있는 주방은 신성한 주거의 중심으로 여겨졌습니다. 주방은 요리 장소 그 이상의 의미를 갖는 곳입니다. 한옥에서 주방에 해당하는 정줏간은 튼튼하고 격식 차린 문을 설치합니다. 정줏간 문설주는 아래로 굽어 있는데 제의적 공간임을 알려줍니다. 민중의 살림집에서 대문은 허접한 사립문을 달지라도 정줏간 문만은 격식을 차린 큰 규모로 만들었습니다. 화덕은 요리 공간 그 이상인 신성한 주방의 심장이자 제단이었습니다.

화덕의 원형을 지닌 전통 화덕

화덕의 원형을 보존하고 있는 전세계 각 지역의 전통 화덕들은 다소간 차이에도 불구하고 비슷한 원리에 기반을 두고 만들어졌습니다. 당연히 시대적 문화적 영향에 따라 다양하게 변형된 화덕들이 등장했지요. 유럽은 18세기까지 대부분 전통 화덕을 사용했습니다. 대부분의 아프리카 마을은 아직까지도 전통 화덕을 사용하고 있습니다. 아프리카에는 기원전 1천 년 전부터 사용한 진흙·도기화덕들을 지금도 사용하고 있는 지역이 있습니다. 아시아, 중남미 국가의 일부 농촌지역들 역시 전통 화덕을 지금까지 사용하고 있습니다. 나무화덕의 시대는 50만 년 전부터 현재까지 단절되지 않고 계속되고 있습니다.

유럽에서는 로마시대부터 주방 구조에 변화가 생기기 시작했습니다. 그러나 정작 화덕은 주목할 만한 변화가 없었지요. 그러다 중세시대 굴뚝을 통해 연기를 배출시키는 진흙화덕과 벽돌화덕이 등장했습니다. 철로 만든 솥을 걸고 그 밑에 불을 지필 수 있는 삼각다리 철제화덕을 귀족들이 드물게 사용하기도 했습니다.

산업혁명 이후 급격한 화덕의 변화

18세기 초까지만 해도 서구인들도 대부분 나무화덕을 사용했습니다. 주로 벽돌이나 흙으로 만든 화덕이었죠. 효율적인 화덕이나 오븐은 18세기 후반부터 시작된 산업혁명 이전까지 등장하지 않았습니다. 산업혁명은 서구사회를 급격하게 재조직했습니다. 이때부터 주방은 예전과 다르게 다른 주거공간으로부터 분리되어 특별한 공간으로 조직되고 만들어졌습니다. 이전 시대는 다른 주거공간과 분리되지 않고 화덕을 중심으로 거실과 주방의 구분 없이 모호한 상태로 통합되어 있었는데, 마치 지금의 원룸과 같다고 할까, 주방이 다른 주거공간으로부터 분리되는 때부터 화덕은 더욱더 진일보하기 시작했습니다.

19세기 인구 증가와 이에 따라 난방과 요리를 위한 화목 수요가 증가하자, 그 결과 산림의 급격한 훼손과 고갈이 중요한 사회문제로 부각되었습니다. 이때부터 연료 에너지의 변화가 일어납니다. 나무가 아닌 석탄, 석유, 천연가스, 전기 등 화석연료가 이용되기 시작했습니다. 제철, 전기 산업의 발전과 함께 주방도구와 화덕은 근본적인 변화를 겪게 되었습니다. 철제화덕은 벤저민 플랭클린Benjamin Franklin이 1742년에, 석탄화덕은 1833년에 조르단 모트Jordan Mott가, 영국 발명가 제임스 샤프James Sharp는 1826년에 가스화덕을, 전기화덕은 1891년 카펜터 전열제작사(The Carpenter Electric Heating Manufacturing)가 개발했다고 하네요.

중국은 기원전 221~206년 진 왕조 때 이미 화덕 몸체를 가진 흙화덕을 사용했고, 일본은 기원전 3~6세기에 카마도かまど란 진흙화덕을 사용하여 18세기 중반까지 사용했다고 합니다. 우리 민족의 선조로 여겨지는 옥저에서는 신석기시대부터 움막에 화덕자리가 있었다고 하는데 기원전 2~4세기 때부터는 가마 형태의 화덕을 사용했습니다. 일제시대 중반까지도 나무화덕은 가장 보편적인 취사도구였답니다. 나무화덕은 전세계 어디서나 19세기 이전까지 가장 많이 이용되었던 취사도구였던 셈입니다. 화덕 문화에서 특이하게 온돌 문화를 가진 우리 민족은 난방과 취사를 겸할 수 있는 부뚜막 아궁이를 주로 사용해왔습니다.

한국 화덕의 근현대 변천사

일제 치하의 조선에서는 1920년대 일본으로부터 연탄이 수입된 이래 해방 후 본격적으로 확산되기 시작하면서 나무화덕과 부뚜막 아궁이는 점점 사라져갔습니다. 결정적으로 박정희 정권 때 새마을 운동 차원에서 전개된 농촌주택 개량사업과 함께 급격하게 나무화덕과 부뚜막 아궁이는 자취를 감추기 시작합니다. 1960년대 후반부터 보급된 석유풍로는 1970년대 말까지 부엌의 필수품이었죠. '후지카' '한일' '쓰리엠' '내셔널' '삼익', 모두 한 시대를 주름잡던 석유풍로의 상표들입니다. 1960년대 풍로 한 대의 가격이 당시 5,000~8,000원이었다고 하는데 그 돈이면 쌀을 두 가마 살 수 있는 액수였습니다. 여전히 연탄은 1988년까지 대한민국 가정의 78%가 사용하는 주요 난방 연료였습니다. 연탄보일러가 보급된 결과였습니다. 88올림픽을 앞두고 주경기장 바로 옆에 지어졌던 잠실 주공아파트에 살고 있던 지인을 만나기 위해 재개발 직전인 1994년도에 찾아간 적이 있는데 당시 아파트 계단 옆에 연탄재가 잔뜩 쌓여 있는 모습을 볼 수 있었습니다. 가스레인지는 1967년 LPG 용기가 국산화되면서 흥안공업사, 금성사, 성산산업 등이 일본에서 가스레인지의 부품을 수입해 조립·생산하기 시작했습니다. 국내 가스레인지 시장이 본격화된 것은 1974년 일본의 가스레인지 1위 업체인 린나이와 합자로 설립된 린나이코리아와 일본에서 부품을 수입해 후지카, 한국린나이 등이 가스레인지를 조립생산하면서 급격히 확산되기 시작합니다. 가스레인지는 90년대 초부터 보급률이 거의 100%에 육박해 전 국민이 사용하는 조리기기로 자리매김합니다. 최근에는 불꽃을 전혀 볼 수 없는 최첨단 마이크로웨이브 전자레인지와 전기를 이용하는 전기플레이트가 각 가정으로 보급되고 있습니다. 이제 나무화덕이나 부뚜막 아궁이는 시골 마을에서도 찾아보기 힘든 유물처럼 되어 버렸네요.

인류는 화석연료를 이용하기 전까지 수백만 년 동안 나무에 불을 직접 피워 사용해왔습니다. 연탄보일러, 석유풍로, 가스레인지, 전자레인지 등 현대적 주방기기들이 보급되면서 우리는 점점 불을 피우고 다루는 기술과 지혜를 잃어버리기 시작한거죠. 가스레인지는 단지 스위치만 돌리거나 누르면 간단히 불을 붙일 수 있네요. 전자레인지는 불꽃조차 볼 수 없답니다. 현대적 난방 취사기구의 편리와 효율은 오래전부터 장작불을 바라보며 느끼던 따뜻함과 정서적 평안함까지 몰아내 버렸습니다. 하지만 석유가 고갈되기 시작하고 드디어 석유생산정점을 지나 화석연료의 시대가 끝나가는 시점인 지금 우리도 선조들처럼 다시 그렇게 불을 피우며 살아야 할지 모릅니다.

현대에 살아있는 효율 좋은 전통 화덕들

선진국이라 불리는 서구 국가들과 일부 아시아, 남미 국가의 도시지역 중산층들에게 이제 나무화덕이나, 오븐, 벽난로는 숯불구이, 바베큐 파티, 피자, 빵 등을 굽는 화려한 전원생활의 로망으로 여겨지고 있습니다. 새로운 기술로 여겨지는 가스레인지, 오븐, 전자레인지는 선진국이나 개발도상국의 도시에서 주로 사용되고 있습니다. 우리가 당연시 여기는 현대적 주방기기들이 전세계적으로 보면 그리 보편적인 것만은 아닙니다. 아직도 나무화덕을 사용하는 인구는 무시 못할 수준이기 때문이죠. 저개발국 또는 개발도상국이라 불리는 여러 나라들의 경우 도시를 제외한 대부분의 농촌 지역에서는 지금도 나무를 연료로 사용하는 원시적인 장작화덕이나 전통 화덕들이 이용되고 있습니다. 1993년도까지도 개발도상국에 주로 살고 있는 세계 인구의 75%가 나무, 숯, 말린 똥, 왕겨나 옥수수 속대와 같은 각종 농업부산물 등 바이오매스로 분류되는 전통적인 연료를 사용했습니다. 특히 아시아 국가에서는 나라별로 전통연료를 사용하는 인구가 60~90%에 이를 정도입니다. 하이테크High Tech가 곧 현대적이라 여기는 생각은 착각입니다. 동시대적 보편성의 관점에서 보면 우리가 사는 이 시대에 가장 많은 사람들이 사용하고 있는 나무화덕이야말로 현대적인 주방기구 아닐까요.

일부 지역에서는 과학적 원리에 따라 적정기술에 기반해서 만든 효율 좋은 전통 화덕과 과학자들과 함께 개량한 화덕들을 이용하고 있습니다. 환경운동가들과 지역의 사회운동가들은 이러한 화덕들을 발굴하고 개량해서 각 지역으로 보급하고 있습니다. 예를 들면 지코Jiko라 불리는 효율 좋은 철제화덕은 동아프리카 케냐로부터 19세기 인도 노동자를 통해 아시아로 전달되었습니다. 최근 장흥의 골동품과 중고품을 다루는 곳에서 지코화덕과 유사한 화덕을 발견했는데 숯불구이 식당에서 사용하던 화덕이었습니다. 숯

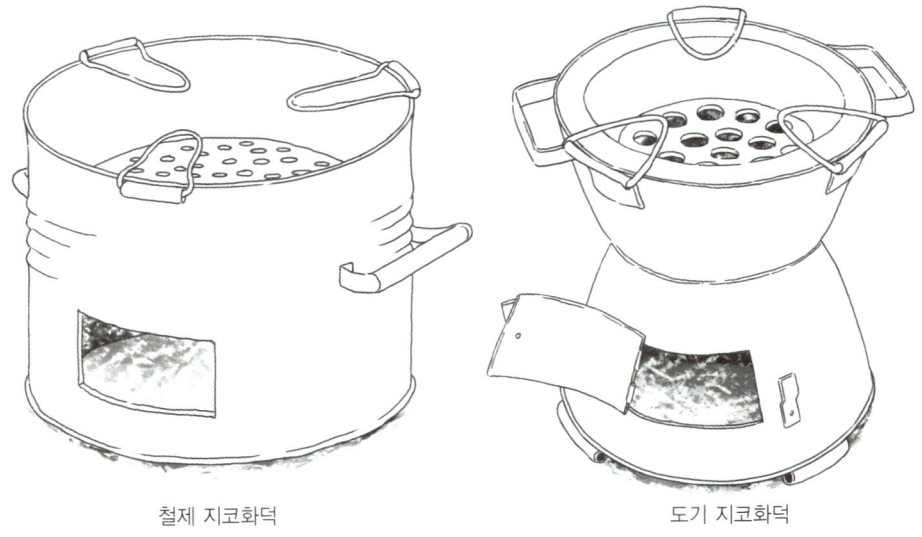

철제 지코화덕   도기 지코화덕

그림 1-1_효율좋은 케냐 지코화덕

불구이 화덕의 원형이 케냐의 지코화덕이거나 최소한 그 영향을 받은 것입니다. 싱코 Sinco라는 열효율이 좋은 도기화덕은 아프리카의 상업중심 국가인 말리Mali에서 지금도 사용되고 있습니다. 이외에도 전세계 각 지역에서는 원시적 개방형 돌화덕에 비해 최소 30~60%까지 연료를 절감할 수 있는 다양한 전통 화덕들이 사용되고 있습니다. 말리의 도기화덕은 선사시대부터 북아프리카 지역에서 만들어졌는데 불행히도 대부분 지역에서 도기 장인들이 사라져 버렸습니다. 흙과 같은 기본적인 재료를 이용하는 전통기술에 대한 무시 때문이죠. 우리나라를 비롯해 다른 나라들도 비슷한 처지입니다. 그러나 현대에도 여전히 선사시대 이전과 고대, 중세 등 각 시대의 전통기술들은 살아있고 심지어 어떤 나라에서는 널리 이용되고 있습니다. 다만 그러한 전통기술들은 지역별로 충분히 소통되고 영향을 끼치고 있지 못할 뿐입니다. 어쩌면 이 책은 구들을 자화자찬하며 세계의 화덕 전통과 소통하는 데 무관심했던 우리 사회에 전통적이며 동시에 현대적인 전세

계 화덕과 난방기술을 소개하는 첫 번째 시도일지 모릅니다.

화덕 개량 원조사업과 개량 화덕의 등장

식민시대 이후 서구 열강의 경제적 충격과 개발원조 정책의 영향으로 개발도상국들은 많은 변화를 겪게 되었습니다 강제된 근대화·산업화의 결과였죠. 1950년대 선진국의 원조사업으로 추진된 개발도상국에서의 화덕 보급사업과 재정비는 큰 변화를 일으켰습니다. 1차 화덕 개량사업은 정치적이고 인도주의적인 맥락에서 시작되었습니다. 인도와 인도네시아에서 화덕 개량 원조사업이 처음 시작되었습니다. 1970년대는 아프리카 사헬 Sahel에서 지독한 가뭄에 대한 원조사업으로 진행되었습니다. 중앙아메리카는 1976년 과테말라 지진 이후 원조사업의 하나로 추진되었습니다. 그러나 이때의 화덕 개량사업은 서구지향적이었습니다. 서구인의 눈높이에 맞춘 화덕 개량사업이었죠. 벽돌이나 콘크리트를 이용해서 굴뚝을 갖고 있고 2~3개의 솥을 얹을 수 있는 다구 화덕을 중심으로 개량되었는데, 전통 화덕에 비해 제작비용이 많이 들고 유지·보수가 어렵다는 문제점을 가지고 있었습니다.

2차 화덕 개량 원조사업의 흐름은 접근방법을 달리했습니다. 1980~1990년대 화덕 개량사업은 연료인 나무의 소비를 줄이고 열효율을 높일 수 있도록 기존 화덕의 문제점을 개선하는 데 초점을 두었습니다. 또한 제3세계 각 지역의 화덕 사용자의 요구와 시장 상품화에 초점을 맞춰 개발되었습니다. 각 지역에 맞게 화덕을 만드는데 사용되는 자재, 제작방법 등에서 개선이 이루어졌습니다. 토착민의 눈높이와 이해에 맞춰 다시 각 지역 토착 전통 화덕 중에 기술적으로나 효율면에서 우수한 화덕 기술에 기반을 두고 화덕 개량 사업이 진행되었습니다. 지역의 전문기술자들과 기층조직들의 참여 속에 화덕 개량 원조사업이 진행되었는데 그 결과 많은 화덕을 생산·판매·보급하는 사회적 기업들이 등장했답니다. 2차 원조사업 때 굴뚝화덕뿐 아니라 굴뚝이 없는 이동형 화덕들도 만들어졌는데, 솥을 하나 올릴 수 있는 단구 화덕, 솥을 여러 개 올릴 수 있는 다구 화덕이 등장했습니다. 뒤에서 소개할 나무가스풍로(Wood Gas Stove)나 로켓화덕(Rocket Stove), 거꾸로 타는 깡통난로(Pocket Stove), 개량 철판화덕, 대형 가마솥을 위한 두 구멍 사자화덕(Lion Stove) 등은 전세계적으로 진행된 화덕 개량 원조사업의 영향 속에서 개발되었습니다.

서구 선진국에 의해 주도되고 있는 최근의 3차 화덕 개량 원조사업은 에너지 위기, 기후변화, 탄소배출권, 청정개발체제 등과 연관되어 있습니다. 우리나라에선 무시되고 있는 간단한 나무화덕으로 제3세계 국가 곳곳에서 독일, 영국, 미국 등 유럽 선진국들은 명분은 명분대로 얻고 청정개발체제, 탄소배출권을 통한 경제적 이익은 이익대로 얻고 있습니다. 난방과 요리를 동시에 처리할 수 있는 세계 최고의 난방화덕기술 '부뚜막 아궁이 구들'을 자랑하는 우리는 무얼 하고 있는 걸까요. 우리의 전통기술이 무조건 세계 최고일까요? 세계 최고를 알리기 위해 우린 무엇을 했나요? 다른 나라의 화덕이나 장작 오븐, 벽난로에 대해 알면 알수록 그들의 전세계적인 화덕 개량 산업을 살펴보면 볼수록 확신이 서지 않습니다. 혹시 각지의 문화조건 속에서 다양하게 발전한 결과인 '문화적 차이'를 '문화적 우열'로 잘못 이해하고 있었던 것은 아닐까요?

좋은 화덕의 조건

"불 지필 줄이나 알어?"

스위치나 버튼으로 간단히 불을 피울 수 있는 가스레인지나 기름보일러가 널리 보급되어 있는 요즘 이 질문은 생뚱맞습니다. 같은 질문이라도 공간·시간·대상을 달리하면 전혀 다른 무게와 의미를 가집니다. 귀농한 첫해 옆 동네의 새로 고친 방구들에 불을 지펴보겠다고 달려들던 제게 동네 아재가 혀를 끌끌 차며 던진 질문입니다. 헌책과 신문을 북북 찢어가며 아무리 땔나무에 불을 지피려 해도 제법 붙었다 싶으면 꺼트리기만 했죠. 결국 매운 연기에 눈물 범벅이 된 채로 불목하니 노릇을 그 아재에게 넘기고 말았네요. 저는 연탄보일러와 석유풍로를 주로 사용하던 때에 자랐습니다. 바쁜 부모를 대신해서 검은 구공탄에 새로 불을 붙이려면 여간 고생이 아니었어요. 일회용 라이터도 흔치 않던 시절이라 성냥불로 번개탄에 우선 불을 붙인 후 그 위에 새 연탄을 올려 붙여야 하는데 요령이 없으면 결코 쉽지 않은 일이었답니다. 석유풍로는 또 어떻고요. 그을음이 솟아나지 않게 적당히 석유풍로의 석면 심지를 올려 성냥으로 불을 붙이려면 성냥 한두 개로 당장 붙인 적이 드물었네요. 몇 개씩 성냥을 그어대야 불을 붙이곤 했죠. 하물며 땔나무에 불을 붙이는 일이야 어떻겠습니까.

불 붙이는 데도 기술이 필요합니다. 잘고 얇은 불쏘시개에 먼저 불을 붙이고 점점 굵은 장작으로 옮겨 붙도록 해야 공책 한 장으로도 불을 붙일 수 있습니다. 장작을 쌓을 때는 얼기설기 쌓아 공기가 잘 들도록 해야 불이 잘 붙게 된답니다. 불 붙이는 데도 요령이 필요한데 심지어 나무화덕을 잘 만드는 일에 왜 기술과 지식이 필요치 않겠습니까.

잘 만든 화덕이란?

잘 만든 화덕은 도대체 어떤 화덕일까요? 좋은 화덕의 조건은 무엇일까요? 우선 화덕의 연료인 장작이 적게 들어가야겠지요. 적은 장작으로도 충분한 화력을 얻을 수 있도록 고온연소될 수 있어야 하는 점은 당연하고, 그 결과 요리 시간도 줄일 수 있어야죠. 연기나 그을음, 연소가스 때문에 실내공기를 오염시키지 않아야 하고 타고 남은 재도 적게 남아야 됩니다. 아무리 장작화덕이라도 화력조절이 쉬워야 요리하기에 편하겠죠. 어디 이뿐이겠습니까. 찌기·삶기·튀기기, 훈제요리를 위한 그을리기·굽기 등 다양한 요리 방법에 적합한 화덕이어야 합니다. 굽기도 생선 구울 때, 고기 구울 때, 빵 구울 때 다릅니다. 물론 이 모든 요리 방법에 적합한 화덕을 만들기는 그리 쉽지 않겠지만 자주 사용하는 요리 방법에 적합한 화덕이어야겠지요.

화덕도 좀 더 구분하자면 단기능 화덕도 있을 테고 다기능 화덕도 있습니다. 솥자리가 하나인 1구 화덕도 있고 솥자리가 여러 개인 다구 화덕이 있습니다. 철판화덕도 있습니다. 실외용과 주방용 화덕으로도 구분할 수 있고, 고정형과 이동형 화덕이 또 다르겠지요. 사용하는 연료가 나무냐 왕겨냐 숯이냐에 따라서도 화덕의 형태가 바뀝니다. 형태와 종류에 따라 화덕 만드는 법도 달라집니다. 화덕은 지역의 요리와 주방문화에 따라 변화할 수밖에 없습니다. 빼놓을 수 없는 좋은 화덕의 조건은 화상을 입지 않도록 안전해야 하고 화재 위험도 적은 화덕입니다. 또 고려해야 할 점은 화덕을 만드는 비용이 적게 들어야 합니다. 지역에서 쉽게 구할 수 있는 재료로 만들 수 있어야 비용을 줄일 수 있겠죠. 잘 만든 화덕이란 이렇게 많은 조건을 충족해야 합니다. 결코 쉬운 일이 아닙니다.

국제식량농업기구와 함께 개발도상국의 화덕 개량 원조사업에 참여했던 선진국과 개발도상국의 과학자들, 연구자들, 수많은 현지의 화덕 장인들은 각지에서 공동작업을 통해 화덕에 대한 다양한 연구와 조사작업을 벌였습니다. 화덕 연구의 방대한 결과물들은 다소 복잡한 실험과 연구조건, 난해한 수학적 공식과 과학적인 표현들 때문에 저와 같이 평범한 사람들이 충분히 이해하는 데 어려움이 있습니다. 그럼에도 불구하고 좋은 화덕을 잘 만들고자 하는 이들에게 연구의 결과물들은 지침이 됩니다. 부족하겠지만 좋은 화덕을 만드는 데 지침이 될 화덕 이론을 간략하게 이곳에 소개하려 합니다.

작은 연소실

연소실은 장작을 쌓고 연소시키는 공간입니다. 화실이라고도 하죠. 가장 원시적인 돌화덕은 연소공간이 사방으로 뚫려 있는 대표적인 개방형 화덕입니다. 돌화덕의 경우 나무를 태워 열에너지로 전환하는 비율, 즉 연소효율은 90% 정도지만, 장작이 타면서 내는 연소열의 65%를 주변 공중으로 빼앗겨 버리고, 연소열의 25%는 연기로 내뿜어 버립니다. 단지 10%만 요리에 사용할 뿐이에요. 솥에 열이 가해지는 열전도율 10%, 즉 열이용률이 10%밖에 안됩니다. 열전도율이 낮은 만큼 나무가 많이 들어갑니다. 화덕 몸체를 만들어 연소실을 감싼 밀폐형 화덕은 공기 중으로 빼앗기는 열손실을 줄여줍니다. 그러나 우리가 쉽게 시골에서 볼 수 있는 화덕처럼 장작을 한꺼번에 많이 넣기 위해 커다랗게 연소실을 단든 화덕은 주변 공기와 화덕 몸체로 연소열을 생각보다 많이 빼앗깁니다. 나무 잡아먹는 화덕이 되고 말지요. 불 조절도 쉽지 않습니다. 비록 한꺼번에 장작을 많이 넣을 수 없을지라도 요리용 화덕은 연소실이 작을수록 효율적이랍니다. 그만큼 주변과 화덕 몸체르 빼앗기는 열이 적어지기 때문이죠. 대신 연소실이 작아지면 장작을 자주 넣어주는 불편이 생깁니다.

연소실이 원형일 경우 연소실 바닥 지름은 화덕 위에 얹을 솥이나, 냄비, 팬 바닥 지름보다 작아야 효율이 좋습니다. 솥바닥 지름에 비해 연소실 바닥 지름이 작을수록 복사열이 많아지기 때문에 어떤 화덕들은 연소실 바닥이 좁고 솥자리 쪽이 보다 넓은 역원뿔형으로 만듭니다.

연소실 바닥에 놓이는 장작받침에서 솥바닥까지 적절한 높이 조절로 20% 정도 열효율을 높일 수 있다네요. 연소실 바닥에서 솥바닥까지 높이가 가까울수록 상대적으로 복사열은 커집니다. 지나치게 가까울 경우는 반대로 불꽃과 나무가스가 2~3차 재 연소되기 전에 물이 담긴 솥바닥에 의해 냉각되기 때문에 되려 복사열은 감소됩니다. 연소실 높이가 너무 낮으면 불완전연소의 원인이 되는거죠. 연소실 바닥에서 솥바닥 밑까지의 높이는 보통 불꽃이 솟아오르는 높이보다 약간 높아야 솥바닥에 의한 냉각이 일어나지 않습니다. 연소실 높이가 지나치게 높으면 공기흡입량이 많아지고 과도한 공기가 주입되어 역시 연소를 억제하게 됩니다. 너무 높아도 불길이 충분히 닿지 않아 열전도율이 떨어지겠지요. 화덕 전문연구자들은 화구 크기의 2.5~3배 높이가 가장 적당하다고 제안하고 있습니다.

연소실 일체형 연소기둥

굴뚝 없는 화덕의 경우 연소실 바닥 바로 위에 수직기둥처럼 연소실을 높여서 굴뚝 역할을 하게 연소기둥을 만들면 연소실 내 상승기류와 공기흡입력을 높일 수 있습니다. 화덕을 연소실과 굴뚝이 하나로 연결된 구조로 만드는 방법이죠. 이러한 구조를 연소기둥, 불꽃기둥, 열기상승관 등 다양한 이름으로 부릅니다. 연소기둥을 포함한 연소실 높이는 위에서 말한 것과 같이 화구 지름 또는 높이의 2.5~3배 정도 높이가 적당합니다. 특히 연소실 상단부에 해당하는 단열처리한 연소기둥은 불완전연소되었던 연기(연소가스)가 다시 재 연소되는 제2의 연소 공간입니다. 적당한 높이의 연소기둥 안에서 장작은 깨끗이 연소되고 연기는 적어집니다. 반면에 연소기둥이 짧으면 짧을수록 뜨거운 열기가

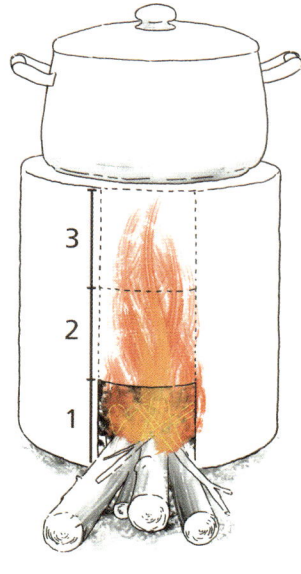

연소실 높이는 화구 지름 또는 높이의
2.5~3배 정도 높이가 적당하다.

그림 1-2_연소실과 바로 위에 단열처리된 짧은 연소기둥이 하나로 된 화덕

곧바로 솥에 전달됩니다. 반면 그을음이 많이 생깁니다. 지나치게 연소기둥이 높으면 강력한 상승기류와 흡입력이 지나치게 커져 많은 찬 공기를 빨아들일 수 있기 때문에 되려 솥에 전달되는 열을 감소시킬 수 있습니다.

화덕 몸체 단열

연소실만 좁게 만든다고 문제가 해결되지 않습니다. 연소가 일어나는 연소실 내부를 고온으로 만들어야 합니다. 화덕 몸체가 흙이나 벽돌과 같이 열을 흡수하는 축열재를 사용한 경우 화덕 몸체가 솥으로 갈 열을 흡수해버리기 때문에 상대적으로 물이 늦게 끓습니다. 개방형 돌화덕보다 주변 공중으로 빼앗기는 열소모를 줄여주긴 하지만 화덕

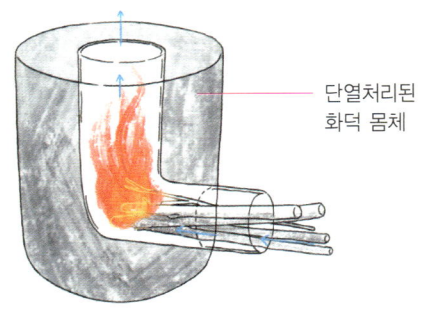

그림 1-3_연소실과 화덕 몸체를 단열처리한 개량 화덕

몸체가 열을 빼앗아 고온연소를 방해합니다.

잘 만들어진 개량 화덕의 특징 가운데 하나는 단열 처리된 화덕 몸체입니다. 단열재로 감싸거나 단열재를 이용해서 만든 화덕 몸체의 연소실은 고온을 유지하기 때문에 연소율이 높아지고 연기도 적게 나옵니다. 연소실과 불꽃이 타오르는 공간은 흙이나 모래, 막돌, 벽돌, 철과 같이 열을 빼앗는 성질을 갖고 있는 차고 무거우며 밀도가 높은 재료를 사용하지 않아야 합니다. 밀도가 낮고 가볍고 공기층이 많은 단열저로 연소실을 만들거나 감싸야 하죠. 참고로 모래보다는 흙이, 흙보다는 철로 만든 화덕 몸체가 열손실이 더 크다는 점 기억해두시기 바랍니다. 단열재로는 주로 재나 톱밥 또는 왕겨와 섞은 진흙, 내화단열벽돌, ALC(경량기포 콘크리트) 블럭, 고열 팽창시킨 부석(일명 펄라이트Pearlite), 질석(일명 Vermiculite) 등을 사용합니다.

작은 화구

화구는 연소실 입구이자 장작을 넣는 장작투입구 역할을 하는 불문입니다. 공기가 들어가는 공기주입구이기도 합니다. 효율적인 조리용 화덕의 경우 화구의 크기는 12×12에서 25×25cm 정도로 우리가 익히 보던 화덕의 화구보다 훨씬 작습니다. 연소실을 작게 만들고 화구 역시 작게 만들면 장작이 연소되면서 뜨거운 상승기류가 발생하기 때문에 그 결과 화구에 강한 흡입력이 만들어집니다. 빠르게 주변의 공기를 빨아들이게 되는거죠.

사람들은 산소공급이 잘 돼야 불이 잘 붙는다고 생각합니다. 하지만 사실은 그렇지 않습니다. 나무는 자체에 43~44%의 산소를 가지고 있습니다. 장작이 연소될 때 필요한 산소의 상당한 양을 나무 자체로 공급합니다. 그 나머지 필요한 공기만을 외부로부터 공급받습니다. 나무가 연소되는 데에는 생각보다 많은 산소가 필요치 않습니다. 너무 많은 불필요한 외부의 차가운 공기가 들어가면 연소실 내부를 냉각시키게 되고 고온연소를 방해합니다. 적절하게 연료와 공기의 비율을 조절해야 하기 때문에 큰 화구보다는 작은 화구가 적당합니다. 뒤에서 다시 다루겠지만 공기주입량은 화구의 크기, 연소실의 크기, 굴뚝의 직경이나 높이, 장작받침 밑의 재처리공간, 별도의 공기주입구 크기나 위치, 바람문(Damper) 개폐 여부에 따라 달라지게 됩니다. 연소와 그 이후 연소가스의 배출흐름에 따른 흡입력 변화에 따라 공기흡입량이 달라지기도 합니다.

다용도 장작받침

잘 만든 화덕은 장작받침을 갖고 있습니다. 장작받침은 장작을 연소실 바닥에서 띄워줍니다. 이렇게 장작을 띄워주면 재를 청소하기 쉽겠죠. 연소실 안으로 장작을 꽉 채워넣을 때에도 장작받침 밑으로 연소에 필요한 공기가 안정적으로 들어갑니다. 공기주입구 역할도 하는 거죠. 장작 사이사이로 공기가 잘 들어가게 되고 나무가 타면서 발생하는 휘발성 연소가스와 공기가 혼합되면서 와류를 일으키게 됩니다. 뿐만 아니라 달궈진 장작받침은 연소실 안으로 주입되는 공기를 미리 데워주는 역할을 합니다. 이렇게 장작 밑으로 공급되는 1차 공기가 예열되어 안정적으로 공급되면 장작은 고온연소되고 발열량

장작받침은 재가 잘 빠지
도록 석쇠 형태로
만든다.

그림 1-4_공기투입을 원활하게 만들고 재청소를 쉽게 하는 장작받침

도 커집니다. 장작받침의 중요성에도 불구하고 우리가 주변에서 보는 화덕들은 장작받침 없이 연소실 바닥 위에 장작을 바로 올려 놓기 때문에 공기주입도 안정적이지 못하고 연소실 바닥으로 연소열을 빼앗기게 됩니다.

장작받침의 높이는 연소에 필요한 1차 공기가 원활히 주입되는 여유 공간을 만들어주는데, 보통 화구가 정사각형일 경우 화구의 1/4~1/3 높이가 적당합니다. 단 화덕마다 가장 효율적인 높이는 조금씩 달라집니다.

별도의 공기주입구

보통 화구에 끼워 넣은 장작받침 밑의 벌어진 공간이 공기주입구 역할을 합니다. 그러나 독일기술자들이 남아프리카 스와질랜드에서 보급하고 있는 사자화덕이나 북미나 북유럽·러시아 벽난로, 중국의 개량 화덕 등은 장작을 넣는 화구 외에 별도의 공기주입구를 만듭니다. 물론 안정적인 공기의 주입과 동시에 손쉬운 재청소를 위한 다용도 구조로 재청소구 역할도 합니다. 공기주입구의 위치는 화구보다 낮은 위치에 있어야 하고, 연소실 안쪽의 장작받침 바로 밑으로 연결되어 있어야 합니다. 별도 공기주입구의 크기는 화구 크기의 1/2이 적당합니다.

2개의 바람문(Damper)

화덕의 화력은 장작의 양과 연소실 안으로 주입되는 공기의 양에 달려 있습니다. 주입되는 공기의 양은 장작받침 밑 여유공간, 별도의 공기구멍, 화구의 크기, 굴뚝의 크기나 높이, 열기통로 등 다양한 구조에 의해 영향을 받습니다. 화덕의 구조는 일단 만들고 나면 변경할 수 없습니다. 그러나 공기주입구와 굴뚝 밑부분에 바람문을 달아두면 투입되는 장작의 양이나 요리의 필요에 따라 적절하게 연소실 안으로 들어가는 공기의 양을 조절할 수 있습니다. 장작 소비를 줄일 수 있고 화력을 조절할 수 있다는 얘기죠. 보통 바람문은 굴뚝에만 장착한다고 알고 있지만 공기주입구와 굴뚝 또는 열기통로 등 다양한 곳에 설치할 수 있습니다. 잘 만들어진 바람문은 단계별로 공기량을 조절할 수 있게 만들어져 있습니다. 바람문을 최소 2곳 이상에 달아 공기 주입량과 연소가스의 배출량을 적절하게 조절하면 20%까지 나무 연료를 절약할 수 있답니다. 바람문은 금속으로 만들거나 돌, 석판으로 만듭니다.

산소공급이 부족하거나 지나치게 많은 연소가스(연기, 그을음, 휘발성 가스)가 발생할 경우 불완전연소의 원인이 됩니다. 반대로 지나치게 많은 공기가 주입되어도 연소효율이 떨어집니다. 바람문의 역할은 적절한 양만큼 산소를 공급해서 휘발성 연소가스와 완벽하게 뒤섞이게 만드는 데 있습니다. 뿐만 아니라 연소실을 비롯한 화덕 몸체 안의 뜨거운 연소가스와 연소물질이 너무 빨리 굴뚝으로 빠져나가지 않고 적절하게 체류할 수 있도록 만드는 데 있습니다. 바람문을 설치할 경우, 간혹 불에 직접 닿아 뜨거워진 바람문을 손

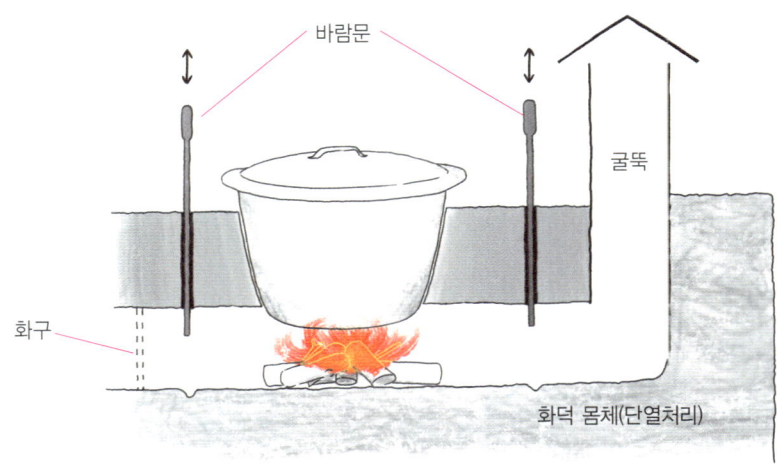

그림 1-5_공기와 연소가스의 흐름을 조절하는 2개의 바람문

으로 직접 만져 화상의 원인이 되기 때문에 바람문을 조절하는 데 충분한 경험과 기술이 필요합니다.

공기 예열 구조

불의 세기, 즉 화력은 나무가 고온으로 붕괴되면서 만들어내는 숯과 휘발성 나무가스가 연소되면서 방출하는 열량에 따라 변합니다. 연소가스, 즉 나두가스와 공기를 적절히 뒤섞어주고 난기류를 일으켜주면 2~3차 재 연소를 유도할 수 있고 연소효율은 높아지고 고온연소가 일어납니다. 연소 온도가 10도 올라갈 때마다 화력은 50% 증가합니다. 연소 온도에 큰 영향을 미치는 요소는 주입되는 공기의 온도입니다. 차가운 바람이 부는 추운 겨울보다 뜨거운 바람이 불어오는 여름에 불을 피우면 쉽게 불이 붙습니다. 나무가스화덕이나 거꾸로 타는 T-Lud 화덕과 같은 개량 화덕, 북미식 벽난로는 주입되는 공기를 1~2차로 나누고 최소한 2차 공기를 예열해서 적절한 시점, 적절한 위치에 공급해주어 화덕 안의 연료를 깨끗하게 고온 완전연소시킵니다. 1차 공기는 화구나 장작받침 바로 밑 공기주입구를 통해 주입됩니다. 2차 공기가 주입되는 적절한 시점은 나무가 고온 붕괴되어 숯과 휘발성 나무가스로 분해된 후 불꽃을 일으키되 아직 연소되지 않은 나무가스와 뒤섞여 있을 때입니다. 2차 공기가 주입되는 적절한 위치는 장작이 타고 있는 1차 연소 지점이 아니라 불꽃이 타오르는 연소실 중간 이상 윗부분입니다. 2차 주입 공기는 화덕 몸체 안쪽을 우회하는 별도의 통로를 만들어 2차 공기가 그곳을 통과하면서 연소실 내부의 열르 예열되게 만듭니다.

열기배출지연턱(Baffle)

열기배출지연턱은 굴뚝을 가진 다구 화덕에서 필수적인 구조입니다. 배출지연턱은 화덕 내부의 대류열을 증가시키고, 열기와 화덕 내부에 연소가스가 체류하는 시간을 늘려줍니다. 때로는 열기가 흘러가는 방향을 조절하거나 열흐름을 차단하고 솥바닥으로 향하는 복사열과 전도열을 증가시켜줍니다. 무엇보다도 곧바로 굴뚝으로 곧바로 빠져나가는 열 배출을 지연시켜주는 역할을 합니다. 1983년 프라사드Prasad 박사가 누오나Nuona화덕에 배출지연턱을 설치하고 측량한 결과 첫 번째 솥자리의 경우 50%, 두 번째 솥자리의 경우 180% 열효율이 높아졌다고 합니다. 굴뚝을 가진 철판화덕에도 배출지연턱을 대신하는 구조가 있습니다. 굴뚝으로 연결되는 연도가 낮은 위치에 있습니다. 전통구들은 윗목개자리를 깊게 파고 굴뚝으로 연결된 연도를 구들 고래보다 낮은 위치에 뚫는데 역시 열기배출지연턱과 같은 역할을 합니다. 효율 좋은 주물 벽난로에도 열기가 굴뚝으로 곧바로 빠져나가지 않게 하는 열기배출지연판이 있습니다.

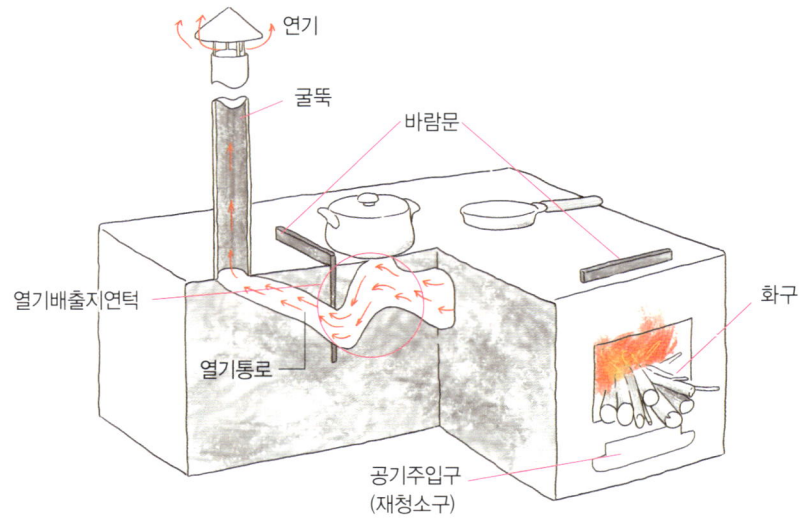

연기

굴뚝

바람문

열기배출지연턱

열기통로

화구

공기주입구
(재청소구)

그림 1-6_연소가스의 체류시간을 늘려주는 열기배출지연턱

안쪽으로 경사진 솥받침

화덕 개량 원조사업은 연료절감형에서 점차 고발열 화덕으로 관심이 이동했습니다. 좋은 화덕은 당연히 연료도 절약하고 발열률도 좋고 대기오염이 없어야겠지요. 이후엔 깨끗한 주방환경을 위해 굴뚝 설치에 초점을 두게 됩니다. 또 한때는 연소효율을 높이면서도 솥으로 가는 열전도율을 높여 열손실을 최소로 줄이는 방향으로 선회하게 됩니다. 열전도율을 높이고 열손실을 줄이기 위해서는 화덕 위에 얹는 솥받침을 안쪽에서 바깥쪽으로 사선으로 기울게 벌려 설치해야 합니다. 즉 솥받침 내부의 직경이 안쪽 밑에서부터 위로 올라갈수록 점점 커지는 구조가 되어야 크기가 다른 솥이나 냄비, 팬 등을 화덕 몸체와 솥 사이에 빈틈을 줄이면서 불편 없이 화덕 위에 올릴 수 있습니다. 이렇게 솥자리를 만들면 좁은 틈 사이로 뜨거운 연소가스가 마찰을 일으키며 지나가기 때문에 열전

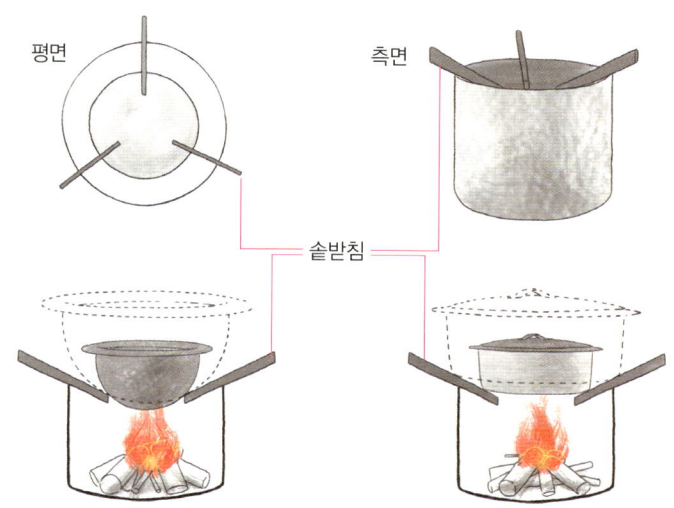

평면

측면

솥받침

그림 1-7_안쪽으로 경사진 세발 솥자리는 다양한 크기 솥을 얹기에 편리하다.

도율이 높아진답니다.

솥 주변을 감싸는 솥치마

화덕을 만들 때 가능하면 솥과 화덕 사이의 간격을 좁게 만들어야 열을 효과적으로 솥에 전달할 수 있습니다. 솥 주변을 솥치마로 감싸서 솥과 솥치마 사이의 좁은 틈으로 뜨거운 연소가스가 흘러가게 만들어도 열전도율을 높일 수 있습니다. 솥치마는 열전도율을 20% 정도 증가시킨다고 하네요. 솥치마 없이 솥이 화덕 안으로 움푹 들어갈 수 있는 구조 역시 열전도율을 높입니다. 화덕과 솥 사이 또는 솥치마와 솥 사이의 좁은 틈으로 뜨거운 열기가 솥의 바닥과 옆면을 훑고 지나면서 솥은 빠르게 뜨거워지고 물은 더 빨리 끓게 됩니다. 간격이 너무 크면 되려 불길은 솥 밑바닥에서만 놀게 됩니다. 너무 좁으면 반대로 불길이 잦아들게 됩니다. 간격을 적당히 좁히되 불이 잘 붙으면서도 열기가

그림 1-8_솥 주변 열기의 흐름과 간격

솥 주변을 훑으면서 빠르게 지나갈 수 있도록 만들어야 합니다. 그래야 솥 주변에 정체된 느리게 움직이는 공기층을 밀어내고 뜨거운 열기를 솥에 잘 전달할 수 있습니다. 굴뚝이 있는 화덕인 경우에는 간격을 좀 더 줄일 수 있습니다. 굴뚝 때문에 빠른 열기의 흐름이 생기기 때문이죠. 굴뚝이 있는 경우 최적의 솥치마 간격은 5mm 정도라고 합니다. 굴뚝이 없는 경우 화구와 연소실의 크기에 따라 한꺼번에 넣을 수 있는 장작량에 따라 최적의 솥치마 간격은 변화합니다. 적절한 솥치마 간격은 대형 가마솥화덕을 소개할 때 표를 통해 자세히 알려드리도록 하겠습니다.(97쪽 표 3-2)

굴뚝의 상승기류 조절

모닥불 한가운데 돌을 받치고 연통을 세우면 이리저리 바람에 따라 춤추던 연기는 연통으로 빨려든 후 연통 위로 솟아오르게 됩니다. 연통 안과 밖의 온도차와 높이 때문에 연통 안쪽에 상승기류가 생겼기 때문입니다. 굴뚝 역시 같습니다.

열기

그림 1-9_굴뚝효과에 의해 상승기류가 생기고 연기와 그을음은 수직으로 솟구친다.

굴뚝의 상승기류는 화덕 안으로 주입되는 공기의 양에 영향을 미칩니다. 굴뚝 직경이 크면 연소가 빠르게 일어나지만 열손실이 커집니다. 연기는 느릿느릿 배출됩니다. 굴뚝 직경이 작으면 너무 빠른 속도로 연소가스가 빠져나가기 때문에 역시 열손실이 커질 수 있습니다. 일반적으로는 굴뚝이 좁은 것보다 넓은 것이 나을 수 있답니다. 굴뚝이 제 역할을 못하면 연기가 역류할 수도 있는데 그 결과 불을 화구 밖으로 토해내게 됩니다. 마찰이 큰 재질로 만든 굴뚝은 그을음과 목탄액이 끼일 수 있어서 점점 굴뚝 직경이 좁아질 수 있습니다. 마찰력이 높아지고 그을음이 끼면 굴뚝 안의 상승기류는 약해집니다.

굴뚝에서 나오는 연기의 양은 초당 0.4~1리터가 적당한데 굴뚝 직경이 10% 증가할 때마다 배연량은 21%씩 증가합니다. 굴뚝의 직경은 그대로 두고 동일한 결과를 낳기 위해서 굴뚝의 높이를 44% 더 높여야 합니다. 연기 배출량을 늘리려면 굴뚝을 높이 세우는 것보다 직경을 크게 하는 것이 유리합니다. 굴뚝 높이는 보통 지붕처마보다 75~80cm 더 높이 세울 것을 권장합니다. 화재 위험을 방지하고 때로 건물 주변에 생기는 하강기류의 영향을 받지 않게 하기 위해서입니다. 굴뚝을 이중관으로 만들거나 단열재로 감싸면 연기를 좀 더 잘 배출시킬 수 있습니다.

동일한 크기의 화구, 연소실, 굴뚝

장작을 넣는 화구, 장작이 타는 연소실, 불꽃이 치솟아 솥바닥에 닿는 연소기둥, 연기가 집 밖으로 빠져나가는 굴뚝은 그 크기(단면적)를 거의 같게 만들어야 합니다. 화구, 연소실, 연소기둥, 굴뚝의 크기가 같아야 연소가스의 흐름이 정체되지 않고 안정적인 연소가 일어납니다. 이렇게 화덕 주요 부위의 크기를 같게 하면 한결같은 불길의 흐름을 만들 수 있습니다. 연소 불길의 원활한 흐름은 화덕을 고온 상태로 유지할 뿐 아니라 뜨거운 열기가 솥으로 잘 전달되게 만듭니다. 솥 주변에 정체된 공기는 열전달을 막습니다. 뜨거운 공기와 연소가스가 빠르게 흐를 수 있어야 열에너지를 충분히 솥에 전달할 수 있습니다. 주의할 점은 화구 외에 별도의 공기주입구를 만들 경우 화구와 공기주입구를 합한 크기와 나머지 구조들의 크기를 같게 만들어야 합니다. 화구와 별도 공기주입구를 통해 들어온 공기를 합친 양만큼 연소실과 연소기둥을 거쳐 굴뚝으로 빠져나가기 때문입니다.

바짝 마른 장작 사용

아무리 화덕을 잘 만든다 해도 습기 많은 생나무를 집어 넣으면 소용 없습니다. 함수율이 67%인 나무와 함수율이 10% 정도로 잘 건조된 나무의 연소열량은 3배 이상 차이가 납니다. 함수율 5% 정도로 바짝 마른 장작의 경우엔 불을 붙이면 곧바로 연소되기 시작합니다. 아무리 잘 만든 화덕이라도 함수율 높은 생나무를 넣거나 비 맞은 나무를 넣으면 이미 붙은 불조차 꺼트려 버립니다.

장작을 연소실 안에 넣을 때는 장작 사이로 공기가 잘 흘러갈 수 있는 틈이 생기도록 서로 어긋하게 배열해서 쌓아야 합니다. 너무 빽빽하게 가지런히 쌓으면 공기가 장작 사이로 공급되지 않아 불이 잘 붙지 않습니다. 단, 별도의 공기주입구가 있는 경우 장작을 비교적 빽빽하게 넣어도 연소에 큰 영향을 끼치지 않습니다.

잘게 자른 나무를 조금씩

화덕만 30년 이상 연구한 사람들이 있습니다. 1976년 아인트호벤Eindhoven 대학 내에 설립된 아프로베초 연구소(Aprovecho Research Center)의 기술이사인 래리 위니아르스키Larry Winiarski 박사와 그의 동료들은 나무화덕만 30년 이상 연구하고 있습니다. 이들이 가장 먼저 연구한 것은 원시적인 돌화덕입니다.

돌화덕은 돌 세 개로 솥 받침을 만들고 그 사이에 장작을 넣고 불을 붙이도록 만든 가장 오래되고 원시적인 개방형 화덕입니다. 중국의 경우 기원전 200년대 진나라 때에 들어서야 몸체를 가진 패쇄형 흙화덕이 등장했다고 합니다. 그 이전까지 수만 년 이상 인류는 돌화덕을 이용해왔습니다. 안타깝게도 가장 간단한 돌화덕은 땔감 낭비가 심합니다. 적은 양의 음식을 조리할 때도 너무 많은 나무가 들어갑니다. 게다가 건강을 해치는 연기와 그을음이 많이 나옵니다. 하지만 연구원들은 돌화덕을 잘만 이용한다면 다른 형태의 화덕들보다 나무도 조금 쓰면서 연기가 적게 나도록 할 수 있다는 것을 알아냈죠. 땔감을 구하기 어려운 건조지대에 사는 부족의 장인들이 솜씨 좋게 돌화덕에 불을 붙이는 솜씨가 그 실마리가 된 겁니다.

땔감이 귀한 지역에 사는 화덕 장인들은 장작 끝이 타들어가는 정도에 맞춰 장작을 조금씩 조금씩 돌화덕 안으로 밀어넣습니다. 이렇게 조금씩만 화덕 안으로 밀어 넣으면 장작이 쓸데없이 한꺼번에 타 버리지 않고 완전연소되는 것을 돕고 연기도 적어지죠. 바로 '연소점 집중'이란 불 때는 기술입니다. 즉, 얇게 자른 장작을 조금씩 단속적으로 공

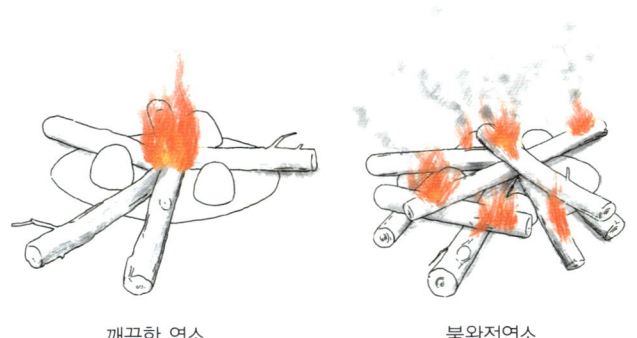

깨끗한 연소   불완전연소

그림 1-10_연소점을 집중하면 깨끗한 연소가 가능하다.

급할 때 연소효율이 높아지게 되는 거죠. 이처럼 화덕에 연료를 공급하는 방법을 단속공급형, 왕겨나 목재 팰릿처럼 계속 조금씩 연료를 투입하는 방법은 계속공급형, 구들 아궁이나 숯가마에 장작 넣듯이 한꺼번에 잔뜩 넣는 방법을 적재공급형이라고 합니다. 구들은 자면서 계속 장작을 넣을 수 없는 노릇이죠. 도기가마나 숯가마도 너무 자주 장작을 넣을 수 없기 때문이죠. 아쉽게도 적재형은 불완전연소될 가능성이 높습니다. 뒤에서 소개할 공간과 바닥난방 겸용 난방장치인 거꾸로 타는 깡통난로그들(Rocket Mass Heater)은 화구가 'J'자 형으로 되어 있어 장작을 위에서 아래로 집어 넣는데 장작이 타는 만큼 점점 중력 때문에 연소실 안으로 들어갑니다. 자동계속공급형이라 해야 할까요. 자주 장작을 넣는 불편함도 해결하고 조끔씩 연소점을 집중해서 장작을 넣어 연소효율도 높이는 연료투입 방법입니다.

TIP   **불 피우는 기술**

  – 가늘고 마른 장작이 연기와 그을음이 적고 화력도 높다.
  – 가늘고 짧은 쿨쏘시개로 불을 붙이고 굵고 긴 장작으로 화력을 유지한다.
  – 불의 높낮이는 장작을 넣는 양과 깊이로 조절한다.
  – 그을음이 많이 날 경우엔 공기주입구를 열거나 장작을 빼서 넣는 깊이를 조절한다.

나무 연소의 비밀

나무는 불이 붙지 않습니다. '말도 안돼'라고 생각할 사람들이 있겠죠. 나무 연소의 비밀은 나무에는 직접 불이 붙지 않는다는 데 있습니다. 나무의 연소과정을 자세히 살펴보면 누구나 알 수 있습니다. 나무는 종이나 불쏘시개로 열을 가하면 나무 조직이 붕괴되

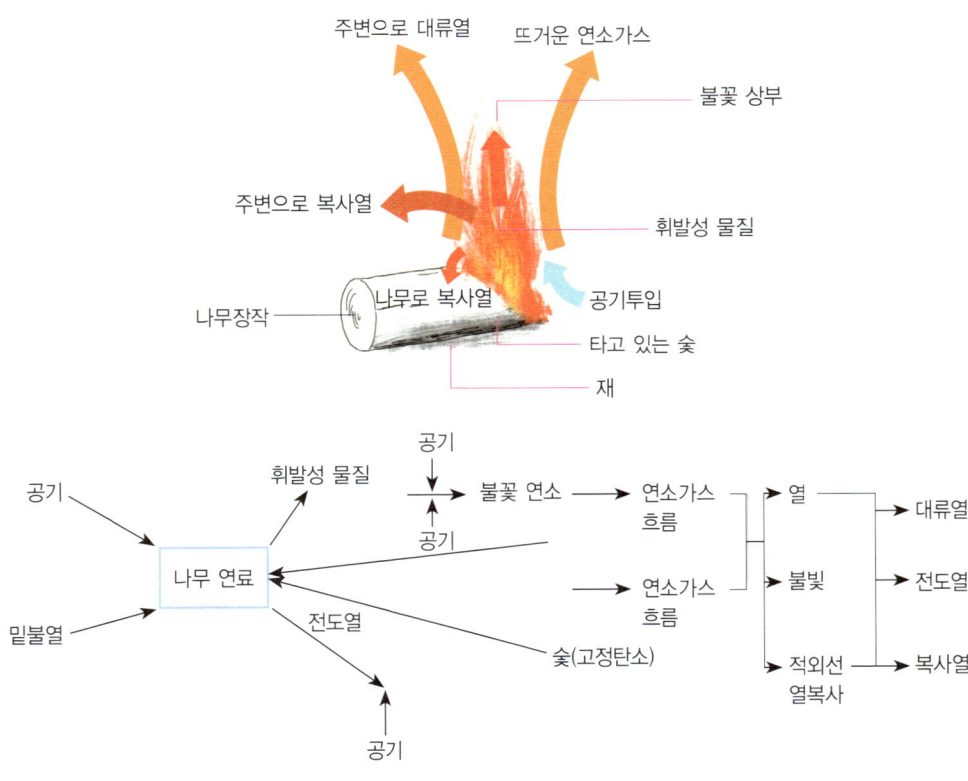

그림 1-11_나무연소 과정 개념도

면서 나무 속에 있던 수증기와 나무기름, 나무가스를 내뿜는데 나무가스가 공기 중의 산소와 만나 드디어 불이 붙습니다. 나무의 연소과정을 단계별로 살펴볼까요?

연소 1단계

불쏘시개나 종이로 밑불을 놓고 자세히 들여다보면 나무에서 제일 먼저 미세한 수증기가 끓어오르는 것을 볼 수 있습니다. 100도가 되면 나무 안에 포함되어 있던 수분이 끓어오르면서 나오는 수증기입니다. 장작 안에 포함된 수분이 많을수록 열에너지 손실이 커집니다. 수증기가 끓어오르고 나면 나무 장작은 불 붙기 딱 좋은 상태로 건조됩니다. 나무에 포함된 수분은 수종에 따라 건조된 목재 중량을 기준으로 50~수백 퍼센트 이상 차이가 납니다. 그런데 수분이 67%인 장작과 수분이 10%인 장작의 열량만 비교해도 3배 이상 차이가 난답니다. 함수율이 67% 이상이면 불이 거의 붙지 않는다고 합니다.

연소 2단계

밑불에 의해 장작 표면의 온도가 100도 이상 올라가면 열분해가 일어납니다. 나무를 이루고 있는 구성 성분이 분해되는 거죠. 목질이 딱딱한 수종의 경우 리그닌lignin이라 불리는 목질소木質素가 22%, 셀룰로우즈cellulose라는 섬유소纖維素 43%, 헤미셀룰로우즈 hemicellulose 35%로 구성됩니다. 목질이 부드러운 수종의 경우는 리그닌 29%, 셀룰로우즈 43%, 헤미셀룰로우즈 28%로 구성되죠. 이들 나무의 주요 구성 요소들이 뜨겁게 가열되면서 분해가 일어납니다. 장작의 표면 온도가 150도 이상 올라가면 휘발성 나무기름이 끓어오르고 옅은 푸른빛이 감도는 잿빛 연기, 즉 나무의 연소가스가 뿜어져 나옵니다. 이때 휘발성 물질이 녹아 반액체 상태인 그을음(Tar)도 함께 생깁니다. 이때까지 불은 붙지 않은 상태입니다.

나무의 구성 요소를 분자 수준에서 성분을 분석해보면 대략 탄소 50%, 산소 44%, 수소 6%와 그밖의 무기질들로 이루어져 있습니다. 산화칼슘, 이산화나트륨, 망간, 규사, 산화철, 산화알루미늄, 칼륨 등 무기질들은 소량이지만 나무 연소 후에 더 이상 타지 않는 재로 변합니다. 어떤 나무는 재가 되는 무기질을 1% 정도만 가지고 있습니다. 왕겨는 재가되는 성분을 20~25%나 포함하고 있습니다.

연소 3단계

150도 이상의 고온에 이르게 되면 나무만 타는 것이 아닙니다. 휘발성 나무가스와 반액체 상태의 그을음과 함께 산소도 타게 됩니다. 우리가 숨 쉬는 공기 중에 20%는 산소인데 산소는 일정한 온도에 도달하면 어떤 물질과도 결합해서 불이 잘 붙도록 도우면서 스스로도 연소됩니다. 주변 공기와 혼합되기 시작한 휘발성 물질은 연소 한계에 도달하게 되며 재차 붕괴되기 시작합니다. 충분한 열이 가해지면 불꽃이 일어나며 드디어 열을 내뿜게 됩니다. 이전까지는 열을 흡수하는 과정이라면 이제서야 열을 내뿜는 발열단계에 들어서는 거죠. 이 열에 의해 더 많은 휘발성 물질이 연소 붕괴되면서 다시 불꽃을 내

표 1-1_나무가스 연소 중 성분 변화와 발열량

1	C	+	O_2	→	CO_2	+		178,430kJ
2	C	+	CO_2	→	$2CO$	–		78,210kJ
3	$2C$	+	O_2	→	$2CO$	+		100,230kJ
4	$2CO$	+	O_2	→	$2CO_2$	+		256,640kJ
5	$2H_2$	+	O_2	→	$2H_2O$	+		219,300kJ
6	C	+	HO_2	→	CO	+	H_2	–	59,540kJ
7	C	+	$2H_2O$	→	CO_2	+	$2H_2$	–	40,870kJ
8	CO	+	H_2O	→	CO_2	+	H_2	+	18,670kJ

고 열을 내뿜는 과정이 반복됩니다. 온도가 높아질수록 분해온도가 각기 다른 다양한 휘발성 물질이 열분해되면서 지속적으로 온도를 상승시킵니다. 활활 타는 불꽃은 연소가스와 공기의 혼합으로 이루어져 있습니다. 아직 연소되지 않은 휘발성 물질 사이로 뜨거운 공기가 쉬게 되면 더 고온 상태로 연소가 일어나게 됩니다. 225~300도에 도달하게 되면 연소과정은 앞서 말했듯이 흡열반응에서 발열반응으로 바뀌면서 열손실에 비해 더 많은 양의 열을 내뿜게 됩니다. 이후 연속적인 휘발성 물질과 그을음 연소가 계속 진행됩니다.

나무가스와 그을음 등 휘발성 물질을 방출한 탄소덩어리인 숯은 활활 타는 불꽃의 열에 의해 연소가 시작됩니다. 숯을 이루고 있는 이산화탄소는 고온 속에서 일산화탄소로 바뀌었다 다시 뜨거운 2차 공기와 혼합되면서 이산화탄소로 바뀌기를 반복하며 초고온의 열을 내뿜습니다. 이때 파랗거나 잿빛이거나 때로는 검은 연기가 솟아오릅니다. 일산화탄소를 포함한 연기와 그을음은 독성이 있습니다. 나무가 점점 타들어가면서 점차 장작 바깥쪽부터 고온 상태로 붉게 달아오르고 드디어 나무가스에 노랗거나 붉은 빛의 불꽃이 생깁니다. 이때 마지막으로 일산화탄소는 다시 초고온 상태에서 이산화탄소로 바뀌면서 숯은 븕고 밝게 달아오릅니다. 고온의 열기가 치솟지만 더 이상의 연기도 큰 불꽃도 보이지 않게 되고 다만 투명하면서 파랗거나 푸른빛의 불꽃만 보이게 됩니다. 이 푸른 불꽃은 초고온 상태에서 일산화탄소가 연소되면서 이산화탄소로 바뀔 때 생기는데 이 상태가 되면 더 높은 온도의 열을 내면서 숯이 붕괴되고 다시 나무가스를 내뿜으며 연소됩니다. 이후 일산화탄소와 이산화탄소, 산소가 뒤범벅이 된 초고온의 연소가스는 공기 중의 수소 분자와도 결합하면서 800도 이상의 고온으로 치닫습니다. 그리고 장작은 마지막으로 재를 남깁니다. 이와 같이 깨끗하게 고온 연소되는 나무는 적당한 시간 차를 두고 이러한 과정이 순차적으로 일어납니다.

불완전연소의 원인

불완전연소는 순차적인 연소과정이 방해받을 때 일어납니다. 연소되고 있지 않은 나머지 부분의 나무가 너무 빨리 가열된 후 발화되지 못할 경우나 방출된 나무가스에 불이 붙을 만큼 화덕 연소실 내부가 고온 상태가 되어 있지 않은 경우에 연기와 유독 가스가 많이 나오는거죠. 불완전연소의 결과입니다. 나무가스에 불이 붙은 후 충분한 산소가 공급되지 않아도 역시 불완전연소가 일어납니다. 나무 속의 탄소가 산소와 결합하면서 고온 연소될 때 산소 공급이 부족해도 연기가 많이 나오고 일산화탄소를 내뿜게 됩니다. 화덕 안으로 너무 차가운 공기가 많이 들어와도 마찬가지로 불완전연소가 일어납니다. 젖은 나뭇잎이나 덜 마른 가지를 넣을 때도 불안전연소가 일어납니다. 습기는 말 그대로 불과 상극입니다. 급격하게 연소온도를 떨어트리고 불이 꺼지게 만들고 연기를 내뿜게 만듭니다.

불 잘 피우는 기술

'연소점 집중' 기술은 불완전연소가 일어나지 않게 하고 순차적으로 연소되도록 하는 기술입니다. 장작이 타들어가는 만큼 장작을 조금씩만 화덕 안으로 밀어 넣으면 아직 타지 않은 나무 부분, 가열 건조되고 있는 나무 부분, 나무가스가 발생하는 나무 부분, 불타고 있는 나무 끝, 뜨겁게 이글거리는 숯, 고온 연소되고 있는 불꽃이 순서대로 놓이게 됩니다. 밑불에 의해 나무가 가열되면서 나무 안의 습기가 증기로 방출된 후 나무가 적당히 건조되어 나무가스가 발생되고 여기에 불이 붙고 고온의 숯이 생기고, 이 숯 층을 통과하면서 다시 나무가스가 산소와 결합해서 불꽃이 생기고 이산화탄소가 일산화탄소로 변환되면서 연소되는 일체의 연소과정이 너무 빠르지 않게 순서에 맞게 일어나도록 하면 깨끗하고 완전한 고온연소가 일어납니다. 이것이 바로 불을 잘 피우는 비법 중에 비법입니다.

TIP
깨끗한 연소를 위한 세 가지 조건

깨끗한 연소를 위해 갖춰야 할 세가지 조건은 시간, 온도, 난기류(와류)입니다. 고온 연소가 되려면 산소와 나무가스가 최대한 뒤섞여야 합니다. 산소와 나무가스 분자가 제각각 적당한 짝을 찾을 수 있는 시간이 필요합니다. 너무 빨리 가열되어 산소와 충분히 결합하지 못한 채 너무 많은 나무가스가 나오면 불완전연소가 됩니다. 가스 분자가 나무 조직으로부터 분리되어 자유롭고 빠르게 이동하면서 산소와 결합할 수 있도록 높은 온도로 가열되어야 합니다. 산소와 짝을 이룬 나무가스는 미친듯이 날뛰며 난기류를 일으키게 됩니다. 개량 화덕은 화구와 연소실 내부 크기를 다른 화덕들에 비해 상대적으로 작게 만듭니다. 그 이유는 너무 많은 차가운 공기가 주입되지 않게 하기 위해서입니다. 사실 연소에 필요한 공기의 양은 장작의 18~20% 정도입니다. 연소실 내부로 차가운 공기가 너무 많이 들어가지 않도록 해야 연소실 내부를 높은 온도로 유지할 수 있습니다. 연소실과 연소기둥을 단열하는 이유도 마찬가지로 산소와 나무가스가 잘 결합할 수 있도록 높은 온도를 유지하기 위해서입니다. 뜨거운 연소기둥 안에서 뜨거운 산소와 나무가스는 가벼우면서도 강렬한 상승기류를 만들면서 이리저리 휘돌아치며 난기류(와류)를 만듭니다.

2

세계의 개량 화덕들

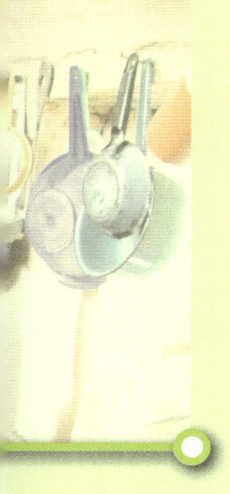

세계의 개량 화덕들

　　화덕에 대한 탐구는 귀농생활에 필요한 효율적인 화덕을 찾기 위해서였습니다. 첫 도착지는 전세계에 가장 많이 알려진 로켓화덕이었습니다. 그 다음은 바닥난방과 공간난방을 동시에 해결할 수 있는 로켓매스히터라는 깡통난로구들, 세 번째는 우리의 구들이었습니다. 구들의 나라에서 신화와 전통에 대한 맹목적 오만과 타자에 대한 무지를 보았습니다. 다시 서구의 벽난로를 찾아나섰습니다. 그곳은 우리가 무시해왔던 미지의 세계였습니다. 벽난로 속의 뜨거운 연도를 지나며 문명의 다름은 있어도 우열은 없음을 깨달았습니다. 신은 동서양 어디에나 불에 대한 지혜를 허락했던 것입니다. 한동안 길을 잃었던 탐구는 세계의 화덕 전통으로 이어졌습니다. 세계의 전통 화덕들은 새로운 지평을 열어주었습니다. 수많은 개량 화덕뿐 아니라 현대적 주방의 화덕들은 각 지역의 기후와 토양, 목재와 재료들, 고유한 건축과 주방문화 속에서 오랫동안 빚어진 화덕 전통을 현재화시키고 있습니다.

전통 화덕들

전세계의 화덕 개량사업이 전통 화덕으로부터 지혜를 구하게 된 것은 결코 우연이 아닙니다. 전통 화덕은 가장 오래된 화덕의 원형이기 때문입니다. 세계의 전통 화덕들을 발견하면서 화덕 속에 담겨진 각 지역의 문화와 기후와 자원을 엿보게 됩니다. 민중의 삶에 끼치는 화덕의 사회적·경제적·환경적 영향을 생각하게 됩니다. 다양한 화덕의 그림들 속에서 화덕을 만들어낸 장인들의 과학적 지식과 경험을 읽습니다. 로켓화덕 외에 수많은 개량 화덕들과 벽난로·오븐·현대적 화덕들은 모두 우리가 관심을 가지고 면밀히 살펴보고자 하는 전통 화덕들의 유산입니다.

전통 화덕들은 각 지역의 주방문화, 구체적으로 주식과 주요 요리, 사용하는 주방기구에 따라 그 형태들을 달리합니다. 이외에도 음식과 농수산물 가공 등 상업적이거나 산업적 목적에 따라 그 모양과 구조가 변합니다. 지역마다 손쉽게 구할 수 있는 연료(나무, 왕겨, 톱밥, 옥수수 속대, 소똥 등)의 종류에 따라 화덕의 변주는 또다시 일어납니다.

전통 화덕은 이동형과 고정형으로 나뉩니다. 솥자리가 몇 개인가에 따라 1구, 2구, 3구, 4구 화덕이 있는데 1~2구 화덕까지는 주로 가정용으로 사용되고 3~4구 이상은 상업적이거나 산업적 용도를 위해 사용되는 화덕입니다. 용도에 따라 단목적 화덕과 다목적 화덕이 있습니다.

솥받침은 몇 개인지, 굴뚝은 있는지, 굴뚝이 있다면 그 위치에 따라, 연소실에서 굴뚝으로 이어지는 연도의 높이는 얼마인지, 솥치마의 유무, 장작받침이나 잿구멍·별도의 공기구멍은 있는지, 그 크기와 위치, 화구와 별도로 잿구멍이나 공기구멍은 구분되어 있는

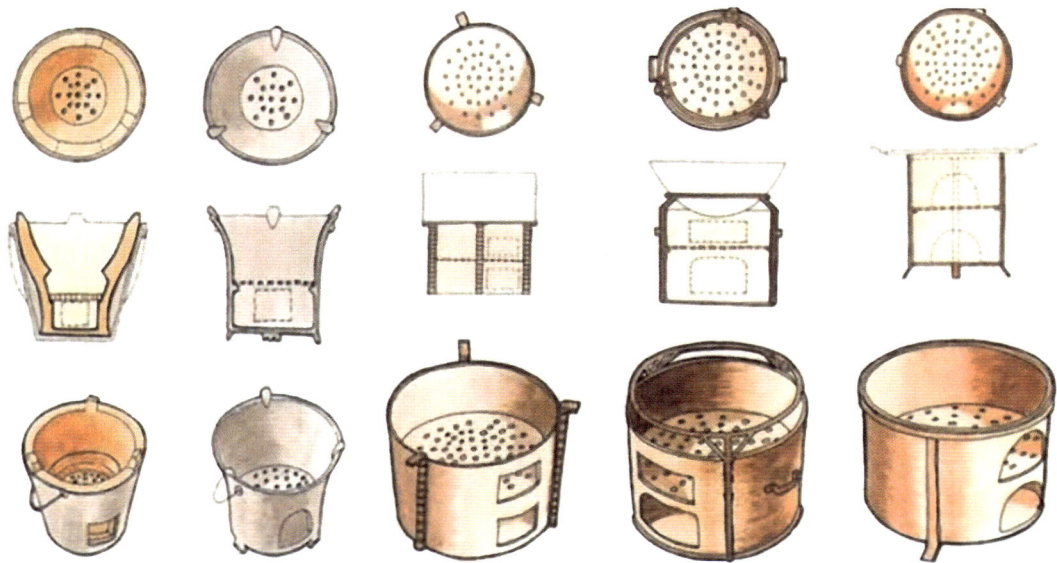

그림 2-1_이동형 화덕들

지, 연소실의 크기가 얼마인지, 화구의 모양과 크기·갯수 등등 다양한 구조에 따라 전통 화덕의 그림들은 현란하게 바뀝니다. 전세계 화덕들의 현란한 명화들 앞에 서 있다 보면 우리나라 아궁이나 일본의 가마토가 초보적인 모델일 뿐이라는 사실을 인정하지 않을 수 없습니다. 자, 전통 화덕의 그림들을 마음껏 감상해보면서 꼼꼼히 분석해보세요. 그림은 어줍잖은 글보다 더 많은 정보를 담고 있기 때문입니다. 그리고 화덕에 요리를 하고 있는 전세계 사람들의 모습을 상상해보십시오.

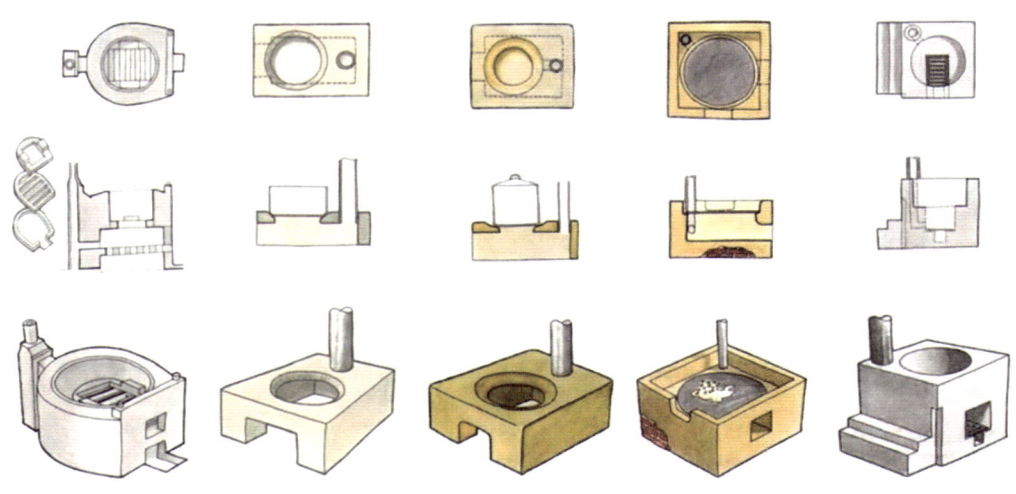

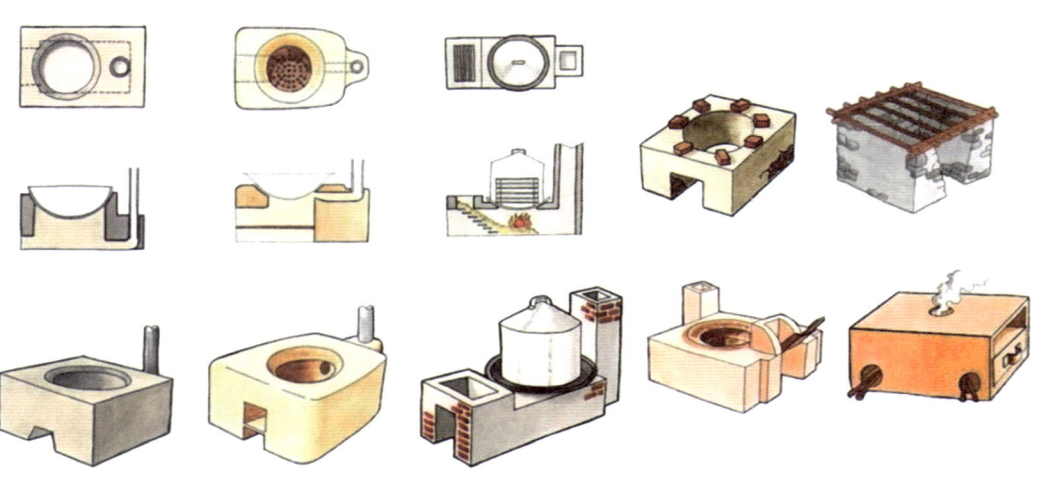

그림 2-2_솥자리가 하나인 단구 화덕들

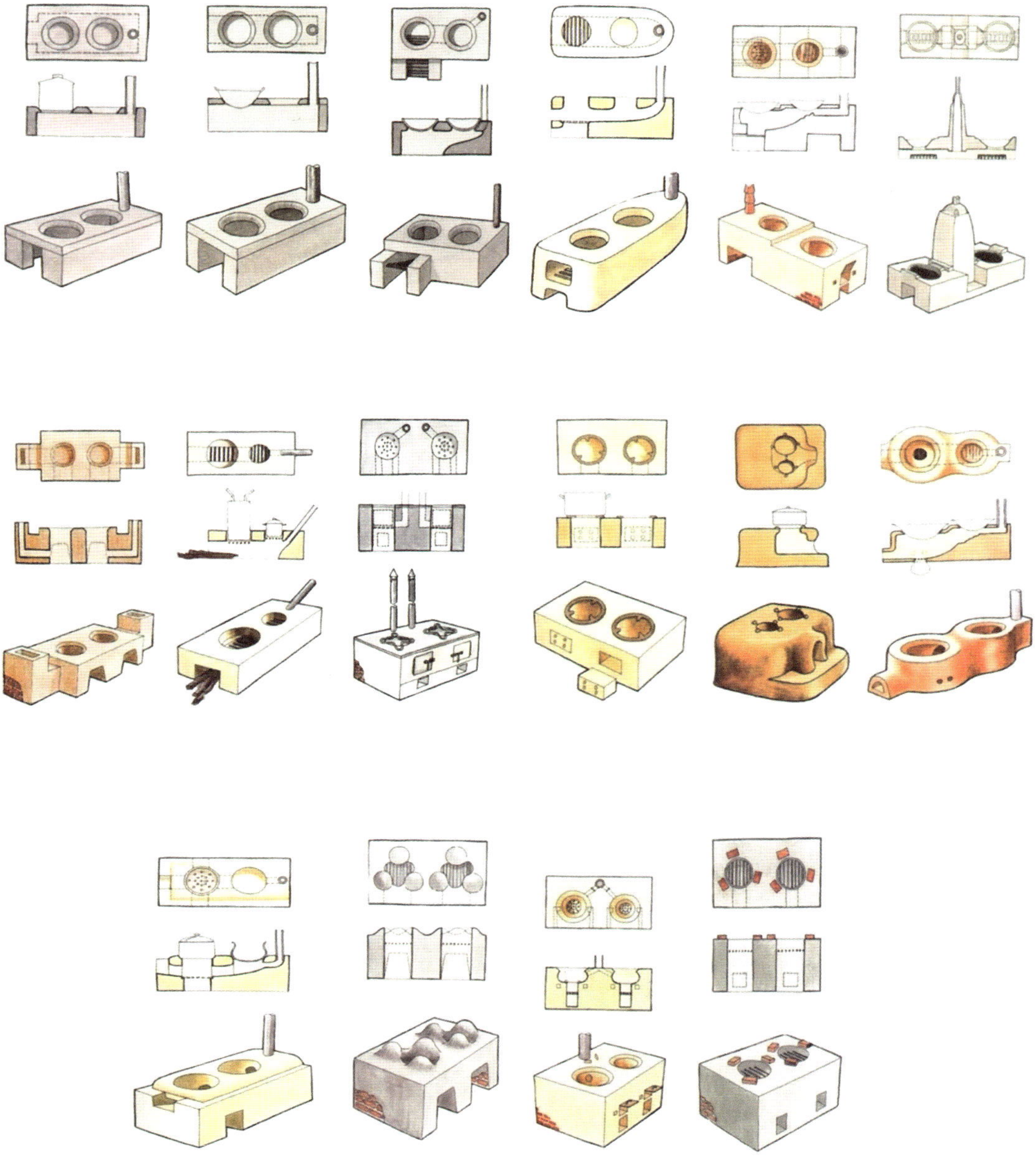

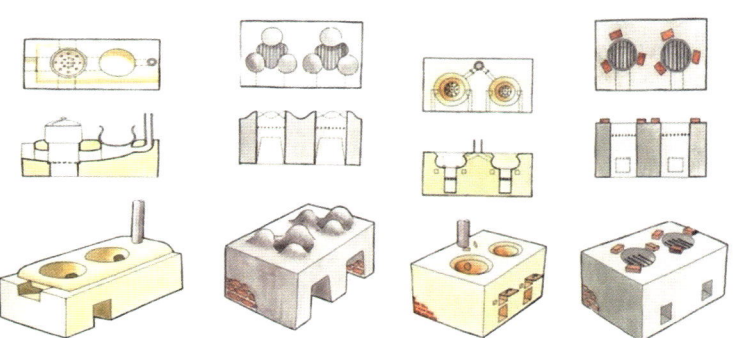

그림 2-3_솥자리가 두 개인 2구 화덕들

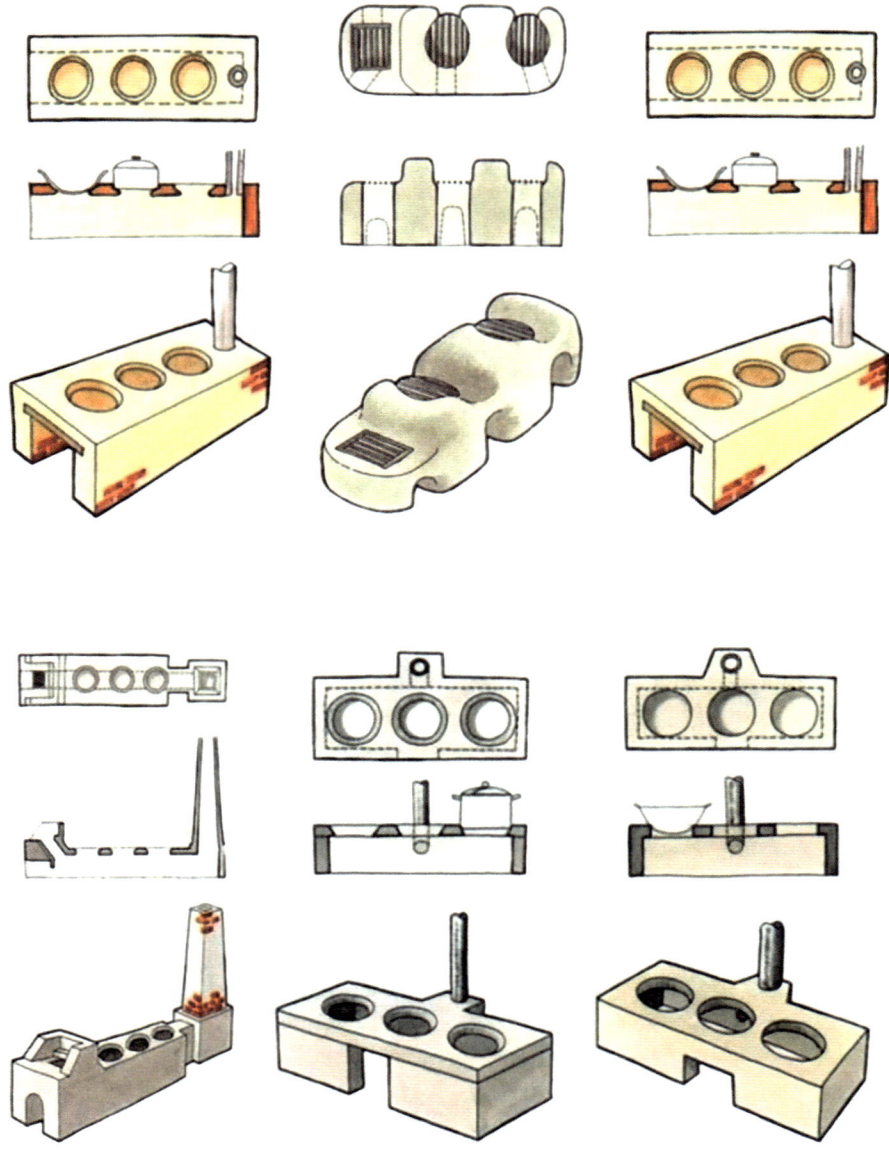

그림 2-4_ 솥자리가 세 개인 3구 화덕들

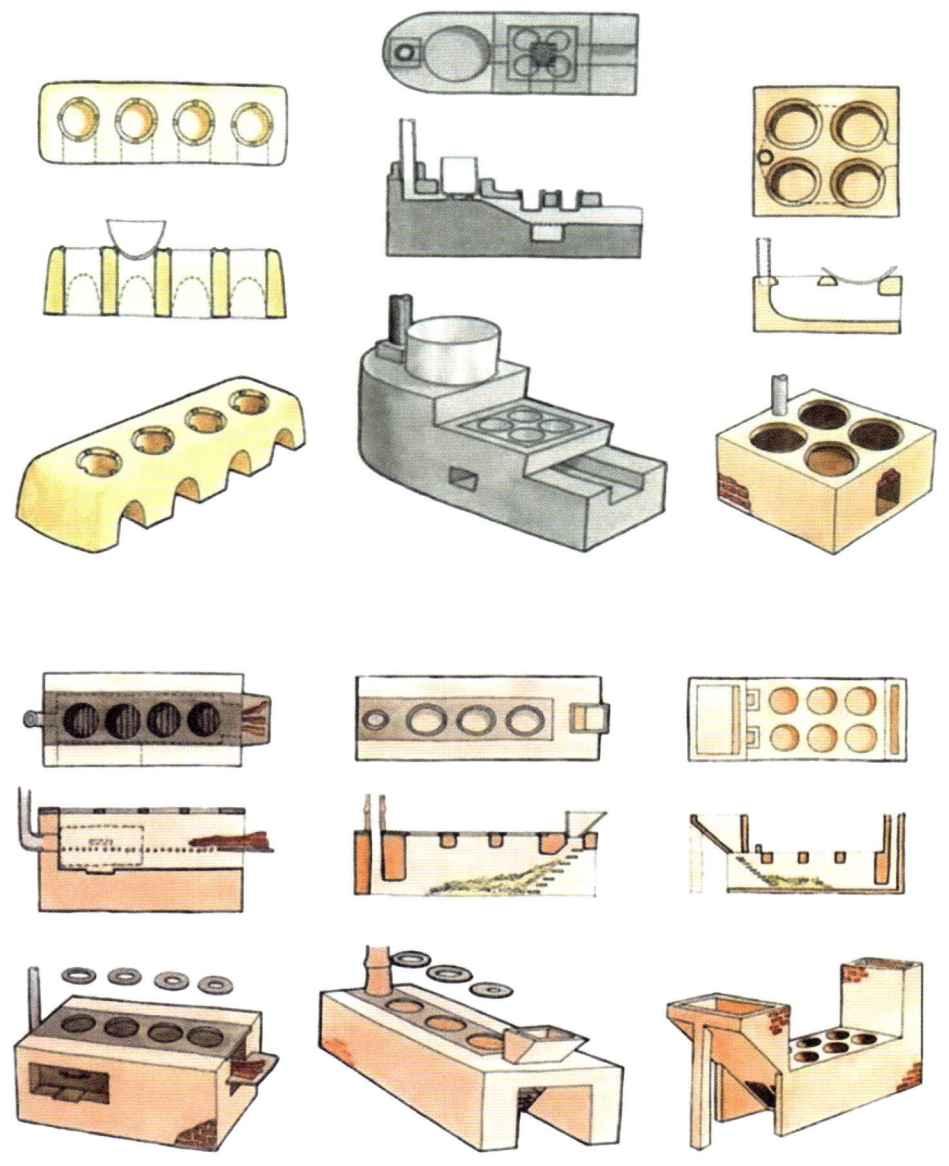

그림 2-5_솥자리가 네 개인 4구 화덕들

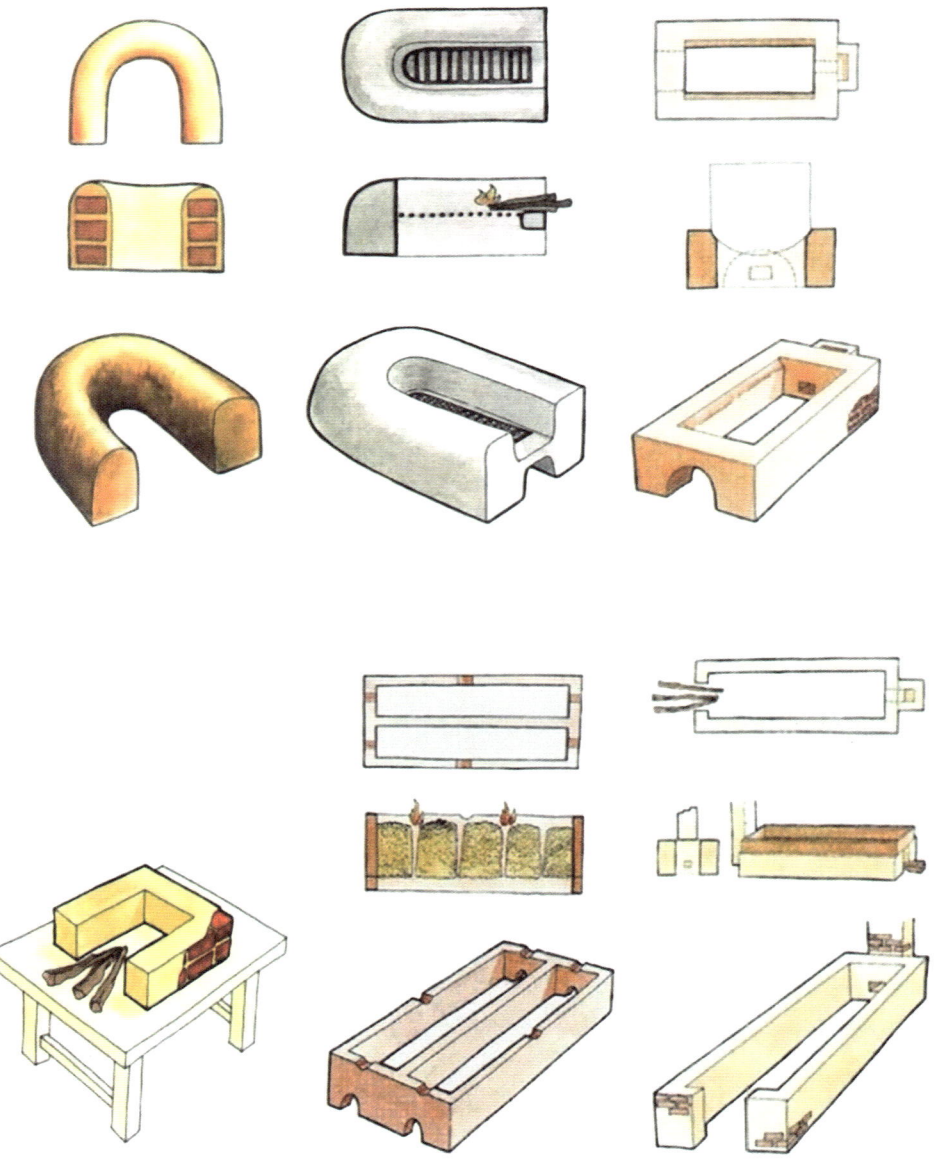

그림 2-6_말발굽형 화덕들

점화본능을 일깨우는 화덕의 귀환

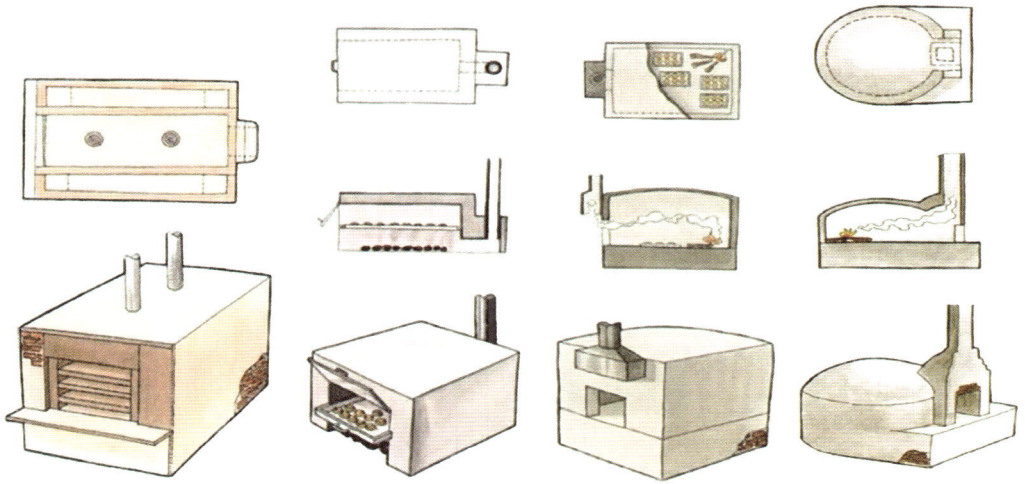

그림 2-7_오븐 화덕들

아프리카의 개량 화덕

여기에 소개하는 화덕들은 아프리카의 전통 화덕을 개량한 화덕들입니다. 개량 전통 화덕 가운데 특히 열효율과 연료 절감률이 높은 화덕만을 선별하였습니다. 아프리카에도 고정형 화덕이 있지만 특히 이동이 편리한 소형 1구 화덕이 발달했습니다. 사냥과 유목생활의 영향으로 화덕의 이동이 편해야 하기 때문입니다.

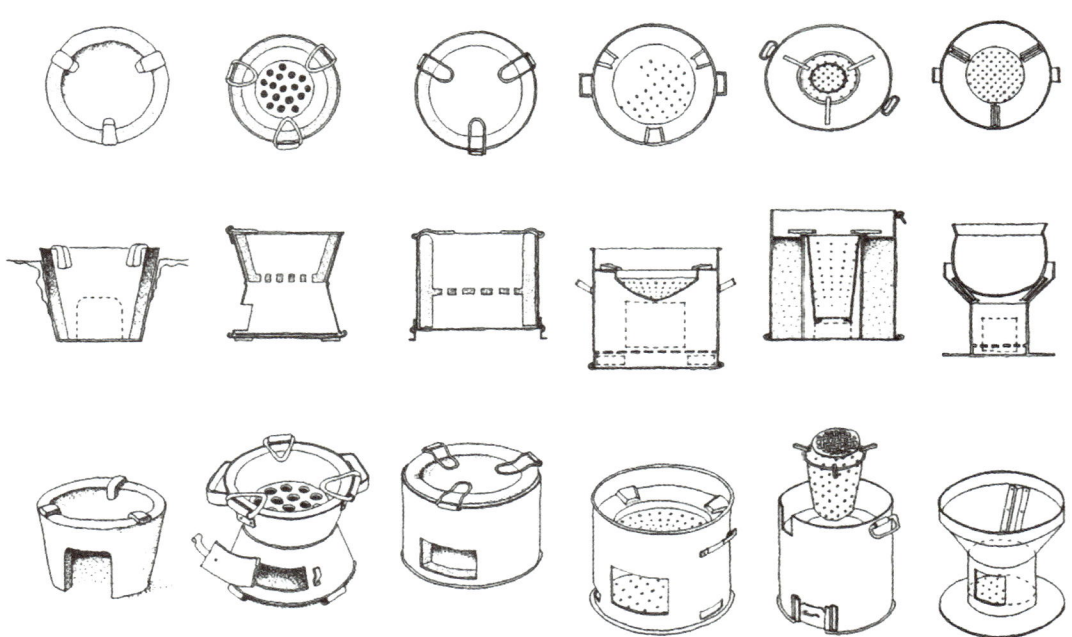

그림 2-8_아프리카의 효율 좋은 개량 전통 화덕들. 왼쪽에서부터 순서대로 만델레오, 지코, 블랙파워, 칼루움, 쵸쵸, 카틴베 냄디화덕

케냐의 만델레오Mandeleo화덕은 진흙과 모래를 이용해서 주로 장인이나 여성들이 만듭니다. 바닥 직경이 250mm, 솥자리 쪽 윗부분 직경이 300mm입니다. 장작을 연료로 사용하는데 열효율은 24~30%이고 연료 절감률은 40~60% 정도입니다. 이러한 유형의 화덕은 인근 국가에 널리 확산되어 있습니다. 케냐의 지코화덕은 진흙, 깡통철판, 시멘트와 단열재인 질석 혼합 반죽을 사용합니다. 화덕 아랫부분이 직경 280mm, 허리부분이 254mm, 윗부분이 305mm입니다. 주로 도기공이나 도기공

그림 2-9_숯을 연료로 사용하는 케냐의 지코화덕

장, 작은 철공소에서 만듭니다. 숯을 주 연료로 사용하는데 열효율은 30%, 연료 절감률은 25~50% 정도 수준입니다.

우간다의 블랙파워화덕은 진흙·금속·주물, 단열재인 질석을 사용해서 만듭니다. 숯, 톱밥, 농업부산물을 압착시킨 구공탄을 주 원료로 사용합니다. 열효율은 26~33%, 연료 절감률은 50~65%로 제법 높은 편입니다.

기니아를 비롯한 인근 국가에서 사용하는 칼로움Kaloum화덕은 주로 장인들이 깡통철판을 이용해서 만듭니다. 숯과 장작을 연료로 사용하는데 숯을 사용할 경우 열효율은 35%에 이릅니다. 연료 절감률은 50~55% 정도로 높은 편입니다.

짐바브웨 농촌과 난민촌에서 주로 사용되는 쵸쵸Tsotso화덕은 금속과 질석을 이용해서 주로 용접공이나 철물공장에서 만듭니다. 연료로는 작은 나무조각과 쓰레기, 농업부

산물 압착 구공탄 등을 사용합니다. 열효율은 23%, 연료 절감률은 30~60%에 이릅니다. 연료는 화덕 위에서 넣는 방식이고 빠른 속도로 요리를 할 수 있습니다.

르완다와 인근 국가들에서 사용하는 카팀베 냠디Katinbe Njamndi화덕은 주로 나무를 연료로 사용합니다. 깡통 철판이나 폐드럼통 등을 이용해서 철공소에서 만듭니다. 열효율은 20~30%, 연료 절감률은 40~50% 수준입니다.

중남미의 개량 화덕

　　이름을 다 헤아릴 수 없는 수많은 나라가 밀집된 라틴아메리카. 포르투칼과 스페인의 식민지로 제국주의의 착취를 겪은 나라들, 원주민인 인디오, 인디오와 남유럽계 혼혈인들인 메스티조. 식민지 시대 아프리카에서 강제로 내던져진 흑인들의 후예와 그 혼혈들, 격심한 빈부격차와 정치적 혼돈, 그런 상황 속에서 새로운 정치적 비전을 만들어가는 곳, 대규모 커피 농장들, 춤추며 축구를 즐기는 낙천가들, 옥수수와 밀이 주식이고 또띠아를 구워먹는 사람들, 중남미에 대한 나의 조각난 지식과 이미지들이죠. 과연 그들의 화덕은 어떻게 생겼을까요? 중남미에도 이동형 화덕이 없는 것은 아니지만 주로 솥이나

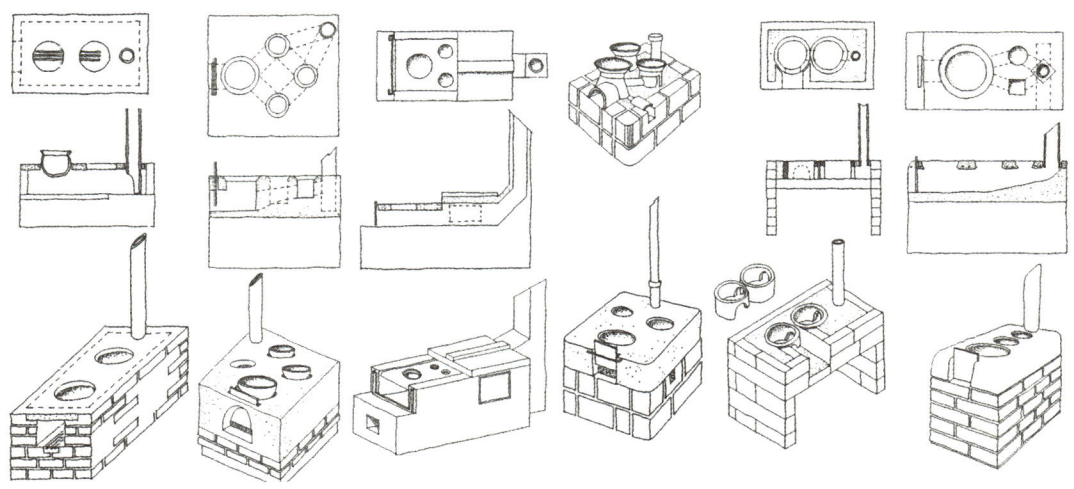

그림 2-10_라틴아메리카의 개량된 다구 화덕들. 왼쪽부터 순서대로 페루화덕, 로레나, 포브로코, 에코텍 루럴, 포곤 실린드리코, 끠란디아화덕

팬을 여러 개 얹을 수 있는 고정형 다구 화덕이 발달해 있네요. 1980년대 2차 화덕 개량 사업 이후에 다구형 전통 화덕들을 개선한 개량 전통 화덕들이 널리 보급되었습니다. 최근엔 철판화덕과 다구 화덕을 겸할 수 있는 로켓화덕인 져스티나Justina화덕이 새롭게 보급되고 있답니다. 중남미 화덕 역시 개량 전통 화덕 중에 재래 화덕에 비해 열효율과 연료 절감률이 높은 화덕을 골라 소개하도록 하겠습니다.

첫 번째 소개할 화덕은 페루화덕입니다. 화덕의 이름은 따로 없답니다. 나무, 콩과식물인 캐럽Carob 줄기와 상록교목인 사포테Sapote 줄기를 연료로 사용합니다. 주로 볕에 말린 흙벽돌과 콘크리트를 이용해서 만듭니다. 벽돌로 화덕 벽체를 쌓고 솥자리만 남겨두고 콘크리트로 상판을 만듭니다. 화덕은 보통 1100×900×800mm 크기입니다. 연료 절감률은 40~50 퍼센트 정도네요.

도미니카 공화국의 로레나Lorena화덕은 장작을 사용합니다. 진흙·모래·돌·철판·연통을 이용해서 화덕을 만듭니다. 돌로 화덕 기초를 만들고 솥자리와 열기통로를 남겨두고 진흙과 모래를 섞은 반죽을 담틀 다지듯이 다져서 화덕 몸체를 만듭니다. 연료 절감률이 50%나 되네요. 이 화덕의 특징은 3~4개 이상의 솥자리를 서로 거미줄처럼 연결한 열기통로 구조입니다. 열기통로는 뒤로 연결될수록 경사지게 높아지면서 연통으로 연결됩니다. 연통 바로 밑에는 역류를 막고 재를 거를 수 있도록 깊은 연통 구덩이가 있습니다. 우리의 전통 굴뚝 밑에 있는 굴뚝 개자리와 같은 역할을 하는 것으로 보입니다.

파라과이의 포브로코Fobloco화덕은 장작을 사용합니다. 철판·연통·벽돌·흙벽돌 등을 재료로 사용합니다. 높이 800~1150mm, 너비 600~700mm, 길이 1300~1500mm로 꽤 큰 화덕이네요. 연료 절감률은 50~60%로 아주 높은 편입니다. 화구 하나에 3개의 솥자리가 있어 연통으로 열기가 빠져나가기까지 남은 잔열을 최대한 사용할 수 있기 때문입니다.

그림 2-11_져스티나화덕이 있는 주방

과테말라의 에코텍 루럴Ecotec Rural화덕은 장작과 농업부산물을 연료로 사용합니다. 에코텍Ecotec이란 사회적 기업이 만든 화덕이라 회사명을 따서 이름을 붙였네요. 화덕 기초와 벽면은 주로 돌로 쌓고 솥자리와 열기통로, 화구, 연소실은 구운 도기로 만듭니다. 그밖에 부분은 진흙으로 채워서 만듭니다. 연료는 재래 화덕에 비해 최대 61%까지 줄일 수 있습니다.

에콰도르의 포곤 실린드리코Fogon Cilindrico화덕은 장작을 연료로 사용합니다. 시멘트 블럭이나 볕에 말린 흙벽돌, 깨진 유리, 말똥, 시멘트, 단열재인 푸마이스Pumice, 철제 깡통, 돌, 모래, 철판, 연통 등으로 화덕을 만듭니다. 화덕은 1200×700×1000mm 정도 크기입니다. 예상 외로 연료 절감률은 이용하기에 따라 70%에 다다릅니다. 단열재로 철제 실린더 연소실 주위를 감싸기 때문에 열손실이 그만큼 적어 고온 연소가 가능하기 때문입니다.

엘살바도르의 핀란디아Finlandia화덕은 라틴아메리카 전역에서 사용되던 로레나화덕의 변형 화덕입니다. 나무, 옥수수 속대, 농업부산물을 연료로 사용합니다. 구운 흙벽돌과 진흙, 말똥, 철 등을 재료로 사용합니다. 높이 220mm, 너비 600mm, 길이 1,300mm 정도의 크기로 제법 큰 편에 속하는 화덕입니다. 열효율과 연료 절감률은 각각 30% 입니다.

아시아의 개량 화덕

아시아 국가들 상당수는 벼를 주작물로 경작하여 쌀을 주식으로 삼고 있습니다. 중국과 인도의 문화적 영향이 강한 지역이기도 합니다. 유교와 불교, 힌두교, 이슬람 등 다양한 종교가 때에 따라서는 식문화를 제약하고 있는 곳이기도 하죠. 아시아에도 이동형 화덕과 다양한 다구 화덕들이 있습니다. 사실 그 어떤 지역보다 다양한 화덕의 보고이기

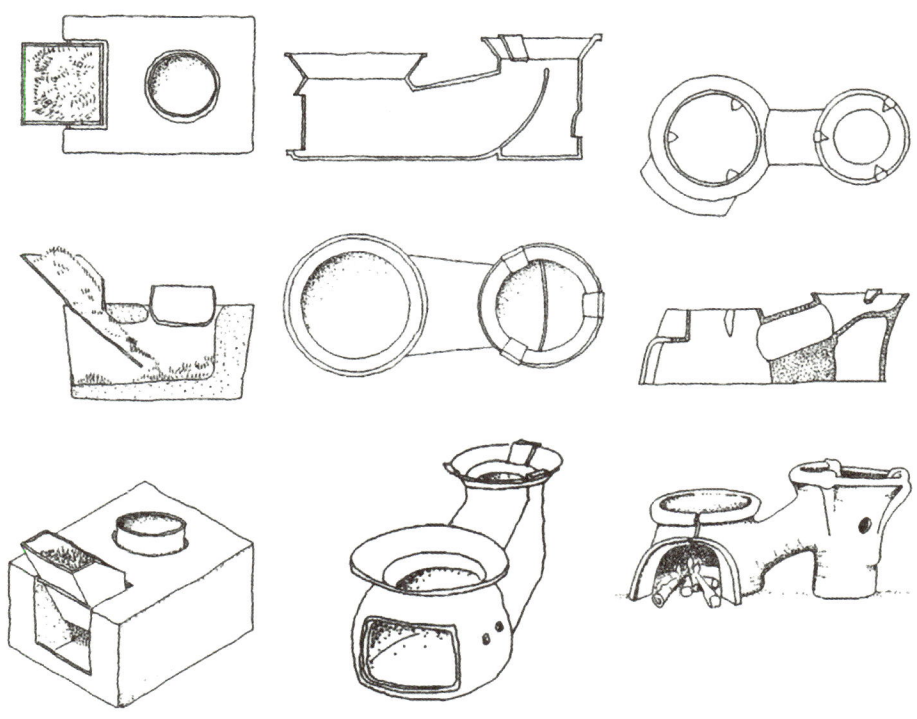

그림 2-12_왼쪽부터 베트남 왕겨·퉁쿠·아나기 화덕

도 합니다.

아시아 지역에서는 쌀 문화권답게 왕겨를 연료로 사용하는 화덕들이 많습니다. 베트남의 왕겨화덕은 진흙·모래·왕겨숯·철근·시멘트 등으로 만듭니다. 왕겨를 사용하는 화덕들은 왕겨를 자동투입하기 위해 경사진 화구를 가지고 있는 점이 특징이죠. 보통 화구는 45도 경사지게 만드는데 철판으로 만들거나 철근을 넣어 진흙반죽으로 만듭니다. 화덕 몸체엔 왕겨숯(일명 훈탄)을 섞은 진흙과 모래 반죽으로 만드는데 단열에 도움이 됩니다. 화덕 재료에도 왕겨가 쓰입니다. 열효율은 10~15% 이내로 그다지 좋지는 않습니다. 또한 굴뚝을 설치한다고 해도 왕겨가 타면서 독특한 훈향을 실내로 내뿜습니다. 훈향에는 타르와 페놀이 섞여 있기 때문에 실내에서 사용하긴 좀 곤란하겠네요.

인도네시아 퉁쿠Tungku화덕은 독특한 이동형 2구 화덕입니다. 현대적으로 생산되는 개량 화덕의 원형이 되기 때문에 여기서 소개하지 않을 수 없네요. 장작을 연료로 사용하는데 주로 진흙으로 형태를 만든 후 700~800도에서 구워 도기로 만듭니다. 도공들이 만들 수밖에 없겠죠. 이 화덕은 굴뚝을 연결할 수도 있고 굴뚝 없이 사용할 수도 있답니다. 실내에서도 사용할 수 있고 실외에서도 사용할 수 있겠지요. 열효율은 21% 정도입니다.

스리랑카의 아나기Anagi화덕은 화덕 세계에서 제법 유명한 화덕이랍니다. 이 화덕 역시 솥자리가 두개인 이동형 2구 화덕입니다. 나무조각, 장작, 잔가지, 왕겨, 코코넛 껍질 등 다양한 연료를 사용하는 잡식성입니다. 진흙으로 형태를 만든 후 가마에 구운 도기 형태로 화덕을 만듭니다. 열효율은 17.4%, 연료 절감률은 24~28%르 그리 높지 않군요. 그러나 아나기화덕 역시 꽤 쓸 만한 현대적 개량 화덕들의 원형이랍니다.

중국의 개량된 전통

'중국국가 화덕 개량공정' 보고서에 따르면 중국의 전통 화덕을 개량한 개량 화덕은 1982~1992년 사이 1억 2,900만 명이 사용하고 있습니다. 놀랍지 않습니까. 세계 제2의 강대국인 중국의 농촌에 아직도 수많은 사람들이 화덕을 사용하고 있다니! 개량 화덕 외에 전통 화덕 사용자까지 계산하면 화덕 사용인구는 더 많겠지요. 이 화덕들은 주로 나무와 농업부산물을 연료로 사용합니다. 이 기간 동안 개량 화덕의 놀라운 보급률은 같은 시기 다른 국가들의 화덕 개량사업 결과에 비하면 월등한 수준입니다. 아무리 중국의 인구가 많다 해도 중국 농촌 인구의 50% 정도가 개량 화덕을 사용하고 있는 셈이지

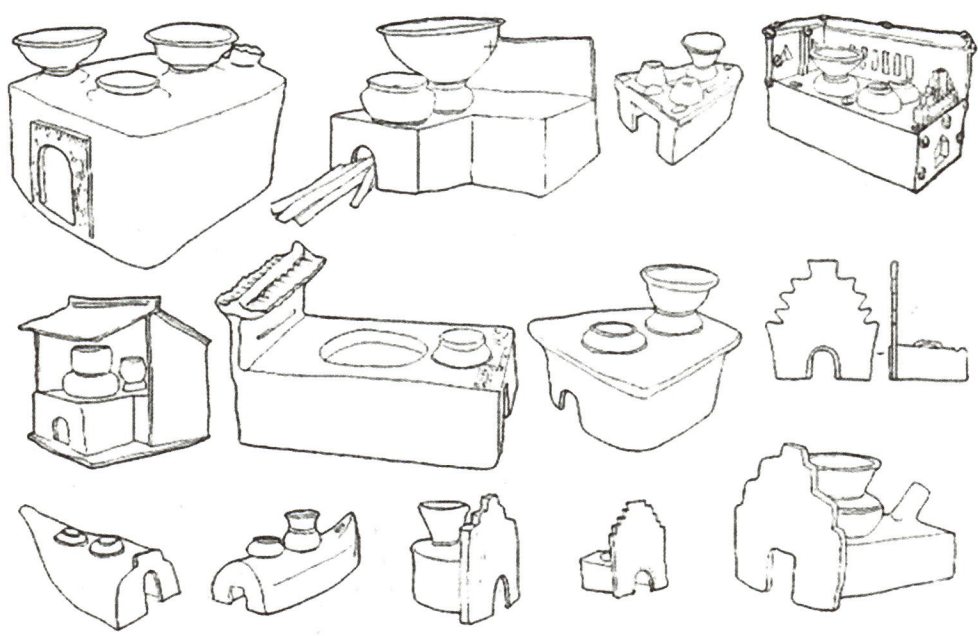

그림 2-13_중국 각 지역의 전통 화덕들

요. 더 놀라운 점은 1980년대 전세계에 보급된 개량 화덕의 90%가 중국에서 사용되었다는 점입니다. 어떤 나라들은 개량 화덕 도입을 주저하거나 우리나라처럼 확실하게 새마을운동과 함께 진행된 주택 개량사업을 통해 장작화덕을 내던져 버릴 때, 중국은 전통을 개량해 현재에도 사용합니다. 전통이란 단지 과거의 유산으로 남을 때보다 개선하여 현재화할 때 진정한 가치가 있는 것이겠지요. 우리는 너무 쉽게 전통 유산을 내버리거나 더 이상 개선 없이 과거에 묻어두고 예찬만 하고 있지는 않은지 되돌아봐야겠습니다.

"산이 깊을수록 푸르고, 숲이 많을수록 충분한 장작이 있다"란 중국 속담이 있답니다. 근대 이전 중국 사람들은 언제나 숲에서 쉽게 장작을 구할 수 있었습니다. 그러나, 지난 수백 년 동안 인구의 증가에도 불구하고 산림보호 없이 장작에 쓰기 위해 나무를 남벌한 데다 전통 화덕들은 효율이 낮았습니다. 중국의 지난 속담이 맞아 떨어지던 시대는 지나가버렸습니다. 1970년대 초 중국인들은 효율 낮은 전통 화덕 때문에 너무 많은 산림자원이 훼손된다는 사실을 깨닫게 됩니다. 산림자원이 고갈되어 심각한 사회적 문제로 대두되기 시작했습니다. 중국 산림의 1/3이 화덕 속으로 들어가버렸습니다. 지난 과거에는 농부가 뒷산에서 장작을 구할 수 있었지만 나중엔 인근 산까지 가서 나무를 해와야 했죠. 곧 인근 산림이 고갈되어 멀리 떨어진 산까지 가서 장작을 해와야 하는 처지가 된 겁니다. 아이들은 더 먼 거리까지 나무를 하러 가야 했기 때문에 학교를 갈 수 없을 때도 많아졌다고 하네요. 산림의 훼손은 물의 고갈로 이어졌고 토양이 침식되는 결과를 낳았습니다. 1980년대 초 광범위한 화덕에 대한 조사연구가 중국에서 시작됩니다. 다양한 종류의 연료절감형 화덕들이 생산되고 농촌 지역에 보급되기 시작합니다.

중국 정부는 시간이 지나면서 개량 화덕의 연구와 생산·보급을 국가적 계획으로 통합시켰습니다. 전 국가에 걸쳐 '개량 화덕 체험센터'를 세웠습니다. 중국 각지의 성에서 단체별로 체험센터를 찾도록 독려했습니다. 화덕 인증제도를 만들기도 하고 표준설계도를 만들어 보급하는 작업도 진행되었습니다. 중앙정부와 지방정부 차원에서 개량 화덕 제작 교육과정을 개설해서 화덕 전문가들을 육성했습니다. 화덕 전시회와 회의가 조직되었으며 다양한 화덕도해서가 발간되어 보급되었습니다. 1993년 무렵에는 1억 4,000만 명이 개량 화덕을 사용하게 되었습니다. 주방의 환경은 개선되었고 산림은 복원되기 시작했습니다.

중국의 각 성 정부가 개발한 연료절감형 개량 화덕들은 전통 화덕을 계승하고 있지만 많은 점에서 차이가 있습니다. 연소실은 보다 효과적으로 연료를 연소시킬 수 있게 설계되었습니다. 보다 완전한 연소를 위해서 장작받침이 장착되었고, 잿구멍과 연통을 부착했습니다. 지나치게 연통으로 열기가 빠져나가는 것을 방지하기 위해 열기배출지연구조를 장착했습니다. 이 덕분에 개량 화덕은 열효율은 10~25% 더 높아지고 연료는 최소 1/3~1/2을 줄일 수 있었습니다. 주방의 연기는 사라졌습니다. 널리 알려진 일화에 의하면 신부는 결혼하기 전 신랑이 개량 화덕을 갖고 있는지 물었다고 합니다.

중국의 개량 화덕 가운데 푸젠성의 화덕을 잠깐 살펴보도록 하겠습니다. 중국 남동부 푸젠성은 문제점이 많았던 전통 화덕을 개량해 'PT 모델'이란 복합 화덕을 만들어 보급했습니다. 전통 화덕은 벽돌과 진흙으로 만들었는데 많은 약점을 갖고 있었죠. 전통 화덕은 화덕 윗부분을 감싸 열기가 골고루 솥 밑을 훑도록 하는 '열기고리'를 진흙으로 만들었는데 자주 균열이 생겨 부스러졌습니다. 열효율도 낮고 내구성도 낮았습니다. 이를 개선하기 위해 만들어진 PT 모델 화덕은 굴뚝이 달린 1구 화덕인데 열기고리를 주철로 바꾸었습니다. 이렇게 주철 장작받침과 열기고리가 있는 점이 우리의 전통 화덕과 다른 점입니다. 물론 강제송풍할 수 있는 풍로자리가 있는 점도 우리의 화덕과 다른 점이지요. 열기고리는 장작의 열기가 곧바로 굴뚝으로 빠져나가지 않고 솥 밑바닥 열기통로를 휘돌아 훑고 지나게 해서 열효율을 높이는 역할을 합니다. 풍로자리는 별도의 공기주입구를 통해 연소실 안으로 강제 송풍할 수 있도록 나무로 만든 풍로를 놓을 수 있는 자리입니다. PT 모델 화덕은 1988년 푸젠성 핑탄현 정부의 지역에너지거발부에서 개발했습니다. PT 모델은 두 가지 변형이 있는데 PT-I은 굴뚝이 앞쪽에 있고, PT-II는 굴뚝이 뒷쪽에 있습니다. 최근까지 1만기의 화덕이 핑탄현과 이웃지역에 보급되어 사용되고 있습니다.

PT 모델 화덕은 숙련된 기술자 1.5명이 하루 만에 만들 수 있다고 합니다. PT 화덕은 직경 62cm 가마솥 안에 담겨진 5kg 중량의 물을 0.5~0.6kg의 장작으로 8~10분 만에 끓일 수 있을 정도로 효율이 좋습니다.

중국에서 개량 화덕의 기적적인 보급은 중국 정부가 개량 화덕의 중요성을 충분히 알고 있었기 때문입니다. 중앙정부, 각급 단위 지방 정부에 화덕 개량사업을 위한 정부조직을 만들어 강력히 추진했습니다. 또한 각급 단위조직별로 특별재정을 마련했습니다. 과학적 연구기관은 지속적으로 화덕을 조사하고 효율 좋은 화덕을 개발했습니다. 단지 지역 연료에 적합한 화덕만을 개발하는 데 그치지 않고 각 지역의 주방문화와 사용자들의 요구를 반영해서 화덕을 개발했습니다. 개량 화덕은 표준화할 수 있도록 했고 대량생산의 기초가 되었습니다. 또한 각 지방정부의 전문기술자가 집집마다 사용지도를 하고 수리 등 서비스를 제공했습니다. 즉 중국에서 화덕 개량사업은 중국 정부의 에너지관리와 에너지경제정책 차원의 중요 사업이었습니다.

저는 푸젠성 핑탄현의 개량 화덕이 갖고 있는 열기고리 구조를 개량형 단열화덕인 로켓화덕에 장착해서 효율 좋은 대형 가마솥화덕을 만들어 사용하고 있습니다. 음성의 차홍도 목사님이 이끄시는 농촌선교교육원과 담양 창평 슬로시티 삼지내 마을에도 열기고리를 장착한 가마솥화덕을 워크숍을 통해 만들었습니다. 구조와 시공방법은 뒤에서 대형 가마솥화덕을 본격적으로 소개할 때 자세히 다루도록 하겠습니다.

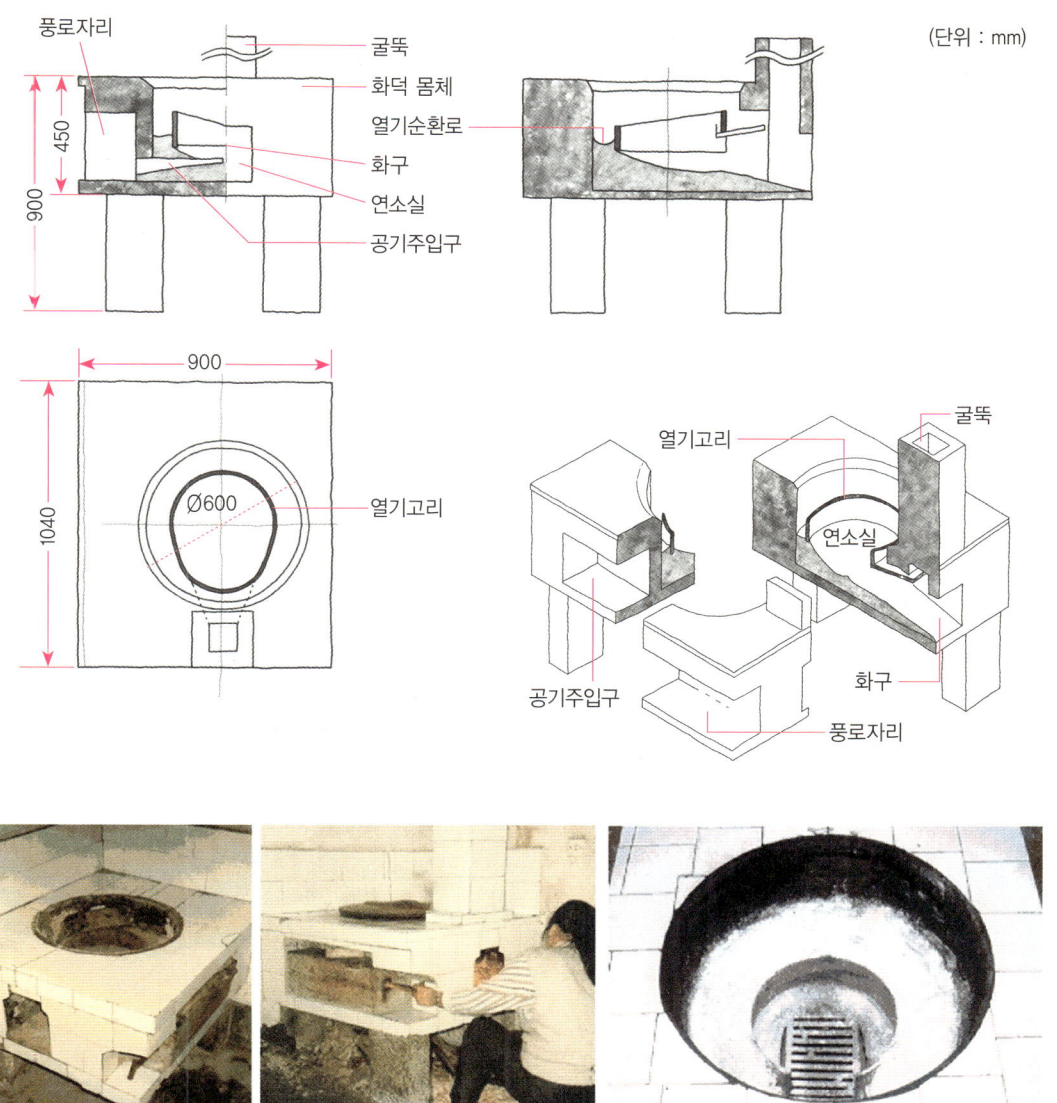

풍로자리

굴뚝

화덕 몸체

열기순환로

화구

연소실

공기주입구

450

900

(단위 : mm)

900

Ø600

1040

열기고리

열기고리

굴뚝

연소실

공기주입구

화구

풍로자리

그림 2-14_중국 푸젠성에 보급된 개량 화덕 PT-I

3

숲과 사람을 생각하고 만든 화덕

숲과 사람을 생각하고 만든
화덕

중남미, 동남아시아, 아프리카의 원주민들을 포함해서 전세계 70% 이상의 사람들이 아직도 나무를 난방과 요리에 사용하고 있습니다. 전세계 수많은 환경단체들이 이들에게 로켓화덕(Rocket stove)을 비롯해 다양한 개량 화덕을 보급하는 데 많은 노력을 기울이고 있습니다. 개량 화덕은 적은 땔감으로도 충분한 열량을 낼 수 있기에 화목으로 사라지는 숲과 산림자원을 보호할 수 있기 때문입니다. 연기와 그을음이 적게 나기 때문에 나무화덕을 사용하는 수많은 사람들의 건강을 개선할 수 있습니다. 나무를 구하기 어려운 건조지역에서 비싼 땔감을 사느라 가난한 사람들의 가계는 더욱 악화되어 왔습니다. 그러나 개량 화덕은 기존 화덕들보다 1/4~1/10 정도 적은 땔감으로 요리를 할 수 있기 때문에 연료비를 줄일 수 있어 경제적 상태를 개선시킬 수 있습니다. 간단히 만들 수 있고 같은 연료로 두 배 이상의 효과를 내기에 일주일치 땔나무로 2주 이상 사용합니다. 40리터의 물을 가열하는 데 전에는 1시간 이상을 가열해야 했지만 개량 화덕이 보급된 이후에는 20분이면 물을 끓일 수 있게 되었습니다.

밥할 나무도 귀하던 시절

"나무 해대기 보통 성가신 게 아녀. 구들은 구들대로 화목보일러는 고것대로 나무 잡아먹는 귀신잉께 부러워할 꺼 하나 읍써. 벌써 몇 차 해댄지 몰러. 지금이야 어찌어찌 해댄다지만서도 더 나이들면 어쩐당가."

방마다 구들 놓고 화목보일러 연결해서 사는 문충선 선배를 부러워할라치면 으레 그는 손사레를 치며 말하곤 합니다.

귀농해서 집 지을 맘을 갖고 있다면 대개 구들이나 화목보일러 놓을 생각을 한번쯤 하죠. 기름값이 널뛰듯 춤추던 몇 해를 겪고 나서는 '에너지 위기'가 팍팍 실감나니 다들 어쩌겠습니까. 하지만 구들 놓기도 쉽지 않고 나무 해대기도 보통 일이 아니라니 막상 집 지을 때면 구들은 고사하고 화목보일러 놓기도 머뭇거리게 되네요. 설령 구들은 못 놓았다 해도 농촌에선 집 마당에 쇠붙이나 흙으로 솥을 걸어 쓰게 만든 장작화덕 하나쯤은 있어야 합니다. 이래저래 집 밖에서 불 지필 일이 많기 때문이죠. 제가 사는 정장 마을도 집집마다 화덕 없는 집이 없는데, 대개가 벽돌블록을 대충 쌓고 시멘트를 발라 만든 화덕이거나 드럼통을 반으로 잘라 대충 솥을 받친 화덕입니다. 열효율이 좋지 않아 콩이라도 한솥 삶을라치면 한정 없이 나무를 잡아먹는데 이를 어쩔까요. 몇 집을 빼고 나면 대부분 동네 어르신들이 육칠십을 훌쩍 넘기고 농사마저 놓니 마니 하는 처지라 그 못난 화덕에 댈 땔감 구하기도 벅찹니다. 어디서 땔거리라도 한 차 실어오면 서로 달라고 재촉인 형편이지요.

지금이야 그동안 조림을 잘한 덕에 나무가 지천이지만, 사오십 년 전만 해도 죄다 벌거숭이 붉은 산이었다니 그 시절도 땔거리 구하기가 솔찮게 힘겨웠겠죠. 일흔 넘은 아버지는 고향인 부여 백마강 건너 새터 쪽 황톳길을 지날 때마다 어릴 적 나무하던 얘기를 꺼내며 항상 눈물을 글썽였습니다. 작은아버지도 그 길을 지날 때마다 똑같은 소릴 들려주며 울먹이시곤 하네요.

"이 길이 네 작은아버지와 내가 지게 지고 나무하러 다니던 길이야. 나무하러 다니기 시작하던 때 내가 고작 열둘이었고 니 작은아버지가 아홉이었다. 니 할아버지는 시베리아로 갔다 하고 큰아버지는 군대 갔고 니들 할머니가 두부 만들어 먹고 살았지. 우린 추운 겨울에도 매일 꽁꽁 얼은 콩비지 도시락을 싸들고 이십여 리 길을 걸어다니며 나무를 해와야 먹고 살았어. 두부 만들 땔감이 아니더라도 그때는 그저 밥할 나무도 귀하던 때였으니까. 온 산이 벌거숭이라 잔가지 검불 구하기도 쉽지 않았다."

나무 귀한 시절은 그 시절대로, 나무는 흔치만 농촌 고령화로 일손이 모자라 땔감 장만이 벅찬 요즘은 요즘대로 적은 장작으로도 빨리 물을 끓일 수 있는 좋은 화덕도 필요하고 불 지피는 요령도 알아야 합니다. 하지만, 정작 화덕에 대해 제대로 알고 있는 사람도 드물고 제대로 만들어진 화덕도 찾아보기 힘듭니다. 걱정마십시오. 이제 저와 함께 땔감 걱정 없는 쓸 만한 화덕 만드는 법을 알아보도록 하지요.

삽 한 자루로 만드는 벵갈 구덩이화덕

티벳에서 벵갈만(灣)으로 흐르는 부라마푸트라Brahmaputra강 하구 삼각주는 인구 밀집지역입니다. 이 지역 사람들은 늘 자원부족에 허덕여 왔습니다. 특히 요리용 땔감이 극심하게 부족했다고 합니다. 아직 개량 화덕이 소개되기 전에 옛부터 이 지역의 가난한 사람들은 부족한 땔감을 효율적으로 사용하기 위해 몇 가지 아주 간단한 원리를 가진 구덩이화덕을 만들어 사용해왔습니다.

벵갈 구덩이화덕은 땅속에 약 45cm 정도 깊이로 목 좁은 호리병 모양의 구덩이를 파고 대각선으로 장작을 집어 넣을 수 있는 장작 구멍을 구덩이 바닥쪽으로 뚫어 만듭니다. 대각선의 장작 구멍으로 장작을 넣고 호리병 모양의 구덩이 안에서 장작을 태웁니다. 장작은 타들어가면서 점점 구덩이 쪽으로 들어가게 되는데 구덩이 주변의 마른 흙은 일

그림 3-1_벵갈 구덩이화덕

종의 단열재 역할을 하기 때문에 장작이 연소될 때 고온을 유지할 수 있다고 합니다. 솥을 얹기 위해서는 구덩이 입구 가장자리에 작은 흙 둔덕이나 돌 세 개를 놓아 솥받침으로 사용합니다. 이렇게 특별한 자재 없이 삽 한 자루로 만들 수 있는 벵갈 구덩이화덕은 생각보다 효율적입니다. 아주 적은 장작으로도 빠르게 요리를 할 수 있다네요. 거의 모든 열이 다른 곳으로 새지 않고 화덕에 얹은 솥에 직접 전달되기 때문입니다. 이렇게 간단한 벵갈 구덩이화덕은 어디서든지 특별한 재료 없이 삽이나 꼬챙이로 쉽게 만들수 있습니다. 단점이라면 재를 퍼내기 쉽지 않다는 것이겠지요. 그러나 별다른 도구가 없는 오지나 캠핑장이라면 제법 쓸 만한 화덕 아닐까요.

우리나라처럼 흙 속에 습기가 많은 지역에서는 어떨까요? 나무 상자나 반으로 자른 큰 드럼통을 이용해서 흙통을 만들고 그 안에 흙을 넣어 담틀처럼 단단하게 다진 후 구덩이를 파고 장작 구멍을 뚫는 방식으로 구덩이화덕을 만들면 흙속의 습기 문제도 해결할 수 있을 뿐 아니라 화덕을 옮길 수도 있겠지요. 한두 번 불을 지피고 나면 다진 흙속의 습기는 날아가고 흙통 안의 흙은 바짝 건조됩니다. 구덩이화덕의 성능을 높이려면 흙통(흙상자) 안의 흙을 다질 때 부석이나 질석 또는 나무재·톱밥·왕겨(숯)와 같은 단열재와 석회·진흙을 섞어 다집니다. 화덕 안쪽을 매끄럽고 단단하게 만들려면 진흙반죽으로 살짝 문질러 발라주면 되겠죠. 완전히 굳으면 흙통을 떼어내도 형태를 유지합니다. 더 효율을 높이고 싶다면 구덩이 안쪽에 석쇠로 장작받침을 만들어 받치면 공기가 장작 사이로 원활하게 공급되니 화력이 더욱 높아질 겁니다.

거꾸로 타는 시멘트블록화덕

또 하나 아주 간단한 화덕을 소개하겠습니다. 2~3개 칸을 가진 시멘트블록 2장과 시멘트벽돌 1장으로 임시로 쓸 거꾸로 타는 화덕을 만들 수 있답니다. 시멘트블록 하나는 한 칸만 남기고 잘라내서 수직굴뚝을 만듭니다. 나머지 2칸짜리 블록은 안쪽 칸막이 모두 2/3까지 밑으로 까서 연소실과 연소로, 화구를 만듭니다. 이때 화구는 위쪽으로 향

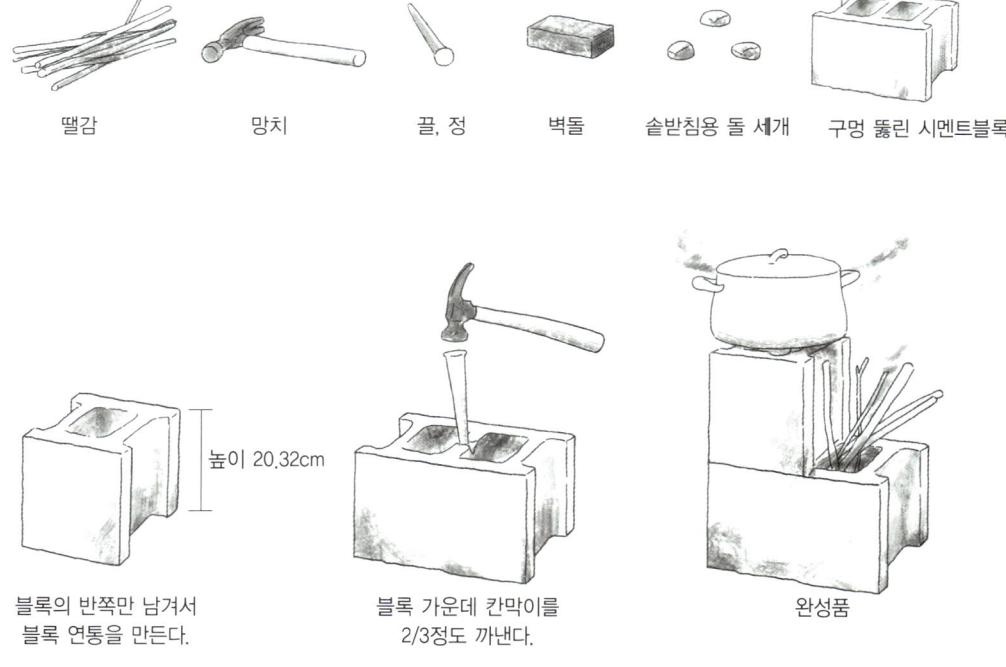

그림 3-2_시멘트블록화덕 만들기

합니다. 칸막이를 까낸 2칸짜리 시멘트블록을 바닥에 놓고 한쪽 구멍에는 시멘트블록 한칸으로 만든 연소기둥을 얹습니다. 다른 쪽 구멍 위에는 작은 시멘트벽돌이나 조각으로 구멍을 반쯤 덮습니다. 구멍을 살짝 막은 쪽은 땔감을 넣는 화구가 되고 다른 쪽은 솥을 얹는 화덕 윗부분 겸 연소기둥 역할을 하게 되죠. 연소기둥용 시멘트블록 위에 돌이나 석쇠를 받치고 그 위에 솥을 올려 놓고 사용합니다. 이렇게 만든 시멘트블록화덕은 장작을 위에서 아래로 꽂아 넣습니다. 연소기둥과 화구의 높이 차이 때문에 미세기압차가 발생합니다. 연소기둥 안팎의 온도차 때문에 연소기둥 안에 상승기류가 발생합니다. 미세기압차와 상승기류 때문에 화구에 강한 흡입력이 생깁니다. 이 때문에 화구 밑으로 공기가 밀려 들어가죠. 불꽃과 연기 역시 화구 위쪽으로 나오지 않고 화구 밑으로 거꾸로 빨려들어갑니다. 이런 이유로 '거꾸로 타는 시멘트블록화덕'이란 이름을 붙였습니다. 자, 어떻습니까? 정말 초간단 화덕이죠. 시멘트블록화덕은 공사 현장에서 임시로 만들기 적당하지만 시멘트블록이 불에 약하기 때문에 오래 사용할 수는 없답니다.

시멘트블록이 12장 이상 넉넉하게 있다면 시멘트블록을 쌓아 각진 화덕 몸체를 만들 그, 그 가운데는 금속 연통이나 도기로 만든 화구 겸 연소실과 연소기둥을 끼웁니다.

그림 3-3_시멘트블록과 연통을 이용해서 만드는 철판 요리용 단열화덕

블록으로 만든 화덕 몸체와 연통 사이에 단열재를 채운 후 철판을 얹거나 석쇠를 얹고 뒷편 한켠으로 연통 구멍을 뚫습니다. 시멘트블록으로 만든 화덕 몸체는 시멘트 몰탈로 미장하거나 흙과 모래 반죽으로 미장하여 마감해서 완성하면 됩니다.

진흙반죽 단열화덕

　벽돌을 구하기 힘든 곳에서는 진흙, 모래 반죽, 톱밥, 재나 숯을 이용해서 개량 단열
화덕을 만들 수 있습니다. 화구와 연소실, 짧은 연소기둥은 보통 금속 연통이나 도기로
간듭니다. 함석 연통으로 만들면 쉽게 열기에 부식되는 단점이 있죠. 연통으로 만든 연
소부 주위를 모래 6 : 진흙 4의 비율로 반죽해서 붙입니다. 이렇게 만들면 함석 연통이
부식되어도 모래·진흙반죽이 형태를 유지하게 됩니다. 모래·진흙반죽으로 연통 연소부
를 감싼 후 바깥쪽 화덕 몸체는 철망으로 틀을 잡은 후 그 사이에 재나 숯을 채우고 다
시 흙·짚·모래를 섞은 반죽으로 미장해서 완성합니다.

　연통이 없으면 어떻게 할까요? 이가 아니면 잇몸이죠. 둥근 통나무를 틀 삼아 끼우고
톱밥과 흙, 모래를 1 : 2 : 2로 섞은 반죽으로 연소부를 만들 수 있습니다. 톱밥이 없다

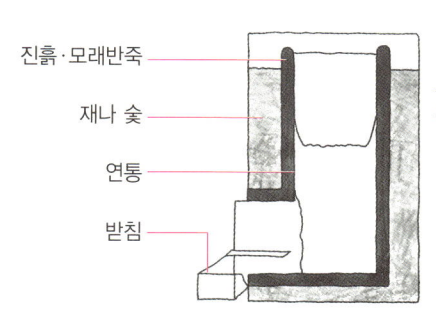

진흙·모래반죽

재나 숯

연통

받침

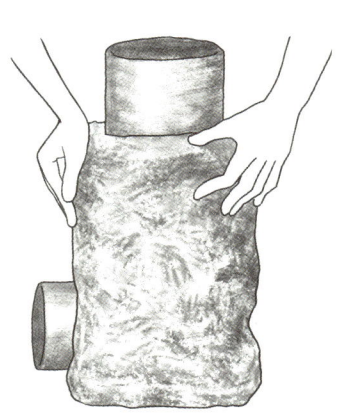

외피는 깡통 또는
철망에 흙미장

그림 3-4_진흙반죽으로 만드는 단열화덕

면 볏짚을 섞은 흙반죽을 이용해도 좋습니다. 물론 틀로 사용한 통나무는 반죽이 굳으면 빼냅니다. 흙을 애벌구이 한 도기로 'L'자형의 연소부를 만들고 연소부 바깥을 톱밥을 섞은 진흙반죽으로 화덕 몸체를 만들 수도 있습니다. 화구 안쪽에는 깡통 조각에 구멍을 뚫어 만든 장작받침을 끼워 넣고 화구 바깥에 돌받침이나 벽돌 한장을 덧대면 화덕은 완성됩니다. 화구나 수직굴뚝의 적당한 크기는 로켓화덕을 다룰 때 자세히 소개하도록 하겠습니다.

초간단 단열깡통화덕

비린내 나는 생선이나 기름내 나는 돼지 삼겹살, 껍질 탁탁 튀는 조개구이를 주방 가스레인지에 굽는다면? 냄새는 집 안에 가득 차고 고기 기름은 사방으로 튀고 여간 성가시지 않겠죠. 만약 집 앞마당이 있고 날씨만 좋다면 밖으로 나가서 해야 될 일들입니다. 이때 아주 간단하게 만들어 사용할 수 있는 개량 단열깡통화덕이 있다면 냄새도 튀는 기름도 매운 연기도 걱정할 필요가 없어집니다. 단열깡통화덕은 폐식용유 깡통과 함석이나 금속 연통과 단열재를 이용해서 간단하게 만들 수 있습니다.

단열깡통화덕을 만드는 데는 6개의 부품이 필요합니다. 부품 두 개는 통상 한 말들이 깡통이라 불리는 약 18~20리터 용량의 사각이나 원형 깡통으로 만듭니다. 깡통은 주

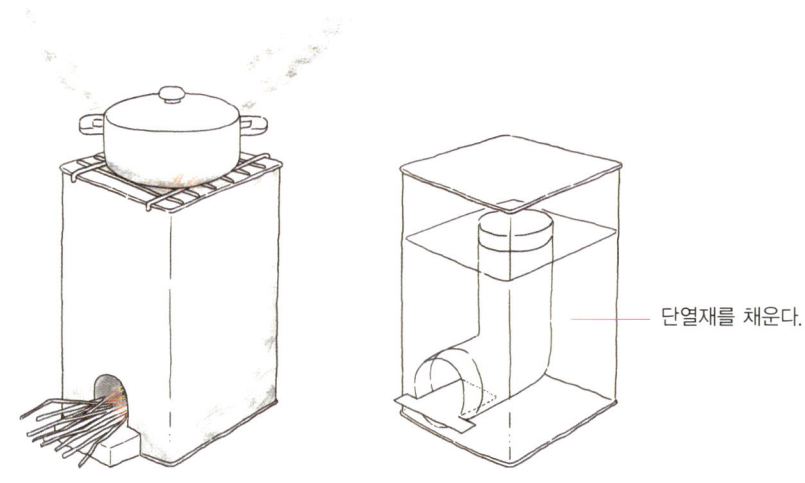

단열재를 채운다.

그림 3-5_폐식용유 깡통으로 만든 단열화덕

〈준비물〉

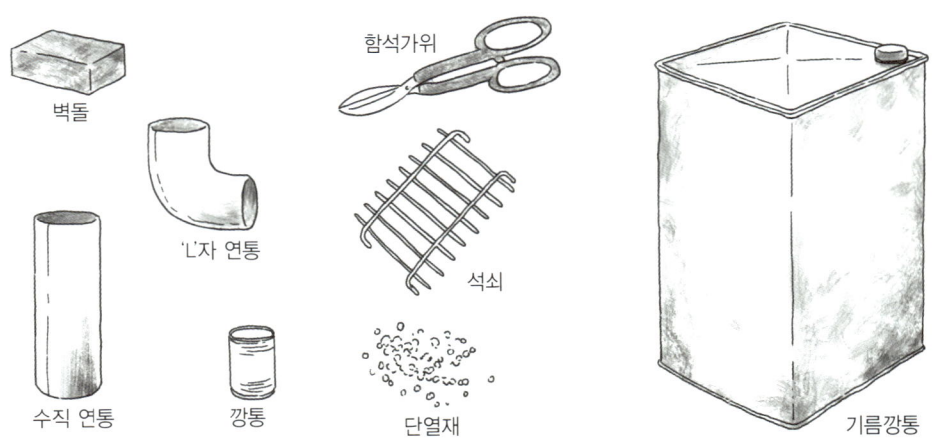

벽돌

'L'자 연통

수직 연통

깡통

함석가위

석쇠

단열재

기름깡통

〈제작방법〉

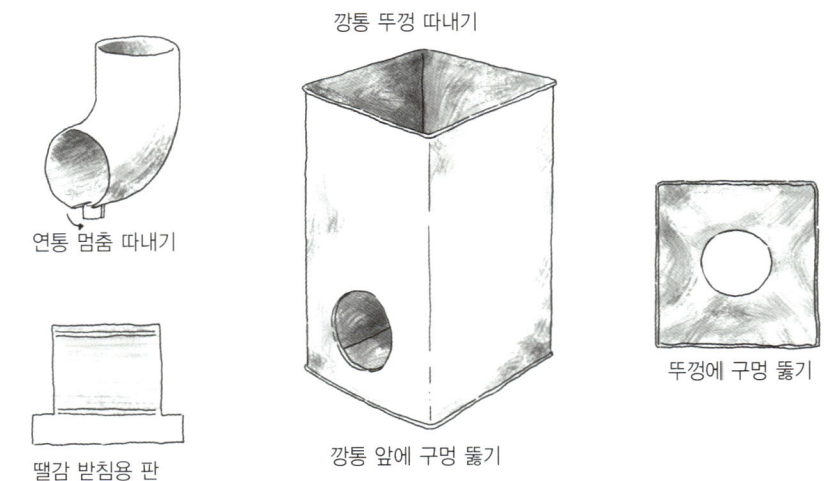

연통 멈춤 따내기

땔감 받침용 판

깡통 뚜껑 따내기

깡통 앞에 구멍 뚫기

뚜껑에 구멍 뚫기

그림 3-6_단열깡통화덕의 부품과 제작 방법

로 화덕의 몸체를 만드는 데 사용합니다. 짧은 금속 연통(직경 10~12cm, 길이 25.4~30.48cm)은 화구 겸 연소실, 연소기둥 등 핵심 연소부를 만들 때 사용합니다. 장작받침은 보통 양철 깡통 조각이나 짜투리 금속판으로도 만들 수 있습니다. 솥받침으로는 석쇠나 버려진 부탄가스 버너 윗판을 고물상에서 구해 올려 놓으면 되고, 단열재로는 나무 숯이나 재, 왕겨 숯, 연탄재, 속돌, 부석, 질석 등을 사용합니다.

– 단열깡통화덕 만드는 방법

1. 함석가위나 손도끼로 깡통 뚜껑을 따 냅니다.

2. 깡통 뚜껑 중앙에 10~12cm 직경의 작은 구멍을 뚫습니다.

3. 깡통 앞쪽 밑바닥에서 2.54cm 정도 높이에 지름 10~12cm 정도의 구멍을 뚫습니다.

4. 10~12cm 직경의 'L'자 연통을 깡통 앞쪽 구멍에 끼웁니다. 'L'자 연통의 한쪽이 깡통 앞쪽으로 내밀도록 끼우고 다른 한쪽은 위쪽을 향하게 합니다.

5. 깡통 앞쪽 구멍으로 내민 'L'자 연통 밑 중앙 부분을 1.4cm 정도 너비로 양쪽을 잘라 밑으로 접습니다. 'L'자 연통이 깡통 구멍 안으로 밀려 떨어지지 않게 만드는 걸림 장치르 사용합니다.

6. 10~12cm 직경의 수직 연통을 깡통 안의 'L'자 연통 위쪽에 끼웁니다. 깡통 맨 위에서 2.54cm 정도 아래 높이에 맞춰 수직 연통을 자릅니다.

7. 연통과 깡통 사이 빈틈에 단열재를 채웁니다. 모래, 흙, 시멘트는 단열재가 아닙니다. 연탄재나 숯, 나무재는 쉽게 구할 수 있는 좋은 단열재입니다. 특히 질석이나 부석, 경량토 등도 단열효과가 높습니다.

8. 가운데 그멍을 뚫어 놓았던 깡통 뚜껑을 위로 향한 수직 연통에 끼웁니다. 이밖에 연기배출을 위한 별도의 연통은 따로 만들지 않습니다.

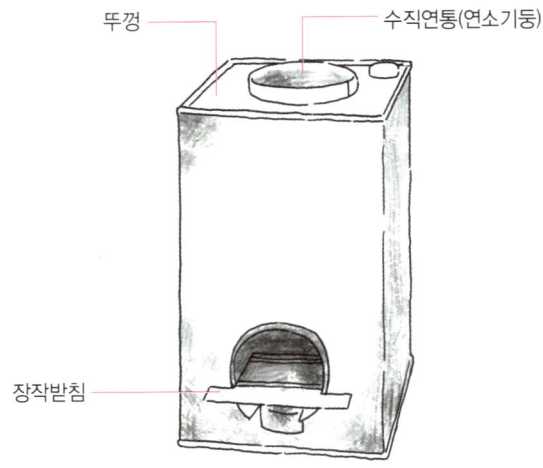

뚜껑　　　　　　수직연통(연소기둥)

장작받침

그림 3-7_ 장작받침과 뚜껑 끼우기

9. 깡통 위에는 솥이나 냄비를 받칠 수 있는 석쇠나 버려진 가스버너용 솥받침을 얹습니다.

10. 금속 깡통을 펼쳐 'T'자형 땔감 받침을 만들어 화구(깡통 앞쪽으로 내민 'L' 연통) 안으로 끼워 맞춥니다.

11. 깡통 위쪽에 솥치마를 만들면 더욱 효과적인 조리용 단열깡통화덕이 만들어집니다. 솥치마는 간단히 버려진 함석판을 이용해서 솥을 두릅니다. 솥치마와 솥의 간격은 표 3-2(97쪽)를 참조하십시오.

12. 벽돌은 화구 앞에 놓아 보조 장작받침으로 사용합니다.

단열깡통화덕을 사용할 때 몇 가지 주의할 점이 있습니다. 장작을 태우는 다른 화덕에 비해 연기나 그을음이 상대적으로 확연하게 준다지만 아예 그을음이나 연기가 없는

그림 3-8_함석판으로 만든 가변형 솥치마

것은 아닙니다. 깡통화덕 위에 올려놓고 사용할 솥은 거칠게 사용해도 좋을 것을 선택합니다. 불의 세기는 주로 장작을 넣는 양과 연소실 안으로 장작을 밀어 넣는 깊이로 조절합니다. 너무 많은 나무를 깊이 밀어 넣거나 충분히 마르지 않은 나무, 송진이 많은 나무, 가공 목재를 태울 경우는 그을음이 심하게 날 수 있습니다. 화구는 바람이 불어오는 방향 쪽으로 두면 불길이 불안정해질 수 있습니다. 솥 주변을 감싸면 솥 안의 물을 보다 빨리 끓일 수 있습니다. 솥치마는 함석판을 길게 잘라 둥글게 말은 후 나비볼트나 손잡이 달린 볼트로 고정해서 만듭니다.

　단열깡통화덕은 연소실과 연소기둥의 단열성능을 높이기 위해 ALC 블록을 이용해서 만들 수 있습니다. ALC(경량기포콘크리트) 블록은 공극이 많아 단열성능이 우수한데 벽돌이나 판재 형태로 나오고 일반 톱으로 자를 수 있습니다. 연소실과 연소기둥을 ALC 블록을 잘라서 만든 후 연통 대신 깡통 안에 끼워 넣습니다. ALC로 만든 연소실과 연소기둥 주위에는 한 번 더 단열재를 채웁니다. 솥치마는 따로 만들지 않을 경우 깡통 안쪽으로 솥이 깊이 들어가도록 안쪽으로 경사지게 솥자리를 만들어 자연스럽게 화덕 몸체

그림 3-9_해남 공부방연합과 함께한 워크숍에서 만든 단열깡통화덕

그림 3-10_엔트로핏이 판매하고 있는 로켓화덕

인 깡통이 솥치마 역할을 하게 만들 수 있습니다. 이때 솥자리의 깊이와 지름은 자주 사용할 솥의 높이와 지름을 감안하여 정합니다. 물론 별도로 연통을 솥자리 위쪽에 연결해서 연기를 내보낼 수 있습니다.

일명 로켓화덕이라 불리는 단열깡통화덕이 널리 확산되자 엔트로핏Entrofit이란 곳에서 깔끔한 디자인과 내구성을 더해서 제품으로 출시했는데 두 개의 솥을 올려 놓을 수 있는 다구 장치까지 추가 부품으로 판매하고 있습니다.

위나르스키 박사의 로켓화덕

위나르스키 박사와 그 연구팀은 1980년대 초 그동안의 화덕 연구를 바탕으로 연소율과 열전도율을 높일 수 있는 간단한 개량 단열화덕 모델을 개발했습니다. 그을음이나 목초액을 거의 남기지 않고 나무 땔감을 연소시킬 수 있는 화덕입니다. 이뿐 아니라 솥에 전달되는 열효율을 높이기 위해 솥치마를 화덕 위에 올렸습니다. 솥치마는 솥 둘레를 금속판이나 그밖의 것으로 막아 화덕과 솥 사이의 좁은 틈으로 열기가 스쳐 지나가도록 만든 장치입니다.

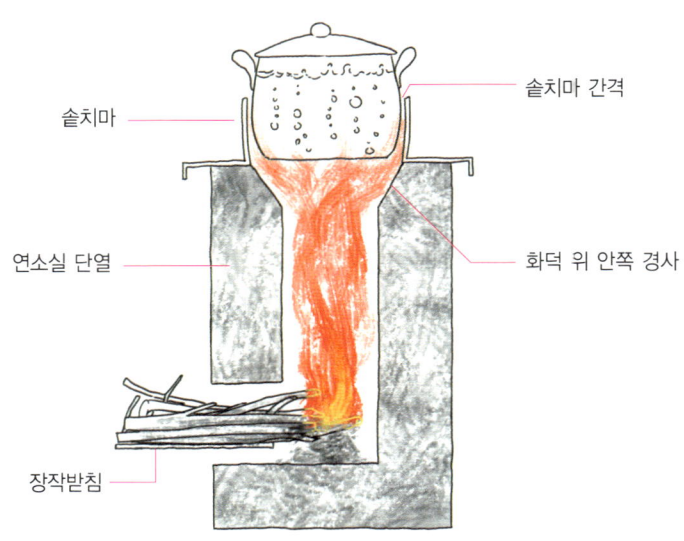

그림 3-11_솥치마를 두른 개량 화덕

작은 화구와 장작받침

위나르스키 박사의 개량된 로켓화덕은 지나치게 많은 차가운 공기가 들어가지 않도록 화구가 12×12cm 정도로 작은 것이 특징이고, 화구 높이의 1/3 지점에 장작받침이 설치되어 있습니다. 연소에 필요한 공기가 적정하게 필요한 만큼만 땔나무가 들어가면 연소효율이 높아져 요리를 하는 데 땔감이 적게 듭니다. 이상적인 땔감과 공기의 비율은 공기가 땔감 질량의 13~18%에 해당하는 아주 적은 양만 필요하죠. 무조건 많은 공기를 넣어주는 것이 좋을 것이라는 통념과 다른거죠. 정작 연소에 필요한 공기는 차가운 공기가 아니라 미리 예열된 따뜻한 공기랍니다. 장작받침은 철근을 용접한 석쇠나 구멍 뚫은 철관으로 만듭니다. 장작받침은 장작을 조금씩 밀어 넣어 끝 부분부터 조금씩만 연소점을 집중시킬 수 있게 만듭니다. 장작받침을 만들면 연소에 필요한 공기가 장작 사이를 지나 화덕 안쪽 깊숙하게 공급됩니다. 공기와 나무가스가 잘 혼합되어야 와류가 생겨서 고온 연소됩니다.

연소실 일체형 연소기둥

솥 주변의 열기와 연소가스의 흐름을 높일 수 있도록 로켓화덕은 짧은 연소기둥이 연소실과 일체가 되도록 만들어졌습니다. 사실 연소실의 연장인 연소기둥을 만들면 화덕 내부에 상승기류가 생겨 열기의 상승과 공기의 흡입력을 높일 수 있답니다.

화덕 몸체 단열

로켓화덕은 연소실과 연소기둥을 포함한 화덕 몸체가 단열처리되어 있습니다. 열기가 지나가는 화덕 몸체의 체적이 크면 그만큼 열기는 더 빨리 식는다네요. 이런 이유 때문에 화덕 몸체를 단열처리해야 깨끗하게 고온 연소됩니다. 화덕 단열을 위해서는 내화단열벽돌이나 톱밥을 섞어 만든 흙벽돌이나 토판으로 화덕 내부를 만듭니다. 연통과 같은 금속 재료로 화덕 내부를 만들었을 경우엔 속돌·부석·화산재·연탄재·나무 숯·왕겨숯·재를 섞은 진흙반죽으로 연소실 외부와 화덕 몸체 사이에 채워서 단열처리합니다.

솥치마

로켓화덕은 솥 주변에 솥치마를 두를 수 있도록 만들어졌습니다. 로켓화덕은 장작의 연소효율을 90% 정도까지 높일 수 있습니다. 연소효율은 나무가 온래 가지고 있는 에너지를 얼마나 많이 연소시켜 열에너지로 바꾸느냐와 관계가 있습니다. 솥치마 때문에 솥으로 전달되는 열전도율은 최대 40%까지 높아집니다. 보통 개방형 화덕의 열전도율이 10% 정도인 데 비해 월등히 높네요. 열전도율은 열이 솥에 전달되는 비율인데 연료경제성, 즉 땔감을 줄이는 문제와 관계가 있습니다. 물을 끓이고 요리를 하는 데는 높은 화력이 필요한 게 아니라 적당한 화력이 필요하고, 얼마나 효과적으로 열을 전달하느냐가 관건입니다. 솥치마는 자칫 바람막이 정도로 오해할 수 있죠. 솥치마는 솥 둘레를 감싸서 화덕과 솥 사이의 틈을 좁게 만들고 그 틈새로 뜨거운 연소가스가 빠르게 흐를 수 있도록 만들어 열전도율을 높이는 장치입니다. 솥치마는 금속판이나 단열재를 섞은 진흙반죽으로 만들 수 있습니다. 솥치마를 설치하면 솥에 닿는 연소가스와 불꽃의 온도가

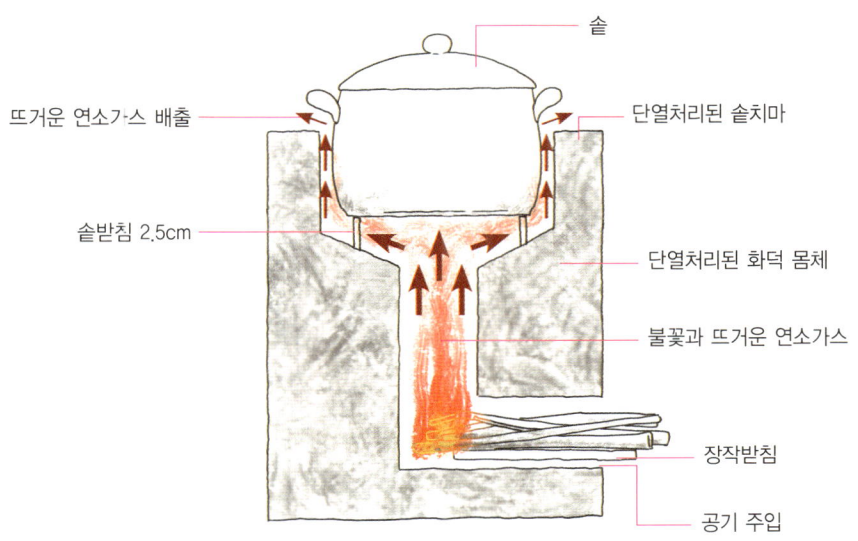

솥

뜨거운 연소가스 배출

단열처리된 솥치마

솥받침 2.5cm

단열처리된 화덕 몸체

불꽃과 뜨거운 연소가스

장작받침

공기 주입

그림 3-12_솥과 화덕의 각 부위와 열기의 흐름

높아집니다. 솥 주위를 지나는 뜨거운 연소가스의 흐름 역시 빨라집니다. 빠르게 지나가는 연소가스는 솥에 열기가 전달되는 것을 방해하는 솥 주변에 얇게 막을 이루고 있는 정체된 공기층을 쳐냅니다. 솥의 바닥면이 넓으면 넓을수록 불과 닿는 부분이 많아지고 열전도율이 높아집니다. 솥이 얹혀지는 화덕 윗부분은 안쪽이 깊고 바깥쪽 위로 경사지면서 넓고 높아지게 만듭니다.

로켓화덕의 부위별 적정 크기

로켓화덕을 만들때 위나르스키 박사와 함께 일한 볼드윈Baldwin 박사는 열효율을 최대로 높일 수 있는 화덕 각 부위의 크기와 화덕과 솥 사이의 적당한 간격을 밝혀냈습니다.

그가 밝혀낸 수치 공식은 앞서 소개한 대부분의 개량 화덕을 만들 때 참조할 수 있는 핵심적인 지침 역할을 합니다.

로켓엘보의 각 크기

로켓화덕의 연소실, 즉 화구와 연소기둥(수직굴뚝, 열기상승구)은 전체로 보아 팔뚝을 접은 형태인 'L'자 모양입니다. 이 때문에 로켓화덕의 연소실을 '로켓엘보Rocket Elbow'라 부릅니다. 로켓화덕의 엔진이라 할 수 있는데 솥 크기에 따라 가장 효율적인 화덕을 만들기 위해서는 로켓엘보 각 부위의 수치가 매우 중요합니다.

표 3-1에서 보듯 솥 크기는 솥 지름과 솥 용량으로 표시합니다. 솥이 커질수록 당연히 연소실인 로켓엘보 역시 커지는 것은 당연하겠죠. 여기서 화구와 연소기둥의 단면적 A는 정사각형이고 넓이는 같습니다. 정사각형 'A'를 이루는 옆면의 길이인 'J'는 화구의 경우엔 '높이'이자 '넓이'이고, 연소기둥의 경우엔 '가로'이자 '세로'의 길이입니다. 'H'는 연소실 바닥에서 연소기둥 윗부분까지의 높이인데 화구의 높이 'J'의 2.5배 크기입니다. 'K'는 'H'에서 화구 높이 'J'를 뺀 값으로 화구 높이의 1.5배입니다. 화구(또는 연소기둥)의 단면적 'A'는 솥이 크면 클수록 커지는데 솥 지름이 46~50cm인 경우에도 18×18cm를 넘지 않습니다. 솥 지름이 90cm로 큰 솥을 거는 화덕의 경우도 화구 'A' 값은 25×25cm를 넘지 않게 만든답니다.

솥과 화덕, 솥과 솥치마의 간격

솥바닥과 화덕 윗부분, 솥치마와 솥의 간격은 화덕의 열전도율에 큰 영향을 끼칩니다. 그 간격들은 솥의 크기와 투입하는 장작의 양, 즉 불의 세기에 따라 달라진답니다. 화력이 강하면 강할수록 연소에 필요한 공기가 많아져야 하고 역류를 막을 수 있도록 빠

표 3-1_솥 크기와 로켓화덕 부위별 적정 크기 비교

솥 지름 D(cm)	솥 용량 (litres)	J (cm)	K=1.5×J (cm)	H=K+J (cm)	A (cm²)	A (cm)
Up to 20	Up to 2.7	11	16.5	27.5	121	11×11
21-27	2.7-7.5	12	18.0	30.0	144	12×12
28-30	7.5-9.8	13	19.5	32.5	169	13×13
31-35	9.8-15.7	14	21.0	35.0	196	14×14
36-40	15.7-24	15	22.5	37.5	225	15×15
41-50	24-35	16	24.0	40.0	256	16×16
46-50	35-47	18	27.0	45.0	324	18×18

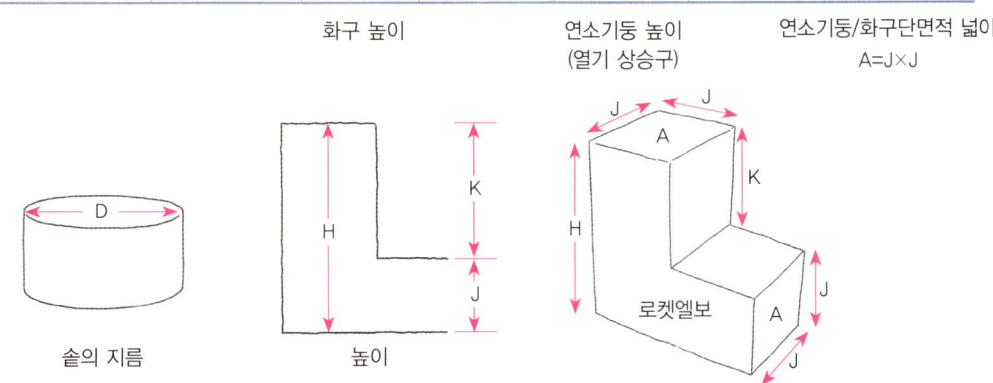

화구 높이   연소기둥 높이
(열기 상승구)   연소기둥/화구단면적 넓이
A=J×J

솥의 지름   높이   로켓엘보

르게 연소가스가 흘러가야 하겠죠. 약한 불일 때는 솥과 화덕의 간격이 좁아도 문제가 없지만 센 불일 때는 간격이 좁으면 연소에 필요한 공기가 부족하게 됩니다. 간격이 넓으면 불이야 잘 붙겠지만 대신 솥에 전달되는 열전도율이 떨어지고 많은 열에너지를 공중으로 날려보내게 되겠지요. 이처럼 화덕의 크기·솥치마·화덕·솥의 간격은 최대 열전도율과 상관관계를 갖고 변화합니다. 화덕이 지나치게 작으면 요리할 맘이 생기지 않겠지만 너무 크지 않은 화덕이 되려 연료효율이 좋습니다. 땔감이 적게 들어간다는 뜻이죠.

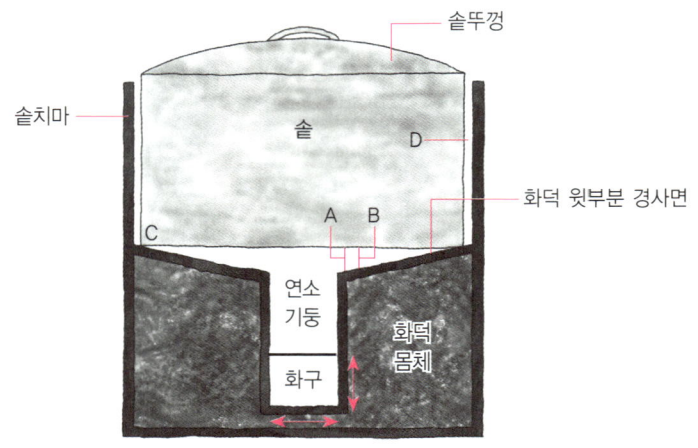

솥뚜껑

솥치마

솥

D

화덕 윗부분 경사면

C

A B

연소
기둥

화구

화덕
몸체

그림 3-13_로켓화덕의 각 부위 틈새

　수많은 실험을 해본 후 볼드윈 박사는 시간당 장작 1kg 이하를 연소시키는 가정용 화덕의 솥치마와 솥의 간격 'D'는 11mm가 가장 적합하다는 걸 알아냈습니다. 시간당 장작 1.5kg을 연소시키는 화덕의 경우는 13mm, 2kg 이상의 경우 15mm가 적당하다는 것도 발견했죠. 이 정도 비율일 때 화덕의 열기가 효과적으로 솥이나 팬에 전달됩니다. 시간당 장작 연소량과 솥치마의 간격은 상관관계를 갖고 있습니다. 이뿐 아니라 솥의 크기·연소실의 크기·화덕 각 부위 간격 역시 각각 상관관계를 갖고 있습니다. 표 3-2는 볼드윈 박사가 솥의 크기와 연소실 단면적(화구 또는 연소기둥의 단면적)이 원형인 경우와 정사각형인 경우, 연소실 단면적 크기의 변화에 따라 최대로 열전도율 높일 수 있는 적절한 화덕과 솥, 솥치마와 솥 사이의 간격을 부위별로 밝혀놓은 자료입니다. 이 자료의 수치 값은 로켓화덕이 아닌 다른 개량 화덕이나 아궁이화덕을 만들 때에도 표에서 제시한 값 그대로는 아니어도 참고하면 좋겠지요. 사실 이 표의 값들은 실험실의 제한된 조건에서 나온 값들이라 실제 화덕을 제작할 때는 이 값들보다 1~2cm 정도 크게 만듭니다. 화덕을 오래 사용하다 보면 그을음이 끼고 각 부위의 틈들이 좁아지기 때문입니다.

표 3-2_솥 크기와 로켓화덕의 각 부위별 간격 비교

(단위 : cm)

지름 12cm 원형 연소실일 경우 각 부위 간격				
솥 크기(직경)	20	30	40	50
간격 A	3	3	3	3
간격 B	2	2	2	2
간격 C	1.8	1.2	0.9	0.7
간격 D	1.8	1.2	0.9	0.7
12×12cm 사각 연소실일 경우 각 부위 간격				
솥 크기	20	30	40	50
간격 A	3	3	3	3
간격 B	2.5	2.5	2.5	
간격 C	2.3	1.5	1.1	0.9
간격 D	2.1	1.5	1.1	0.9
지름 20cm 원형 연소실일 경우 각 부위 간격				
솥 크기	20	30	40	50
간격 A		5	5	5
간격 B		3.8	3.8	3.8
간격 C		3.8	2.5	2
간격 D		3	2.4	2
20×20cm 사각 연소실일 경우 각 부위 간격				
솥 크기	20	30	40	50
간격 A		6	6	6
간격 B		4.9	4.9	4.9
간격 C		4.2	3.2	2.6
간격 D		3.7	3	2.4

4

땔감 걱정 없는 가마솥화덕

땔감 걱정 없는
가마솥화덕

　　20년 동안 75만 개의 나무화덕을 만들어서 중남미, 동남아시아, 아프리카 등 제3세계에 보급하고 있는 단체가 있습니다. GTZ(기술협력을 위한 독일협회)는 1975년 설립된 민간단체인데 주로 독일 정부의 경제협력개발부나 유럽연합, UN, 세계은행과 주요 유럽 국가의 지속가능한 개발을 위한 국제협력 업무를 지원하는 일을 하고 있습니다. 전세계 130개 나라에 진출해 있고 1만 3,000명의 직원을 두고 있습니다. GTZ은 남아프리카에서 ProBEC이란 바이오에너지 보존을 위한 프로그램을 진행하고 있습니다. 주로 화목으로 훼손되는 산림을 보호하기 위해 화덕과 담배건조장·벽돌가마를 땔나무가 적게 들도록 개선하거나 개량된 화덕을 보급하고 있습니다. 거대 조직인 GTZ가 기껏 화덕을 만들어 보급하다니 우리 상식으론 이해가 되지 않을지 모릅니다. ProBEC이 CDM 사업이기 때문입니다. CDM 사업은 교토의정서에 의해 온실가스를 의무적으로 감축해야 하는 선진국들이 온실가스를 줄일 수 있는 여지가 상대적으로 많은 개발도상국에 투자해 얻은 온실가스 감축분을 배출권으로 되돌려 받거나 판매하는 청정개발사업입니다. 단순하고 보잘것없이 여겨지는 나무화덕이 그들에겐 기후변화와 산림보호, 제3세계 지원 등 그럴듯한 명분과 엄청난 이익을 가져다주는 도구인 셈입니다. GTZ은 로켓화덕을 바탕으로 땔감이 적게 드는 대형 가마솥화덕을 만들어서 보급하고 있습니다.

GTZ의 두 구멍 대형 화덕

인근 해남의 무여농원 주인으로부터 화덕을 봐달라는 연락을 받고 찾아가 보았습니다. 유기농으로 직접 키운 콩과 고추로 된장·간장·고추장을 담아서 파는 무여농원은 8평 정도 큰 방의 구들과 연결된 아궁이화덕 3개를 사용하고 있었습니다. 콩을 삶고 장류를 달이려면 아궁이에 들어갈 엄청난 나무를 해대야 하는데 도무지 감당을 못하겠다고 합니다.

아궁이마다 솥 지름만 110cm 정도인 무쇠 가마솥이 얹혀져 있었습니다. 살펴보니 아궁이의 화구는 대략 30×45cm 정도 크기, 아궁이 함실 안쪽은 대충 시멘트블록으로 쌓고 화구에 철문을 달아 놓은 것이 전부였습니다. 단열은 전혀 안 되어 있구요. 기존에 있던 아궁이화덕을 부수고 다시 만들 때 자재와 인부를 동원할 테니 얼치기 감독 노릇 좀 하라는 부탁을 받아버렸네요. 오는 길에 유기농 감자와 밀쌀, 차 등 몇 가지 선물을 넙죽 받아왔으니 무여농원 주인장을 도와 가마솥 아궁이를 개량해야 할 판입니다.

기본적으로 개량 단열 화덕의 연소부 구조를 응용하고 단열처리만 해도 지금보다는 장작 사용량은 줄이고 열효율은 높일 수 있겠다는 확신이 들더군요. 하지만 워낙 큰 아궁이화덕이라 대형 가마솥에 걸맞는 적절한 화력을 낼 수 있는 화구 크기와 함실 내부 구조 각 부위 크기의 비율을 찾아내야 했습니다. 이리저리 궁리하다 직경이 큰 솥을 사용할 수 있는 독일기술협회 GTZ가 개발한 대형 철제화덕에 대한 자료를 찾아냈습니다. GTZ의 자료를 검토하면서 놀란 점은 솥의 크기가 배로 커진다고 해서 필요한 화력을 높이기 위해 비례해서 화구를 크게 만들 필요가 없다는 것입니다. 화력을 높이기 위해

그림 4-1_솥 지름이 67cm인 대형 솥을 올릴 수 있는 GTZ의 철제 로켓화덕

장작을 많이 넣는 것보다 단열처리한 솥치마를 둘러 열손실을 막고 솥으로 가는 열량, 즉 열전도율을 높이는 게 더욱 중요하다는 사실을 알게 되었습니다. 또 하나 GTZ 대형 로켓화덕의 경우 화구 외에 별도의 공기주입구를 갖고 있다는 점입니다. 화력을 높이기 위해 장작을 꽉 채워 넣게 되면 화구가 막혀 공기주입량에 변화가 생깁니다. 이 때문에 안정적으로 공기를 주입하고 재청소를 쉽게 하기 위해 별도의 공기주입구를 만드는 데 이러한 구조가 연료절감형 대형 로켓화덕의 핵심입니다.

GTZ의 대형 철제 로켓화덕의 내부구조와 도면을 살펴보도록 하겠습니다. 소개한 도면과 같이 화덕을 만들면 과거 아프리카에서 사용하던 조잡한 화덕에 비해 최대 90% 이상 땔감으로 사용될 장작을 줄일 수 있습니다.

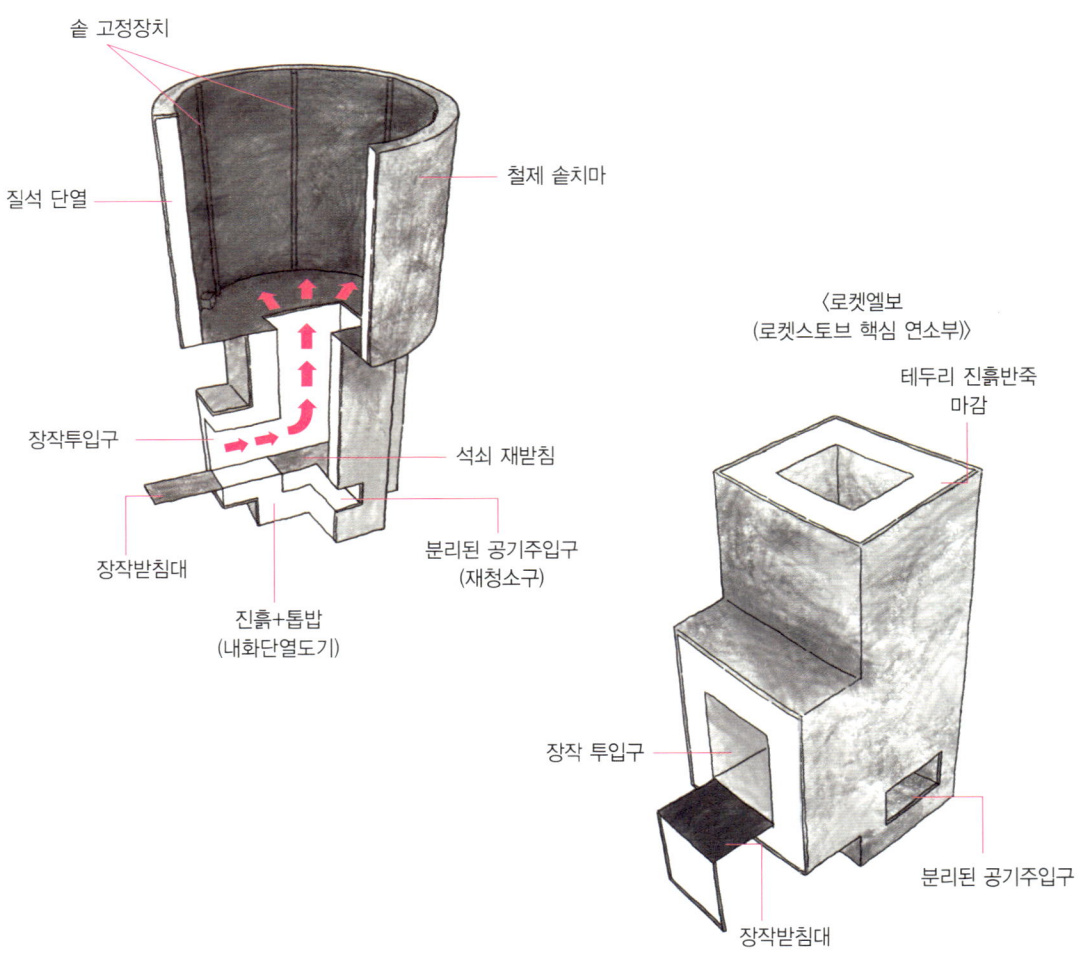

그림 4-2_분리된 공기주입구를 가진 대형 철제 화덕의 구조

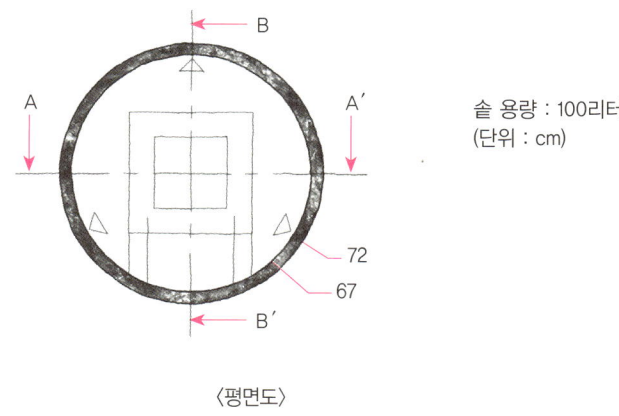

솥 용량 : 100리터
(단위 : cm)

72
67

〈평면도〉

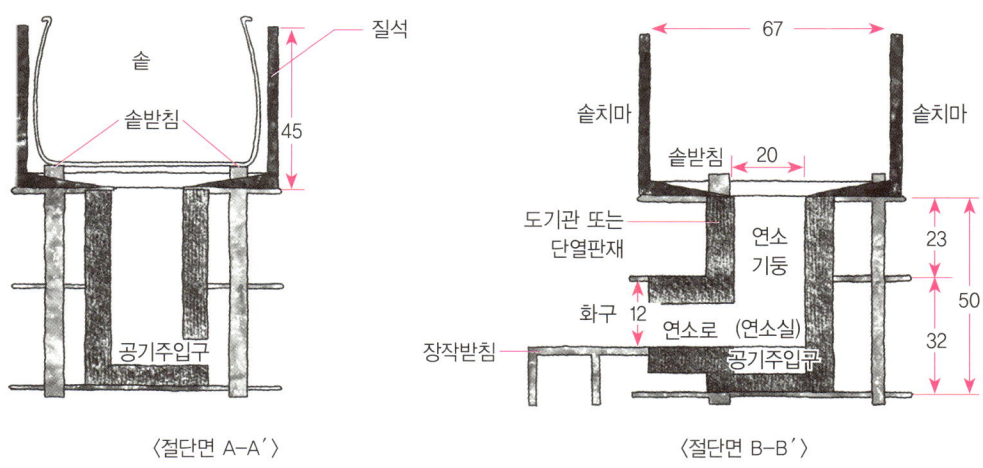

질석
솥
솥받침
45
공기주입구

〈절단면 A-A´〉

67
솥치마
솥치마
솥받침
20
도기관 또는
단열판재
연소
기둥
23
50
화구 12
장작받침
연소로 (연소실)
공기주입구
32

〈절단면 B-B´〉

그림 4-3_100리터 용량의 물을 끓일 수 있는 GTZ 가마솥 로켓화덕 구조와 각 부위 크기

표 4-1_솥의 용량에 따른 대형 가마솥화덕 연소실(Rocket elbow) 각 부위의 크기

솥 용량 (litres)	J (cm)	K=1.5×J (cm)	H=K+J (cm)	화구 단면적 (cm²)	화구 크기 (cm)
20~40	15	23	38	225	15×15
41~60	16	24	40	256	16×16
61~80	18	27	45	324	18×18
81~100	20	30	50	400	20×20
101~150	21	32	53	441	21×21
151~200	22	33	55	484	22×22
201~230	23	35	58	529	23×23
231~300	24	36	60	576	24×24

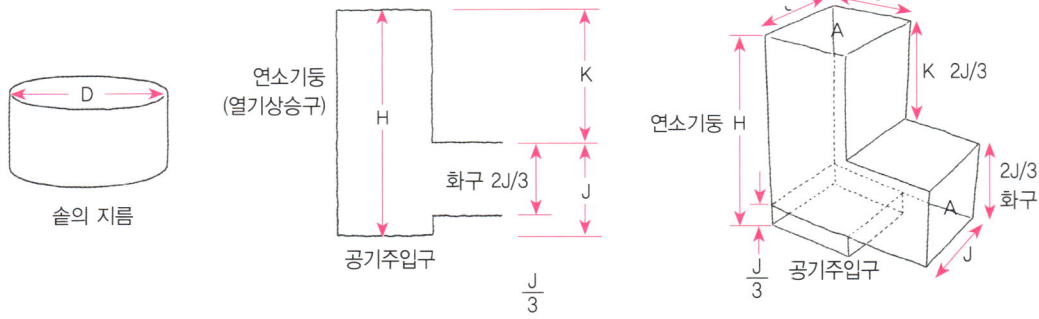

대형 로켓화덕의 연소실 구조를 자세히 살펴보면 연료를 절감할 수 있는 비밀이 드러납니다. 연소실 단열처리는 기본입니다. 연료절감의 비밀은 각 부위별 크기의 비율에 있습니다. 공기주입구(재청소구 겸용) 높이는 화구 높이의 1/2입니다. 물론 공기주입구의 폭은 화구의 폭과 같습니다. 공기주입구는 화구보다 낮은 위치에 만들어야 연기가 역류하지 않고 연소실 안으로 빨려들어갑니다. 공기주입구와 화구의 단면적을 합한 크기로 연소기둥(수직굴뚝)의 단면을 만듭니다. 화구와 공기주입구를 통해 들어온 공기의 양만큼 연소

그림 4-4_벽돌조적 대형 가마솥화덕 – 별도의 공기구멍을 갖고 있다.

가스가 연소기둥을 통해 빠져나간다고 보는거죠. 연소기둥은 공기주입구와 화구의 높이를 합한 값의 2.5배 높이로 세웁니다.

효율적인 가마솥용 대형 화덕은 철이 아닌 벽돌로도 만들 수 있습니다. 시공은 GTZ에서 제안하고 있는 구조와 수치를 적용합니다. 외벽은 벽돌과 철제앵글로 만듭니다. 연소기둥과 연소로, 화구를 포함한 연소실은 내화단열벽돌을 사용해서 만듭니다. 연소실과 화덕 외벽 사이에는 폐석이나 기타 단열재로 채웁니다.

가마솥과 화덕 몸체의 크기에 비해 장작을 넣는 화구와 공기구멍은 상대적으로 매우 작습니다. 단점은 지나치게 화덕 몸체가 커지고 화덕이 높아지는 문제입니다. 화덕 몸체 옆에 발판을 만들어야 조리하기 편리해집니다. 대형 가마솥에 물을 채우면 상당한 하중이 화덕에 작용하기 때문에 화덕 상부와 솥자리 부분이 파손되기 쉽습니다. 화덕 솥자리와 솥치마를 만들 때 내부에 철제 틀을 삽입해서 보강해야만 합니다. 굴뚝을 세우는 화덕 상부 역시 철망으로 보강하고 콘크리트를 덮어 보강합니다.

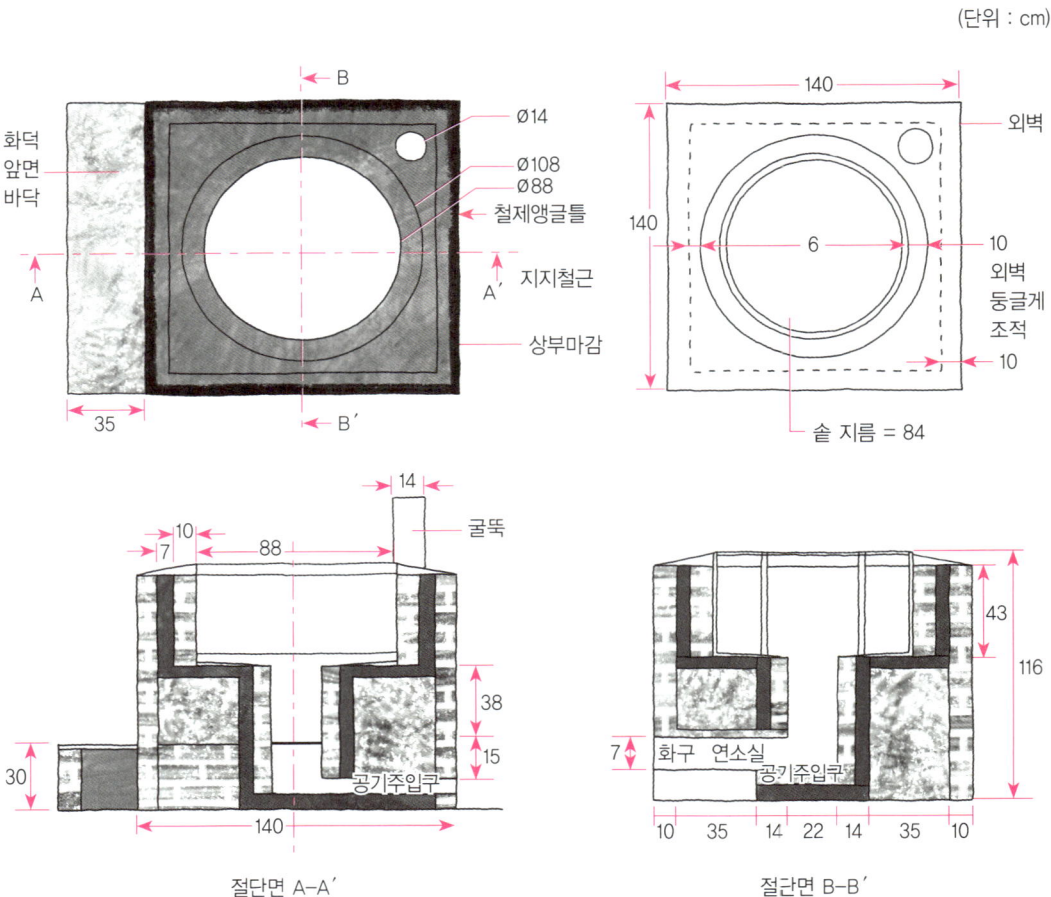

그림 4-5_벽돌조적 가마솥화덕의 구조도

무여농원의 부뚜막 아궁이 가마솥화덕

지난 2010년 10월 해남 달마산 미황사 가는 길목 무여농원에 기존 화덕을 뜯어내고 연료절감형 개량 화덕을 만들었습니다. 무여농원은 주로 친환경 유기 재배한 콩을 이용해 간장, 메주, 된장, 고추장을 생산 판매하고 있습니다. 많은 양의 콩을 삶으려면 필요한 장작이 상당한 터라 매년 장작을 사는 데 드는 비용이 항상 부담이었다고 합니다. 무여농원 부뚜막 아궁이는 가마솥의 지름은 110cm 정도로 3~4명이 들어야 할 정도로 큰 솥 3개가 얹혀져 있는 구조로 아궁이 뒤로 황토 구들방이 붙어 있습니다.

그림 4-6_해남 달마산 무여농원에 만들어 놓은 연료절감형 대형 가마솥화덕. 전에는 통나무를 가득 채워 넣어야 했지만 지금은 긴 장대 몇개만을 넣는다. 부뚜막 아궁이화덕의 불길은 모두 솥바닥을 훑은 후 화덕 뒷편 중간 위치에 뚫려 있는 3개의 불목을 거쳐 방구들 고래로 들어가서 벽체 뒤의 황토방 바닥을 데우도록 되어 있다.

저는 GTZ의 대형 화덕 이론을 적용해 화구를 작게 만들고 별도의 공기구멍(재점검구)을 화구 밑에 두는 구조로 화덕을 다시 만들었습니다. 아궁이 함실은 내화단열벽돌을 사용했고 그 외 주변 부뚜막은 일반 시멘트블럭을 사용했습니다. 내화단열벽돌을 사용한 함실 연소부 둘레 공간은 톱밥과 진흙을 섞어 단열재를 대신했습니다. 핵심인 'L'자 형태의 아궁이, 즉 로켓연소부 크기는 300리터 용량 솥에 해당하는 GTZ의 수치 값을 참조하되 벽돌의 크기를 고려해서 약간 변형했습니다. 화구의 크기는 19×23cm, 별도 공기주입구는 19×7cm, 연소실 바닥에서 연소기둥 상부까지 높이는 약 60cm 정도로 쌓았습니다. 솥 밑바닥부터 가마솥 옆 둘레 날개까지 자연스럽게 안쪽에서 바깥 위쪽으로 경사를 주어 가마솥을 받치도록 한 후 화덕 상판을 시멘트 미장해서 마무리했습니다. 화덕 몸체의 전체 높이는 70cm 이상으로 높아져 조리를 위해서는 역시 발판을 따로 만들어야 할 정도로 높습니다. 유일한 단점입니다. 솥바닥을 훑고 지나간 열기와 연소가스는 솥 뒷쪽의 연도를 통해 솥바닥보다 한참 낮은 위치에 뚫린 구들방으로 연결된 불목으로 꺾여 내려간 후 구들고래 안으로 넘어가도록 만들었습니다. 이 화덕의 특징은 불목으로 들어가기 전 불목 앞에 깊게 구덩이처럼 파 놓은 개자리입니다. 불목의 높이는 화덕의 화구보다 약 15cm 이상 높은 위치에 뚫려 있지만 연소기둥 맨 윗부분이나 솥바닥보다는 35cm 이상 낮은 위치에 뚫려 있습니다. 높이가 높다는 단점은 있지만 확실히 땔감 사용량이 줄어들었습니다. 개량한 부뚜막 아궁이 가마솥화덕은 무여농원에서 전에 사용하던 아궁이화덕에 비해 1/5 정도의 장작만으로 대형 가마솥 안의 물을 1시간 이내에 끓일 수 있게 되었습니다. 실내로 역류하던 그을음과 연기도 거의 느끼지 못할 정도로 확실히 줄었습니다. 전에는 지붕이 온통 시꺼멓게 그을을 정도로 그을음이 심했다고 합니다. 무여농원의 부뚜막 아궁이화덕의 개량 경험은 화덕뿐 아니라 기존 구들을 개량할 때도 충분히 응용할 수 있겠다는 확신을 갖는 계기가 되었습니다. 화덕을 만들고 돌아오는 길에 정성스럽게 만든 무여농원의 된장과 고추장, 장아치, 효소를 한가득 받아 가지고 돌아왔습니다. 이렇게 노동의 수고는 정성 어린 먹거리로 돌아옵니다.

말라위의 희망화덕

말라위Malawi에서 보급되고 있는 에스페란사Esperanza화덕은 또 하나의 효율 좋은 가마 솥화덕입니다. 에스페란사는 스페인어로 '희망'이란 뜻입니다. 말 그대로 땔감 걱정을 없 애고 주부들에게 희망을 주는 화덕입니다. 역시 화덕 측면 밑에 화구와 별도의 작은 공 기구멍을 갖고 있습니다. 다른 화덕과 비교해 굴뚝이 없습니다. 열전도율을 높이기 위해 솥받침은 도기로 만들어졌고 벽돌로 만든 솥치마를 가지고 있습니다.

그림 4-7_말라위의 에스페란사화덕
화구 앞에 있는 시멘트 미장한 받침은 장작받침 겸 작업 발판으로 사용된다. 솥받침은 원형 구조에 3개의 요철 이 삼발이처럼 만들어져 있다. 솥자리 앞쪽이 개방되어 있는데 이곳으로 불꽃의 높이와 세기를 확인할 수 있다.

산마을고교 학생들과 만든 가마솥화덕

말라위의 에스페란사화덕과 GTZ의 사자화덕을 응용해서 장흥으로 이동수업으로 온 산마을고등학교 학생들과 함께 가마솥화덕을 만들었습니다. 이 가마솥은 전남 장흥군 용산면 관지리 정남진 생약초체험장 뒷마당에 있습니다.

그림 4-8_
산마을고등학교
학생들과 가마솥
화덕의 연소실을
만들고 있는 모습

화덕기초

화덕도 구조물이라 기초가 필요합니다. 동결·해빙에 의한 구조변화나 습기·빗물침투를 방지하기 위해 20cm 정도 땅을 파서 자갈을 다져 넣고 펄라이트 2 : 시멘트 1 : 모래 1을 섞은 단열 콘크리트 기초를 하루 전날 미리 만들어 두었습니다. 기초를 만들 때는 철망을 콘크리트 속에 깔아 균열이 일어나지 않도록 방지했습니다.

학생들은 일은 하지 않고 서서 조는 녀석, 앉아서 자는 녀석, 삽 들고 여자친구하고 사랑의 대화를 나누는 녀석 등등 제각각입니다. 아이들과 함께 일을 할 때는 늦게 자라는 떡잎 보듯 인내심을 가져야 합니다. 그래도 그중에는 화덕과 벽난로를 산마을고등학교 내에 자신의 졸업기념작으로 만들어 놓고 가겠다는 야심찬 녀석도 있네요. 이후 그 친구는 기어코 그 약속을 지켜 산마을고등학교 교정 내에도 화덕을 만들었습니다. 다음 날 단열 콘크리트 바닥 위에 한 번 더 적벽돌로 화덕바닥을 만들어 깔았습니다.

'凸' 자형 연소실

내부 연소실은 내화벽돌을 못 구해서 일반 적벽돌로 '凸' 자 형태로 만들었습니다. 한 쪽은 화구, 가운데는 연소기둥, 반대쪽은 공기구멍입니다. 에스페란사화덕과 달리 공기구멍이 측면에 있지 않고 화구 반대쪽에 있습니다. 이런 형태는 뒤에 소개할 GTZ의 사자화덕과 닮았습니다. 연소실 조적용 적벽돌은 세라믹황토몰탈을 사용해서 쌓았습니다. 좀더 여유가 있다면 내화몰탈이나 고온내화접착제를 사용하면 좋겠지요. 연소실 외부는 진흙과 모래, 베어낸 마른 잔디를 볏짚 대신 반죽해서 감쌌습니다. 연소실은 아무래도 강한 연소압력과 고온의 열이 발생하기 때문에 균열이 생기기 쉽기 때문입니다.

연소실에서 중요한 점은 화구의 크기입니다. 이 화덕은 화구의 크기가 17×20cm 크기로 작습니다. 25×25cm 크기로 만들고 싶었는데 일반 적벽돌의 크기 때문에 더이상 크게 만들 수 없었습니다. 연소기둥의 높이는 연소실 바닥부터 약 51cm 높이로 쌓았습니다. 화구 정반대쪽 뒷면은 공기구멍(잿구멍)을 만들었지요. 크기는 화구 크기의 1/2 정도이고 화구 바닥보다 벽돌 한 장 낮은 위치에 공기구멍을 만들었습니다. 화구보다 공기구멍 위치가 낮아야 연기가 역류하지 않기 때문이지요. 이런 구조가 이 화덕의 핵심이랍니다. 이런 구조로 만들면 장작을 화구에 꽉 끼워 넣어도 안정적으로 반대편 공기구멍을 통해 공기가 주입됩니다. 또한 장작의 불꽃과 반대편에서 들어온 공기가 맞부딪치면서 솟기 때문에 불꽃이 연소실이나 연소기둥 내벽에 닿지 않고 수직굴뚝 한가운데로 솟아오릅니다. 연소실 벽체로 빼앗기는 열손실이 없어지죠. 이러한 구조적 특징은 뒤에서 소개할 사자화덕을 응용한 것입니다.

화덕 외부 몸체

진흙으로 감싼 연소실 주변에 공간을 두고 다시 적벽돌로 사각의 화덕 외벽을 쌓았습니다. 이때 몰탈은 시멘트 1 : 모래 3 : 물 0.4를 섞은 반죽을 사용했습니다. 외벽과 연소실 사이에는 단열재인 펄라이트를 채워넣습니다. 이때 작대기로 꼭꼭 쑤셔 펄라이트가 빈 공간 없이 촘촘히 채워지게 해야 하죠. 이렇게 연소실과 화덕 벽체 사이를 단열재로 채우면 연소열이 과다하게 화덕 몸체로 빼앗기지 않아 고온연소가 일어납니다.

펄라이트가 가득찬 화덕 상부는 볏짚이 없어 마른 잔디를 섞은 흙반죽을 덮고 자갈을 깐 후 다시 잔디 흙반죽을 덮었습니다. 이 위에 다시 세라믹황토몰탈로 마감했습니다. 상판 위에는 우선 솥 크기보다 조금 크게 원을 그린 후 벽돌을 원형으로 세워 쌓은

그림 4-9_ 가마솥화덕을 점검하고 있다. 솥치마의 열린 뒷부분과 솥 측면으로 연기가 빠져나간다.

후 황토몰탈을 발라 솥치마를 만들었습니다. 솥치마는 솥으로 전달되는 열량을 높여줍니다.

스와질란드의 대형 사자화덕

　독일기술협회 GTZ은 남아프리카 한가운데 있는 스와질란드라는 작은 나라에도 개량한 대형 화덕을 보급하고 있습니다. 이 화덕은 핵심 연소부가 사자가 누워 있는 모습을 닮았다고 해서 사자화덕(Lion Stove)이란 이름이 붙었습니다. 이 화덕 역시 스와질란드 사람들이 사용하던 기존 화덕에 비해 연료를 60% 이상 아낄 수 있다네요.

그림 4-10_
스와질란드의 대형 사자화덕

하단부(연소부)

　사자화덕은 주로 적벽돌을 쌓아서 만드는데 2단 구조를 가진 상자 형태입니다. 하단부는 화덕의 핵심부인 사자 모양을 한 연소부가 들어 있습니다. 상단부는 대형 가마솥을 받칠 수 있는 솥받침 철물과 벽돌로 둥글게 쌓아 솥을 감쌀 수 있는 솥치마 몸체로 이루어져 있습니다. 적벽돌은 주로 220×110×76mm 크기의 것을 사용합니다. GTZ에서 파견한 기술자들은 원주민들에게 사자의 해부학적 구조에 비유허서 사자화덕의 특징을 다음과 같이 설명하고 교육합니다.

　"자세히 살펴보면 화덕은 누워 있는 사자의 발, 팔꿈치, 어깨, 등, 머리와 비슷한 형태를 갖고 있습니다. 불은 사자의 뱃속에서 타오르고, 사자의 몸은 땔감을 담고 있습니다. 공기는 사자의 입을 통해 들어가고 사자의 머리 위엔 솥이 놓입니다. 사자는 벽돌 우리에 갇혀 있습니다. 사자는 하단부의 벽에 나 있는 12개의 작고 가늘고 긴 구멍(보조 공기주입구)을 통해 숨을 쉽니다."

　사자화덕의 연소실 구조는 일명 로켓화덕이라 불리는 개량 단열화덕의 연소실 구조와 닮았습니다. 로켓화덕은 많은 장점에도 불구하고 공기를 예열해서 주입할 수 없습니다. 게다가 종종 장작을 세게 밀어 넣게 되면 연소실 안쪽 벽이 쉽게 무너지거나 상하는 단점을 갖고 있습니다. 사자화덕은 이 점을 개선한 화덕입니다.

　하단부 위에는 연소부와 연결된 불길이 올라오는 연소기둥 부분만 뚫어놓고 플라스틱 재질이나 콘크리트 또는 ALC(경량기포 콘크리트) 상판을 덮어 상단투와 구분되게 만듭니다. 상판을 덮으면 하단부(연소부) 주위가 주변의 차가운 외기로부터 차단되고 연소부 주변

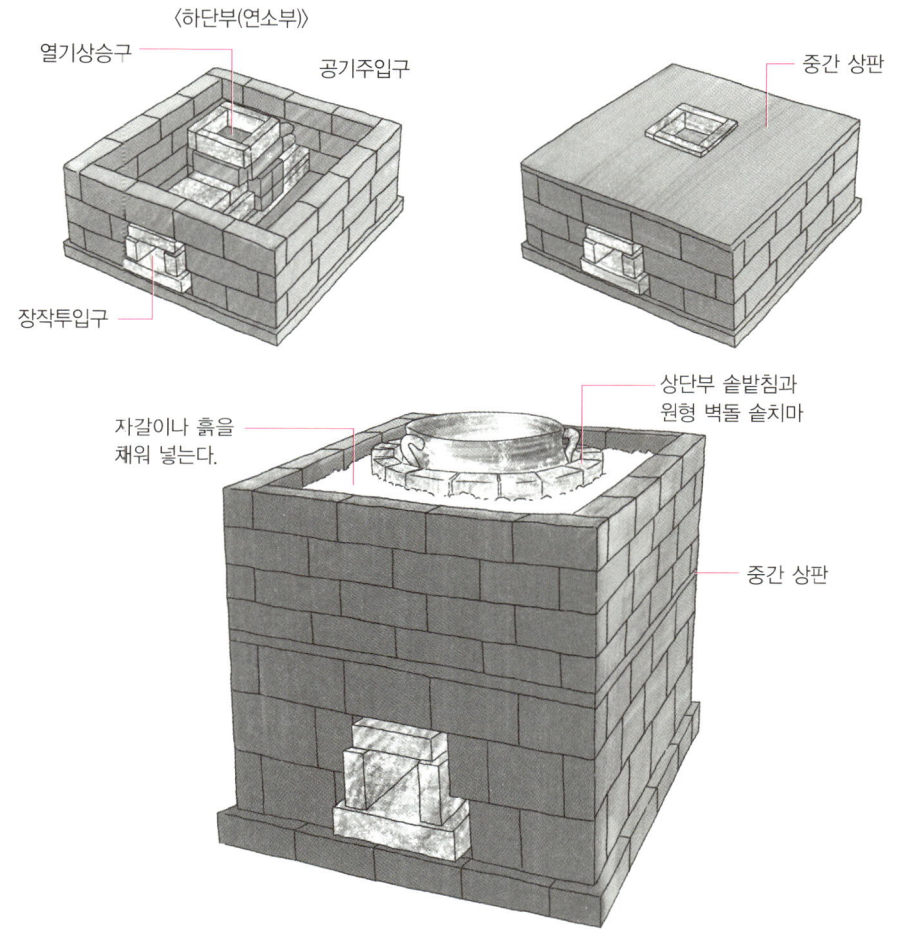

열기상승구

〈하단부(연소부)〉

공기주입구

중간 상판

장작투입구

자갈이나 흙을
채워 넣는다.

상단부 솥받침과
원형 벽돌 솥치마

중간 상판

그림 4-11_2단 구조로 된 사자화덕

의 공기가 데워지기 때문에 고온 연소가 가능한 환경이 만들어집니다. 전체 화덕은 적
벽돌을 쌓아 상자 형태로 만드는데 하단부 주위는 비워두고 상단부 안쪽은 자갈을 채
웁니다.

하단부의 사자 모양 연소부는 전체적으로 보면 눕혀놓은 '凸'자 도양입니다. 밑부분의 한쪽은 두 구멍 가마솥화덕처럼 별도의 공기주입구가 있고 반대쪽은 화구가 있습니다. 가운데 솟은 부분이 연소기둥입니다. 특징은 공기주입구의 위치가 화구 반대쪽 밑에 있다는 점입니다. 공기주입구와 화구의 크기는 대략 1 : 2 비율입니다. 이렇게 화구의 반대쪽에 공기주입구를 만들면 공기주입을 일정하게 할 수 있습니다. 이뿐 아니라 불꽃이 반대쪽에서 들어오는 공기와 맞부딪혀 연소실의 반대쪽 내벽에 닿지 않고 수직으로 올라갑니다. 연소실 벽돌에 불이 닿지 않기 때문에 연소실 몸체로 빼앗기는 열손실도 없어지게 되고 연소실 벽에는 검은 그을음이 남지 않게 됩니다. 사자화덕은 다른 화덕에 비해 공기주입구가 여러 개 있습니다. 화구 반대쪽 공기주입구가 주 공기주입구입니다. 주 공기주입구는 화덕 바깥으로 연결되어 있고 다시 화덕 몸체 하단부 안쪽 내부에서 위쪽으로 열려 있는 내부 공기주입구와 연결되어 있습니다. 화덕 몸체 하단부 외벽에는 작고 긴 구멍이 16개나 있는데 이 구멍들은 보조 공기주입구들입니다. 이 보조 공기주입구를 통해 들어온 차가운 공기는 하단부 연소부 주위에서 뜨겁게 데워진 후 화덕 하단부 내부 공기주입구를 통해 연소실 안쪽으로 들어갑니다. 이렇게 만들면 충분한 공기를 주입할 수 있을 뿐 아니라 따뜻하게 공기를 예열시켜 연소실 안으로 보낼 수 있게 됩니다. 그만큼 고온 연소가 가능한 환경이 만들어지게 됩니다.

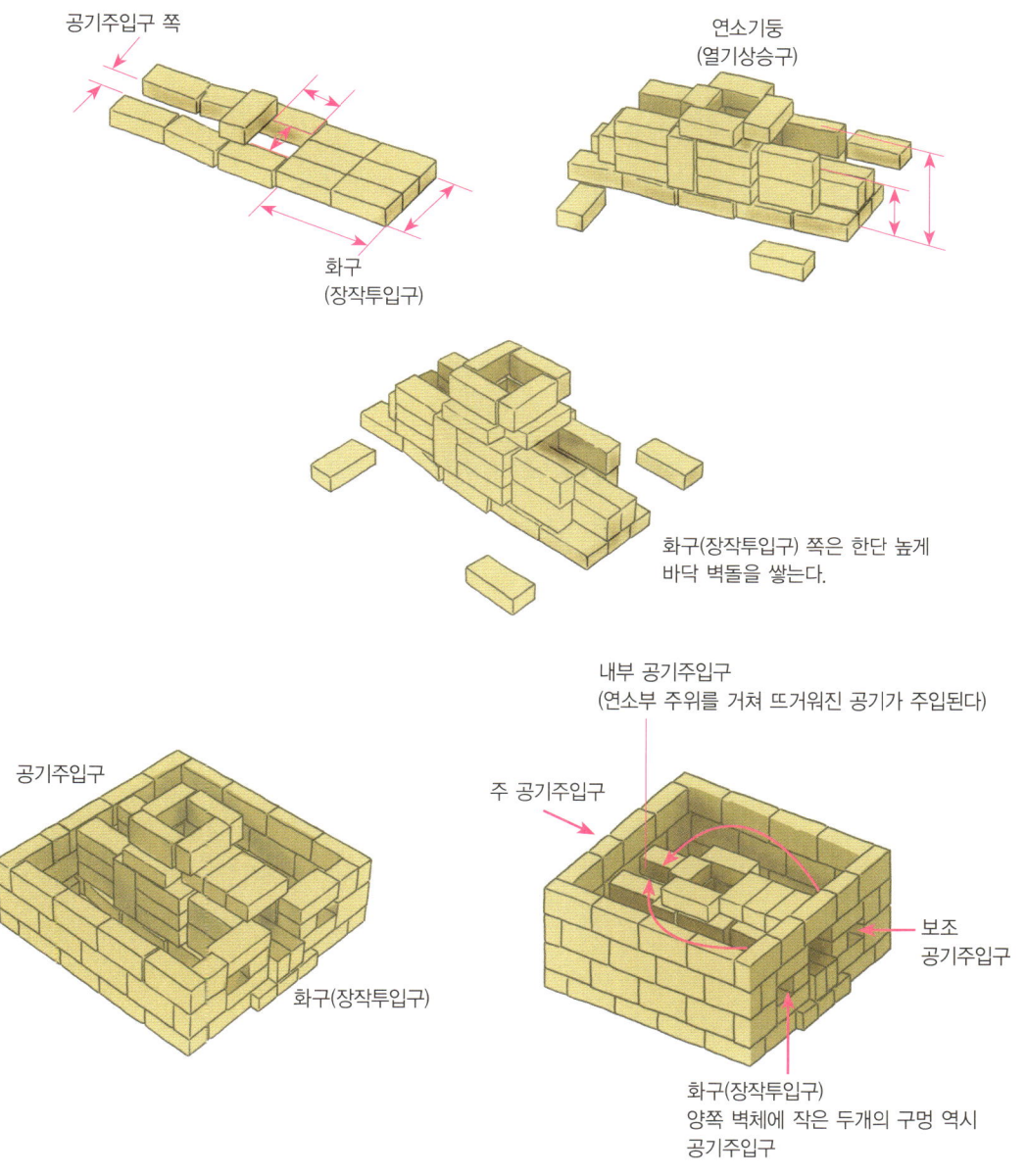

공기주입구 쪽

연소기둥
(열기상승구)

화구
(장작투입구)

화구(장작투입구) 쪽은 한단 높게
바닥 벽돌을 쌓는다.

내부 공기주입구
(연소부 주위를 거쳐 뜨거워진 공기가 주입된다)

주 공기주입구

공기주입구

화구(장작투입구)

보조
공기주입구

화구(장작투입구)
양쪽 벽체에 작은 두개의 구멍 역시
공기주입구

그림 4-12_사자화덕 하단부^(연소부) 구조와 공기주입구 위치

상단부 솥받침과 솥치마

사자화덕의 상단부는 솥받침과 솥치마로 구성되어 있고 솥치마 주변은 흙과 자갈로 채운 후 전체 외부면을 시멘트 미장해서 완성합니다. 무거운 대형 솥이 올라가기 때문에 솥받침은 굵은 철근을 엮어서 만들고 솥 주변을 둥글게 적벽돌을 쌓아 솥치마를 만드는 데 솥받침과 솥치마가 일체가 되도록 만듭니다. 별도로 연통이나 굴뚝은 만들지 않고 하단부(연소부)의 연소기둥을 통해 솟구친 열기가 솥 주변을 충분히 훑으며 지나가도록 되어 있는 구조입니다. 때론 별도의 외부로 연결된 연통을 상단부에 설치하기도 합니다.

사자화덕은 연소부를 만들 때는 주로 220×110×76mm 크기의 적벽돌을 사용합니다. 이 때문에 솥 지름이 1m가 넘는 대형 사자화덕의 경우도 공기주입구는 112×76mm(벽돌 한장 높이), 연소기둥은 165×165mm, 화구는 약 165×152mm 정도로 작습니다. 큰 솥인 경우에도 큰 화력을 얻기 위해 장작을 많이 넣기 보다는 단열과 예열된 공기주입으로 고온의 연소열을 만들어내고 솥치마를 이용해서 열을 외부로 빼앗기지 않고 손실 없이 솥에 전달하는 것이 중요하다는 점을 알 수 있습니다. 이러한 점은 구들을 개량할 때도 적용해볼 수 있을 것입니다. 화구를 크게 해서 장작을 많이 넣는 것보다 함실과 구들 내부를 단열한다면 적은 양의 장작으로도 충분히 방을 데울 수 있지 않을까요.

그림 4-13_스와질란드 오지의 원주민들이 적벽돌로 사자화덕을 만들고 있다.

열기고리를 장착한 가마솥화덕

　　로켓화덕 원리를 적용한 대형 화덕은 적은 장작사용량과 높은 열효율에도 불구하고 화덕 높이가 높아지기 때문에 우리의 주방문화나 조리습관과 맞지 않는 문제점이 있습니다. 앞서 소개한 대형 로켓화덕이 솥바닥이 평평하고 솥 안쪽이 깊은 서양식 평바닥 솥에 맞춰져 설계되었기 때문입니다. 반면 전통 가마솥은 바닥이 반원형으로 둥글어 그 형태가 다르기에 로켓엘보식 연소부를 장착한 대형 화덕을 그대로 우리 농촌에서 사용하려면 개선할 필요가 있습니다. 이 점을 개선해서 담양 창평 슬로시티 삼지내 마을과 음성 농촌선교교육원에서 진행한 워크숍에서는 열기고리를 장착해서 화덕의 높이를 낮

그림 4-14_
담양 창평 슬로시티 삼지내 마을의 열기고리를 가진 대형 가마솥화덕 앞에 선 워크숍 참가자들

춘 개량 가마솥화덕을 만들었습니다.

화덕의 주요 부위의 크기

화덕의 높이를 낮추기 위해 화구는 로켓화덕 원리를 참조해서 대략 200×120mm 크기로 만들었고, 공기주입구(재점검구)는 화구 크기의 1/2에 좀 못 미치게 대략 200×65mm로 만들었습니다. 연소부는 내화벽돌을 사용해서 조적했습니다. 연소기둥은 화구의 2.5~3배 정도로 높이지 않고 중국식 개량 화덕처럼 벽돌과 흙으로 이중의 열기고리를 만들어 열기가 충분히 솥바닥 주변을 훑고 난 후에야 굴뚝으로 빠져나가도록 만들었습니다.

굴뚝은 화구 크기의 1.5~2배 정도 크기로 단면적을 만들어 약 2m가량 쌓아올렸고, 굴뚝 개자리를 두었습니다. 열기고리에서 굴뚝으로 연결되는 연도는 화구의 2/3 정도 크기로 만들었습니다. 연소부와 화덕 벽체 사이에는 빈 병과 펄라이트를 채워서 단열하였습니다. 단열자는 연탄재, 나무재, 폐 스티로폼+흙, 흙+톱밥(왕겨) 등 주변에서 쉽게 구할 수 있는 재료로 대체 가능합니다.

그 결과 대략 직경 80cm 정도 크기의 가마솥에 2/3 높이로 채운 물을 화구에 두 번 정도 잔가지를 채워 넣고 불을 피웠더니 약 20분 정도 만에 끓었고, 닭 8마리가 10여 분 남짓한 시간에 푹 삶아질 정도로 화력이 좋았습니다. 화덕이 좀더 건조되어 습기가 빠지면 더욱 열효율은 높아지고 가열시간도 줄어들게 됩니다.

열기고리 구조

연소부 상부에 이중 열기고리를 장착한 가마솥화덕의 구조와 열기의 흐름은 그림 4-15와 같습니다. 열기고리는 두 개의 말 발굽 형태로 만듭니다. 중심부 안쪽의 작은 열기고리는 화구 방향을 향해 열려 있고, 바깥쪽 큰 열기고리는 연도 방향으로 열린 구조입니다. 안쪽 열기고리 위에 솥바닥의 중심부가 덮게 되고 바깥 열기고리는 솥날개가 앉혀집니다. 이렇게 이중의 열기고리를 만들면 화실(연소실)의 불꽃 연소가스는 안쪽 열기고리와 솥바닥에 갇혀 화구 방향의 열린 부분을 통과한 후 바깥 열기고리와 솥날개 안쪽의 솥바닥 부분이 이루는 통로를 통과하고, 연도 방향으로 열린 부분과 연도를 지나 굴뚝으로 빠져나가게 됩니다. 이러한 이중의 열기고리가 열기통로가 되어 화실의 열기가 바로 충분히 솥바닥을 가열한 후 굴뚝으로 빠져나가기 때문에 열효율이 높아지고 장작 사용량도 줄어듭니다.

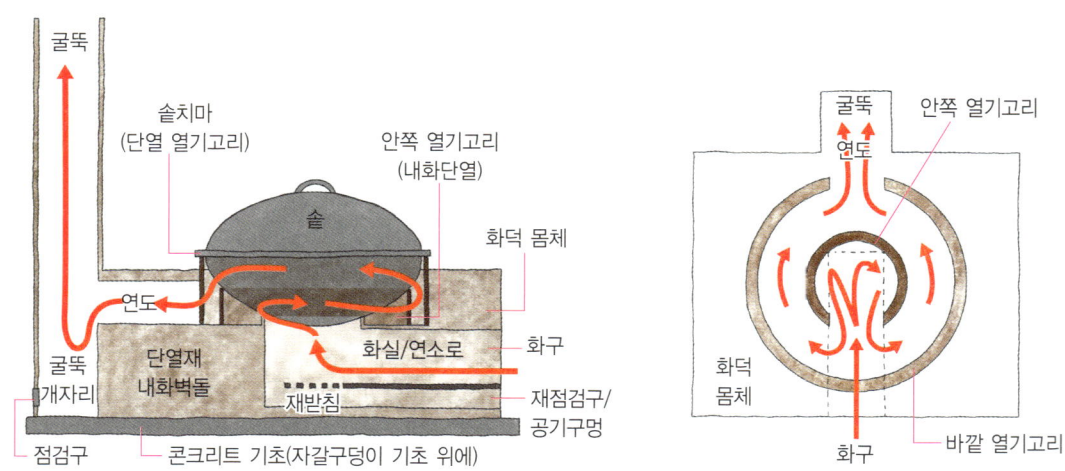

그림 4-15_열기고리를 가진 가마솥화덕 구조도와 열기의 흐름

열기고리의 크기는 가마솥마다 바닥 곡면의 형태와 높이, 직경이 다르기 때문에 화덕 위에 앉힐 솥에 따라 달라집니다. 시중에 흔히 파는 큰 양은 솥을 기준으로 할 때 바깥 열기고리는 드럼통을 잘라 틀로 사용하고, 안쪽 열기고리는 말통 기름 깡통을 잘라 틀로 사용하면 알맞게 만들 수 있습니다. 열기고리는 벽돌로 쌓은 후 흙과 모래, 석회(시멘트) 반죽으로 만들 수도 있고, 내화단열몰탈로 만들 수도 있습니다. 흙과 모래, 석회 반죽으로 만들 때는 볏짚을 섞어 반죽하고 굵은 철사를 심으로 두른 후 다시 반죽을 붙이면 견고하게 만들 수 있습니다.

열기고리 시공은 가장 중요한 공정입니다. 열기고리의 크기는 가마솥바닥의 중심부에서 곡면이 시작되는 바닥 부분까지의 직경을 재서 벽돌이나 흙으로 쌓아 안쪽 열기고리를 만듭니다. 이 안쪽 열기고리는 화구 쪽으로 개방되어 있어야 하고 솥을 앉혔을 때 앞쪽 열린 부분을 제외하고는 절대 연소가스가 새는 부분이 없어야 합니다. 솥바닥과 열기고리의 높이가 맞지 않을 경우 강화 흙반죽(흙 1 : 모래 2.5 : 시멘트 0.35~7 정도 또는 석회 같은 양) 반죽으로 보완을 해줍니다.

바깥 열기고리를 만드는 작업 역시 섬세한 시공이 필요합니다. 몇 번씩 솥을 놓아보며 시공해야 하는데 바깥 열기고리는 솥날개 바로 안쪽 직경에 맞추고 솥바닥으로부터 솥날개까지의 높이에 맞춰서 만듭니다. 안쪽 열기고리와 마찬가지로 벽돌로 쌓고 다시 강화 흙반죽으로 감싸서 만듭니다. 이때 바깥 열기고리는 굴뚝으로 이어지는 연도를 향해 개방되어야 합니다.

안쪽 열기고리와 바깥 열기고리가 서로 반대 방향으로 열려 있게 되면 연소실에서 올라온 불꽃과 열기는 안쪽 열기고리와 솥바닥에 부딪힌 후 안쪽 열기고리의 앞쪽 열린 부분을 통해 그 다음 바깥 열기고리와 솥 사이의 틈으로 흘러가게 됩니다. 그만큼 불꽃과 열기는 곧바로 굴뚝으로 빠져나가지 않고 충분히 솥바닥과 주변을 훑으면서 지나가기 때문에 열효율이 높아집니다. 이때 바깥 열기고리와 솥 사이의 틈은 가능하면 3~5cm 정도로 좁게 만듭니다. 이론적으로는 틈이 1cm 정도로 좁게 만들면 솥과의 열마찰이 커지게 되지만 사용하면서 그을음으로 막힐 것을 대비해 좀더 바깥 열기고리와 솥 사이의 틈을 벌려서 시공합니다.

화덕 벽체 시공

연소부를 제외한 화덕의 몸체를 이루는 화덕 벽체 시공방법을 살펴보도록 하겠습니다. 화덕 역시 건축물입니다. 따라서 지면에서 올라오는 습기를 방지해야 하고 동결·해빙에 의한 지반 변화의 영향을 줄여야 합니다. 기초는 화덕이 앉힐 자리만큼 도랑을 파고 자갈을 채운 후 이 위에 시멘트 콘크리트에 펄라이트를 섞어 깝니다. 이때 철근이나

그림 4-16_
작은 화구 안의 불 붙은 장작을 바라보고 있는 담양 창평 삼지내 마을 사람들

철망을 깔면 콘크리트 바닥을 더욱 단단하게 만들 수 있습니다. 기초 바닥이 충분히 양생되면 이 위에 내화벽돌이나 적벽돌을 이용해서 연소부 구조를 만듭니다. 공기주입구와 화구, 연소로 등을 포함한 연소부를 다 쌓으면 화덕 몸체를 이룰 외곽 벽체를 연소부와 같은 높이로 쌓은 후 연소부와 몸체 사이에 단열재를 채우고 흙반죽으로 덮습니다.

화덕 상부의 시공 방법은 솥을 매몰·고정할지, 탈부착하도록 솥치마 형태로 만들지에 따라 선택할 수 있습니다. 담양 창평과 음성의 화덕은 매몰·고정하였고, 저희 집에 놓은 화덕은 솥치마 형태로 만들었습니다.

음성 농촌선교교육원의 가마솥

전국귀농운동본부와 함께 음성 농촌선교교육원에서 가진 적정기술워크숍 기간 중에 여러 가지 효율 좋은 화목난로와 함께 열기고리를 가진 대형 가마솥화덕을 만들었습니

그림 4-17_
화덕을 완성하고 기념사진 촬영하고 있는 워크숍 참가자들

다. 기본적으로 음성의 화덕 역시 담양의 화덕과 같은 구조로 만들었지만 좀더 화덕의 높이를 낮추었습니다. 또 다른 특징은 굴뚝을 시멘트블록으로 쌓되 블록 안에 펄라이트를 채워 단열한 굴뚝과 도기관과 철제를 이용해서 만든 연가입니다. 이 화덕은 비를 맞을 수 있는 한데에 놓인 화덕이기 때문에 외부 미장은 흙·모래·시멘트를 섞은 반죽으로 마감했습니다.

그림 4-18_
음성 워크숍에서 가마솥화덕을 만들고 있는 모습

5

연기 없는 조리용 화덕

연기 없는 조리용 화덕

　인류는 오랫동안 화덕에 불을 피워 사용하기 시작했습니다. 신석기시대 움집터의 화덕은 음식물을 익히고, 흙을 빚어 그릇을 만드는 데 이용되었습니다. 고구려에서는 이동할 수 있는 화덕을 만들어 썼는데 무쇠를 부어 만든 화덕이 유행했습니다. 부잣집이나 벼슬이 높은 집에서는 취사장을 따로 만들고 반빗간이라 부르는 그곳에 큰 화덕을 만들어 사용했습니다. 조선시대 일부 지방 사람들은 화강암을 다듬어 화덕을 만들어 쓰기도 했습니다. 제주도의 산간마을에서는 지금도 부엌에 작고 큰 냄비나 솥 여러 개를 나란히 걸 수도 있는 화덕을 설치하기도 합니다. 온돌이 발달하기 이전까지는 화덕이 중심이었으나 난방과 취사를 겸할 수 있는 아궁이와 부뚜막이 본격적으로 설치된 이후로는 간이형이거나 여름철의 일시적인 필요에 따라 만들고 있습니다.

　우리나라는 산업화 이후 일제시대를 거치며 석탄을 이용한 연탄 화덕과 연탄 아궁이가 나무를 때는 화덕과 아궁이를 대신하기 시작했습니다. 뒤이어 난방용으로 연탄 보일러가 유행하기 시작했고 40여 년 전부터 부엌에서는 조리용으로 석유곤로가 그 자리를 대신하게 되었습니다. 현재는 LPG나 LNG를 연료로 사용하는 가스레인지가 가장 보편적으로 이용되고 있습니다. 그러나 선진국과 개발도상국의 도시에 사는 사람들을 제외하고 아직도 아프리카, 동남아시아, 남미 국가 등 제3세계 농촌 인구의 대다수가 나무화덕을 주방 요리에 주로 사용하고 있습니다. 요리용 땔감 때문에 생기는 숲 훼손과 화덕 연기 때문에 발생하는 건강문제를 해결하기 위해 제3세계에서 활동하고 있는 환경운동가들은 나무를 아낄 수 있도록 핵심 연소부를 개량하고 각 지역 전통 화덕을 결합해서 주방에서 사용할 수 있는 개량 화덕을 만들어 보급하기 시작했습니다. 이 화덕들은 땔감도 적은 양만 필요하고 그을음과 연기도 나지 않을 뿐 아니라 여러 개의 솥을 얹어 사용할 수 있는 장점을 가지고 있습니다. 이 화덕들엔 대부분 여성의 이름이 붙어 있습니다.

솥자리가 여러 개인 다구 화덕

야외 조리용으로 사용하는 개량된 화덕의 기본 모델은 완전하게 그을음과 연기 문제를 해결하지 못했습니다. 솥도 한 개밖에 얹지 못합니다. 필요는 발명의 어머니라고 했던가요. 우간다 정부와 유엔 식량농업기구와 환경단체들이 손잡고 그러한 문제를 해결한 주방용 다구 흙화덕을 만들어 보급하고 있습니다.

그림 5-1_ 우간다 정부가 배포하고 있는 주방용 다구 흙화덕 제작 포스터. 60% 이상 땔감을 절약하고 연기가 적고 안전하다는 점을 강조하고 있다.

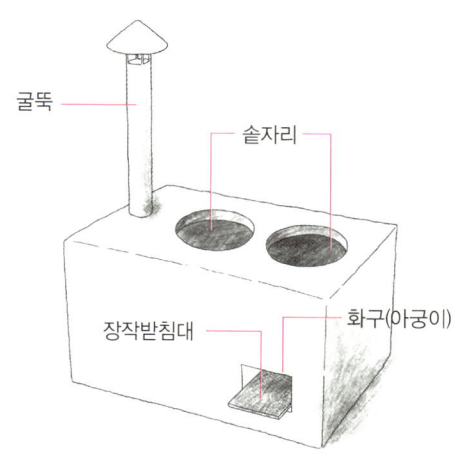

굴뚝

솥자리

장작받침대

화구(아궁이)

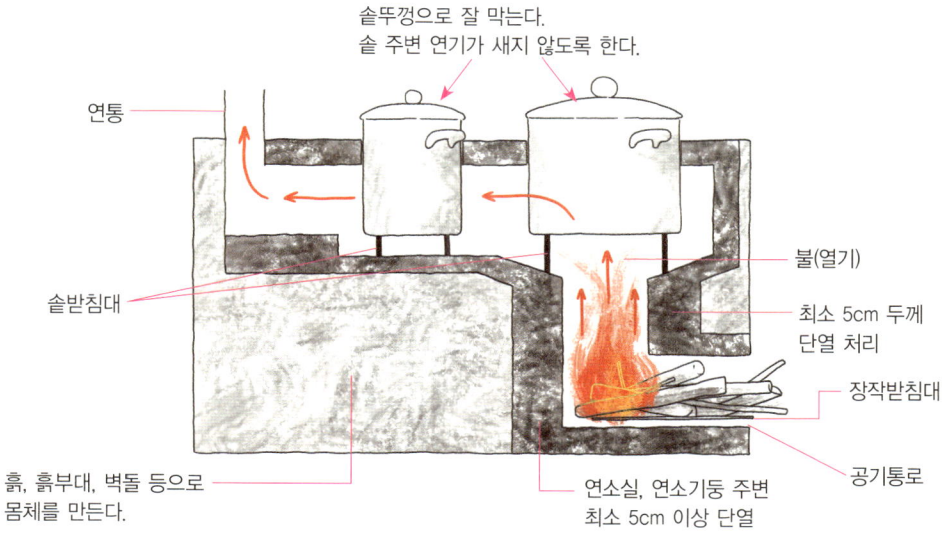

솥뚜껑으로 잘 막는다.
솥 주변 연기가 새지 않도록 한다.

연통

솥받침대

흙, 흙부대, 벽돌 등으로
몸체를 만든다.

불(열기)

최소 5cm 두께
단열 처리

장작받침대

공기통로

연소실, 연소기둥 주변
최소 5cm 이상 단열

그림 5-2_여러 개의 솥을 올릴 수 있는 주방용 화덕의 기본 형태와 구조

연료를 절감할 수 있고 솥을 여러 개 걸 수 있는 다구 흙화덕을 보급한 덕분에 우간다 정부는 벌목으로 발생하는 산림훼손과 부실한 나무화덕 사용으로 국민들의 건강이 악화되는 문제를 개선시킬 수 있었다고 합니다.

　우간다 정부가 보급하고 있는 주방용 다구 흙화덕 역시 개량 화덕의 핵심 연소부(화구, 연소실, 연소기둥으로 구성된 'L'자형 연소부)를 장착하고 있습니다. 다른 점은 여러 개의 솥을 얹을 수 있는 솥자리와 상판, 열기가 통과하는 연기통로와 연도를 흙으로 만들고 연통이 있다는 점입니다. 우간다는 가난한 나라이기 때문에 화덕 단열을 위해 상업용 단열재를 사용하지 않고 주로 진흙·톱밥 반죽으로 최소한 5cm 이상 두텁게 발라서 만듭니다. 핵심 연소부는 주로 진흙·톱밥·모래 반죽으로 만든 토판이나 도기를 이용해서 제작하고, 화덕의 몸체는 진흙·모래만을 섞은 반죽으로 만들거나 흙벽돌을 사용해서 만듭니다.

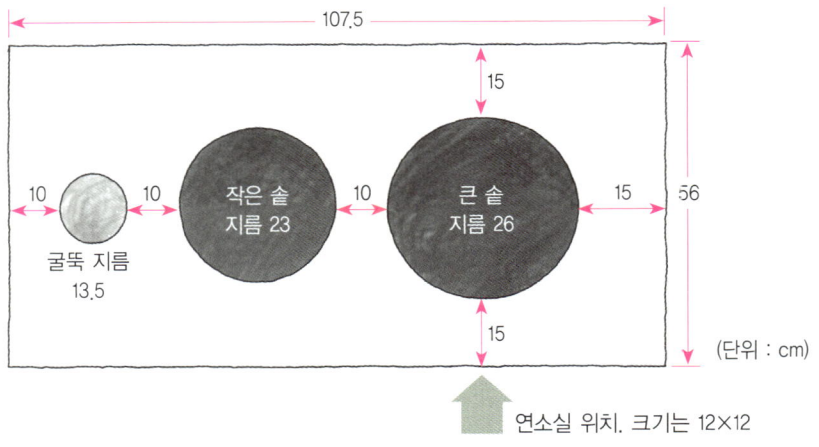

그림 5-3_솥자리와 연통의 크기와 배치

표 5-1_솥 지름과 연소부 각 부위의 최적 크기

솥 지름 D(cm)	솥 용량 (litres)	J (cm)	K=1.5×J (cm)	H=K+J (cm)	A (cm²)	A (cm)
Up to 20	Up to 2.7	11	16.5	27.5	121	11×11
21–27	2.7–7.5	12	18.0	30.0	144	12×12
28–30	7.5–9.8	13	19.5	32.5	169	13×13
31–35	9.8–15.7	14	21.0	35.0	196	14×14
36–40	15.7–24	15	22.5	37.5	225	15×15
41–50	24–35	16	24.0	40.0	256	16×16
46–50	35–47	18	27.0	45.0	324	18×18

화구 높이　　　　연소기둥 높이　　　　수직굴뚝/화구단면적 넓이
　　　　　　　　（열기상승구）　　　　　　　A=J×J

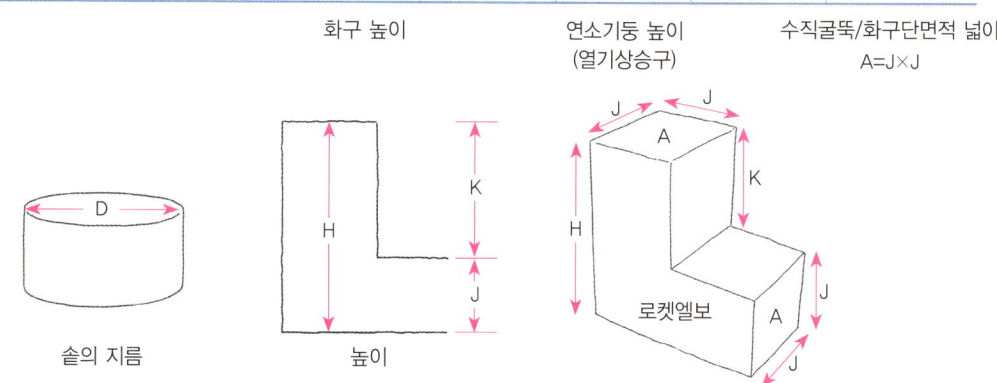

솥의 지름　　　　높이　　　　로켓엘보

우간다 정부가 보급하고 있는 기본 모델의 경우 솥자리가 나 있는 화덕 상판은 길이가 보통 1m, 너비가 약 56cm 정도입니다. 화구에서 직접 불을 받는 큰 솥자리 지름은 25cm, 연통 쪽에 가까운 작은 솥자리는 지름이 23cm인데 큰 솥자리 크기는 로켓 연소쿠의 크기와 밀접한 관계를 갖습니다. 솥자리, 즉 솥의 크기가 클수록 연소부의 화구나 연소실, 연소기둥을 크게 만듭니다. 기본 모델은 화구를 12×12cm 크기로 만듭니다. 일반적으로 화구와 연소실, 연소기둥의 단면적은 모두 같습니다.

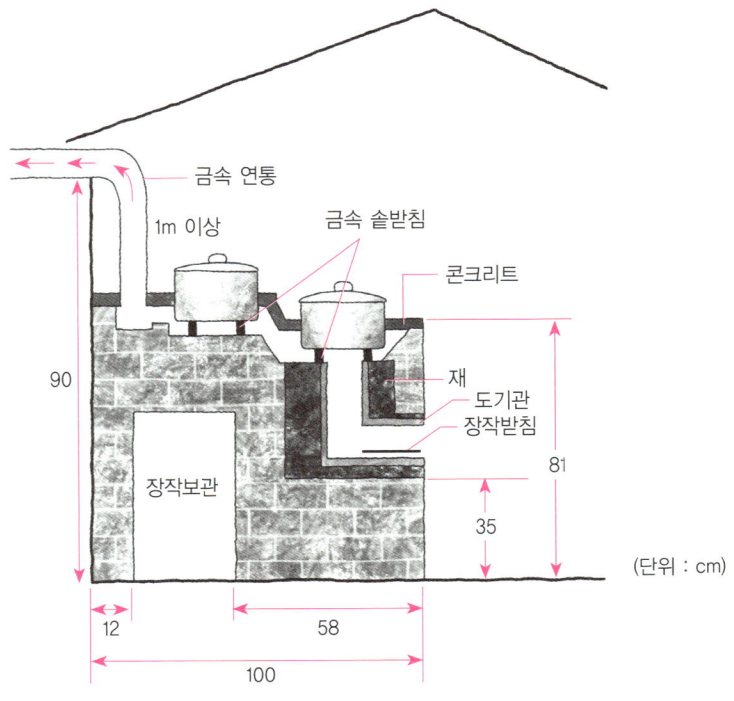

금속 연통

1m 이상

금속 솥받침

콘크리트

90

재

도기관
장작받침

장작보관

81

35

(단위 : cm)

12

58

100

그림 5-4_다단 다구 화덕의 크기와 각 부위 높이

　과학자들은 솥 크기에 따라 달라지는 가장 적절한 화덕 각 부위의 크기를 표 5-1과 같이 제시하고 있습니다. 이 표의 수치들은 대부분의 개량 화덕에 적용할 수 있습니다.

　화구 직경이 12×12cm 일 경우 솥자리가 여러 개인 주방용 화덕에 연통을 설치할 경우 연통의 지름은 화구보다 직경이 큰 13.5cm 정도가 적당합니다. 연통 쪽으로 갈수록 압력이 약해지기 때문이지요. 화덕 윗판에서 연통을 최소 1m 이상 수직으로 세운 후 꺽거나 실외로 빼야 연기 역류가 없습니다.

　솥을 세 개 이상 여러 개 얹는 화덕을 만들 경우 연소실의 열을 직접 가장 많이 받을 수 있는 가까운 쪽부터 솥자리의 크기가 제일 크고 열기가 가장 적게 가는 연통 쪽으로

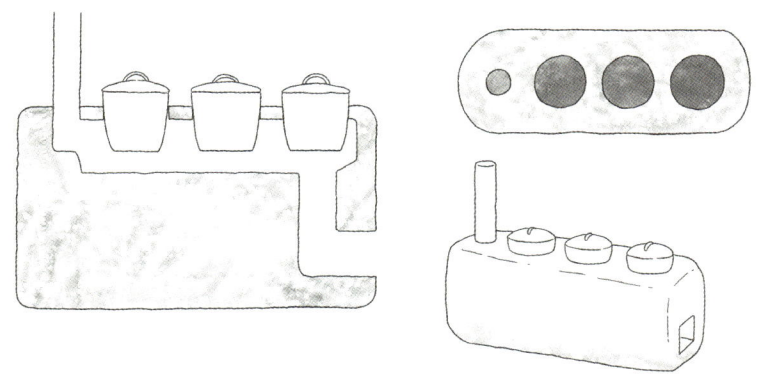

그림 5-5_솥자리가 세 개인 주방용 화덕

갈수록 솥자리의 크기가 작아지도록 만듭니다. 뒤로 갈수록 전달되는 열기가 약해지기 때문입니다. 그러나 연통 쪽으로 갈수록 솥자리가 높아지는 다단 다구 화덕은 뒷자리의 솥에도 충분한 열을 전달할 수 있게 됩니다.

벽돌조적 다구 화덕 만들기

단열바닥 만들기

모든 화덕을 만들 때 연소부 주위와 바닥 단열이 가장 중요합니다. 화덕을 만들 때 제일 먼저 톱밥과 진흙반죽으로 화덕 자리를 단열처리합니다. 그 위에 다시 톱밥·진흙·모래를 반죽하여 만든 흙벽돌을 깔아 화덕의 기초 바닥을 만듭니다. 이때 연소부와 주변 단열재를 채울 공간을 비워둡니다. 톱밥과 진흙반죽이 채워지는 바닥 단열층의 적정 높

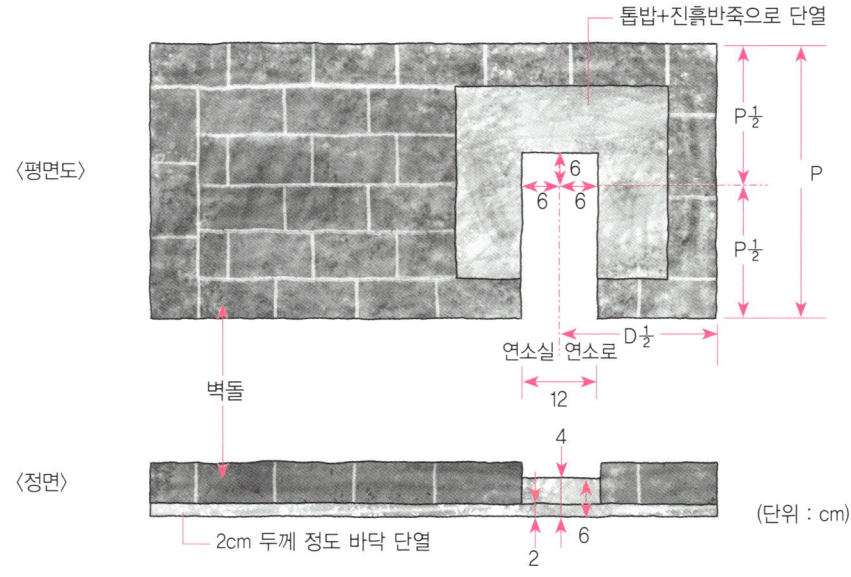

그림 5-6_화덕 바닥 단열층 시공 두께와 연소부 공간 배치

이는 기본 바닥이 2cm, 연소부 밑 바닥 부분이 4cm 정도입니다. 화구 크기는 원형일 경우 지름 12cm, 사각형일 경우 12×12cm로 만듭니다.

화덕 몸체 쌓기

바닥 단열층을 깔고 바닥에 톱밥과 진흙으로 만든 단열벽돌을 깔았다면 그 위에 핵심 연소부 위치를 잡기 위해 적절한 크기의 통나무를 틀 삼아 놓습니다. 통나무 틀의 지름은 12cm이어야 합니다. 통나무 틀을 감싸면서 연소부의 연소기둥(열기상승구) 위에서 2cm 높이까지 벽돌을 쌓아올립니다. 화덕 몸체, 즉 화덕 하부를 쌓는 벽돌은 꼭 단열벽돌이 아니어도 상관없습니다. 벽돌을 다 쌓은 위에 다시 연소기둥 높이에 맞춰 톱밥·진흙, 모래를 섞은 반죽을 두텁게 깝니다.

솥자리와 열기통로 내기

화덕 몸체 상부의 톱밥·진흙·모래 반죽이 다 마른 후 솥 주변으로 열기가 올라갈 수 있도록 솥보다 2cm 큰 직경의 솥자리 틀을 끼워 넣습니다. 이때 연소부에서 각각의 솥자리, 연통까지의 열기통로를 만들 나무 틀을 끼워 넣습니다. 이때 틀은 직경 12cm인 통나무를 사용합니다. 통나무가 없다면 함석 연통을 사용해도 됩니다. 통나무 틀과 솥자리 틀은 나중에 화덕이 굳은 후 빼냅니다.

화덕 상판과 솥받침 만들기

열기통로와 솥자리 틀을 다 놓은 후엔 다시 그 위에 톱밥과 진흙·모래를 섞은 반죽으로 틀 높이까지 감싸서 화덕 상판을 완성합니다. 솥자리 속에는 세 개의 철근을 이용해서 솥받침을 만듭니다. 위에서 설명했듯이 실제 사용할 솥보다 조금 크게(약 2cm) 솥자리를 만들어야 하는데, 솥과 솥자리 사이의 틈을 그대로 두면 연기와 그을음이 그대로 솥 주위로 나오므로 진흙과 톱밥·모래를 섞은 반죽을 가래떡처럼 만들어 솥을 얹은 후 솥자리와 솥 사이의 틈을 메꿔 줍니다. 마지막으로 연통을 끼우고 화구에 석쇠로 장작받침대를 만들어 넣으면 화덕은 완성됩니다. 이때 장작받침의 높이는 일반적으로 화구 높이의 1/3이 적당합니다.

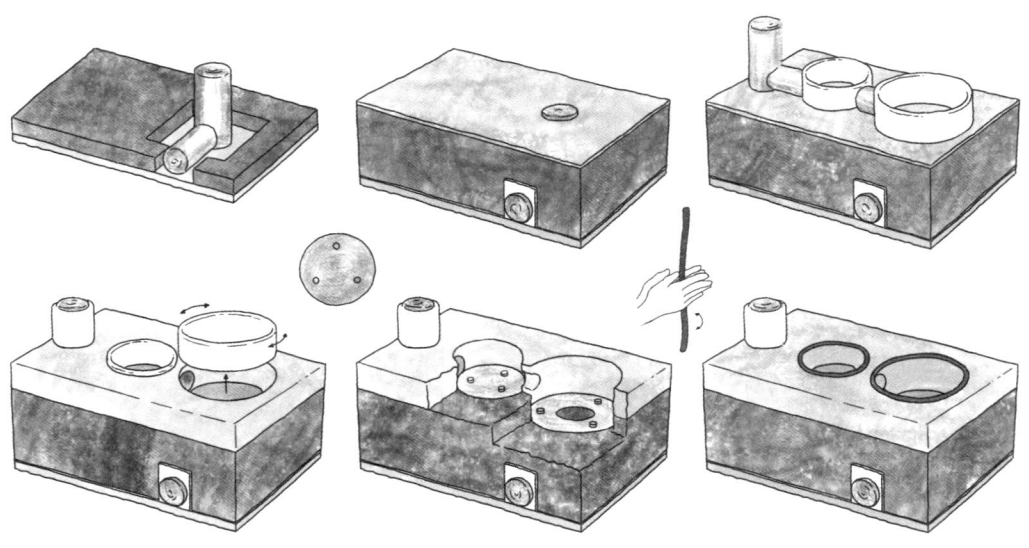

그림 5-7_화덕 만드는 방법

벽돌조적 주방용 화덕 제작 방법

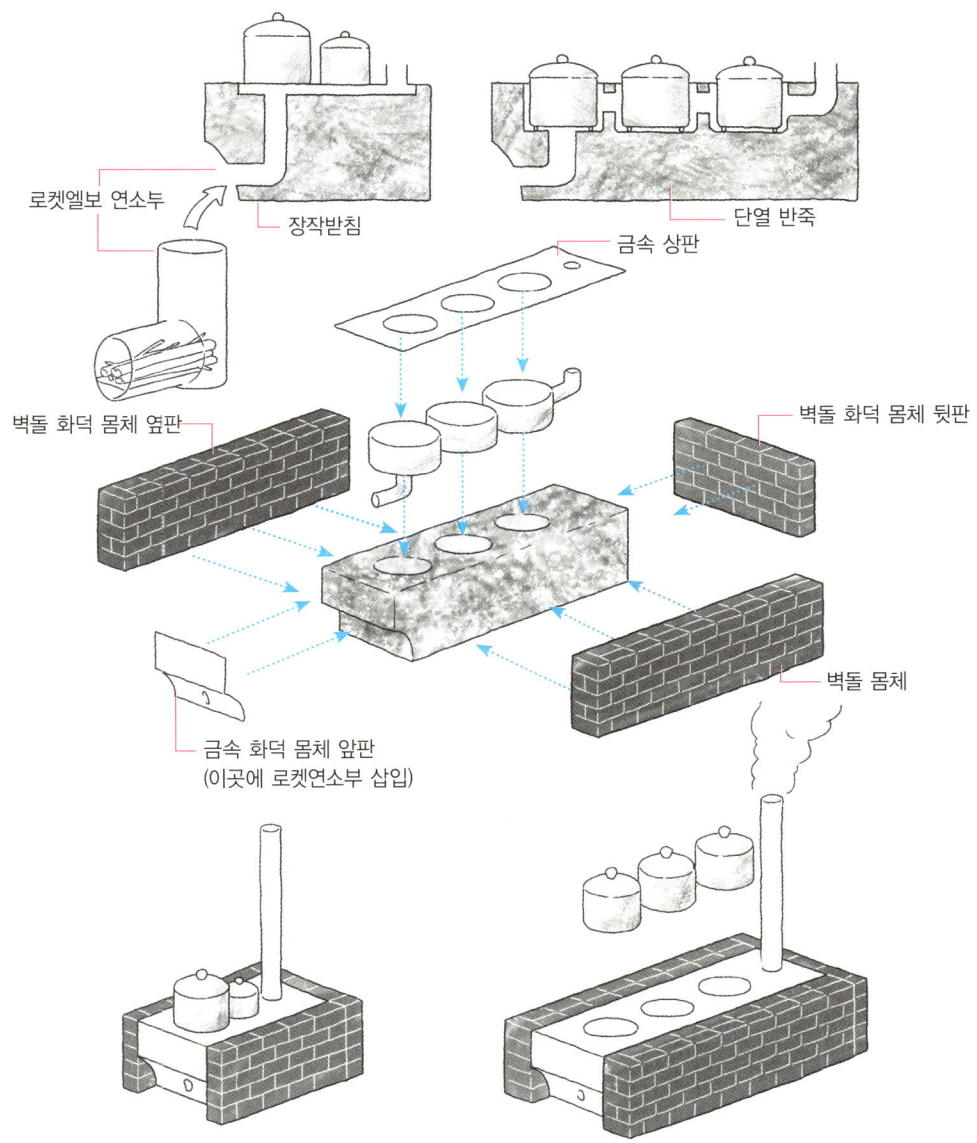

로켓엘보 연소부

장작받침

단열 반죽

금속 상판

벽돌 화덕 몸체 옆판

벽돌 화덕 몸체 뒷판

벽돌 몸체

금속 화덕 몸체 앞판
(이곳에 로켓연소부 삽입)

그림 5-8_벽돌과 금속 상판, 진흙반죽으로 만드는 주방용 화덕

그림 5-9_벽돌조적 후 깔끔하게 미장 마감한 화덕

점화본능을 일깨우는 화덕의 귀환

빵 굽는 함석오븐화덕

'L'자형 연소부를 장착한 개량형 주방 화덕들은 주로 져스티나 같은 여성의 이름이 붙여졌습니다. 개량형 다구 화덕 중 함석화덕은 여성들을 위해 가볍고 이동이 편리하게 만들어져 있고 빵을 구울 수 있는 오븐실이 장착되어 있습니다. 주로 남미에서 사용하고 있습니다.

함석오븐화덕 몸체 내부는 3칸으로 나뉘어져 있습니다. 첫 번째 칸은 'L'자형의 핵심 연소부가 들어갑니다. 연소부 주위는 고온 연소를 위해 질석이나 부석 등 가벼운 단열재를 채웁니다. 이때 연소부는 12×12cm 크기를 기본으로 삼습니다. 두 번째 칸은 빵이나 생선을 익힐 수 있는 오븐실이 들어가는 칸입니다. 오븐실은 개폐식 문이 달린 함석 박스 형태로 만들어 끼워 넣습니다. 두 번째 칸에는 오븐실에 열기가 골고루 퍼지도록 단열재를 채우지 않습니다. 세 번째 칸은 연통 개자리 역할을 하고 여기에 잿구멍을 뚫습니다.

솥자리가 있는 화덕 상판 역시 함석이나 금속판으로 만드는데 뒤집어 보면 연소부에서 올라온 열기가 솥 밑바닥과 그 주위를 빠르게 마찰을 일으키며 흘러가게 솥치마를 둘러서 열기통로 간격을 좁게 만듭니다. 내부 솥치마는 솥의 지름보다 6~11mm 정도 크게 만듭니다. 솥자리와 솥자리로 연결되는 병목지점의 열기통로는 15cm 이하로 만듭니다.

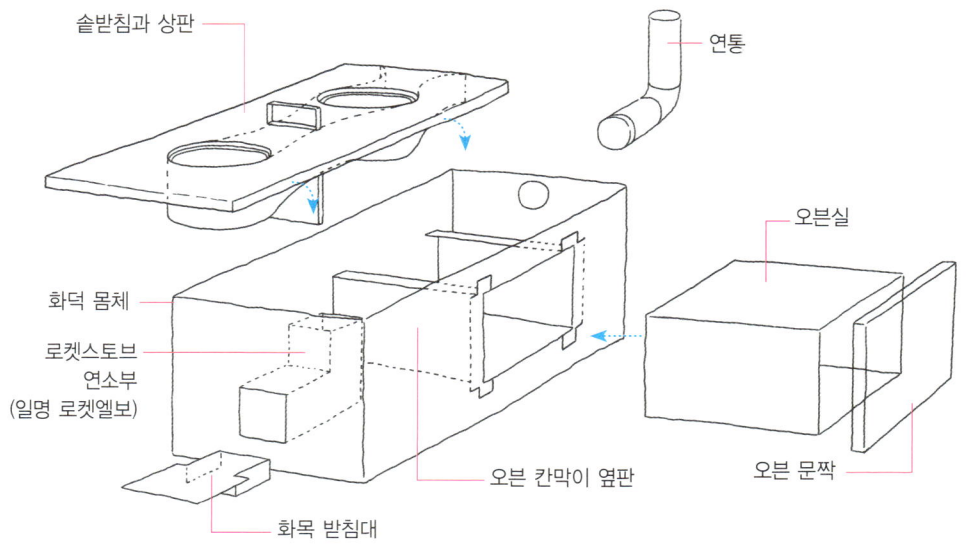

솥받침과 상판

연통

오븐실

화덕 몸체

로켓스토브
연소부
(일명 로켓엘보)

오븐 칸막이 옆판

오븐 문짝

화목 받침대

그림 5-10_함석오븐화덕의 기본 구조

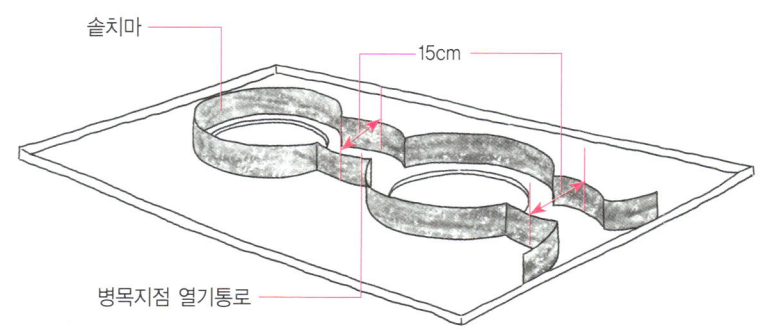

솥치마

15cm

병목지점 열기통로

그림 5-11_함석 화덕의 상판을 뒤집은 모습

나무로 만든 가구형 화덕

벽돌이나 진흙화덕은 자칫 화덕 몸체가 너무 커져 자리를 많이 차지하곤 합니다. 연소부만 진흙·톱밥·모래 반죽을 사용하고 화덕 몸체를 나무로 만들면 보다 빠르고 손쉽게 화덕을 만들 수 있고 자리도 많이 차지하지 않습니다. 이때 열기가 닿는 화덕 몸체 안쪽은 진흙·톱밥 반죽으로 채우고 상판은 솥자리가 뚫린 금속판을 얹습니다. 솥자리 밑에는 열기를 솥 바닥에 보다 가까이 전달하기 위해 진흙·모래 반죽으로 불고개를 만듭니다.

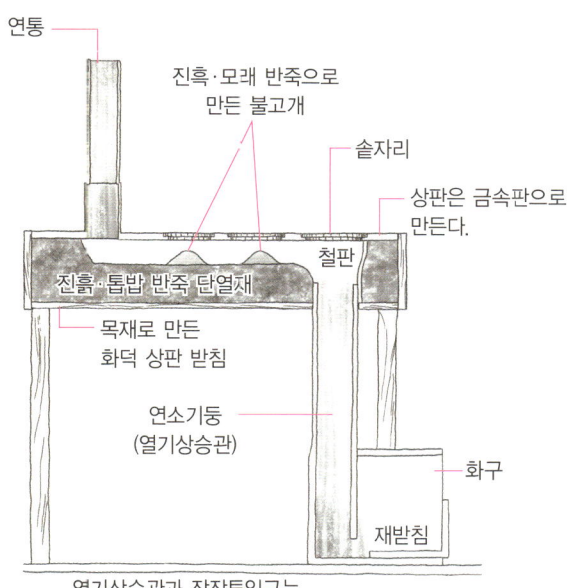

연통
진흙·모래 반죽으로 만든 불고개
솥자리
상판은 금속판으로 만든다.
철판
진흙·톱밥 반죽 단열재
목재로 만든 화덕 상판 받침
연소기둥 (열기상승관)
화구
재받침

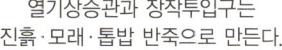

열기상승관과 장작투입구는 진흙·모래·톱밥 반죽으로 만든다.

그림 5-12_ 나무판으로 화덕 몸체를 만든 조리용 화덕

과테말라의 로레나화덕

남미 과테말라의 전통 화덕을 개량한 로레나Lorena화덕은 흙을 뜻하는 'Lodo'와 모래를 뜻하는 'Arena'의 합성어로, 흙과 모래와 같은 자연자재로 손쉽게 만들 수 있어 남미에서 대중적으로 널리 사용되고 있습니다. 이 화덕은 앞서 소개한 화덕들처럼 로켓화덕의 'L'자 연소부를 갖고 있지 않습니다. 로레나화덕은 위아래로 구불구불하고 화실에서 연통 쪽으로 열기통로가 이어지며 전체적으로 경사지며 높아지는 구조입니다. 재래 화덕에 비해 보통 25~50% 정도 장작 사용량을 절약할 수 있답니다. 물론 단열재를 사용하면 열효율은 더욱 높아지는데 단열재의 종류와 그 성능에 따라 열효율 역시 차이가 납니다.

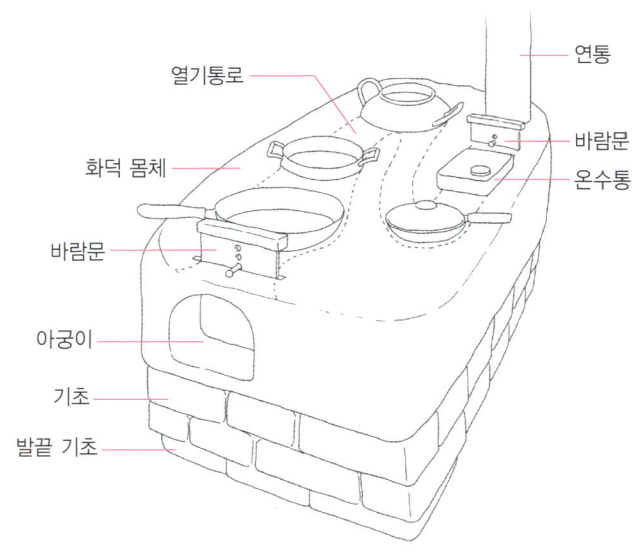

그림 5-13_여러 개의 조리도구를 한꺼번에 올려 놓을 수 있는 과테말라의 개량 로레나화덕

로레나화덕의 장점

로레나화덕은 장작불의 열기가 지나는 긴 열기통로와 여러 개의 솥자리를 가지고 있습니다. 열기통로 때문에 연통으로 곧바로 빠져나가는 열 손실을 줄일 수 있죠. 화덕 몸체는 축열과 동시에 화실(연소실)의 열기를 외부로 쉽게 빼앗기지 않는 단열층 역할을 합니다. 화덕 몸체를 만들 때 톱밥, 왕겨, 펄라이트, 연탄재, 나무재, 빈 병 등을 단열재로 사용하면 단열효과는 더욱 높아지고 화실의 장작은 고온 연소됩니다. 고온 연소될수록 그을음과 연기가 감소되는 것은 당연합니다. 로레나화덕은 화구와 연통 앞에 각각 바람문이 있어 화력을 쉽게 조절할 수 있습니다. 가장 큰 장점은 동시에 여러 개의 솥이나 팬을 얹어 다양한 요리를 할 수 있다는 점이죠.

재료와 공구

- 흙, 모래, 물, 시멘트(흙과 석회로 대체 가능), 벽돌(또는 막돌), 연통, 양철판
- 빈 병, 돌, 톱밥이나 보릿겨, 왕겨, 나무재, 연탄재, 펄라이트 등 단열재
- 삽, 양동이, 흙손, 수저, 붓 등

제작할 때 주의할 점

다구 화덕을 만들 때는 화덕 위에 자주 올려놓고 쓸 솥·팬·주전자 등 조리기구의 종류와 크기를 미리 염두에 두어야 합니다. 고온으로 가열해야 할수록 화구 앞쪽에 두고 낮은 온도로 조리할수록 열기통로 뒤쪽에 조리기구를 배치합니다.

화덕 기초 쌓기

　화덕 기초는 돌, 적벽돌, 흙벽돌, 시멘트벽돌이나 블록 등 다양한 재료로 만들 수 있습니다. 심지어 구조목과 판재로 화덕의 기초를 만들 수도 있죠. 화덕 기초는 만들고자 하는 화덕 몸체 크기를 고려하여 상자모양으로 만들고 그 안을 빈 병, 돌, 톱밥이나 보릿겨, 왕겨, 나무재, 연탄재, 펄라이트 등을 섞은 흙으로 다져 채웁니다. 이러한 단열 재료를 흙과 섞어 넣으면 화실(연소실 또는 함실)의 열을 기초 바닥 쪽으로 덜 빼앗기게 됩니다. 기초 안쪽을 채운 후 맨 윗쪽은 시멘트나 흙모래 반죽으로 수평을 잡아 바닥을 만듭니다. 기초부 맨 아랫단은 발끝이 들어갈 수 있도록 10cm 정도 안쪽으로 들여 쌓는 발끝 기초를 만들어야 조리할 때 편합니다. 두 번째 단부터는 조금씩 내어 쌓기를 해서 기초

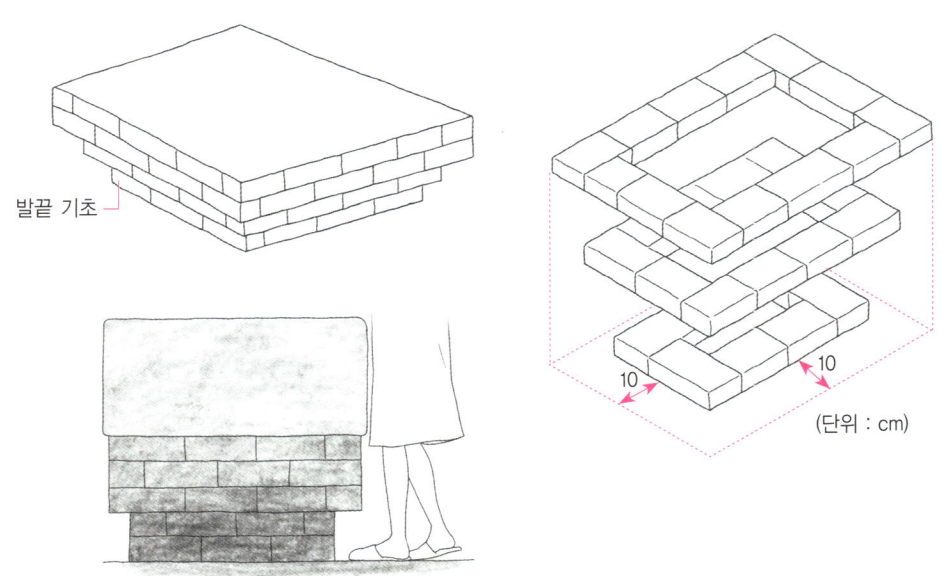

발끝 기초

10　　10

(단위 : cm)

그림 5-14_로레나화덕의 기초 시공 방법과 발끝 기초

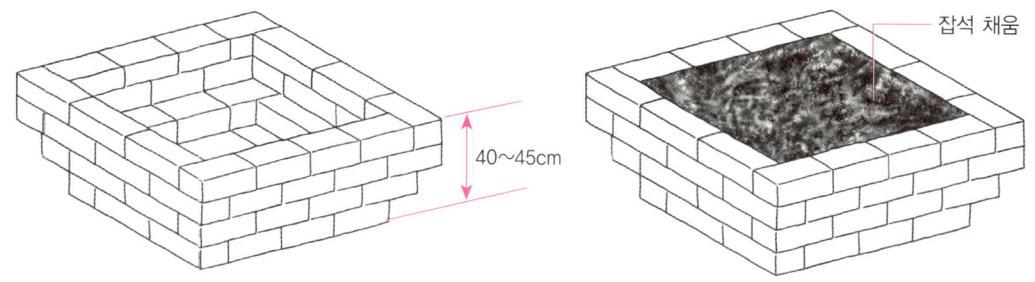

40~45cm

그림 5-15_로레나화덕의 기초부 안쪽 채움과 기초부의 일반적인 높이

부 상단이 발끝 기초보다 10cm 정도 내밀도록 쌓습니다.

　로레나화덕의 기초부는 보통 40~45cm 높이로 쌓는 벽돌 기초나 막돌 기초가 일반적입니다. 솥의 높이와 크기에 따라 솥자리의 크기와 깊이가 달라지는데 솥자리의 깊이는 전체 화덕 몸체의 높이에 영향을 끼칩니다. 이러한 점을 고려해서 적절한 조리 높이를 정한 후 기초부 높이를 결정합니다. 즉 솥이 크면 솥자리가 깊어지고, 솥자리가 깊어지면 화덕 상부가 높아지겠죠. 이때 기초부 높이는 낮추어야 적절한 조리 높이를 맞출 수 있게됩니다.

화덕 몸체 만들기

　솥자리와 열기통로를 감싸는 화덕 몸체는 보통 진흙 1 : 모래 3을 혼합한 후 물을 섞은 되직한 반죽으로 만듭니다. 단열성을 높이기 위해서는 모래 함량을 줄이고 대신 펄라이트를 섞거나 톱밥이나 왕겨, 보릿겨, 볏짚 등을 흙 양보다 조금 적게 섞습니다. 단 지역별로 흙의 구성 성분이 다를 수 있으므로 사전에 반드시 흙과 모래, 단열재를 다양한 비율로 혼합한 소량의 반죽을 건조시켜 균열이 가장 적은 비율의 반죽을 사용합니

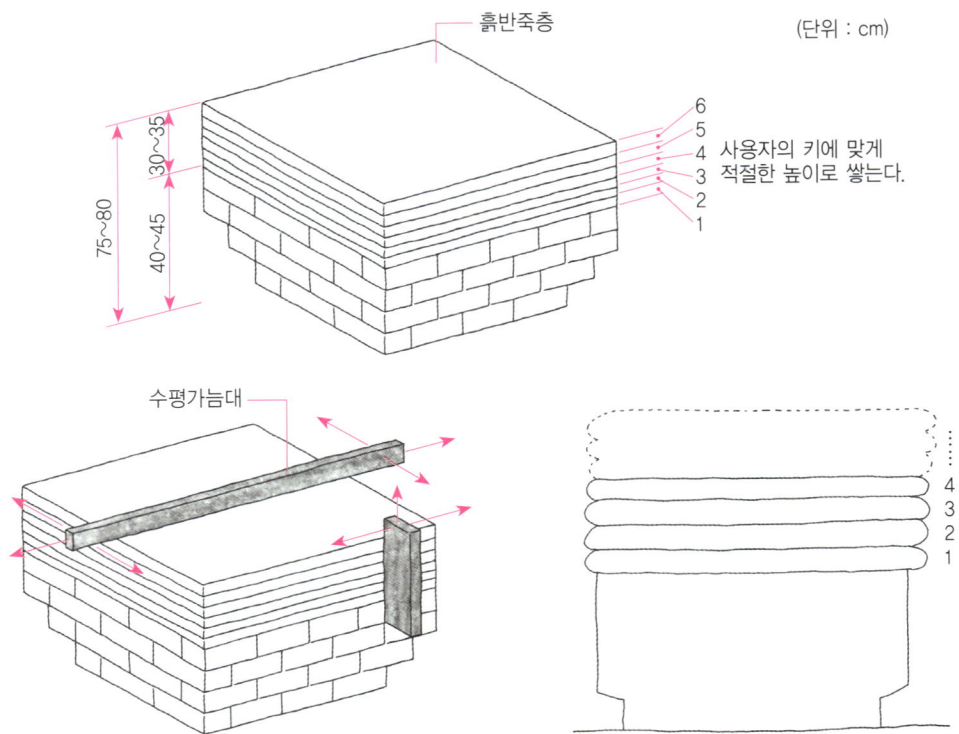

(단위 : cm)

6
5
4   사용자의 키에 맞게
3   적절한 높이로 쌓는다.
2
1

수평가늠대

4
3
2
1

그림 5-16_로레나화덕의 흙반죽 화덕 몸체는 켜켜이 쌓아 적절한 조리 높이를 맞춘다.

다. 한꺼번에 반죽을 부어 쌓지 않고 시루떡 올리듯이 한켜 한켜 반죽을 깔아 다져가며 단단하게 쌓아 몸체를 만듭니다. 손가락으로 눌렀을 때 1cm 이상 들어가지 않는 정도로 단단해야 합니다. 화덕 몸체 옆면은 판재를 대고 단단하게 위쪽에서 눌러가며 모서리를 다듬으면서 만듭니다. 화덕 몸체의 높이는 보통 30~35cm 높이로 쌓고, 기초부는 40~45cm 높이로 쌓으면 적절한 조리 높이를 맞출 수 있습니다.

야외에 화덕을 놓고자 할 때는 흙과 모래 전체 양의 10~20% 내외로 시멘트를 섞거나, 시멘트 대신 석회와 석고를 1 : 4 정도 혼합한 반죽을 흙·모래 반죽에 10% 정도 혼합한 반죽으로 화덕 몸체를 미장합니다. 건조되면서 잔 균열이 생길 수 있는데 덧미장으로 균열을 보수할 수 있습니다. 직사각형보다는 둥근 형태로 화덕 몸체를 만들면 균열이 덜 생깁니다. 철망(Metal Lath)으로 화덕 몸체를 감싸고 미장을 하면 균열을 줄일 수 있습니다. 아무리 비에 견딜 수 있도록 강화 미장을 한다 해도 많은 비를 견디기는 어렵겠지요. 화덕은 가능하면 비를 맞지 않도록 비가림막을 설치하는 것이 좋습니다.

솥자리 파기

화덕 몸체가 충분히 마른 후에 솥자리를 팝니다. 솥자리, 즉 솥구멍은 화덕 몸체 깊이의 1/2까지 파냅니다. 솥자리 중앙에서부터 조금씩 파면서 원하는 직경의 크기로 확장하며 파내고, 연통 구멍 역시 같은 방식. 이때 작은 칼이나 수저를 이용해서 파면 쉽게 파낼 수 있는데 수저나 칼에 약간의 물을 묻혀서 파내면 화덕 몸체를 부스러트리지 않고 매끄럽게 파낼 수 있습니다. 화덕 몸체에 연통 구멍이나 솥자리를 파낼 때는 약간의 물을 분무기로 뿌려주면 부드럽게 파낼 수 있습니다.

솥자리를 원하는 크기보다 약간 작게 파낸 후 그 위에 올려놓을 솥이나 냄비 바닥에 굴을 묻혀서 솥자리에 앉힌 후 살짝 솥을 좌우로 돌려가며 솥바닥으로 솥자리를 문질러 줍니다. 이때 절대 솥을 밑으로 꾹 눌러서는 안됩니다. 이 같은 방식으로 각각의 솥자리

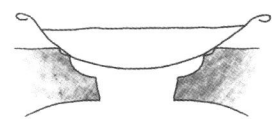

그림 5-17_다양한 조리도구와 솥자리의 유형들. 직경이 다른 다층 형태의 솥자리

그림 5-18_수저를 이용해서 솥자리를 파낸다.

를 그 위에 올려놓을 조리도구에 딱 맞게 만들 수 있습니다. 각각의 솥자리는 필요에 따라 다양한 크기의 솥이나 조리기구를 올려놓을 수 있어야 하는데, 보통 안쪽으로 경사지게 만들거나 다양한 솥 크기에 맞출 수 있도록 솥자리를 직경이 다른 다층 형태로 파내는 방법이 있습니다.

솥자리 밑을 지나는 불꽃과 연소가스는 가능하면 오랫동안 머물러야 하겠죠. 솥자리 밑의 열기통로는 직선보다 솥자리 밑에서 꺾어진 형태가 열기를 더욱 오래 머물게 만듭니다. 이런 이유 때문에 솥자리 밑에는 불고개(불턱)를 만들어 열기가 솥 바닥으로 치솟아 올라 훑고 지나게 만듭니다. 솥자리 불고개에서 솥바닥까지의 높이는 5~8cm정도가 적절합니다.

열기통로 뒤쪽으로 갈수록 열기가 잦아들기 때문에 화실(함실) 바로 위 솥자리 직경이 가장 크고 연통 가까운 쪽으로 갈수록 솥자리 직경을 작게 만듭니다.

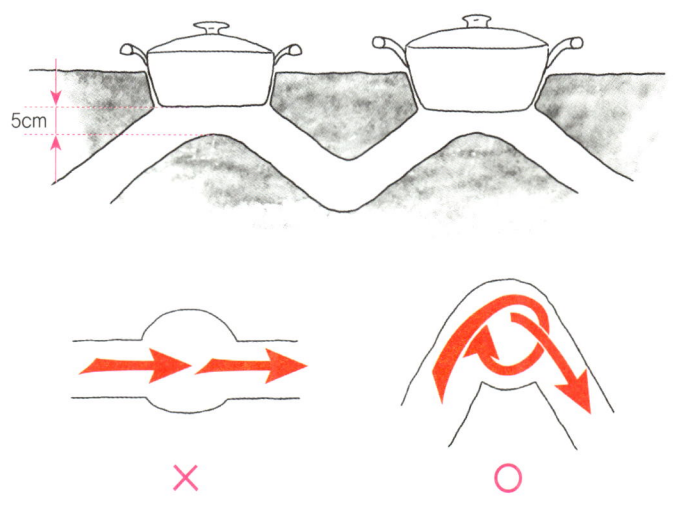

그림 5-19_솥자리 밑의 열기통로 구조와 불고개

화실(함실) 만들기

화구는 보통 반원형의 아치 모양으로 냅니다. 이때 아치는 높이보다 너비가 더 넓게 만드는데 화구 아치의 폭은 20cm 이상 넓지 않아야 합니다. 화구에서 화실로 이어지는 열기통로와 화실(첫번째 솥자리 하부) 역시 아치 형태로 파냅니다. 아치가 수직 하중을 잘 견딜 수 있는 구조이기 때문입니다. 화실 바닥은 편편하게 만듭니다.

화실(함실)의 크기는 한 번에 넣고자 하는 장작의 사용량에 따라 바뀝니다. 물론 한 번에 넣을 장작 사용량은 몇 개의 솥자리가 뚫리는지, 올려놓을 솥이나 냄비의 총 용량은 어떤지에 따라 달라지겠지요. 무조건 많은 장작을 한꺼번에 화실에 넣는 게 좋은 건 아닙니다. 화실의 크기를 키운다 해도 화구의 크기는 직경 18~20cm 이하의 아치 형태로 작게 만드는 것이 고온 연소에 도움이 됩니다. 화구의 크기가 지나치게 크면 과도한 공기주입으로 불완전연소의 원인이 될 수 있습니다. 화구를 크게 만들었다면 화구문을 달고 화실 안으로 들어가는 공기량을 조절할 수 있도록 바람문(공기주입조절구)을 만듭니다. 화구 문을 바람문으로 대용할 수 있습니다.

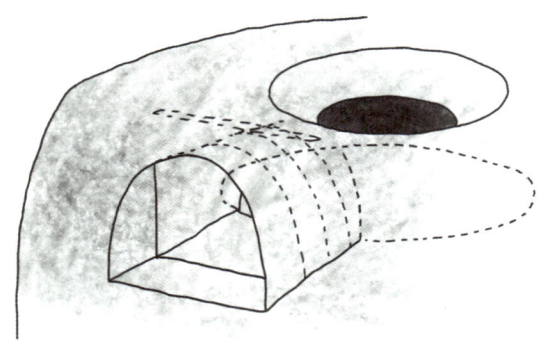

그림 5-20_아치 형태의 화구와 열기통로, 화실의 형태

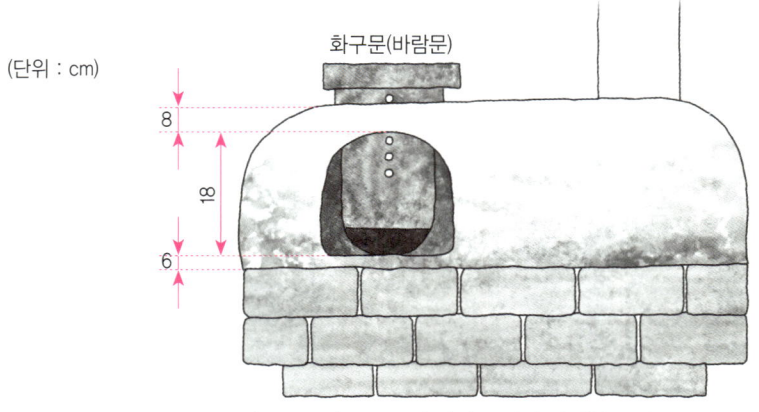

그림 5-21_화구문 주위 화덕 몸체의 적절한 두께.
화구문을 바람문으로 사용할 수 있다.

바람문 만들기

양철판 등을 이용해서 화구 안쪽과 연통 앞에 나무와 양철로 만든 바람문을 끼워 넣어 만듭니다. 바람문은 화구나 열기통로보다 약간 크게 만들어 공기나 연소가스가 새지 않고 공기의 주입과 연기의 배출을 충분히 조절할 수 있어야 합니다. 바람문 중앙에 작은 걸쇠 구멍을 수직으로 여러 개 만들어 이곳에 걸쇠를 끼울 수 있도록 만듭니다. 걸쇠 구멍과 걸쇠를 이용해서 바람문이 닫히는 정도를 조절할 수 있게 됩니다.

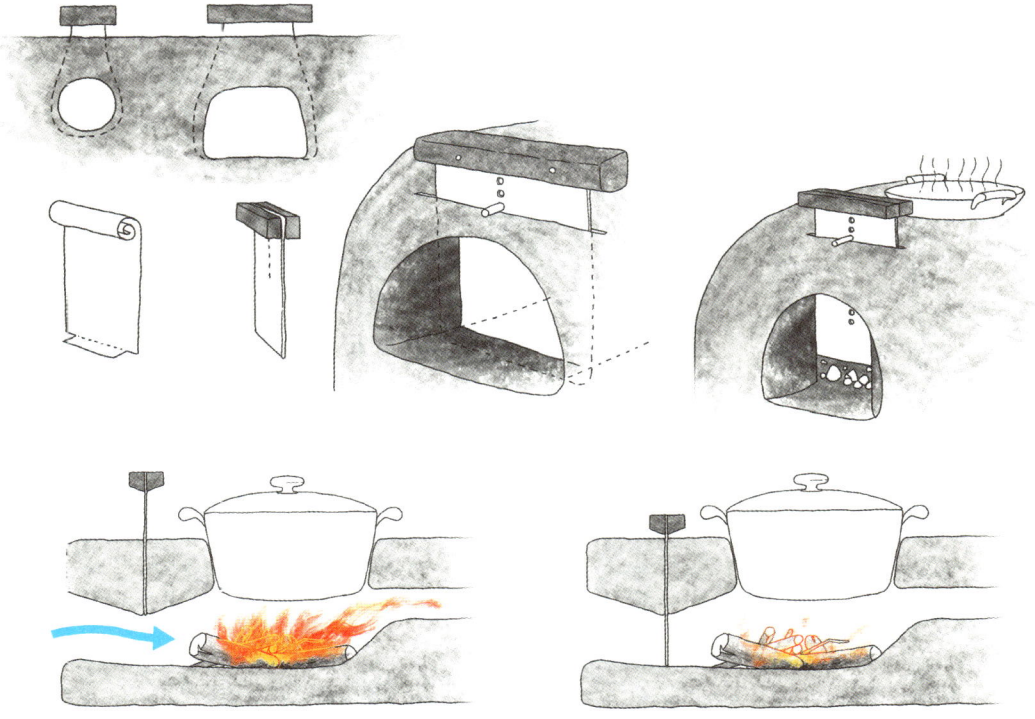

그림 5-22_다양한 바람문의 형태와 구조

열기통로 만들기

함실(화실)과 솥자리, 솥자리와 솥자리, 솥자리에서 연통구멍까지 연결되는 열기통로는 불꽃이나 연소가스, 즉 열기와 연기가 지나는 통로입니다. 열기통로 역시 솥자리를 팔 때처럼 수저로 파냅니다. 열기통로는 열기통로 안에서 손으로 계란 3개를 쥔 주먹 정도 크기(8~10㎝)로 뚫습니다. 솥자리 밑의 열기통로는 밑에서 위로 솟았다 꺾인 형태의 불 고개를 만들어야 솥으로 가는 열이 솥에 바짝 붙게 됩니다. 한마디로 열전도율을 높이기 위해서죠. 솥바닥 바로 밑의 열기통로는 다른 위치보다 좁게 만듭니다. 솥바닥에서 불고개

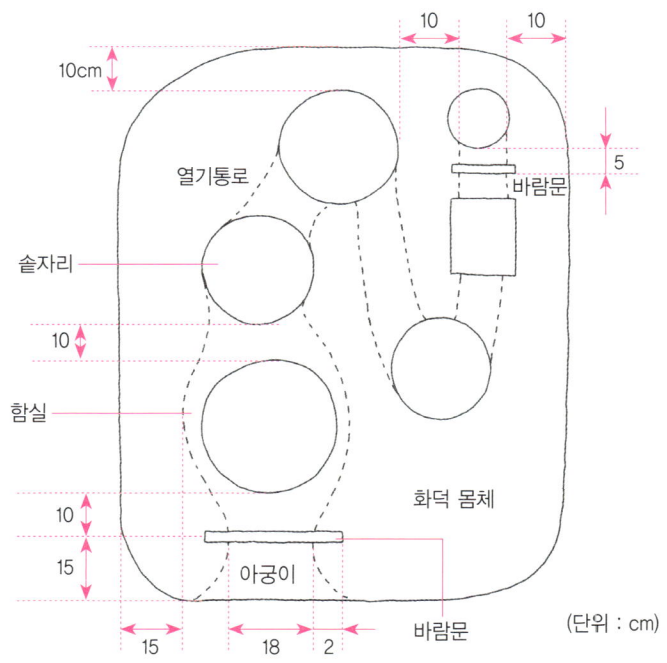

그림 5-23_로레나화덕의 화구와 함실·열기통로·연통 등 각 부위의 크기

그림 5-24_함실과 열기통로 중간에 놓인 열기배출지연판 구조

까지의 높이는 손가락 3개가 들어갈 정도의 높이(약 5㎝)가 적당합니다.

함실에서부터 각 솥자리를 지나 연통까지 이어지는 열기통로는 기본적으로 연통 쪽으로 갈수록 경사지면서 올라가야 열기가 자연스럽게 흘러 올라갑니다. 가장 많은 열기를 필요로 하는 함실(화실) 바로 다음의 열기통로엔 종종 열기지연판이나 구조를 두어 열기의 빠른 흐름을 지체시키곤 합니다. 좀 더 많은 열기가 가장 많은 열을 필요로 하는 첫 번째 솥자리에 머물게 하기 위해서입니다.

연통 부착

연통구멍은 열기통로보다 깊게 팝니다. 전통 구들의 굴뚝 개자리와 같은 역할을 하는 연통 개자리를 만들어 줍니다. 연통 밑의 깊은 구멍(연통 개자리)은 재가 쌓이기도 하고 바람의 역류를 막아주는 역할을 합니다. 연통을 연통 구멍에 끼우되 연통구멍 속으로 푹 빠지지 않도록 작은 돌을 이용해서 받친 후 끼웁니다. 이때 연통의 높이는 최소 183㎝가 적당하고 화구의 높이가 18㎝일 경우 연통의 직경은 10㎝가 적절합니다.

싱거화덕

싱거Singer화덕 역시 인도의 출라와 비슷한 형태의 다구 화덕입니다. 진흙이나 볕에 말린 흙벽돌, 구운 벽돌 등으로 만들 수 있는데 구운 벽돌로 만든 화덕은 여러 해 사용할 수 있을 정도로 내구성이 높습니다. 열기통로는 직선 또는 굽은 형태로 만들 수 있습니다.

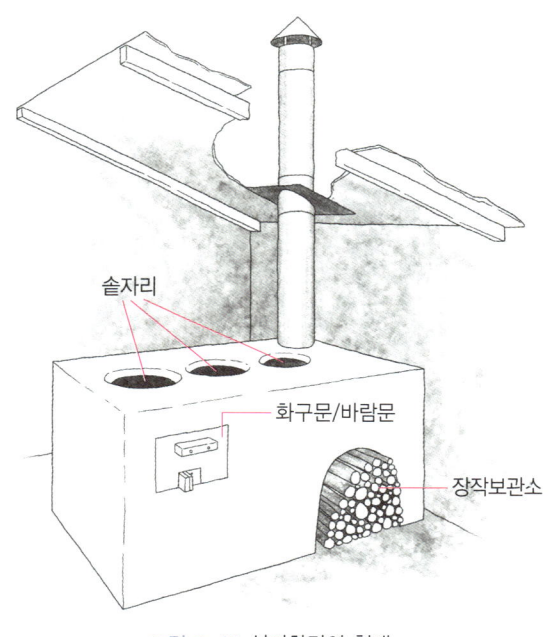

솥자리

화구문/바람문

장작보관소

그림 5-25_싱거화덕의 형태

재료

- 진흙, 나무재, 모래, 톱밥, 왕겨, 볏짚, 물, 못, 각재, 적벽돌, 시멘트, 석회 등

보통 진흙 1 : 모래 3 비율로 섞어 반죽을 만들거나, 잘게 썬 볏짚을 추가로 섞어서 화덕 몸체를 만들 반죽을 준비합니다. 단열을 위해 흙 1 : 톱밥 1을 섞어 반죽을 만드는 경우도 있습니다. 지역에서 구할 수 있는 흙의 특성에 따라 볏짚·톱밥·모래의 혼합 비율은 달라질 수 있으니 미리 실험 반죽을 만들어 건조되면서 나타나는 균열 정도나 견고성 등을 점검한 후 사용합니다. 흙이나 모래는 가능하면 체에 걸러서 사용합니다.

화덕 틀 만들기

화덕을 만들기 위해 각목이나 판재를 이용해서 틀을 만듭니다. 만들고자 하는 화덕의 크기에 따라 틀의 크기는 달라지는데 틀은 하부틀, 중간틀, 상판틀을 만들어 여기에 진흙반죽에 미리 톱밥, 왕겨, 볏짚 등을 넣어 반죽하거나 상판틀만 만들어 진흙반죽을 넣어 만들고, 하부는 틀 없이 벽돌조적해서 만드는 경우도 있습니다. 톱밥 등의 단열재를 섞어 반죽하면 단열성능이 높아지고 고온 연소 환경이 만들어집니다. 또한 나중에 쉽게 틀을 떼어낼 수 있답니다.

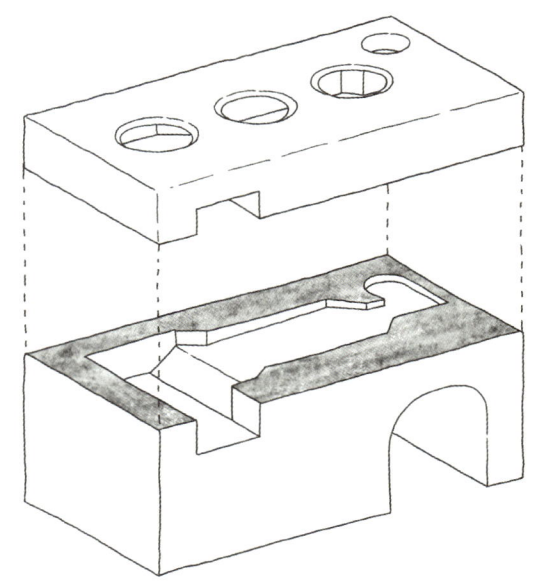

그림 5–26_싱거화덕의 상판과 중판 구조

화덕 기초와 몸체 만들기

화덕 기초가 앉을 자리를 표시하고 벽돌을 조적합니다. 어떤 몰탈을 사용해도 좋은데 진흙몰탈, 시멘트몰탈 모두 사용할 수 있습니다. 벽돌을 조적할 때는 어긋쌓기를 기본으로 각 단을 쌓는데 특히 모서리는 서로 맞물리게 쌓습니다. 화덕의 각 부위 크기는 아래 그림을 참조하십시오.

화구는 16×14cm 크기로 만듭니다. 화구 입구에서 첫 번째 솥자리(하부는 화실)까지 통로의 길이는 6cm, 화구 입구를 제외한 화실(함실)의 크기는 31(길이)×16(폭)×20(높이)cm로 만듭니다. 화실 바닥에서 두 번째 솥자리 밑의 열기통로 바닥까지는 12cm의 단차를 둡니다. 연통 쪽으로 갈수록 열기통로는 경사지면서 올라가게 만드는데 열기통로의 높이는 두 번째 솥자리 밑이 8cm, 세 번째 솥자리 밑 열기통로 높이가 7cm, 연통자리 밑 열기통로 높이가 6cm로 점점 낮아지게 만듭니다. 열기통로가 너무 높으면 열이 솥에 제대로 전달되지 않는다는 점에 주의해야 합니다. 이때 두 번째 솥자리에서 세 번째 솥자리까지의 열기통로 폭은 20cm, 연통 밑 열기통로의 폭은 10cm로 좁게 만듭니다. 열기가 너무 쉽게 연통 쪽으로 빠져나가지 않도록 하기 위한 조치입니다. 화실의 크기와 열기통로의 크기는 섬세하게 조절되어야 합니다. 화실과 열기통로의 크기에 따라 소모되는 장작량과 열효율이 변화하기 때문이죠.

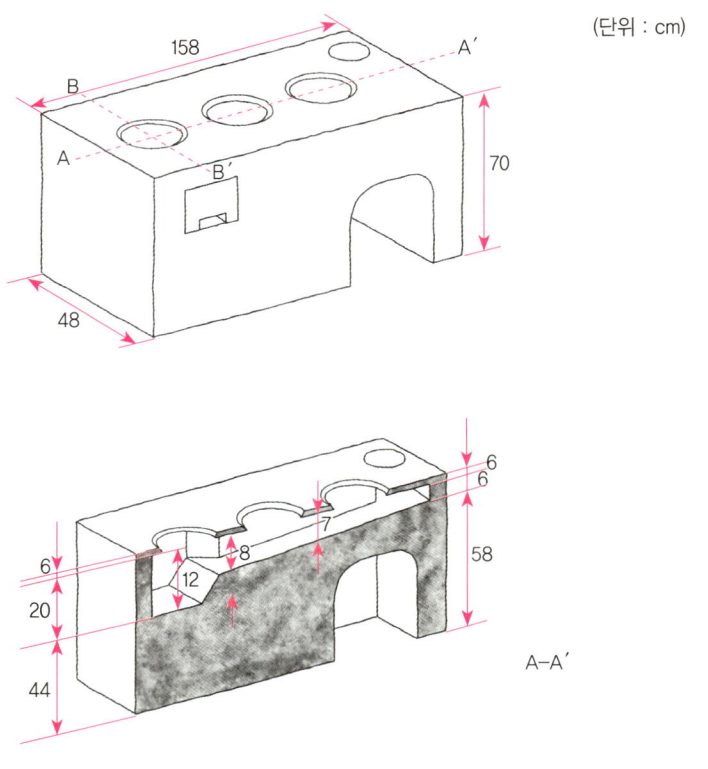

(단위 : cm)

A–A´

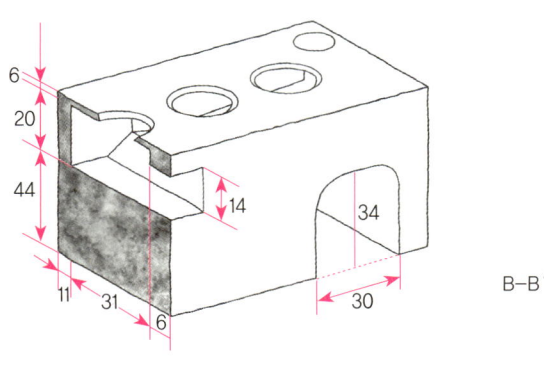

B–B´

그림 5-27_싱거화덕 각 주요 부위의 크기

솥자리 내기

조심스럽게 솥자리를 표시하고 젖은 칼이나 숟가락으로 솥자리를 파냅니다. 싱거화덕에서 적절한 솥자리 크기는 직경 20cm 정도이며 각 솥자리의 크기는 같게 만듭니다. 물론 자주 사용하는 솥의 크기에 따라 솥자리 직경을 다르게 만들 수 있습니다. 솥이 아닌 철판이나 조리용 팬 등을 얹을 경우 솥자리 형태를 그에 맞춰 다르게 만들 수 있겠네요. 솥자리와 연통자리를 뚫는 화덕 상판부는 보통 6cm 두께로 흙반죽을 이용해서 만듭니다. 흙모래 반죽을 다져 넣을 때 철망을 넣고 다져 넣거나 철근 등을 끼워 넣으면 더 튼튼하게 만들 수 있습니다. 반죽을 더욱 견고하게 하기 위해 10% 내외의 시멘트를 흙·모래 반죽에 혼합하거나 석회와 석고 10% 내외를 흙·모래 반죽과 혼합할 수 있습니다. 다음 평면도는 화구, 함실, 열기통로, 솥자리, 연통자리와 화덕 몸체의 크기를 나타내고 있습니다.

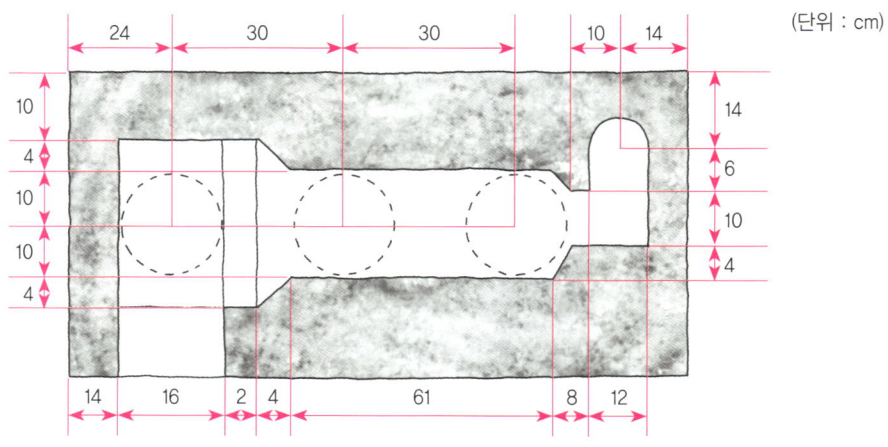

그림 5-28_싱거화덕의 평단면도와 각 부위 크기

굴뚝 만들기

굴뚝은 연통, 진흙, 벽돌, 돌 등 다양한 자재로 만들 수 있습니다. 굴뚝의 단면적은 싱거화덕의 경우 정사각형 형태일 경우 15×15cm 또는 20×20cm 정도가 적당한데 굴뚝의 높이에 따라 단면적 크기를 달리할 수 있습니다. 연통을 사용할 경우 연통의 직경은 연통이 4m 높이일 때 12cm가 적당합니다. 연통 높이가 더 높을 때는 연통 직경을 10cm로 줄일 수 있죠. 최소 연통 높이는 2.5m 이상이어야 하고 이때 직경은 적어도 80cm 이상이어야 합니다. 연통이 낮을수록 연통 직경은 커야 하고 연통이 높을수록 연통 직경은 작아집니다. 연통 대신 토관을 이용해서 굴뚝을 만들 수 있지요. 굴뚝은 지붕 용마루보다 최소 80cm 이상 높아야 지붕을 타고 넘어오는 바람의 영향을 덜 받습니다.

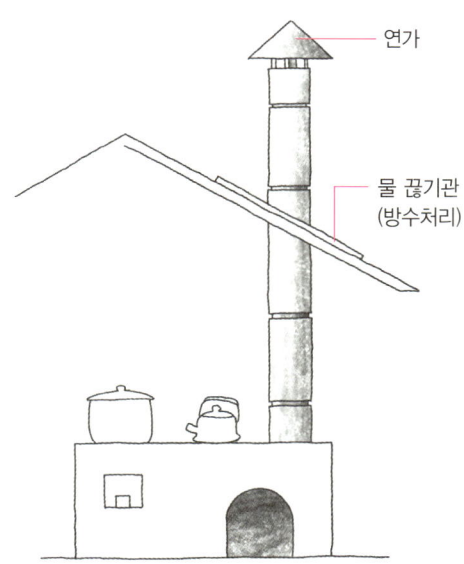

연가

물 끊기관
(방수처리)

그림 5-29_굴뚝과 지붕 용마루의 높이

화구문 만들기

화구문에 맞는 틀을 미리 만들어 두었다가 끼워 넣고 진흙반죽을 다져 넣어 화구문 자리를 만듭니다. 반죽이 완전히 마르지 않고 꾸둑꾸둑 할 때 화구문 자리를 마무리한 후 미리 만들어 둔 화구문을 끼웁니다. 화구문에 작은 구멍을 뚫고 문을 달아 바람문 역할을 하도록 만들기도 하는 데 싱거화덕에 부착하는 화구문과 바람문의 형태는 다음 과 같습니다.

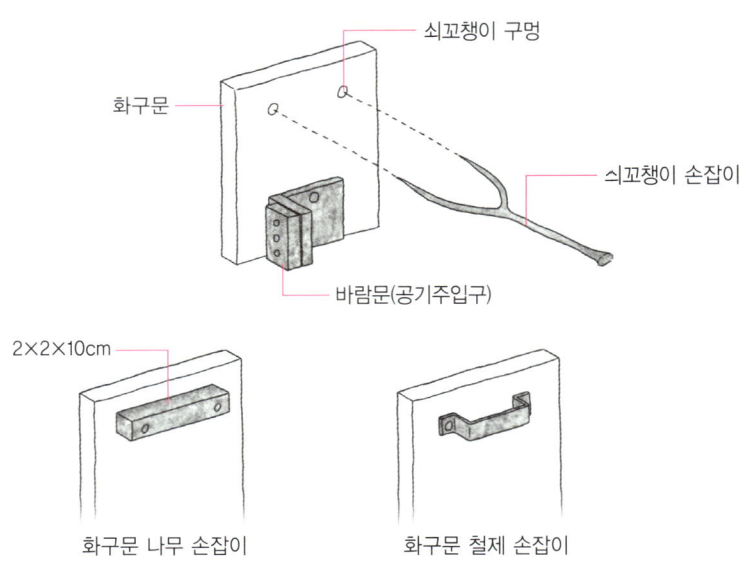

그림 5-30_다양한 화구문 형태들

2차 공기주입구를 가진 포그비화덕

포그비Pogb 화덕은 진흙으로 만드는 노우나Nouna화덕에서 유래되었습니다. 화덕 상판은 독일 간호 자원봉사자인 로즈마리아 켐퍼Rosemarie Kempers에 의해 개발된 볼타Volta화덕을 본떴습니다. 볼타화덕은 주로 벽돌과 중공 콘크리트 블록을 이용해서 화덕 몸체를 만들고 화덕 상판은 철근을 넣은 강화콘크리트로 만들었습니다. 추가로 주철이나 강철로 화덕 상판을 만들기도 합니다.

예열된 2차 공기주입 구조

포그비화덕의 몸체는 흙으로 만들고 상판은 철판으로 만듭니다. 가장 큰 특징은 예열된 2차 공기를 주입하는 구조가 있어 함실(화실)은 고온 연소될 수 있다는 점이지요. 연소가스는 솥 주변에서 빙글빙글 회전하거나 와류를 일으키게 되어 있는데 이러한 구조 때문에 포그비화덕은 열효율이 높고 장작을 절약할 수 있습니다. 전통적인 누오나화덕에 비해 2배 이상의 효율을 갖고 있다고 알려져 있습니다. 케냐에서는 루씨기티Ruthigiti란 이름으로 불리는데 현재 포그비화덕은 케냐와 파키스탄, 스위스 등에서 사용되고 있다네요.

1983년 케냐에서 상온에서 온도가 20~23도인 물 4리터를 포그비화덕으로 가열하는 실험을 했습니다. 첫 번째 솥자리에서는 14~16분 만에 물이 끓었고, 장작은 260g이 소모되었습니다. 동시에 두 번째 솥의 3리터 물은 50도까지 온도가 상승했는데 물 1리터당 장작 소모량은 약 65g이었습니다. 연소효율을 높일 수 있는 2차 예열 공기주입구가

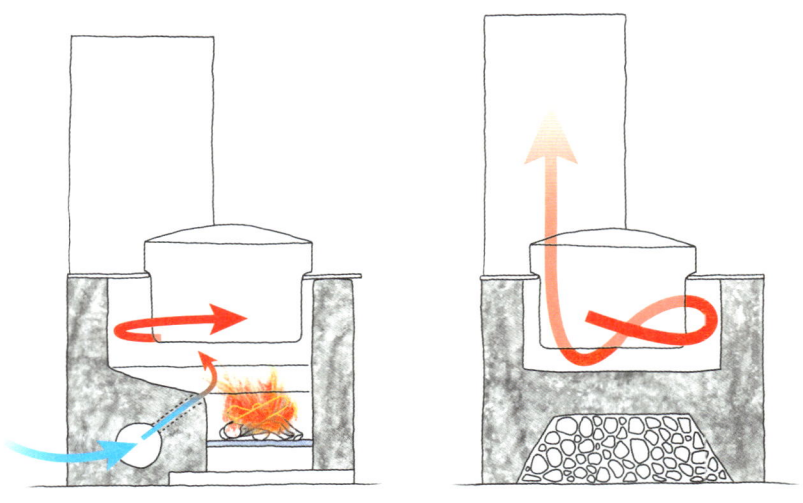

(단위 : mm)

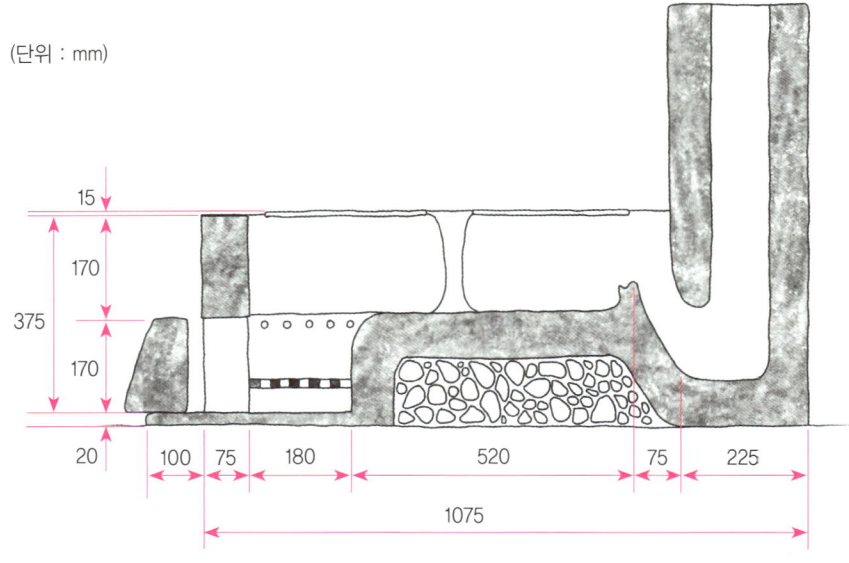

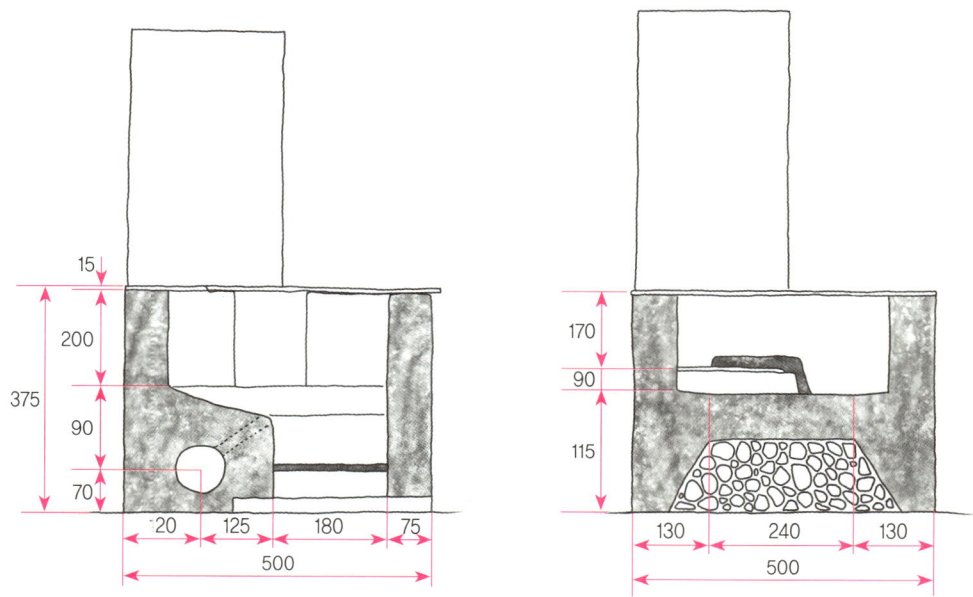

그림 5-31_포그비화덕의 각 부위 크기와 2차 공기주입구의 위치. 화실 측면에 난 작은 여러 개의 구멍은 예열된 2차 공기 분사구. 갠 아래 좌측 그림 하부 몸체의 구멍은 함실로 연결된 2차 공기주입구

있기 때문에 불완전연소된 화실 안의 연소가스와 예열된 공기가 만나 재 연소되기 때문에 고온 연소가 되고 연소효율이 높아집니다.

화덕의 연료효율성은 대개 화덕을 사용하는 습관에 따라 달라질 수 있습니다. 화덕 안의 재를 청스했는지 아닌지, 매일 화덕을 사용하는지 가끔 사용하는지에 따라 달라집니다. 화구문을 닫고 사용하는지 개방해두고 사용하는지, 화구문 없이 벽돌로 임시로 막고서 사용하는지, 장작을 얼마나 가늘게 잘라서 투입하는지, 굴뚝은 얼마나 자주 청소하는지에 따라서도 화덕의 효율성은 달라지게 됩니다.

화덕의 재료

– 진흙, 모래, 톱밥 등 단열재, 조리상판(주철 또는 강철판 두께 1.5mm 이상, 52×92cm, 철판의 가장자리는 살짝 망치로 두들겨 주되 접지 않는다. 조리상판이 커질 때는 가장자리를 철판 띠로 둘러주면 철판이 휘는 것을 방지할 수 있음. 철공소에 제작을 의뢰하는 것보다 주방용 조리상판 기성제품을 인터넷을 통해 구하는 것이 경제적. 조리상판에 솥자리를 뚫을 때는 본래 크기보다 약간 작게 뚫은 후 갈거나 두들겨 맞춤)

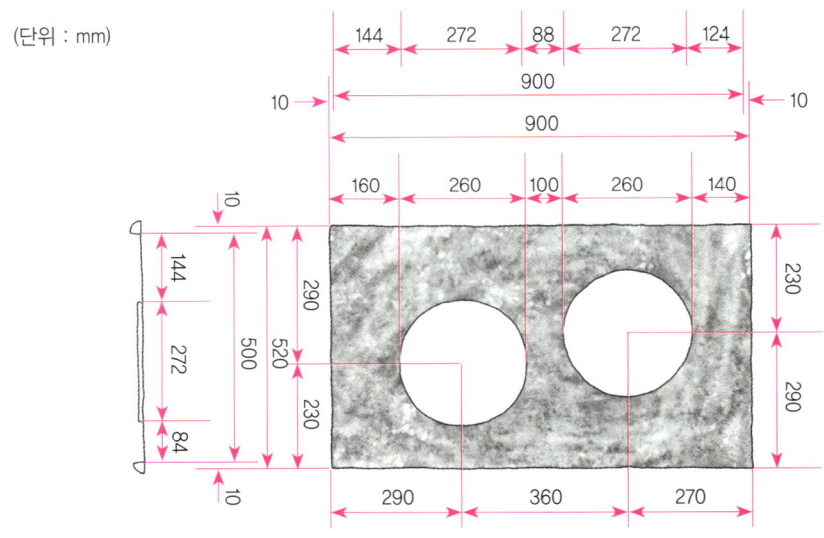

(단위 : mm)

그림 5-32_포그비화덕의 조리 상판과 솥자리의 크기

화덕 기초와 몸체

화덕이 앉힐 지면의 수평을 맞춰 평평하게 다듬은 후 돌이나 자갈을 채워 자갈도랑 줄기초를 놓습니다. 포그비화덕은 높이가 낮은 화덕이지만 원하는 조리 높이를 감안해

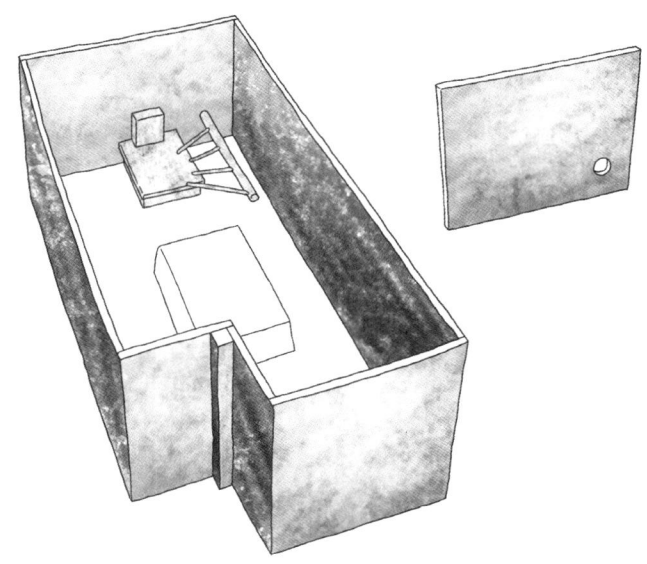

그림 5-33_포그비화덕틀. 위쪽에 화구, 함실, 갈비살처럼 생긴 2차 공기주입구조를 만들기 위한 내부 형틀

서 돌이나 벽돌을 진흙이나 시멘트몰탈을 사용해서 적절하게 기초부를 쌓아 올릴 수 있습니다. 화덕 몸체는 목재나 철로 틀을 미리 만들어두면 빠르게 만들 수 있습니다.

기초 위에 쌓을 화덕 몸체의 첫 단 진흙반죽은 5cm 두께로 바닥을 먼저 깝니다. 이때 꼼꼼하게 흙반죽을 다져 넣어야 하는데 흙반죽에 동물털이나 왕겨·톱밥·볏짚 등을 넣으면 균열을 막을 수 있고 더욱 견고해질 뿐 아니라 단열 성능이 높아집니다. 진흙바닥 위로 계속 원하는 높이로 진흙반죽을 채워 다져나갑니다.

포그비화덕에서 주의해서 볼 점은 화구가 화덕 몸체의 한 측면으로 치우쳐져 있다는 점입니다. 2차 예열공기분사구멍들은 화구가 치우쳐져 있는 방향과는 반대쪽 화실 내부 벽 쪽에 뚫려 있다는 점입니다. 연기배출을 지연시키기 위한 굴뚝 개자리로 연결되는 연도는 반대로 화구 쪽 방향으로 치우쳐 뚫려 있습니다. 연통 구멍은 다시 화구와는 반대

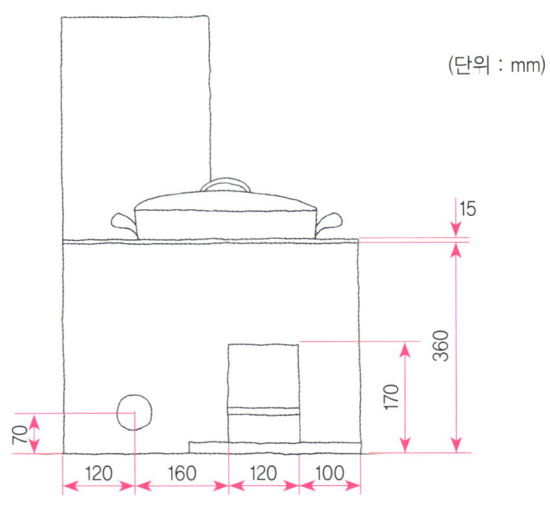

(단위 : mm)

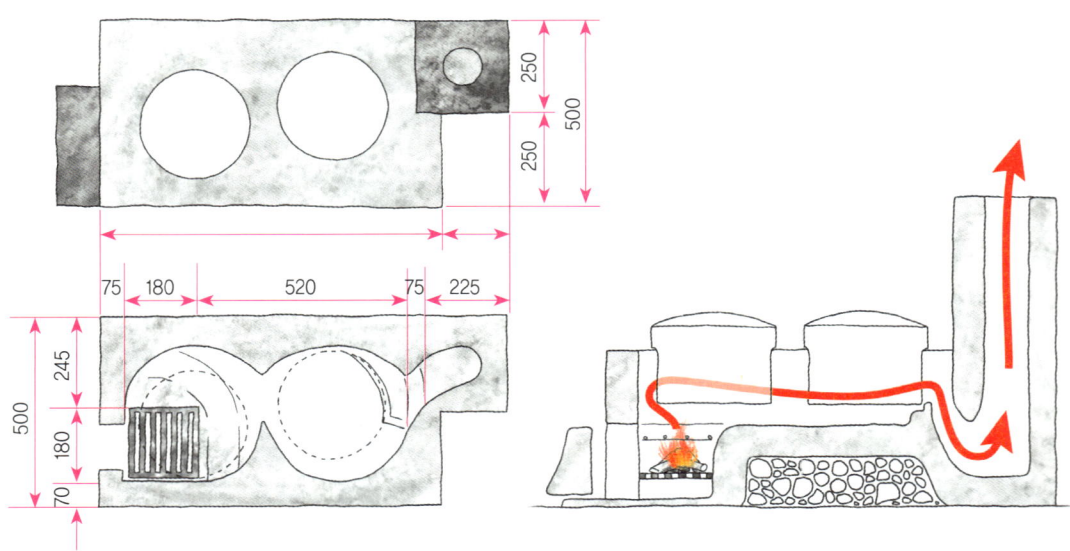

그림 5-34_포그비화덕의 각 부위 크기와 구조

쪽 측면으로 치우쳐져 있습니다. 이러한 구조는 화덕 안의 열기와 연소가스가 각각의 솥자리 밑에서 와류를 일으키며 솥바닥을 충분히 휘감아돌 수 있도록 만듭니다.

이중벽 함실을 갖춘 농부(Peasant)화덕

농부화덕 역시 진흙과 벽돌로 화덕 몸체를 만들고 강철이나 주철로 된 상판을 덮어서 만듭니다. 솥은 상판에 뚫은 솥자리의 크기에 딱 맞아야 한다. 함실(화실)은 이중벽으로 만들고 이중 벽 사이로 예열된 2차 공기가 함실 안으로 주입될 수 있도록 분사 구멍이 뚫려져 있습니다(그림의 A부분). 이곳을 통해 주입된 공기는 함실 이중벽 사이를 통과하

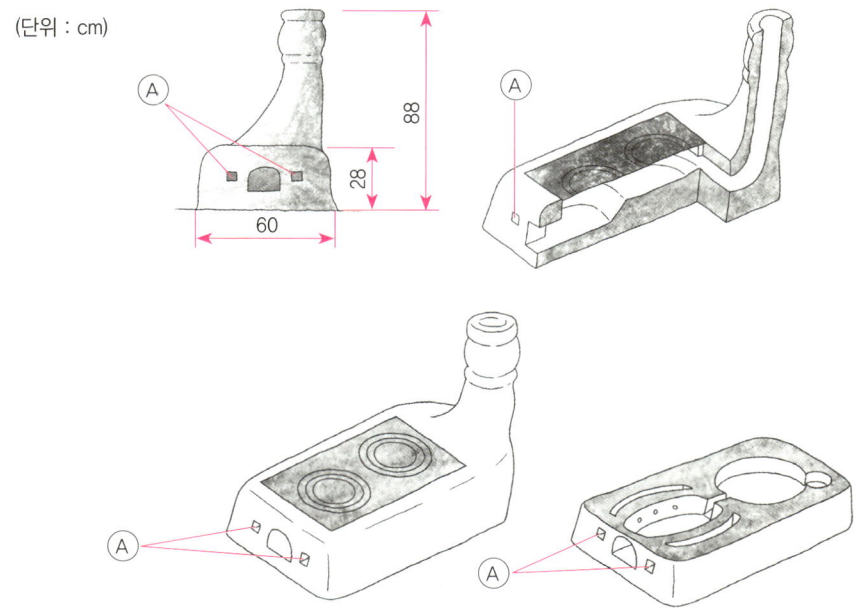

그림 5-35_이중벽 함실과 이중 2차 예열 공기주입구(A)를 가진 농부화덕의 구조

면서 예열되고 함실 벽의 작은 분사구멍을 통해 함실 안으로 공급됩니다. 1차 공기는 화구를 통해서 들어오는데 철판으로 된 화구문을 통과하면서 예열됩니다. 재료와 제작 방법은 포그비화덕을 만들 때와 비슷하네요.

　로켓화덕과 로켓엘보를 장착한 다양한 다구 화덕들, 전통 화덕에서 유래되었지만 연소효율을 높인 개량된 전통 다구 화덕들을 살펴보았습니다. 다양한 구조의 화덕들을 살펴보며 어떤 요소들이 화덕의 효율을 높이는지를 충분히 이해하셨겠죠. 앞으로 여러분은 또 다른 화덕의 변주들을 접하게 되면서 더욱 복잡하지만 효율적인 화덕들의 구조와 다양한 화목 난방장치들의 원리를 이해하는 안목을 갖추게 될 것입니다.

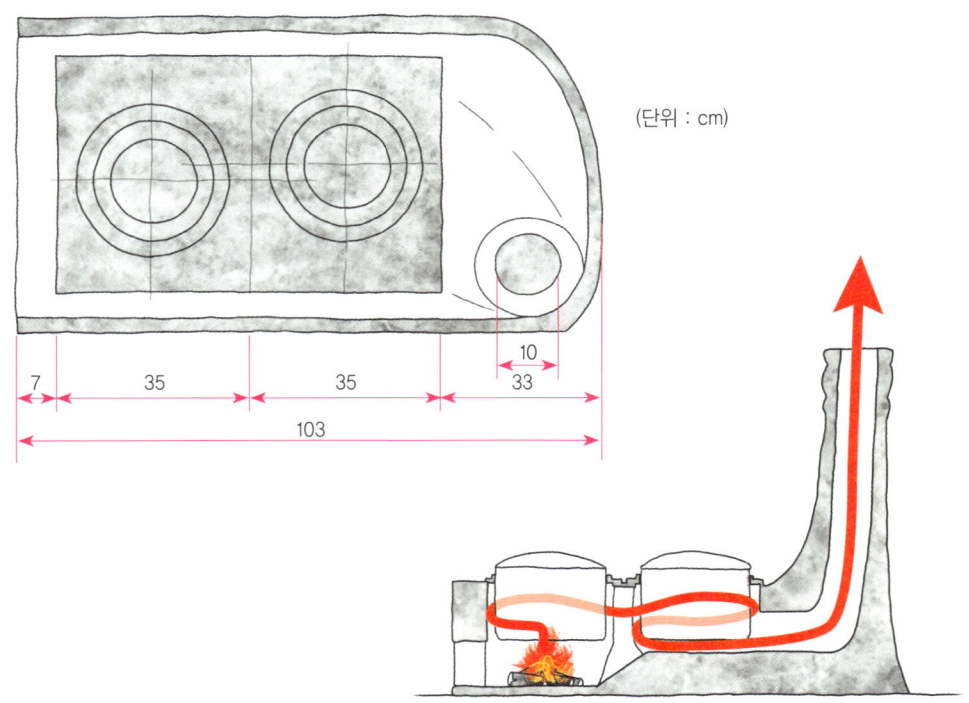

그림 5-36_농부화덕의 크기와 내부 열기흐름

다용도 철판 요리 화덕

단열 개량 화덕의 핵심엔진인 'L'자형 연소부(Rocket elbow)의 제작 방법과 원리, 정밀한 수치와 각 부위 비율은 인터넷을 통해 모두 공개되어 있습니다. 공개된 자료를 바탕으로 전세계 환경운동가들과 지역주민들은 각자가 활동하고 살아가는 지역의 조건과 조리문화의 필요에 맞게 다양한 형태의 화덕 모델들을 개발해서 보급하고 있습니다. 그중에 남미에서 가장 대중적으로 사용되고 있는 모델이 다용도 철판화덕입니다.

이 화덕은 화덕의 상판을 철판으로 덮고 연통을 달아 연기가 전혀 실내로 빠져 나오

그림 5-37_다용도 철판화덕을 만들어 사용하고 있는 남미 사람들

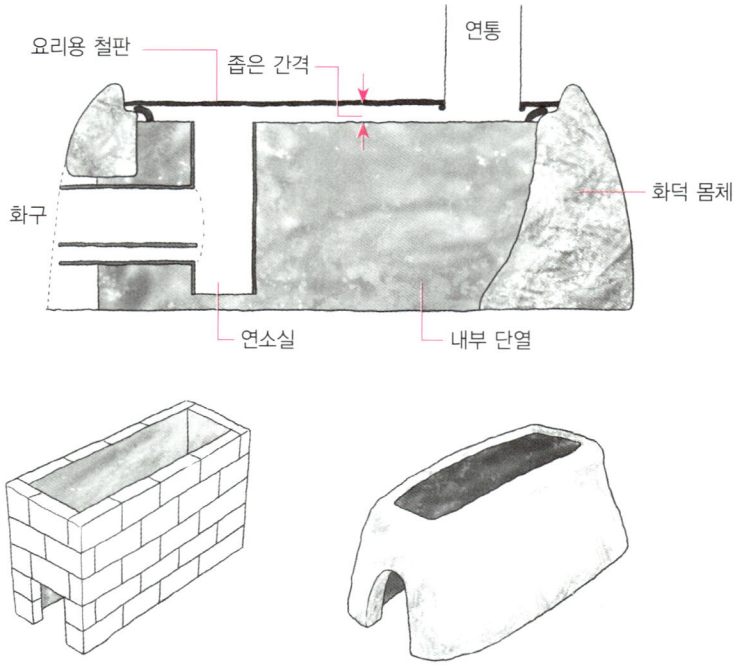

요리용 철판 — 좁은 간격 — 연통

화구

화덕 몸체

연소실 — 내부 단열

그림 5-38_진흙 또는 벽돌 화덕 몸체 가진 철판 요리 화덕

지 않게 만들었습니다. 철판 위에 그대로 인도식 난이나 짜파티, 피자, 볶음밥, 부침개 등을 해 먹으면 딱 좋을 듯합니다. 물론 소시지나 고기를 구워 먹어도 좋겠죠. 철로 만든 열판(hot plate) 위에 그대로 솥을 얹어 밥을 할 수도 있습니다. 가장 초기의 모델은 진흙이나 벽돌 화덕 몸체에 철판을 얹은 형태였습니다.

다양한 방식으로 철판 요리 화덕을 만들 수 있습니다. 벽돌이나 함석으로 몸체를 만들기도 하고 오븐실을 장착하기도 하고 열판 아래 배관을 해서 온스를 동시에 사용하기도 합니다. 단, 화덕 내부를 단열재로 채우는 점과 로켓연소부 구조는 공통적이죠. 철판이 놓인 함석오븐화덕은 파키스탄이나 남미에서 널리 사용합니다. 전문가들이 이렇게

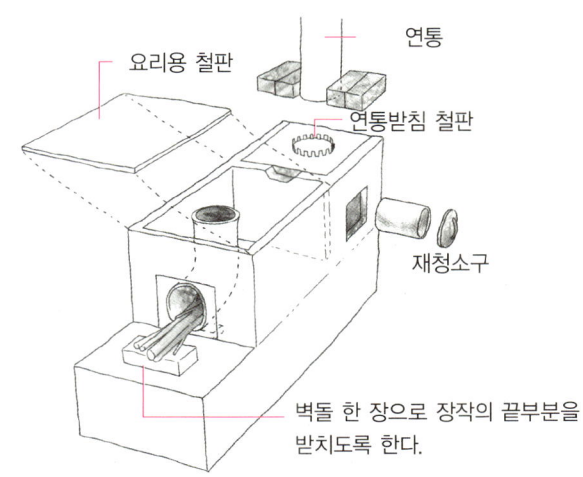

요리용 철판

연통

연통받침 철판

재청소구

벽돌 한 장으로 장작의 끝부분을
받치도록 한다.

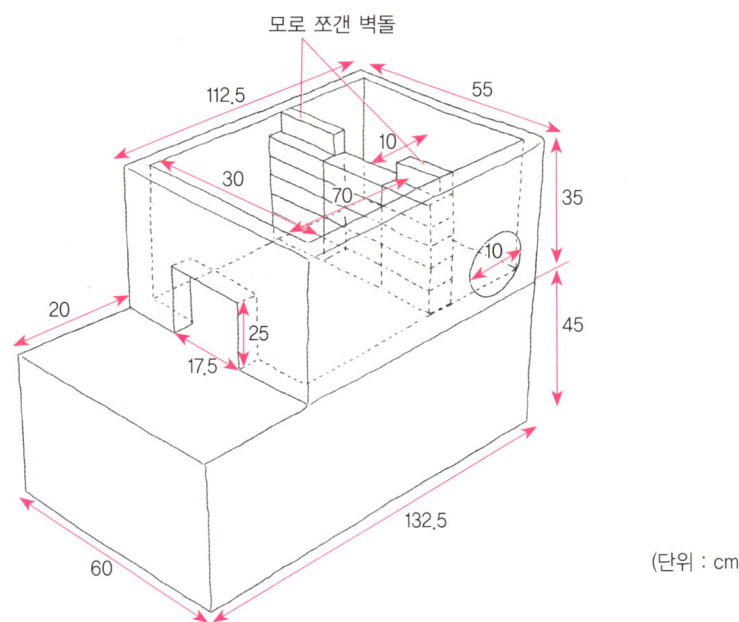

모로 쪼갠 벽돌

112.5

55

10

30

70

35

10

20

25

17.5

45

132.5

60

(단위 : cm)

그림 5-39_벽돌조적 철판화덕의 구조와 기본 모델의 각 부위 크기

자신들의 지식과 정보, 경험을 공개하면 전세계 사람들은 토착적인 지혜와 창조력을 발휘하여 더욱 풍부하게 발전시켜 나갑니다. 지식과 정보, 경험을 자본주의적으로 독점하지 않고 이렇게 공유하고 공개할 때 세상은 더 행복하고 따뜻한 곳으로 변해갑니다.

그림 5-40_철판을 얹은 점토화덕에 또띠아를 굽고 있는 니콰라과 여인

가변형 솥자리 주방 화덕

크기가 다른 솥을 끼울 수 있는 가변형 솥자리 상판이 놓여 철판 요리도 하고 솥도 얹을 수 있는 주방 화덕의 상판은 반원이 뚫린 세 조각의 철판으로 되어 있습니다. 솥의 크기에 따라 3개의 상판을 조절하면 솥 크기에 딱 맞게 됩니다.

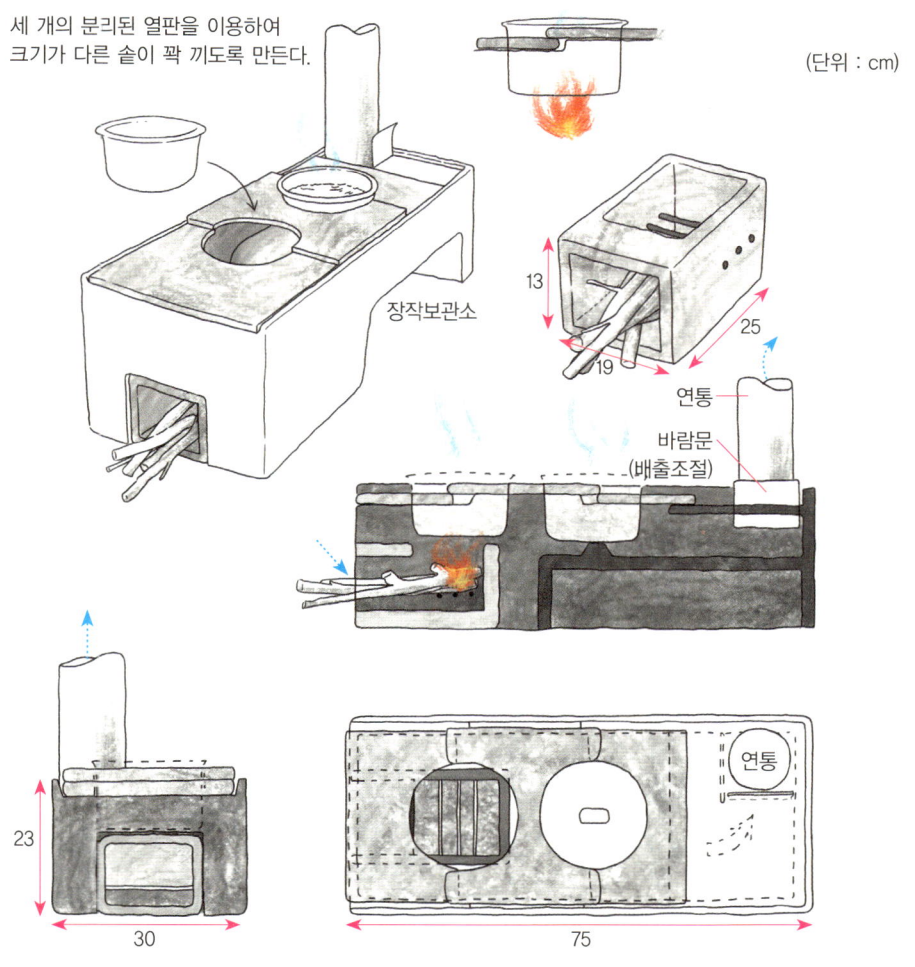

그림 5-41_가변형 솥자리 상판이 장착된 파키스탄 주방 화덕

전국귀농운동본부 벽돌 철판화덕

2010년 3월 27~28일 이틀 동안 전국귀농운동본부의 군포 교육장에서 벽돌조적 철판화덕 워크숍을 가최했습니다. 귀농예비자들의 가족을 포함해서 23명이 참여했습니다. 본격적으로 화덕을 만들기 전에 두 팀으로 나누어 벽돌을 가조적 해보고 실전에 돌입했습니다.

화덕 기초

철로 만든 화덕 상판의 크기는 100×50cm 이고 두께는 4.5mm입니다. 화구는 17×17cm로 작게 만들었습니다. 화덕 역시 구조물이기 때문에 실외에 만들 때는 기초 시공이 중요합니다. 기초를 만들기 위해 화덕 넓이보다 조금 넓게 동결심도 깊이(지역마다 땅이 어는 깊이는 다르다)만큼 구덩이를 판 후 부직포를 깔고 자갈을 채웠습니다. 다시 자갈 위에 부직포와 비닐을 덮어 방습처리를 합니다. 이렇게 기초 밑을 만들면 땅의 동결해빙으로 인한 융기와 침하 때문에 화덕에 균열이 가는 문제와 지면으로부터 올라오는 습기의 영향

을 줄일 수 있습니다. 부직포와 비닐 덮은 자갈 위에 펄라이트를 시멘트와 섞어 반죽한 단열 시멘트몰탈을 부어 기초 바닥을 만들었습니다. 물론 이때 화덕 넓이보다 좀 넓게 나무틀을 만들고 그 안에 단열시멘트몰탈을 붓습니다. 바닥 기초는 단열처리해야 화덕 바닥으로 열을 빼앗기지 않기 때문입니다.

화덕 기단

주방 화덕은 서서 요리를 할 수 있을 정도의 충분한 높이로 화덕 기단을 만들어야 합니다. 단열시멘트 기초가 굳은 후 시멘트블록을 쌓아 하단부의 화덕 기단을 만들었습니다. 화덕 기단의 빈 공간은 장작을 보관하는 곳으로 사용하게 됩니다. 화덕 기단은 이후

그림 5-44_좌 : 시멘트블록으로 화덕 높이를 맞추기 위해 기단부를 만들고 있다. 우 : 기단 위에 단열벽돌로 로켓연소실을 쌓고 있다.

에 흙미장을 해도 되고 그대로 노출해도 상관없습니다.

로켓연소부와 화덕 몸체

　개량 화덕의 핵심인 로켓 연소부는 단열을 위해 내화단열벽돌로 쌓았습니다. 그외 화덕 몸체는 일반 시멘트벽돌이나 적벽돌, 황토벽돌 등 다양한 자재로 쌓을 수 있습니다. 시멘트블록으로 만든 화덕 기단 맨 앞쪽 중앙에 'L'자 형태로 로켓연소부를 만듭니다. 이때 몰탈은 내열본드나 내화몰탈, 세라믹황토몰탈을 사용합니다. 외벽을 쌓을 때는 시멘트몰탈을 사용했습니다. 단, 연기가 새지 않도록 밀봉하여 시공해야 합니다.

　완성된 화덕 몸체는 크게 세 부분으로 나뉩니다. 맨 앞에 로켓연소부, 화덕 중간 몸

체, 맨 뒷편은 화덕 개자리 겸 연통자리입니다. 화덕 중
간 몸체에는 단열재인 펄라이트를 가득 채웠습니다. 펄
라이트를 채울 때는 작대기로 꼭꼭 쑤셔 충분히 충진
될 수 있도록 만듭니다. 화덕 개자리로 넘어가는 연도
는 기본적으로 화구 크기와 같게 만들거나 약간 좁게
만듭니다. 열기가 너무 빨리 연통으로 빠져나가는 것을
지연시키기 위해 화덕 중간 몸체와 화덕 개자리 사이에
나 있는 연도는 철판보다 10~15cm 이상 아래에 만듭
니다.

화덕 개자리는 재가 쌓이게 되고 연통을 통해 연기
나 차가운 기운이 역류하는 것을 막아주는 역할을 합
니다. 연도에 펄라이트가 밀려 쏟아지지 않게 벽돌이나
진흙반죽으로 턱을 만들어줍니다. 화덕 개자리 옆면

그림 5-45_중앙의 로켓연소부

그림 5-46_좌 : 화덕 몸체 안에 단열재를 채우고 있다. 우 : 완성된 화덕 몸체(연소부, 중앙몸체, 화덕개자리)

하단부에는 재를 치울 수 있도록 재청소구를 만들었습니다. 평소에는 나무뚜껑이나 벽돌로 막아 두어도 되고, 고정형 철문을 달 수 있습니다.

화덕 상판

화덕 몸체 위에 철판을 덮고 철판 주위로는 틀을 대고 시멘트몰탈로 감쌌습니다. 화덕 철제 상판을 덮기 전에 화덕 몸체 중앙부에 펄라이트가 채워져 있어야 합니다. 이때 철제 상판 밑부분과 화덕 몸체 안에 채워진 펄라이트의 틈은 3cm 정도가 적당합니다. 간격이 좁아야 로켓연소부의 열기가 철판을 훑으며 지나가게 됩니다. 철제 상판은 4.5mm 두께의 철판을 사용해서 만들었습니다 상판 밑쪽에는 강철 띠판으로 상판이 열기에 휘지 않도록 갈비살을 만들어야 합니다. 화덕 개자리 위쪽은 연통 구멍만 남겨두고 벽돌을 가로질러 막습니다. 연통을 올려놓고 연통을 고정시키기 위해 우선 벽돌로 주위를 쌓고 다시 진흙과 모래·볏짚 반죽으로 감싸서 마감합니다.(그림 5-47)

화덕 마감

화덕 기단은 흙·모래·볏짚을 반죽해서 미장했습니다. 물론 시멘트몰탈로 마감해도 된답니다. 적벽돌 화덕 몸체 사이에는 줄눈용 몰탈을 이용해서 줄눈을 넣었습니다. 줄눈 몰탈을 채울 때는 반죽을 되게 해서 가는 줄눈용 칼이나 합판을 좁게 잘라서 밀어 넣듯이 줄눈을 넣습니다. 마지막으로 줄눈 주변을 붓이나 수건으로 깨끗하게 털어냅니다.(그림 5-48)

그림 5-47_화덕 상판을 얹고 주변을 시멘트몰탈로 감싸고 있다. 연통 주변은 벽돌을 조적한 후 진흙반죽으로 감 쌌다.

그림 5-48_화덕 기단과 연통 주변은 진흙으로 미장하고 화덕 몸체는 흰색 줄눈을 넣어 깔끔하게 마감하고 있다.

실험 점화

화구에 짜투리 금속판으로 장작받침을 만들어 넣고 손가락 두 개 정도 굵기의 잔목들을 조금 넣어 불을 붙여 보았습니다. 아직 미장이나 몰탈이 마르지 않았어도 불이 잘 붙고 화구로 전혀 연기를 내지 않습니다. 심지어 4.5mm 철판이 열에 의해 불룩하게 부풀어 오를 정도로 화력이 좋아 다들 놀랐습니다. 철판 위에 물을 뿌리면 물방울이 끓어 튈 정도입니다. 조금 지나자 장작은 숯이 되고 불 색깔이 투명할 정도로 밝아집니다. 이 화덕은 지금도 전국귀농운동본부의 군포 교육장에서 애용되고 있답니다.

마곡사 강철판화덕

　에너지 시민두레 박승옥 대표의 소개로 2010년 5월 공주 마곡사 신록축제 때 선을 보일 철판화덕을 만들었습니다. 도면을 보여주며 장흥의 한 철공소에 의뢰해서 만들었죠. 화덕제작의 원리는 앞에서 충분히 설명했기 때문에 사진과 도면, 그리고 간단한 설명만으로 대신하렵니다.

　철판화덕을 설치하자 마곡사의 한 보살님은 이 철판 위에 밥도 짓고, 감자도 삶았습니다. 화덕을 전시하는 동안 덕분에 출출하지 않게 보낼 수 있었네요.

　철판화덕의 열기흐름은 우선 로켓엘보를 거쳐 상판 바로 밑을 훑듯이 지나갑니다. 상판 밑을 지난 열기는 간막이를 지난 후 밑쪽의 연도로 꺾여 들어갑니다. 연도를 지나 연통 바로 밑의 개자리를 지나면서 상대적으로 식은 열기와 무거운 재는 개자리 밑으로 내

그림 5-49_공주 마곡사에 설치된 강철 철판화덕은 동시에 여러가지 요리를 할 수 있다.

그림 5-50_철판화덕 몸체 안에 가득 채워진 펄라이트는 고온 연소가 가능하게 만든다.

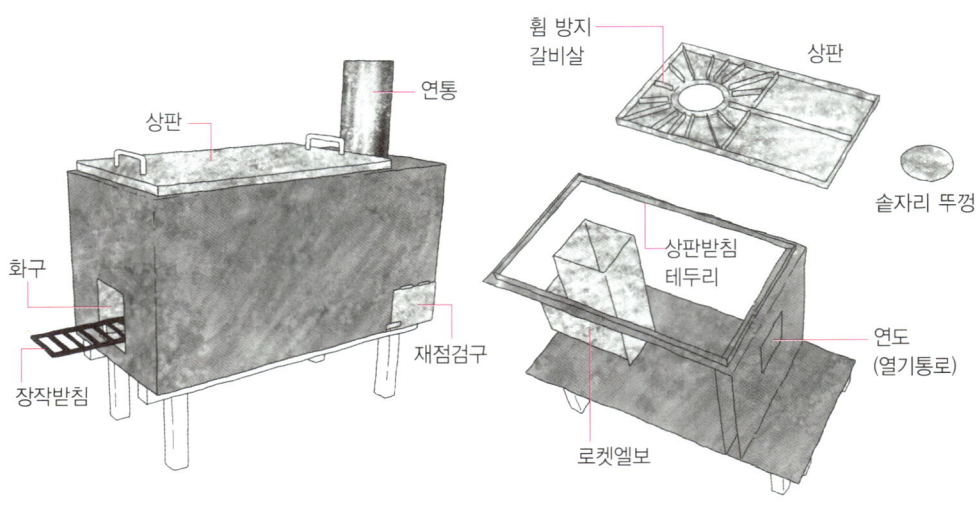

연통

상판

휨 방지
갈비살

상판

솥자리 뚜껑

화구

상판받침
테두리

연도
(열기통로)

장작받침

재점검구

로켓엘보

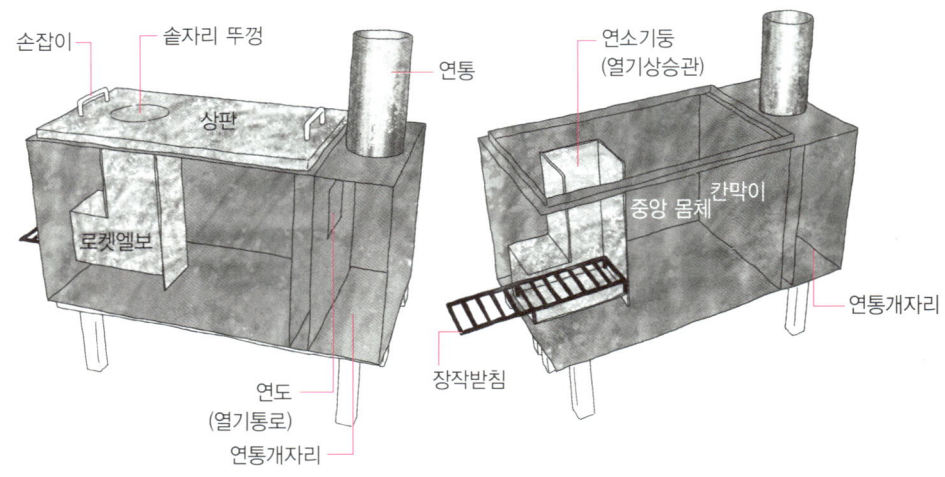

손잡이

솥자리 뚜껑

연통

연소기둥
(열기상승관)

상판

중앙 몸체

칸막이

로켓엘보

연통개자리

연도
(열기통로)

장작받침

연통개자리

그림 5-51_철판화덕의 내외부 구조

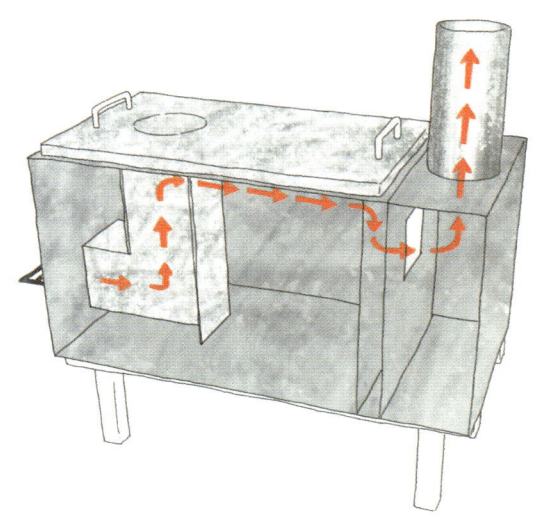

그림 5-52_철판화덕 내부의 열기흐름도

려앉고 상대적으로 뜨거운 연기가 연통을 빠져나가게 됩니다. 여기서 간막이와 상판보다 낮은 위치의 연도는 곧바로 열기가 빠져나가지 않고 상판에 좀 더 많은 열을 체류시키는 역할을 합니다. 일종의 열기배출지연판 역할을 하는 거죠. 구들에서 고래개자리, 연도의 위치, 굴뚝 개자리가 하는 역할과 유사합니다.

철판화덕을 만들 때 특히 주의해야 할 첫 번째 부분은 로켓엘보 상부와 화덕 상판의 간격입니다. 대략 3~5cm 간격으로 만듭니다. 이때 상판 옆판의 높이는 2~4cm로 만듭니다. 즉 상판과 로켓엘보 간격보다 약 1cm 작게 만듭니다.

주의할 두 번째 부분은 화구와 연소기둥, 연도, 연통의 크기(단면적)입니다. 원할한 연소가스의 흐름을 위해서는 화구, 연소기둥, 연도, 연통의 단면적은 시공 편의상 같게 만듭니다. 들어온 공기의 양만큼 나가는 연소가스의 양도 같다고 가정하는 거죠. 그러나, 화덕 외판과 토켓엘보를 용접하다보니 화구 쪽이 아주 미세하게 작아졌습니다. 로켓엘

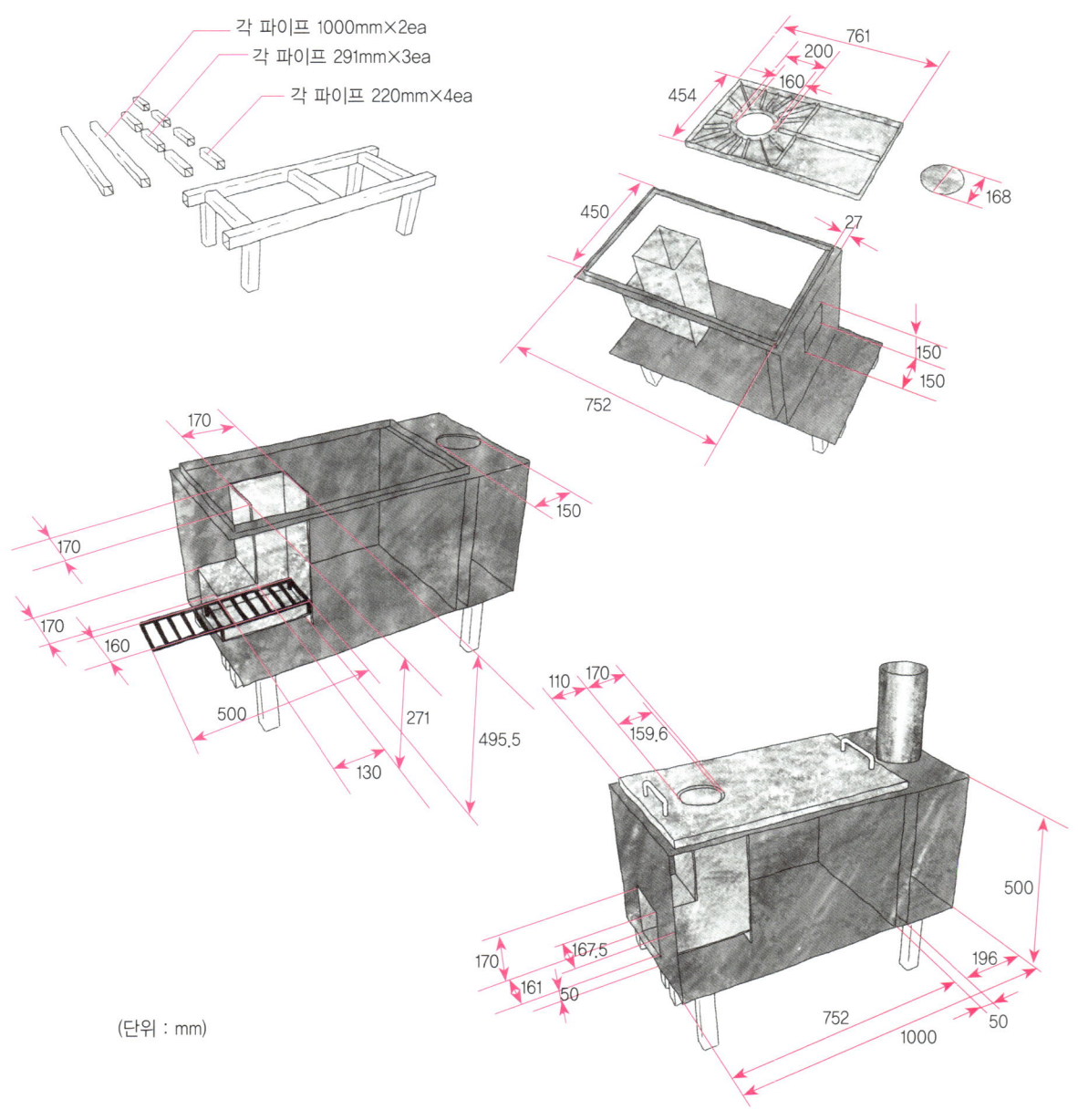

각 파이프 1000mm×2ea
각 파이프 291mm×3ea
각 파이프 220mm×4ea

761
200
160
454

168

450
27

752
150
150

170

170

150

170
160

500

271

495.5

130

110
170
159.6

500

196

170
167.5
161
50
752
50
1000

(단위 : mm)

그림 5-53_철판화덕 각 부위의 크기

보 상부에서 연소가스는 가장 큰 압력을 갖게 되지만 상판 밑을 천천히 지나면서 열손실이 일어나기 때문에 압력이 떨어집니다. 약해진 압력에 비례해서 연도와 연통의 크기를 화구보다 크게 만들겠지만 너무 빨리 연도와 연통으로 연소가스가 빠져나가게 되면 그만큼 열손실이 커지겠죠. 그 때문에 연도와 연통의 크기를 화구나 연소기둥의 크기보다 약간 작게 만듭니다. 마지막으로 직경 15cm의 연통을 사용합니다. 자세한 부위별 크기는 그림 5-53을 참조하시기 바랍니다.

철판화덕을 만들면서 또 한 군데 주의할 곳은 상판의 옆 테두리 높이보다 상판 밑의 갈비살 보강대의 높이가 낮아야 합니다. 1cm가량 낮게 만듭니다. 갈비살 높이가 낮아야 르켓엘보를 지난 연소가스가 막힘없이 흘러갈 수 있습니다.

철판화덕을 만들고 사용해본 결과 몇 가지 수정할 부분이 드러났습니다. 우선 화덕 몸체 일체를 강철로 만들다보니 화덕이 지나치게 무거워서 이동하기가 힘들었습니다. 받침대 다리에 바퀴를 달아야 할 판이었습니다. 중남미처럼 화덕 몸체는 얇은 금속판과 철제 앵글로 대체하는 것도 고려할 만합니다. 철제 화덕 몸체는 단열재를 넣었기 때문에 손으로 만져도 될 정도로 안전했습니다. 그러나, 화구 입구 주변과 상판 테두리 주변, 연통 주변은 자칫 화상을 입을 수도 있을 정도로 뜨거웠습니다. 화덕 몸체 위쪽과 상판 테두리 주변에 나화벽돌이나 단열재를 채울 수 있도록 보강이 필요하다는 걸 알아냈습니다. 가장 큰 문제는 강철 값도 그렇지만 용접 비용이 들기 때문에 전체 제작 비용이 증가했다는 점입니다.

철판화덕 제작 비용을 줄이기 위해서 2010년 늦가을 변산공동체 화덕 워크숍에서는 시멘트블록으로 기단을 만들고, 화덕 몸체는 변산공동체에서 직접 찍어 만든 흙벽돌로 쌓은 후 흙미장을 했습니다. 로켓엘보 연소부는 연탄보일러 내부에 넣는 원형 토관을 잘라서 만들고 내부에 넣는 단열재로는 연탄재와 구들에서 나온 재를 채워 넣었습니다. 펄라이트를 사용할 때보다 성능은 조금 떨어지는 듯합니다. 굴뚝은 스파이럴 연통을 이용해서 만들고 철판은 고물상에 구해온 것을 용접해서 만들었습니다. 원리를 이해하면 응용력이 생깁니다. 재료를 모두 사서 쓰지 않고 주변에서 쉽게 구할 수 있는 자연재료와 재활용 재료를 이용해서 만드는 지혜가 필요합니다.

그림 5-54_
변산공동체 화덕 워크숍에서 만든 철판흙화덕. 앞쪽 동그란 구멍이 화구이고 아래 두 사각 구멍은 시멘트블록으로 쌓은 기단부의 하부 공간으로 장작을 넣어둔다. 화덕 몸체 뒷쪽 측면의 작은 사각형은 굴뚝 밑 개자리로 연결된 잿구멍이다.

막돌과 기와로 만든 철판화덕

    적벽돌, 내화단열벽돌, 내화몰탈, 펄라이트 등 산업건자재를 이용해서 화덕을 만들면 시간도 줄일 수 있고 화덕의 효율도 좋아지지만 문제는 비용입니다. 산업자재를 이용하면 화덕 제작 비용이 수십만 원을 넘겨버립니다. 아무리 좋은 화덕이라도 농촌에 살면서 수십만 원을 들여 화덕을 만들 수는 없는 노릇이죠. 농촌생활기술이 대중적으로 보급되기 위한 전제 조건은 저비용이어야 합니다. 재활용 자재와 자연자재를 이용하면 비용 문

그림 5-55_담양 창평 슬로시티 삼지내 마을 철판화덕을 만든 후 기념사진 촬영

그림 5-56_막돌 좌대 위에 내화벽돌로 쌓은 연소부. 화구 안에 철근으로 만든 장작받침이 끼워져 있다.

제를 어느 정도 해결할 수 있습니다. 화덕의 연소 원리
와 구조에 대해 충분히 이해하게 되면 다양한 자재를
창조적으로 이용할 수 있는 응용력이 생깁니다.

　담양 창평 삼지내 마을 철판화덕의 기초는 자갈도랑
에 콘크리트를 깔아 만들었습니다. 화덕의 하부에 해
당하는 좌대는 주변에 있던 막돌과 몽돌을 흙·모래·

그림 5-57_화덕 몸체는 기왓장을 잘라 삼합토 반죽을 이용해서 쌓았
다. 내화벽돌로 쌓은 연소부 외부를 황토와 석회를 섞은 반죽으로 꼼
꼼하게 발라주었다.

그림 5-58_화구 주변 역시 막돌·기왓장·삼합토 반죽으로 만든다.

그림 5-59_앞쪽에 연소기둥 구멍, 뒤쪽에 연도가 뚫린 칸막이, 칸막이와 뒤쪽 화덕 벽체 사이에 굴뚝 개자리

석회를 섞은 삼합토 반죽을 사용하여 쌓았습니다. 화덕 상부 몸체는 헌집을 수리하면서 나온 기와를 잘라서 역시 삼합토 반죽으로 쌓아 만들었습니다.

화구와 화실을 포함한 연소부는 내화단열벽돌을 내화몰탈 대신에 흙과 석회를 섞어 되직하게 만든 반죽으로 쌓아 만들었습니다. 이 철판화덕의 화구와 연소실은 내화벽돌 한 단은 눕혀 쌓고, 다음 한 단은 모로 세운 높이로 만들고 이 위에 한 장을 모로 세운 높이 정도로 짧은 연소기둥을 쌓아 연소부를 만들었습니다. 연소기둥을 낮게 한 이유는 화덕 몸체의 높이가 너무 높아지지 않게 하기 위해서입니다.

화덕 몸체 내부는 크게 연소부와 굴뚝 밑의 개자리로 구분됩니다. 두 부분을 나누는 간막이에는 연도 구멍을 내었습니다. 연도 구멍의 크기는 내화벽돌 2/3장의 크기 정도로 칸막이 위에서부터 반장 정도 밑으로 중간에 뚫었습니다.

화덕 벽체와 연소부 사이의 빈 공간은 단열재로 펄라이트를 채웠습니다. 간막이 연도로 펄라이트가 밀려들지 않도록 되게 만든 반원형의 기와장을 세우고 삼합토 반죽 덩어

리를 붙여 작은 턱을 만들었습니다.

굴뚝 개자리 위는 굴뚝 구멍을 제외하고 기와장과 삼합토 반죽을 덮습니다. 굴뚝은 150mm 연통에 철망을 2회 이상 두른 후에 굴뚝 구멍에 끼웠습니다. 철망을 두른 연통을 흙과 석회, 석고, 모래 반죽을 발라서 비에도 견딜 수 있는 황토 빛의 굴뚝으로 변신시켰습니다.

화덕 몸체가 다 완성된 후에는 손잡이가 달린 4.5mm 두께의 조리 상판을 덮은 후 상판 주변을 황토·시멘트·모래를 섞은 강화반죽으로 감싸서 철판화덕을 완성했습니다. 조리 상판의 뒷면은 다른 철판처럼 열에 의한 휨을 방지하기 위해 철제 갈빗살을 덧대어주었습니다.

그림 5-60_화덕 몸체 안에 펄라이트를 채우고 연도 앞은 기와장과 삼합토 반죽을 이용해서 턱을 만들어 주었다.

자연과 건강을 돌보는 팟사리화덕

팟사리Patsari화덕은 1990년대 과테말라와 멕시코에서 대중적으로 사용된 다구 화덕인 로레나화덕을 개량한 것입니다. 이 화덕은 멕시코의 팟츠쿠와로Patzcuaro 지역의 GIRA(Interdisciplinary Group of Rural and Appropriate Technology)라는 지역 적정기술 연구단체가 개발한 후 보급한 화덕입니다. 팟사리는 팟츠쿠와로 지역의 원주민 언어로 '돌보는 사람'이란 뜻을 가지그 있습니다. '자연과 원주민들의 건강을 돌보는' 화덕이란 의미에서 붙여진

그림 5-61_팟사리화덕 위에 또띠아를 굽고 있는 여인

이름입니다. 개방형 화덕에 비해 팟사리는 50% 정도 장작 소모량을 줄일 수 있어 땔감 때문에 훼손되는 산림자원을 보호합니다. 화덕의 연기나 그을음으로 인한 실내 공기 오염을 개방형 화덕에 비해 66% 정도 줄일 수 있기 때문에 원주민들의 건강을 지킬 수 있습니다.

팟사리화덕의 특징

팟사리화덕은 로레나화덕과 비교해서 몇 가지 차이점이 있습니다. 화덕 몸체는 흙반죽이 아니라 벽돌을 사용해서 내구성을 높였고, 연도와 열기통로, 솥자리, 연통구멍 등

그림 5-62_좌 : 연도와 솥자리 형틀이 놓여져 있다. 우 : 뒤쪽 연도와 굴뚝 형틀이 끼워져 있다. 형틀 주변과 위에 흙반죽을 넣는다.

내부 구조를 표준화시키기 위해 형틀을 사용하는데, 틀을 놓고 흙과 모래를 혼합한 반죽을 부어 만듭니다. 이렇게 형틀을 이용하면 보다 빠른 시간에 표준 설계대로 화덕을 만들 수 있다는 장점이 있습니다. 물론 이 반죽에 자연자재 단열재를 섞어 넣을 수 있습니다.

로레나화덕의 열기통로가 첫 번째 솥자리에서 연통 구멍까지 단선 구조라면, 팟사리화덕은 첫 번째 솥자리에서 두 개의 통로로 갈라져 뒷쪽의 두 번째 두 솥자리로 나눠진 후 다시 연통으로 합쳐지는 구조를 갖습니다. 꺾인 열기통로의 지연구조와 두 번째 솥자리 밑의 반원통형 불목이 열전도율 높입니다. 로레나화덕이 여러 개의 솥이나 냄비, 팬 등을 올려 놓을 수 있는 다구 화덕이라면, 팟사리화덕은 기본적으로 원형 팬 형태의 조

그림 5-63_원형 팬 모양의 조리용 철판이 끼워진 팟사리화덕. 이 원형 조리철판을 떼어내고 냄비나 솥을 얹어 조리할 수 있다.

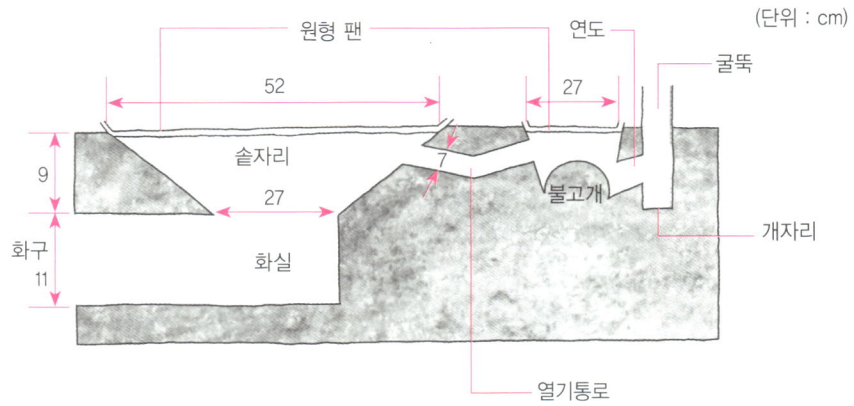

원형 팬

연도

굴뚝

52

27

솥자리

9

27

불고개

개자리

화구

11

화실

열기통로

그림 5-64_팟사리화덕 내부 구조와 주요 부위 크기

그림 5-65_좌 : 연소실에서 바로 올라온 열기가 한 번 꺾여 열기통로로 연결되도록 연도 쪽으로 내려 판 부분을 작업자가 손으로 가리키고 있다. 우 : 두 번째 솥자리 가운데의 불고개에서 조리철판이 놓일 위치까지의 높이를 재고 있는 모습

리 철판을 여러 솥자리에 끼워 넣고 사용하는 철판화덕이라 볼 수 있답니다. 조리 문화가 다른 우리나라의 경우는 필요에 따라 원형 조리 철판을 떼어내고 솥자리에 솥을 얹어 놓을 수도 있는 다용도 화덕이라 할 수 있습니다.

팟사리화덕 구조 중에 주목할 부분은 양쪽의 두 번째 솥자리들로 넘어가는 열기통로의 크기가 7cm 정도의 정사각형이거나 원형이라는 점이고, 한 번 밑으로 꺾였다 올라가는 열기배출지연 구조라는 점입니다. 두 번째 솥자리 밑의 불고개는 원형 관을 반으로 갈라 눕혀 놓은 형태로 만드는데 불고개에서 솥자리 위의 조리 철판 바닥까지의 높이는 대략 5cm 이하로 불꽃과 열기가 바짝 붙어 지나가게 만든 구조입니다.

팟사리화덕 만들기

팟사리화덕을 만드는 방법은 다음 그림과 같습니다.

① 적당한 조리 높이에 맞춰 좌대를 만들고 이 위에 틀을 짜 얹는다.

② 틀 안쪽으로 벽돌로 화덕 몸체의 벽처를 쌓는다.

③ 화구를 내고 화실을 벽돌로 쌓는다.

④ 화덕 몸체 안쪽에 잡석, 자갈을 바닥에 깐다.

⑤ 연통이 놓일 자리에 연통 형틀을 끼워넣는다.

①

②

③ ④

⑤ ⑥

⑦ ⑧

⑥ 화덕 몸체 안에 깐 자갈 위에 단열재로 나무재나 기타 단열재를 깐다.

⑦ 첫 번째 솥자리에 앉힐 팬 크기를 고려해서 두 번째 솥자리로 연결되는 연도 형틀을 놓는다.

⑧ 두 번째 솥자리에 깔대기 모양의 형틀을 끼워넣고 주변을 진흙반죽을 채워넣는다. 이때 흙과 모래 반죽에 석회를 넣으면 더욱 견고해지고 왕겨, 볏짚, 톱밥 등을 섞으면 단열성능이 높아지고 건조되면서 갈라지는 것을 방지할 수 있다.

⑨ 첫 번째 솥자리와 두 번째 솥자리의 대략적인 모양을 고려하여 화덕 안쪽을 되직한 반죽으로 채워 화덕 몸체와 상판을 만든다.

⑩ 두 번째 솥자리에 끼울 원형 조리 철판을 거꾸로 반죽 위에 눌러 자리를 표시한다.

⑪ 첫 번째 솥자리에 끼울 원형 조리 철판을 거꾸로 반죽 위에 눌러 자리를 표시한다.

⑫ 솥자리 형틀을 떼어내고 솥자리 위치에 맞게 물 묻힌 흙손으로 형태를 다듬는다. 솥자리의 형태는 밑 짧은 깔대기 형태이다.

⑬ 첫 번째 솥자리에서 두 번째 솥자리로 연결

되는 연도 쪽으로 진흙반죽을 파내어 불길
을 만들어 준다.

⑭ 작은 솥자리의 불고개 높이를 맞춘다.

⑮ 외부 틀을 떼어낸 후 깔끔하게 마감한다.

⑯ 화구 위쪽 벽돌을 받쳤던 받침 벽돌을 제
   거하고 화구와 화실 바닥을 진흙반죽으로
   깔끔하게 마감한다.

남미의 다양한 철판화덕들

남미는 현대와 전통이 공존하는 사회인 것 같네요. 남미의 주방에는 흔히 현대적인 가스오븐과 전자레인지, 전통 화덕을 개량한 로켓철판화덕을 함께 사용합니다.

남미의 화덕들은 화덕의 형태 면에서 색다른 모습을 갖고 있는 화덕들을 이용하기도 합니다. 마치 침대처럼 생긴 철판화덕으로 화덕 몸체는 나무로 침대처럼 짜고 안쪽은 시멘트블록과 벽돌 등으로 한 번 더 쌓아 불이 나무에 닿지 않게 내부 몸체와 연소부를 만듭니다. 조리철판은 예전에 사용하던 연탄보일러의 뚜껑과 같은 다중 동심원 뚜껑을 솥자리에 끼울 수 있어 솥이나 냄비 크기에 맞게 다양한 조리도구를 얹어서 사용할 수 있습니다.

남미에서 나무를 연료로 때는 철판화덕은 값싸고 지저분한 과거의 유물 같은 조리도구가 아닙니다. 현대적인 조리도구들과 공존하면서 되려 가장 고급스런 주방을 차지하는 품목이기도 합니다. 전통을 골방의 과거 유물로 방치하지 않고 이렇게 미적으로나 기능적으로나 개선할 때 현재 활용할 수 있는 최고의 가치가 될 수 있지 않을까요.

그림 5-66_전통적인 문양으로 치장한 포가오Fogao 철판화덕

부담없는 드럼통 철판화덕

마곡사에서 강철 철판화덕을 만든 후 제작 비용을 줄일 수 없을까 고민하던 차에 해남 민예총 이병채 선생의 권유로 해남 민예총과 해남 공부방연합이 함께하는 화덕 워크숍을 열었습니다. 이 화덕 워크숍에서 학생들은 나무가스 풍로와 스형 깡통 로켓화덕을 만들고, 어른들은 드럼통 철판화덕을 만들었습니다. 철판 드럼통 화덕은 재활용 자재를 사용해서 제작 비용을 줄일 수 있었습니다. 재활용 드럼통, 공사하고 남은 단열성 높은 ALC(경량기포콘크리트) 블록, 공작체험 수업 후 남은 진흙반죽을 사용했습니다. 나머지 펄라이트와 연통은 구입하고 강철 원형 상판은 철공소에서 제작해왔습니다.

드럼통 화덕 몸체

드럼통을 2/3로 잘라 큰 쪽은 화덕 몸체 아랫부분으로 사용하고 작은 쪽은 뚜껑을 따낸 후 화덕 몸체의 윗부분으로 사용했습니다. 뚜껑을 따낼 때는 나중에 상판을 올려 놓기 위해 상판 지름보다 조금 작게 잘라서 상판을 얹을 수 있도록 만들었습니다. 그리고 연통을 끼워 넣을 수 있도록 드럼통 위에서 10cm 밑에 지름 120mm의 원형 구멍을 냈습니다. 화덕 몸체 아랫부분으로 사용할 드럼통 바닥 쪽에는 이후에 ALC 로켓연소부를 끼워 넣을 수 있도록 화구 크기와 ALC 블록의 두께를 감안하여 21×21cm로 따내되, 아래 면을 제외한 3면만 자른 후 바깥쪽 밑으로 펼쳐서 이후 장작받이로 사용했습니다.

로켓엘보Rocket Elbow

화구, 연소로, 연소실, 연소기둥 전체를 통칭 로켓엘보라 부르는데 로켓화덕의 핵심 엔진입니다. 로켓엘보는 단열성 높은 ALC(Aero Lighted Concrete) 블록을 사용해서 만들었습니다. 화구와 연소기둥의 단면적 크기는 17×17cm로 만들었습니다. ALC 전용 몰탈은 불에 약한 데다 별도의 내화몰탈을 구하지 못했기 때문에 다른 대안을 마련해야 했습니다. 워크숍 참가자들은 진흙반죽을 이용해서 ALC 블록을 접착시키고 다시 굵은 철사로 ALC 로켓엘보를 감싸서 고정시켰습니다. 뿐만 아니라 로켓엘보의 접합부 주변을 진흙으로 꼼꼼히 발라 이후의 균열을 줄이고자 했습니다. 화구 안에는 철근으로 장작받침을 만들어 넣어야 공기가 안정적으로 주입되고 재의 청소도 편리해집니다.

단열재와 연통

ALC 로켓엘보와 드럼통 사이에는 펄라이트를 가득 채웠습니다. 단 연통이 끼워져 있는 부분은 펄라이트가 밀려들어가지 않도록 진흙반죽으로 턱을 만들었지요. 연통구멍의 위치는 나중에 얹힐 상판으로부터 최소 10cm 아래쪽에 뚫었습니다. 연기가 너무 빠르게 나가지 않고 화덕 상판에 어느 정도 체류할 수 있도록 하기 위한 것이죠. 연통과 드럼통 사이의 틈새는 진흙으로 꼼꼼히 연기가 새지 않게 메웠습니다.

화덕 상판

화덕 상판은 드럼통 직경보다 약 4cm 정도 작게 제작했고 두께는 4.5mm의 강판을

사용했습니다. 역시 철제 상판이 고온에 부풀지 않도록 띠철판으로 갈비살을 만들어 상판 뒤에 용접해서 붙였죠. 미리 상판 지름보다 작게 뚜껑을 따냈던 드럼통 윗부분의 턱에 상판을 얹은 후 진흙으로 상판 주변을 꼼꼼히 메웠습니다.

그림 5-67_
드럼통 철판화덕을 만드는 과정과 완성된 화덕 위에 고기를 구워 먹고 있는 모습

필립스 디자인의 조립 점토판화덕

매년 전세계 저개발국가의 농촌 지역에서는 요리용 나무나 동물의 똥, 이탄泥炭 등을 사용하는 재래 화덕의 연기 때문에 160만 명의 사람들이 사망하고 있습니다. 이러한 문제를 해결하기 위해 세계적인 기업인 필립스 디자인Philips Design과 네덜란드의 아인트호벤 Eindhoven 대학이 합작해서 귀엽다는 뜻을 가진 '출라Chulha'라는 조립식 점토판화덕을 만들었습니다. 이 화덕은 실내에서 연기없이 안전하게 사용할 수 있도록 고안되었는데, 흙

그림 5-68_출라화덕에 요리를 하고 있는 인도 여인

판을 모듈식으로 미리 만들어 신속하게 현장에서 조립할 수 있고, 연소효율과 에너지 효율을 높인 주방용 화덕입니다.

필립스의 조립 점토화덕은 2009년 디자인 부문에서 세계적으로 이름 난 인덱스 어워드INDEX Award의 가정용품 분야에서 '혁신적이고 지속가능하며 건강한 주방용 화덕'으로 수상을 했습니다. 인덱스 어워드는 덴마크 정부가 후원하는 상으로 50만 유로의 상금이 5개 분야 수상작에 수여됩니다. 이 화덕 개발에는 대학의 연구자, 필립스 디자인의 디자이너, 지역 디자이너, 지역 주민 등이 함께 참여했습니다. 이러한 참여형 디자인의 결과로 특히 인도 지역 전통 화덕의 형태와 쓰임새를 최대한 수용해서 그 지역 사람들이 친숙하게 느낄 수 있도록 디자인되었습니다. 필립스는 인도의 지역 기업을 선정하고 조립식 점토판 화덕의 생산·조립·설치·관리 방법을 교육시켜 농촌에 보급하는 등 지식공개사업을 전개하고 있습니다.

필립스의 조립식 점토화덕은 몇 가지 특징을 갖고 있는데 우선 연기와 열기를 화덕 몸체 안에 최대한 잡아둘 수 있고 솥자리가 두 개여서 적은 땔감으로 열을 최대한 이용할 수 있습니다. 그 다음 솥을 지난 연기는 연기 입자를 흡착할 수 있는 점토판이 여러 개 끼워져 있는 연통실을 통해 배출할수 있게 되어 있어 외부로 배출되는 연기가 더욱 깨끗해집니다. 게다가 실내 연통 중간에 점검관이 있어 손쉽게 연통을 청소할 수 있도록 만들어졌습니다. 무엇보다도 틀에 점토를 넣어 굳힌 점토 부품을 미리 만들어 어디서나 손쉽게 조립할 수 있습니다.

이 화덕의 특징 중에 특히 주목할 부분은 측면 하단부에 뚫려 있는 공기주입구(재점검구), 첫 번째 솥자리 뒷편 상단에서 두 번째 솥자리로 이어지는 열기우회로와 여기로 연결되어 있는 우측면 상단부의 2차 공기주입구와 연통 하단부의 연기거름 점토판입니다. 이와 같은 장치들은 연소에 필요한 공기를 다각적으로 원활하게 제공하면서 깨끗한 연소

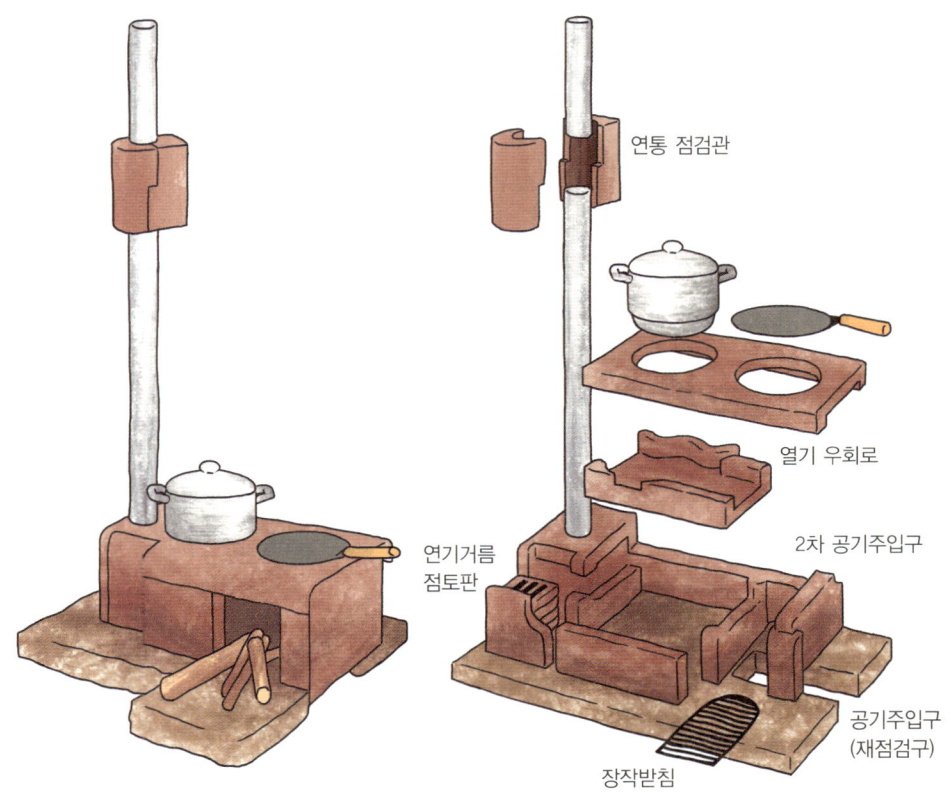

연통 점검관

열기 우회로

2차 공기주입구

연기거름
점토판

공기주입구
(재점검구)

장작받침

그림 5-69_ 미리 만들어 놓은 부품을 조립해서 쓸 수 있도록 디자인되어 있다.

를 유도하고 있습니다.

　필립스 디자인이 만든 조립식 점토판 화덕인 출라화덕은 과거의 전통을 원형으로 삼아 현대적으로 발전시킨 화덕입니다. 인도에는 이미 점토를 빚어서 만들던 마간 출라Magan Chulha와 같은 전통 화덕들이 있었습니다. 출라화덕은 기술적 진보란 어떠해야 하는지 생각케 합니다. 필립스 디자인의 현대적인 출라화덕은 과거의 전통 화덕과 결코 단절되어 있지 않습니다. 기술적 진보란 전통 기술과의 단절이 아니라 전통 유산을 뿌리로

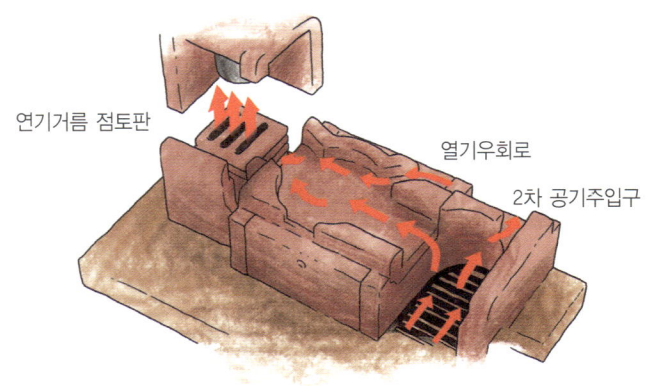

 앞에 겹쳐 있는 라벨들:
연기거름 점토판
열기우회로
2차 공기주입구

그림 5-70_1개의 화구에서 나온 열을 두 개의 솥자리에서 활용할 수 있고 이중 공기주입구가 있어 재 연소를 유도할 수 있도록 만들어져 있다.

삼아 자란 나무와 같아야 하는 것은 아닐까요. 출라화덕은 적정기술을 지향하고 있습니다. 인도 지역의 흔한 점토를 주재료로 사용합니다. 필립스는 지역의 기술자들에게 기술을 전수하고 사회적 기업을 만들도록 지원합니다. 그 기술은 고도의 전문가들만 접근할 수 있는 하이테크High Tech가 아닌 로우 테크Low Tech입니다. 열효율성은 개선되었고 생산과 조립의 효율성도 높아졌습니다. 전통을 현대화한다는 것은 바로 이런 것 아닐까요. 우리는 가끔 '현대적'이라는 의미를 '최첨단'으로 편협하게 오역하곤 합니다. '지금 이 세계에서 가장 보편적인' 것으로 '현대적'이란 말의 의미를 이해할 수 있습니다. 보편성의 관점에서 보면 우리가 과거의 유물로 내버려둔 나무화덕이야말로 전세계 인구의 3/4 이상이 사용하는 가장 현대적인 도구인 셈입니다.

그림 5-71_마간출라화덕을 만드는 전통적인 방법

전통 부뚜막과 아궁이

　　한국의 화덕은 전세계 다른 곳과 달리 바닥 난방과 요리를 동시에 해결할 수 있는 구조로 발전해왔습니다. 고대 동북아에서 난방을 주 목적으로 이용되어 오던 온돌과 요리를 위한 화덕이 결합된 결과입니다. 움집이 방과 부엌이 구분된 공간으로 발전해가면서 움집 중앙에 있던 화덕이 점차 방의 바닥난방을 위해 벽으로 이동하였고, 솥을 걸 수 있는 화덕 겸용으로 변하게 된 것입니다. 이것이 발전하여 부뚜막이 되었습니다. 부뚜막은 솥이나 냄비 등을 올려 놓고 가열하기 위한 시설인데 주로 돌이나 흙을 쌓아서 위에 솥을 걸도록 만들었습니다. 부뚜막은 온돌방과 연결해서 난방과 취사를 동시에 해결합니다. 보통 부뚜막과 아궁이를 혼동하는 경우가 많습니다. 부뚜막은 온돌방과 연결된 화덕 전체입니다. 아궁이는 부뚜막이 있든 없든 상관없이 불을 넣는 구멍, 즉 화구를 지칭합니다. 방고래에 불을 넣거나 솥 또는 가마에 불을 지피기 위해 만든 불구멍이 아궁이입니다. 아궁이는 부뚜막에 딸리는 것이 보통이지만, 솥을 얹을 수 있는 부뚜막에 아궁이가 있는 부뚜막 아궁이와 아궁이가 바로 구들 고래로 연결된 함실 아궁이 두 종류가 있습니다.

　　전통 부뚜막 화덕이 난방과 취사를 동시에 할 수 있다는 장점을 갖고 있지만 부뚜막 몸체가 열을 빼앗는 흙이나 돌로 만들어졌기 때문에 충분한 고온 연소 환경을 만들지 못합니다. 부뚜막이 있는 옛 살림집의 부엌에 가보면 대부분 천정에 시꺼먼 그을음이 끼어있습니다. 그만큼 불완전연소되고 그을음과 연기가 문제였습니다. 물론 아궁이 깊이를 깊게 하고 불목과 구들, 굴뚝을 제대로 놓으면 불이 잘 빨려 들어가기 때문에 어느

그림 5-72_일본의 이로리 화로, 일종의 개방형 화덕이다.

정도 이러한 문제는 해결될 수 있습니다. 그러나 더 깨끗한 고온 연소가 되는 부뚜막을 만들려면 서양의 개량 화덕처럼 단열처리하고 그와 비슷하게 'L'자나 'J'자 형 구조로 만들고 지나치게 차가운 공기가 들어가지 않도록 화구를 좁게 만든다면 손쉽게 이러한 문제는 해결할 수 있습니다. 관북지방 전통 가옥의 정주간에 있는 부뚜막 아궁이는 연기 없이 실내에서 불을 피우게 되어 있는데 고온 연소시켜 빠르게 열기를 보내도록 한다는 점에서 비슷한 원리를 적용합니다. 안타깝게도 우리의 부뚜막 화덕이란 전통은 현대화 되지 못했습니다. 전세계 개량 화덕들과 비교해보면 원시적인 수준에다 열효율은 떨어지고 주방 오염도 심합니다.

우리와 달리 일본의 부엌 화덕인 카마도かまど는 난방보다는 주로 취사용으로 발달했습니다. 카마도는 구들과 연결되지 않았다는 점을 제외하곤 우리의 부뚜막 화덕과 완전히 닮아 있죠. 일본에는 바닥난방을 하지 않은 채 다다미를 방에 깔고 방바닥 일부를 네모나게 잘라 그곳에 재를 깔고 취사와 난방용으로 불을 피우는 이로리いろり라는 화로가 있습니다. 코타츠こたつ는 일본의 특징적인 실내 난방장치의 하나인데 나무 틀에 화로를 넣고 그 위에 이불·포대기 등을 씌운 화로입니다. 이 안에 손·무릎·발을 넣고 몸을 녹입니다. 중국엔 요리 전용 화덕이 주로 사용되었지만 중국은 지역에 따라 우리의 구들에 해당하는 캉에 연결한 화덕을 사용했습니다. 우리의 부뚜막 화덕과 같은 방식이라 볼 수 있습니다. 이 외에도 도기 그릇에 숯을 넣어 사용하는 일종의 화로인 히바치ひばち가 있는데 도기 뚜껑을 덮어 간이 오븐 용도로도 사용합니다.

6

버너처럼 타오르는 나무가스풍로

버너처럼 타오르는
나무가스풍로

　귀농해서 살다보니 일하다 논밭둑에 앉아 참을 먹거나 끼니 밥을 먹는 일이 많습니다. 음식을 데우기 위해 휴대용 부탄가스 버너를 자주 이용하게 됩니다. 부탄가스 사는 돈도 아깝고 버려지는 깡통도 보기 싫습니다. 가스 버너를 대용할 수 있는 것이 없을까 궁리하다 나무가스풍로를 알게 되었습니다.

　나무가스풍로(wood gas stove)는 미국 골든 바이오매스에너지 재단(The Biomass Energy Foundation, Golden, CO., USA)의 톰 리드T. B. Reed 박사와 로날 라슨Ronal Larson 박사가 개발해서 환경단체들과 함께 제3세계 가난한 사람들과 원주민들에게 보급하고 있는 대안 화덕입니다. 나무가스풍로는 적정기술 철학에 의해 개발되었기 때문에 누구나 만들기 쉽고, 만드는 데 돈이 적게 들거나 전혀 들지 않습니다. 게다가 풍로를 만들 때 필요한 재료도 대부분 지역에서 쉽게 구할 수 있습니다. 나무 땔감도 농촌 지역에서 쉽게 구할 수 있고 기존의 화덕에 비해 1/10 정도의 땔감으로 같은 열량을 낼 수 있습니다. 게다가 연기나 그을음도 최소로 줄어듭니다. 마치 가스 버너나 가스레인지처럼 나무가스로 요리를 할 수 있습니다. 평소 귀농해서 살아가기 위해선 자급자족을 위한 생활기술이 필요하다고 생각해왔습니다. 바로 나무가스풍로 같은 것이 그러한 생활기술 아닌가 싶습니다.

나무는 가스가 되어야 불이 붙는다

나무가스풍로는 나무가 가열되었을 때 나오는 나무가스를 연소시켜 깨끗하게 고온 연소시킵니다. 나무의 연소과정을 자세히 살펴보면 나무는 직접 불이 붙지 않습니다. 불은 나무가스, 즉 나무 조직이 붕괴되면서 나오는 휘발성 연소가스에 붙습니다. 열분해되면서 나무는 숯 1/3, 수증기 1/3, 나무가스(일산화탄소CO, 이산화탄소CO_2, 메탄CH_4, 수소H_2, 질소N_2) 1/3을 내뿜습니다. 나무가 가열되면 먼저 수분이 증발하면서 나무 조직이 열분해됩니다. 그다음 휘발성 나무가스가 발생합니다. 바로 이 나무가스에 먼저 불이 붙게 되는 것이죠. 조직이 붕괴되기도 하고 한편으론 나무가스를 발생시키면서 나무는 뜨거운 열기 속에 점점 숯으로 변해갑니다.

탄소 덩어리인 숯은 처음에는 나무가스와 증기에 감싸져 있기 때문에 자체로 타거나

그림 6-1_
깡통으로 만든 나무
가스풍로의 불꽃

가스화되지 않습니다. 1차 나무가스화가 끝난 후에야 숯이 팽창하면서 다시 가스화가 진행됩니다. 이때 뜨거운 공기와 나무가스가 섞이면서 난기류를 발생시키게 되는데, 그러면서 숯의 바깥쪽부터 가스화가 중복적으로 일어납니다. 숯이 가스화되는 과정을 보다 자세히 살펴보면 1단계로 산소와 탄소의 결합으로 이산화탄소와 열을 발생하고, 2단계로 이산화탄소가 가열되면서 탄소와 결합해 일산화탄소를 발생시킵니다. 3단계에선 고온의 열과 나무에서 나온 수증기, 탄소가 결합해 일산화탄소와 수소가 발생하고 수소가스 역시 다시 연소되면서 고온의 열을 내게 됩니다. 이렇게 나무는 복잡한 가스화 과정을 거쳐 타게 되는데 이때 예열시켜 뜨거워진 공기를 공급해주면 더 큰 화력으로 깨끗하게 고온 연소시킬 수 있습니다. 나무가스풍로는 아주 간단한 방법으로 뜨거운 공기를 나무 가스 연소점에 재공급할 수 있게 되어 있는데 700~1,000도 이상의 푸른 불꽃을 내는 깨끗한 고온 연소가 가능합니다. 나무가스풍로를 이용하면 부피 기준으로 10% 이하의 적은 숯과 재만을 남기게 됩니다.

1단계 : 탄소(C) + 산소(O_2) → 이산화탄소(CO_2), 열 발생

2단계 : 열 − 이산화탄소(CO_2) + 탄소(C) → 일산화탄소($2CO$) 기체 발생

3단계 : 열 − 물(H_2O) + 탄소(C) → 일산화탄소(CO), 수소(H_2) 발생

나무가스풍로의 원리

나무가스풍로의 특징은 '거꾸로 타기', '1~2차 공기주입', '나무가스화', '깨끗한 고온 연소'로 요약할 수 있습니다.

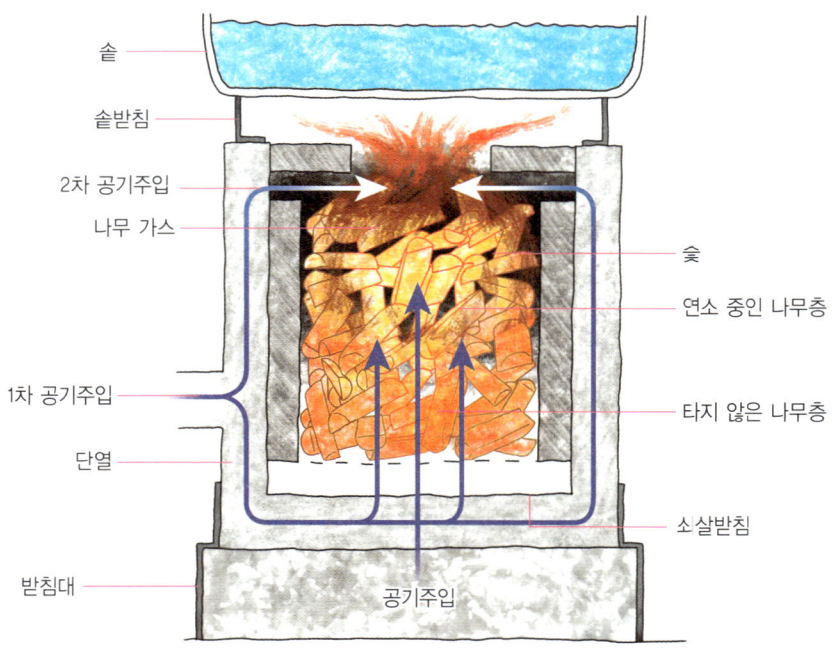

솥
솥받침
2차 공기주입
나무 가스
숯
연소 중인 나무층
1차 공기주입
타지 않은 나무층
단열
소살받침
받침대
공기주입

그림 6-2_나무가스풍로의 구조와 연소 개념도

거꾸로 타는 화덕

거꾸로 타는 연소 방식은 다른 방식에 비해 그을음이 훨씬 적게 나옵니다. 보통 나무에 불을 피우면 밑에서부터 타올라 위로 불길이 번져가지요. 반면 거꾸로 타는 화덕은 공기는 밑에서 들어오고 땔감은 위에서부터 타 내려갑니다. 이렇게 나무를 연소시키면 화덕 안의 땔감은 3단으로 구분이 됩니다. 불이 붙게 되면 맨 윗층은 제일 먼저 연소되면서 고온의 열을 내는 숯층이 생깁니다. 가운데는 빨갛게 달아오르면서 열분해되고 있는 나무가 놓입니다. 화덕 밑바닥 층에는 아직 나무 조직이 붕괴되지 않은 채 가열되면서 나무가스와 증기를 내뿜고 있는 나무층이 남습니다. 화덕 안으로 주입되는 공기는 화덕 밑에서 위로 올라가며 뜨거워집니다. 이렇게 뜨거워진 공기가 나무가스와 혼합된 후 화덕 중간의 뜨거운 열분해층과 화덕 맨 위의 숯층을 통과하면서 대부분 연소되기 때문에 그을음과 연기가 적게 나오게 됩니다.

1~2차 공기주입

1~2차로 나누어서 화덕에 공기를 주입하는 방식은 나무가스풍로의 주요한 특징 중 하나입니다. 지금과 같이 자연 대류현상을 이용해서 1~2차 공기를 주입하는 나무가스풍로 모델은 1991년 개발되었습니다. 나무가스풍로는 보통 2개의 깡통으로 만드는데 안쪽 깡통은 연소가 일어나기 때문에 '연소깡통'이라 부릅니다. 연소깡통을 둘러싼 바깥쪽 깡통은 화덕이 열을 빼앗기지 않게 하고 뜨거운 공기를 내뿜기 때문에 '단열깡통'으로 불립니다. 이때 안팎 깡통의 간격은 보통 1cm 정도로 만듭니다. 바깥 단열깡통 밑부분에 뚫린 구멍을 통해 들어온 공기의 일부는 안쪽 연소깡통 밑바닥 구멍을 통해 1차로 주입

됩니다. 나머지 공기는 '단열깡통'과 '연소깡통' 사이의 틈새를 지나는 동안 뜨거워지면서 깡통 위로 올라갑니다. 안팎 깡통의 틈새 위쪽은 막혀 있기 때문에 안쪽 '연소깡통' 위쪽에 나 있는 작은 분사 구멍을 통해 세차게 뿜어지면서 2차로 주입됩니다. 이렇게 나무가스풍로는 차갑고 무거운 공기는 아래로 내려가고 화덕 안쪽이나 깡통 틈새를 지나며 뜨거워지면서 동시에 가벼워진 공기는 위로 올라가는 자연 대류현상을 이용합니다. 이 때문에 나무가스풍로 안에는 자연스럽게 상승기류와 흡입력이 만들어지는 거죠.

이 방식은 깨끗한 고온 연소가 가능하지만 때때로 공기주입이 불안정해지거나 건조되지 않거나 너무 밀도가 높은 나무를 사용할 경우 부분적으로 저온 연소되고 그 결과 노란 불꽃이 생기면서 그을음이 생기는 문제점을 갖고 있습니다. 이러한 문제점을 개선하기 위해 바깥쪽 단열깡통 밑이나 측면에 소형 팬을 달아 강제 송풍하도록 만든 나무가스풍로가 개발되어 대중적으로 사용되고 있습니다.

나무가스풍로에 공기 구멍을 뚫는 방법을 살펴보도록 하겠습니다. 바깥 '단열깡통'은 바닥 밑면과 옆면에 보통 십 원짜리 동전 크기로 구멍을 크게 여러 개 뚫습니다. 만약 바깥쪽 단열깡통의 공기주입 구멍이 너무 작으면 그을음이 생기거나 불이 자주 꺼지게 됩니다. 안쪽 '연소깡통'에는 밑바닥과 아래쪽

그림 6-3_
남원 지리산 초록배움터 워크숍 참가자가 제작한 나무가스풍로

옆면, 그리고 위쪽 옆면에 상대적으로 작은 구멍을 뚫습니다. 특히 2차 공기가 분사되는 연소깡통 위쪽의 '2차 공기 분사 구멍'은 그중 가장 작고 많은 갯수로 뚫어야 합니다. 그리고 단열깡통 안에 연소깡통을 집어 넣습니다. 이때 안팎 깡통의 바닥은 띄워져 있어야 합니다. 두 깡통의 윗 틈새는 단단히 밀봉되어 있어야 합니다. 이렇게 만들면 안팎 깡통 틈새를 올라온 뜨겁게 달궈진 공기가 연소깡통 안쪽으로 분사되면서 산소와 나무가스가 적절하게 혼합되고 재 연소되면서 완전 고온 연소에 이를 수 있게 됩니다. 이때 2차로 공급된 뜨거운 공기와 결합된 나무가스 불꽃은 밝은 푸른 빛을 띠게 되는데 마치 가스레인지 불꽃처럼 풍로 안쪽으로 5mm 이상 내뿜어지며 고리 모양으로 타오르게 됩니다.

나무가스화

나무가스화는 사실 어떤 방식의 화덕에서도 일어납니다. 다만 나무가스풍로의 경우 나무가스가 연소깡통 맨 아래쪽부터 나오기 시작해서 중간 연소 중인 나무층과 맨 위의 뜨거운 숯층을 통과하면서 발화되고 불완전연소된 나무가스와 그을음을 2차로 공급되는 뜨거운 공기와 섞어 다시 재연소시킵니다. 그 결과 '깨끗하게 고온 완전연소'가 되는 것이죠. 나무가스화는 주로 바깥쪽 '단열깡통' 옆면 아래쪽 구멍과 안쪽 '연소깡통' 바닥을 통해 들어오는 1차 공기주입량에 의해 크게 좌우됩니다. 따라서 공기량을 조절할 수 있는 공기주입 개폐 장치와 소형 송풍기를 장착하면 화력을 조절할 수 있습니다. 그을음이나 연기가 많이 나올 경우 바깥 단열깡통의 공기구멍을 좀 더 크게 뚫어주면 해결됩니다.

깡통으로 만드는 나무가스풍로

나무가스풍로를 만드는 방법에 대해 자세히 설명하도록 하겠습니다. 나무가스풍로는 보통 두 개의 크기가 다른 철제 깡통을 이용해서 만듭니다. 바깥쪽 지름이 큰 깡통을 '단열깡통'이라 부르고, 안쪽 지름이 작은 깡통을 '연소깡통'이라 부릅니다. 보통 안쪽 '연소깡통'의 직경을 기준으로 삼는데 내경이 10~25cm , 높이 20~25cm 정도 크기로 만듭니다. 안쪽 '연소깡통'과 바깥쪽 '단열깡통'의 지름 차는 대략 1cm 이하가 가장 적당합니다. 그러나 결국은 자신이 구하는 깡통 크기에 맞출 수 밖에 없겠죠.

이제 구멍 뚫는 방법을 알려드리죠. 바깥쪽 '단열깡통'의 옆면 아래쪽에 십 원짜리 크기의 구멍을 펀치나 드릴로 옆면에 삥 둘러가며 20여 개 이상 뚫습니다. 안쪽 '연소깡통'은 깡통 밑바닥과 옆면 아래쪽에 바깥 깡통 구멍보다 작은 구멍을 수십여 개 뚫습니다. 이렇게 뚫은 안팎 깡통의 아래쪽에 뚫린 구멍이 1차 공기주입구입니다. 그 다음은 '연소

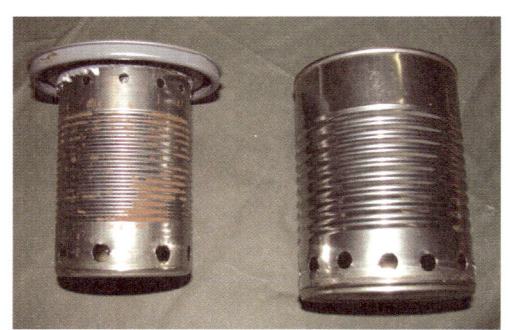

그림 6-4_두 개의 크기가 다른 구멍 뚫린 깡통. 좌 : 안쪽 연소깡통, 우 : 바깥 단열깡통

그림 6-5_철제 깡통으로 만든 나무가스풍로. 좌측은 윗부분에 구멍 뚫린 솥받침이 놓여 있다.

깡통' 맨 위에서 1cm 정도 밑에 삥 돌려 큰 대못 또는 송곳이나 드릴로 바깥쪽 깡통에 뚫은 구멍 갯수의 2배 이상으로 촘촘하게 제일 작은 구덩들을 뚫습니다. 이 구멍을 '뜨거운 공기 분사 구멍'이라 부르는데 2차 공기주입구 역할을 합니다.

그림 6-6_폐 오일통을 재활용해 만든 나무가스풍로

구멍을 다 뚫었으면 지름이 큰 바깥 '단열 깡통' 안에 지름이 작은 '연소깡통'을 집어 넣습니다. 이때 안팎의 깡통 밑 바닥이 떨어져 있도록 '연소깡통' 밑바닥에 3~4개 정도의 리벳 볼트를 바-깥쪽으로 박아 넣거나 받침 철물을 큰 깡통 밑바닥에 놓습니다.

마지막으로 큰 깡통에서 따낸 뚜껑을 고리 모양으로 오려서 안팎 깡통의 윗 틈새를 꼼꼼하게 막습니다. 흙과 모래 반죽으로 더 꼼꼼히 밀봉하면 좋습니다. 이 위에 긴 함석판을 십자로 엇갈리게 만들어 솥받침을 만들거나 석쇠를 올려놓아도 됩니다. '단열깡통'과 같은 크기의 지름을 가진 깡통을 반으로 잘라 위아러가 관통하게 만들고 옆면에 20여 개 이상의 구멍을 뚫어 이미 만들어진 나무가스풍로 위에 얹으면 솥받침 겸 바람막이로 이용할 수 있습니다. 이제 완성입니다. 더 이상 할 일이란 나무를 구하러 다니는 일이겠죠!

강제 송풍식 나무가스풍로

　　깡통으로 만드는 나무가스풍로는 깡통을 구하기도 쉽고 만들기도 쉽지만 열손실이 높습니다. 미관상 거칠기도 합니다. 자연 대류를 이용하기 때문에 가끔 그을음과 연기도 나옵니다. 아이에너지iENERGY란 회사는 이런 문제를 해결한 합금 처리된 스테인리스 몸체와 강제 송풍 팬을 화덕 밑에 장착한 나무가스풍로를 제작·판매하고 있습니다. 이 화덕은 건전지에 연결해서 송풍팬의 속도를 2단 조정할 수가 있는데 1차 공기 주입 속도를 조절해서 나무가스 화력을 조절하는 방식입니다. 물론 여러분이 직접 중고 컴퓨터의 전원공급장치에 달리 파워 팬을 재활용해서 직접 만든다 해도 사용하는 데는 별 문제 없

그림 6-7_강제 송풍식 나무가스풍로

습니다. 다만 이때는 전압에 맞는 전압조절 장치나 건전지를 사용해야 합니다.

　과학자들에 의해 나무가스풍로가 개발되고 전세계에 그 원리와 제작 방법이 공개된 후 많은 사람들이 주변에서 쉽게 구할 수 있는 재료들을 활용해서 조금씩 변형하고 개량해서 사용하고 있습니다. 그중 하나가 인도에서 만들어진 마하 스토브Magh Stove 시리즈입니다. 사각 깡통 밑에 송풍팬을 달고 마하의 속도로 공기를 주입한다고 약간 허풍스럽게 붙인 이름입니다. 바닥에 여러 개의 작은 구멍이 나 있고 윗부분 옆면에 큰 2차 공

그림 6-8_사각 깡통과 도기 화분을 이용해서 만든 다양한 나무가스풍로들

그림 6-9_재활용 재료를 이용해서 다양하게 만들어 판매하고 있는 나무가스풍로들 가운데 세계적인 환경운동 단체 시에라Sierra 그룹이 만들어 보급하고 있는 송풍기가 달린 나무가스풍로

기 구멍들을 뚫은 원형 연소깡통을 큰 사각 금속 깡통 안에 넣어서 만듭니다. 원형 연소 깡통은 버려진 도기 화분이나 금속 깡통을 사용하기도 합니다. 심지어는 도기 화분에 팬을 달아 거꾸로 눕혀놓고 화분 바닥 안쪽으로 금속의 구멍 뚫린 연소깡통을 넣어 만 든 나무가스풍로도 있습니다. 혹시 지금 주위에 사각 깡통이나 버려진 도기 화분, 버려 진 중고 컴퓨터 없나요? 지금 당장 만들어보십시오.

마하 스토브 외에도 전세계 많은 사람들이 나무를 적게 사용하고 깨끗한 고온 연소 가 가능한 나무가스풍로를 다양한 형태로 제품화하기도 하고 직접 제작해서 사용하고 있답니다. 농촌에 사십니까? 나무가스풍로 하나쯤은 뚝딱 스스로 만들어 사용할 줄 알 아야 되지 않을까요.

단열 개량 화덕과 나무가스풍로의 만남

로켓화덕으로 대표되는 단열 개량 화덕의 원리와 나무가스풍로의 원리를 결합하면 훨씬 효과적인 화덕을 만들 수 있습니다. 로켓화덕은 연소부 단열을 통해 깨끗한 고온 연소가 일어날 수 있는 연소실 조건을 만듭니다. 거꾸로 넣는 장작투입 방식으로 연소점을 집중시켜서 완전연소를 유도할 수 있습니다. 연소기둥(열기상승관)을 화구보다 높게 해서 기압차로 인한 공기 흡입 효과와 연소실 내의 상승기류를 만듭니다. 한편 나무가스풍로는 예열된 공기를 2차 나무가스와 섞이게 만들어 다시 재 연소시키면 깨끗하게 완전연소가 일어납니다. 이러한 장점들을 결합시키면 어떨까요.

기본적으로 구조는 로켓화덕과 같습니다. 다만 벽돌로 만듭니다. 다음 두 그림은 벽돌로 만든 혼합형 화덕의 구조와 크기입니다. 로켓화덕과 다른 점은 화구 안쪽으로 철판을 45도 기울여 넣어서 땔감이 잘 미끄러져 들어가고 연소점이 집중되도록 만듭니다. 연소기둥 윗부분은 구멍 뚫린 벽돌을 모로 세워서 2차 공기가 들어갈 수 있도록 만듭니다. 위에 30~40년 전에 석유곤로에 사용되던 것과 같은 모양의 금속으로 만든 나무가스 재 연소 유도장치를 올려놓습니다.

요즘 석유곤로를 사용하지 않기 때문에 고물상에 가도 앞 사진과 같은 나무가스 유도장치로 쓸 부품을 구하기 어렵습니다. 그렇지만 함석이나 버려진 그릇과 철사를 이용해서 만들거나 함석을 접어서 만들수 있습니다.

혼합형 나두화덕의 구조와 이론을 통해 우리는 기본 주물식 벽난로나 철제 난로를 개량해서 연소효율을 높일 수 있는 실마리를 얻을 수 있습니다. 그림 6-10과 같이 연소실

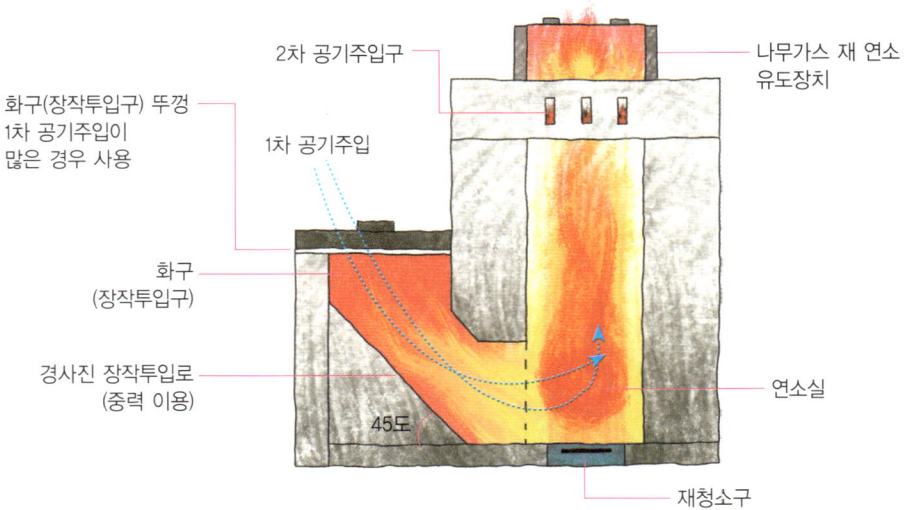

2차 공기주입구

나무가스 재 연소
유도장치

화구(장작투입구) 뚜껑
1차 공기주입이
많은 경우 사용

1차 공기주입

화구
(장작투입구)

경사진 장작투입로
(중력 이용)

연소실

45도

재청소구

그림 6-10_혼합형 화덕의 기본 구조

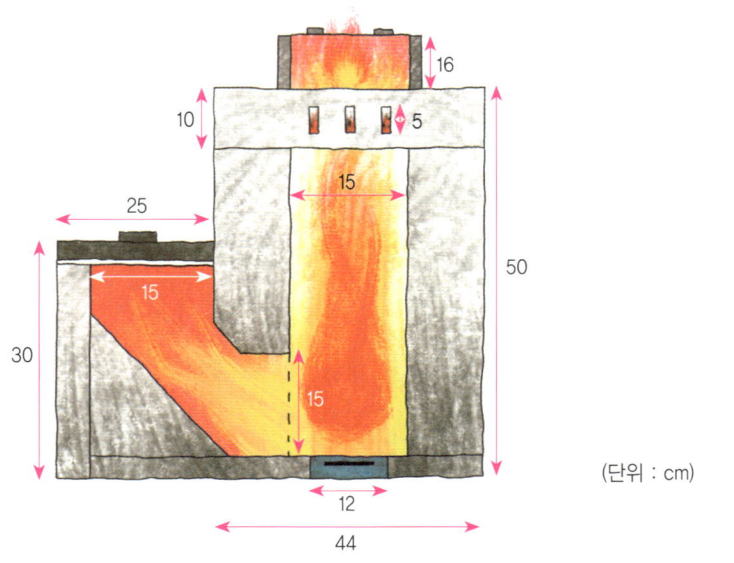

16

10

5

25

15

15

50

30

15

15

(단위 : cm)

12

44

그림 6-11_혼합형 화덕의 각 부위별 크기

안으로 예열된 공기를 2차로 주입하도록 만드는 방법입니다. 이처럼 화덕이나 나무가스화 이론을 익히게 되면 기존의 난방장치들을 더욱 개선시킬 수 있는 지혜를 갖게 됩니다.

그림 6-12_
화덕 윗부분의 가스 유도 장치 밑쪽에도 작은 구멍이 뚫려 있다. 그 아래 벽돌로 만들어진 열기상승구에도 구멍 뚫린 벽돌을 모로 세워 2차 공기가 들어가게 만들었다.

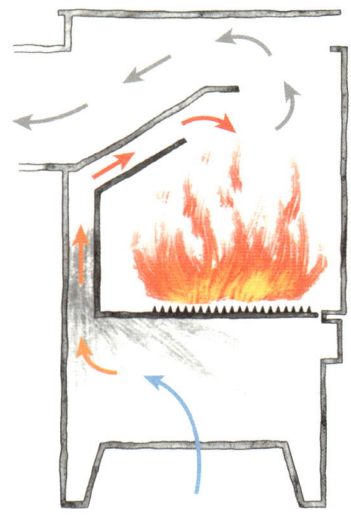

그림 6-13_
예열된 2차 공기를 연소실 상단부에 재공급해서 나무가스의 재 연소를 유도한다.

남아프리카의 조왕화덕

베스토Vesto화덕은 크리스핀 펨버톤 피곳Crispin Pemberton Pigott 박사가 개발해서 남아프리카를 비롯해 동남아시아에 보급하고 있는 화덕입니다. 베스토화덕은 DISA(남아프리카 디자인연구소)로부터 특별상을 받았습니다. 'Vesto'는 '화덕의 여신'을 뜻하는데 우리의 조왕신에 해당합니다. 앞으로 베스토화덕을 조왕화덕이라 부르겠습니다.

조왕화덕은 25리터 페인트 깡통을 이용해서 만드는 나무가스화덕입니다. 2차 주입공기만을 예열하던 기존의 나무가스화덕과 달리 조왕화덕은 1, 2차 공기 모두를 예열합니다. 조왕화덕은 1차 주입 공기를 예열할 뿐 아니라 2차 주입 공기를 예열해서 3개의 경로를 통해 화덕 안으로 공급합니다. 화덕 몸체 옆면으로 내민 두 개의 조절기를 수평으로 움직여서 1차 공기와 2차 공기를 분리해서 공기 주입량을 조절할 수 있습니다.

조왕화덕의 부품을 살펴보면 다음과 같습니다.
- 깡통으로 만든 손잡이 달린 화덕 몸체 : 몸체는 외부 몸체와 연소통을 끼워넣을 수 있는 속통으로 구성되어 있습니다.
- 옆면에 많은 구멍이 뚫려 있고 바닥이 회오리처럼 열려 있는 연소깡통 : 연소깡통 안에 나무를 넣은 후 화덕 몸체 중앙에 끼워넣는다.
- 스테인리스 띠로 만든 솥받침
- 1, 2차 공기 조절장치 : 손잡이 달린 고리형으로 따로 공기구멍이 뚫려 있다.

그림 6-14_조왕화덕의 내외부 구조와 부품들

　조왕화덕의 공기 흐름을 자세히 살펴보겠습니다. 외부의 공기는 화덕 몸체 옆면에 뚫린 공기구멍을 통해서 들어옵니다. 화덕 몸체 바닥을 화덕 뚜껑으로 막고서 사용하기 때문에 화덕 밑으로부터 곧바로 차가운 공기가 들어올 수가 없습니다. 화덕 몸체의 공기구멍을 지난 공기는 수평으로 놓인 구멍 뚫린 공기조절판의 공기구멍을 통과합니다. 그 다음 화덕 밑으로 내려가면서 연소통의 열기에 의해 예열된 공기는 연소통 밑바닥을 통해

주입됩니다. 공기조절판을 통과한 일부 공기는 예열되면서 화덕 밑바닥으로 내려간 후 연소통과 연소통을 감싼 화덕 속통 사이의 틈새로 다시 한 번 뜨겁게 가열되면서 올라갑니다. 연소통과 속통 윗부분이 막혀 있기 때문에 연소통 중간에 뚫린 구멍을 통해 뜨거운 공기가 분사됩니다. 이때 연소통 안의 불완전 연소된 나무가스와 가열된 공기가 만나 재연소를 일으키게 됩니다. 만약 공기조절판을 닫게 되면 주입된 공기는 속통 양쪽 윗부분에 나 있는 작은 공기구멍을 통과한 후 연소통 옆면의 구멍을 통해 장작 사이로 들어가게 됩니다.

조왕화덕은 작은 가지부터 지름 110mm 장작까지 연료로 사용할 수 있습니다. 장작의 길이는 200mm 정도가 적당한데, 지나치게 많은 장작을 넣으면 연기가 날 우려가 있습니다. 작은 잔가지는 연소통에 가득 채우지 않고 2/3 지점까지단 담는 것이 적당합니다.

베트남의 TLUD 왕겨가스풍로

나무가스화덕의 주요 특징 중 하나는 '거꾸로 타는 방식'입니다. 이미 앞서 다루긴 했지만 중요한 내용이니 다시 한 번 복습하는 것도 나쁘지 않겠죠. 영어 표현으로는 'down draft'입니다. 말 그대로 '밑으로 (타) 내려가는' 방식이란 뜻이죠. 또 다른 표현은 'Top Lit Up Draft'입니다. 즉 '위에서부터 불 붙어서 솟아오르는'이라는 뜻이죠. 줄여서 TLUD 방식이라 합니다. 어떻게 말하든 같은 뜻이죠. 일반 화덕처럼 연료 밑에서 불을 붙이는 방식이 아니라 연료 위에서 불을 붙여 밑으로 타 내려가게 하는(그러나 불꽃은 위로 솟는) 방식입니다. 이러한 TLUD 방식은 개방형 화덕에 비해 연료를 75%까지 줄일 수 있습니다. 물론 연기도 적습니다. TLUD 방식의 가스화 화덕은 앞서 설명한 나무가스풍로들 외에도 수많은 변종이 있습니다. 그중에 베트남에서 사용되는 TLUD 왕겨가스풍로는

그림 6-15_
다양한 TLUD 방식의 가스화 풍로

거의 완전연소에 가깝게 연소되고 높은 연소효율과 연료절감률을 자랑합니다. 베트남은 벼농사를 많이 짓기 때문에 연료는 주로 왕겨를 사용합니다. 참고로 왕겨는 기름 성분이 많기 때문에 화력이 매우 좋습니다.

베트남의 TLUD 왕겨가스풍로가 다른 점을 살펴보도록 하죠. 앞서 소개한 나무가스 화덕에 비해 이 화덕은 화덕 몸체를 단열보강해서 공기를 예열하는 과정에서 열손실을 최소로 줄였습니다. 솥자리 바로 밑에는 재 연소를 유도할 수 있도록 구멍 뚫린 연소덮개를 장착했습니다. 이 때문에 거의 완전하게 불완전연소된 왕겨가스를 태울 수 있게 됩니다. 마지막으로 송풍팬을 하단부에 부착해서 안정적으로 1차 공기를 주입합니다.

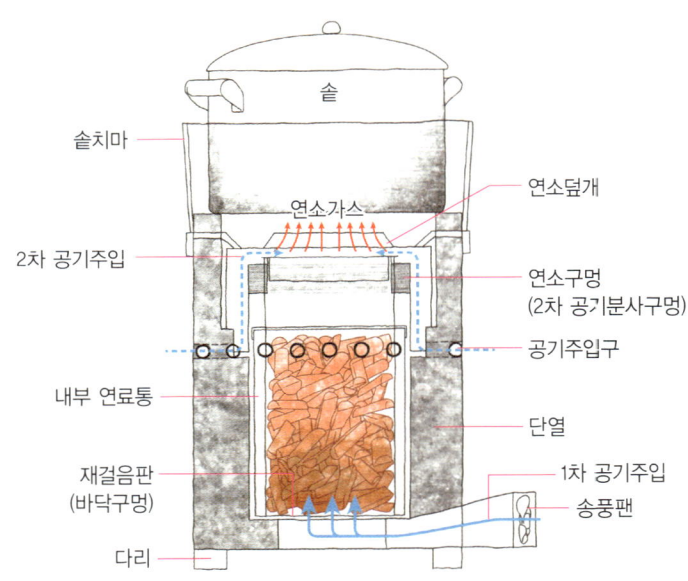

그림 6-16_베트남 TLUD 왕겨가스풍로의 구조

솜씨 좋게 나무가스풍로에 불 피우기

나무가스풍로에 넣는 땔감은 1~3cm 크기의 부드러운 나무조각이나 1~2cm 두께에 10cm 길이인 짤막한 나무 작대기, 지름 5mm 이하의 잔가지가 적당합니다. 딱딱한 나무일수록 밀도가 높고 그을음을 내기 쉽습니다. 나무가스풍로에는 수직으로 땔감을 넣습니다. 너무 작은 나무조각·톱밥·왕겨를 너무 촘촘하게 쌓아 넣으면 땔감 사이의 공기 흐름을 방해합니다. 이러한 땔감은 윗부분에만 놓아서 불을 처음 피울 때 사용합니다. 처음 불을 붙일 때는 볏짚이나 마른 잔솔가지, 마른 나뭇잎이 적당합니다. 처음 불을 붙이면 잔 땔감들에 불이 붙으면서 하얀 연기가 나고 점점 밑으로 타들어갑니다. 화덕 안쪽이 충분히 가열되고 나면 연기는 점점 사라지고 뜨거운 2차 공기가 주입되면서 푸른

불꽃이 생깁니다. 점점 위쪽엔 숯, 가운데는 불꽃에 쌓인 나무조각, 맨 아래 아직 연소되지 않은 나무조각이 층을 이루어 거꾸로 타들어가며 연소되기 시작합니다. 처음에는 깡통 밑부분에 바람을 불어넣거나 부채질을 해주면 불을 붙이는 데 도움이 됩니다.

팬이 달린 강제 송풍식 나무가스풍로는 주

그림 6-17_
두 개의 깡통을 이용해서 깔끔하게 만든 나무가스풍로

의해서 사용하기만 하면 실내에서 사용해도 좋을 정도로 거의 연기가 나질 않습니다. 마르지 않은 장작이나 너무 밀도가 높은 땔감, 공기구멍이 너무 작아 공기 주입량이 너무 적을 때 그을음과 연기를 낼 수 있습니다. 가능하면 실외에서 사용해야 합니다. 약간 그을음이 날 경우에도 솥이나 팬을 올려 놓으면 팬이나 솥바닥이 가열되면서 그을음을 재연소시킵니다. 송풍팬을 장착한 나무가스풍로는 더욱 안전하게 그을음과 연기 걱정없이 사용할 수 있습니다.

나무가스화 이론을 응용한 숯 만들기

  나무가스풍로와 같은 이중 깡통과 나무가스 이론을 응용하면 간단하게 숯을 굽는 장치를 만들 수 있습니다. 지금 여기에 제시하는 장치는 왕겨나 톱밥, 작은 나무조각을 숯으로 만드는 소규모 나무가스화 장치입니다. 기존의 나무가스풍로처럼 두 개의 깡통을 이용하는 점은 같지만 용도와 구조에 약간의 차이가 있습니다.

  안쪽 작은 깡통은 1차 연료(나무조각)가 연소되는 연소깡통입니다. 그 밑부분에 깔대기 모양의 구멍 뚫린 공기주입구가 놓입니다. 바깥쪽 깡통은 나무가스풍로와 달리 공기주입 구멍이 없는 밀폐된 연료 깡통인데 여기에 숯이 될 2차 연료(왕겨, 톱밥, 나무조각)를 넣고 밑받침을 조임쇠로 닫아 막습니다. 나무는 360도까지 가열되면 나무가스를 방출하면서 숯이 되는데 공기주입을 막아야 더 이상 연소되지 않고 숯 상태로 남게 됩니다. 단 안쪽 연소깡통 하단부 측면에는 작은 구멍들이 뚫려 있어 바깥 연료깡통의 연료가 가열되면서 내뿜는 나무가스를 안쪽 연소깡통으로 빨아들이게 됩니다. 이때 안쪽 연소깡통에 들어가는 1차 연료와 바깥 연료 깡통에 들어갈 2차 연료의 비율은 무게 기준으로 1:4 비율이 적절합니다. 안쪽 연소깡통의 연료가 다 타고 난 후에도 2차 연료가 숯이 되면서 내뿜는 나무가스에 불이 붙게 되는데 60~90분 이상 연소가 지속됩니다. 이때 물론 음식을 이 위에도 올려 놓고 끓이거나 조리를 해도 되겠지요. 아까운 열을 공기 중에 내버릴 수야 없는 노릇이니까요. 불이 다 꺼지고 나면 밑받침을 분리해서 숯을 꺼낼 수가 있습니다.

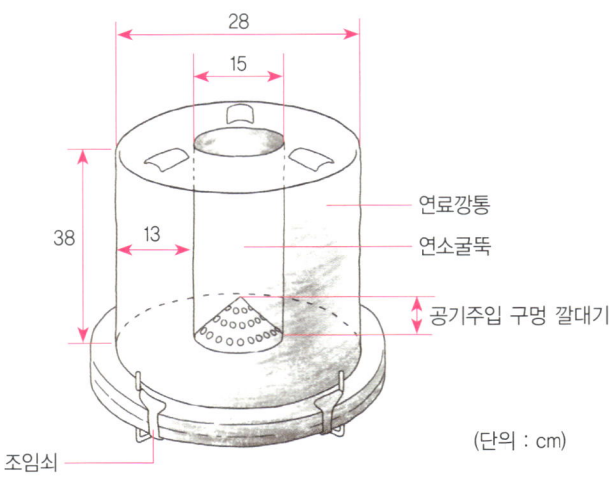

연료깡통
연소굴뚝
공기주입 구멍 깔대기
조임쇠
(단위 : cm)

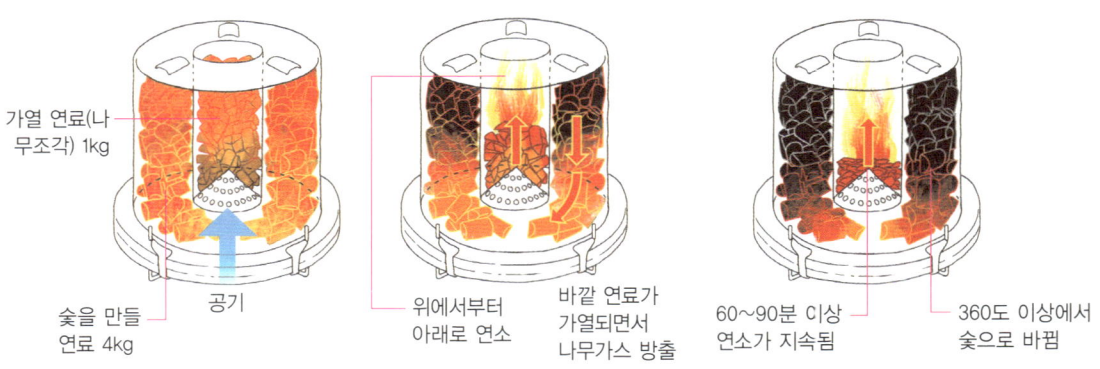

가열 연료(나
무조각) 1kg

숯을 만들
연료 4kg

공기

위에서부터
아래로 연소

바깥 연료가
가열되면서
나무가스 방출

60~90분 이상
연소가 지속됨

360도 이상에서
숯으로 바뀜

그림 6-18_깡통 두 개로 숯 만들기

7

화목난로를 손에 쥐다

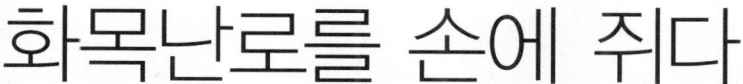

화목난로를 손에 쥐다

『산티아고, 거룩한 바보들의 길』의 저자 리 호이나키와 『장인, 현대문명이 잃어버린 생각하는 손』의 저자 리처드 세넷은 전혀 다른 주제를 다루고 있는 듯 보이지만 둘 다 '직접적인 감각으로 인식하는 구체적 세계'에 대해 말하고 있습니다. 리 호이나키는 자신의 발로 산티아고의 '길'을 직접 밟고 온몸으로 비와 바람, 햇살이 교대하는 그 길 위의 나날들을 느껴야 비로소 살아있는 '순례의 역사'에 동참할 수 있다고 말합니다. 리처드 세넷은 사물을 구체적으로 인식하기 위해서는 눈이 아닌 손이 필요하다고 말합니다. 'Catch(잡다)'가 '이해하다'의 의미로도 사용된다는 점을 그는 환기시킵니다. 우리의 언어습관에서도 '이해하다'란 의미로 관용적으로 사용되는 파악把握의 본뜻은 '손으로 잡아 쥐다'입니다.

현대인들은 지나치게 간접적인 정보를 통해 세계를 이해합니다. 인터넷과 미디어의 영향을 받아 가상화된 세계 속에서 허우적거리고 머릿속에 관념적인 물질세계를 재구성합니다. 무엇인가 잘못되어 있습니다. 『우종민 교수의 뒤집는 힘』의 저자인 인제대 서울백병원 정신과 우종민 교수는 "인간의 뇌는 현실과 언어, 현실과 생각을 구분할 능력이 없다. 수많은 실험 결과가 증명하고 있는 사실이다"고 말합니다. 언어를 듣는 귀의 한계이자, 우리 뇌의 오류 때문입니다. 눈에 대해선 더할 나위 없습니다. '착시'는 흔한 현상이고 뇌는 시각 정보를 선별해서 받아들입니다. 세계를 이해하기 위해 필요한 대부분의 간접적인 정보들은 귀와 눈을 통해 들어옵니다. 우리에게 마지막 남은 희망은 '손'입니다. 손으로 대변되는 온몸으로 세계에 닿을 때 비로소 세계를 최대한 사실 그대로 파악할 수 있게 되는 것은 아닐까요?

저는 난로와 같은 생활에 필요한 물건을 직접 내 손으로 만들어 보며 비로소 난로를 구체적으로 깊이 이해하게 되었습니다. 너무나 관념적이었던 저는 이제야 뒤늦게 물질세계를 이해하는 방식을 알게 되었습니다. 자신의 손으로 화목난로를 만들어보십시오. 그렇게 화목난로를 손 안에 쥐어보면 불에 댄 듯한 열정이 우리를 변화시킬 것입니다. 이전에는 이해하려 하지 않았던 어디선가 구매해서 사용해왔던 '난로'는 우리의 손에 의해 연소이론을 구현한 생생한 물질로 파악되기 시작합니다.

온난화 영향 때문에 북극의 제트기류가 내려오고 있어 올해는 유난히 춥습니다. 이곳 남쪽 장흥도 영하 9도까지 내려갔습니다. 부산은 영하 16도, 서울은 영하 20도까지 내려 갔습니다. 겨울철 급증한 전력난으로 여수공단을 비롯한 곳곳에서 정전사태가 벌어졌 답니다. 방송매체들은 전력사용을 자제해야 한다는 캠페인성 뉴스를 내보냅니다. 100일 연속 상승하고 있는 석유가격은 배럴당 100달러를 훌쩍 넘었습니다. 점증되는 에너지 고 갈에 대한 불안감을 감출 수 없습니다. 겨울철 난방비 부담 때문에 이제 서민들은 오랫 동안 도외시해왔던 화목난로에 다시 관심을 기울이기 시작했습니다. 서울의 황학동을 비롯해 전국 철공소마다 화목난로 제작 주문이 늘고 있다는 소식이 들립니다. 화목난로 에 대한 수요와 관심은 늘고 있지만 정작 화목난로와 연소이론에 대해 충분한 이해를 갖 고 있는 사람은 적습니다.

철제난로가 등장하기까지

서양의 신화는 프로메테우스가 제우스로부터 불을 훔쳐 인간에게 주었다고 합니다. 농사의 신으로 알려진 신농씨는 중국인들에게 불을 가져다준 신으로도 추앙받고 있습 니다. 우리 조상들도 화덕신군을 모셨습니다. 이처럼 오랫동안 불은 신성시됐습니다. 1400년 전에 아랍의 무슬림을 피해 이란에서 인도로 망명한 불을 숭배하는 조로아스터 교 신도들은 아직도 그때의 불을 한 번도 꺼뜨리지 않고 지키고 있답니다. 신이 불을 주 었지만 그 불을 이용하는 화덕과 난로는 인간이 발전시켜왔습니다.

원시 시대 최초의 불 이용방식은 움막 안의 모닥불 정도였습니다. 벽난로의 뜻을 지 닌 'Fireplace'는 말 그대로 '불 때는 곳'에서부터 출발합니다. 서양에선 중세에 들어서야 벽 속으로 불 때는 곳이 들어간 벽난로가 만들어지고 연기를 내보내기 위한 굴뚝도 그제서야 만들어집니다. 1700년대 산업혁명 이후 난로에 본격적인 변화가 일어납니다. 100달러 지폐의 주인공이자 위대한 발명가였던 미국의 벤저민 프랭클린Benjamin Franklin은 벽난로를 벽 밖으로 꺼낸 독립설치형 주물난로(Free standing stove)를 개발한 후 특허 제안을 거부하고 기술을 대중에게 공개했습니다. 지금도 미국에서는 프랭클린 스토브Franklin Stove란 회사가 난로를 생산하고 있습니다. 1970년대 두 번에 걸친 석유파동을 거치면서 대기오염 규제와 함께, 연소효율이 획기적으로 개선되었습니다. 특히 철을 녹여 틀에 부어 만드는 주물난로의 경우 1700년대 중반 처음 프랭클린에 의해 제작된 후 주물 제조 기술의 발달로 다양한 형태의 난로가 만들어졌습니다. 1800년대 영국의 빅토리아 시대에는 거실 난로가 유행하여 수많은 아름다운 모델이 만들어졌습니다. 현대에는 주물난로에 커다란 내열 유리를 장착해 불꽃을 볼 수 있는 모델들과 무광 검정색이나 미국 댐프니사의 서멀록스토브 페인트Thurmalox stove paint 같은 고온에 견디는 내열페인트로 채색한 다양한 난로가 제작되고 있습니다. 국내에선 자동차 소음기에 칠할 때 사용하는 무광 검정색의 내열페인트를 인터넷 쇼핑몰에서 쉽게 구할 수 있습니다.

주물난로는 여러 장점에도 불구하고 초기 제작 비용이 많이 듭니다. 형틀을 만들어야 하고 주조 설비가 필요하지만 생산량이 늘어나면 제작비가 싸지고 독특한 모양과 문양을 표현할 수 있습니다. 철판은 초기 비용이 크게 들지 않고 철판 절곡과 용접기술을 갖추고 있고 연소이론에 대한 약간의 이해만 있으면 비교적 손쉽게 제작할 수 있습니다. 보통 철판 난로는 내구성을 위해 7mm 두께 이상의 철판으로 만듭니다. 단, 주물난로에 비해 축열 기능이 떨어지는 단점이 있습니다.

철제난로의 기본 구조

주물이나 철판 난로는 그 자체로 연소실 역할을 하는 난로 몸체와 그를 바닥에서 띄워주는 다리, 장작을 넣는 화구, 화구를 닫는 화구문, 난로 몸체 안에 장작을 받치기도 하고 재를 걸러내는 장작받침(grate), 장작받침 밑의 재받침 공간(ash pit) 또는 재받침 서랍, 보통 재받침 공간에 연결되어 난로 몸체 쪽으로 뚫려 있는 잿구멍 마개 겸 난로 몸체 안으로 들어가는 공기량을 조절하는 공기주입조절구(air inlet), 연기를 배출하기 위한 연통, 연통을 끼우는 연통구멍, 연통으로 곧바로 빠져나가는 열을 우회시키는 열기배출지연판(baffle), 연통을 예열해서 연통 내부의 상승기류와 배출압력을 높여주기 위한 우회 연도, 배출 연기량을 조절해서 열손실을 줄여주고 연소시간을 조절하기 위한 바람문, 난로의 열을 효과적으로 이용하기 위한 방열판이나 대류열교환기 등으로 구성됩니다.

난로 몸체

난로 몸체는 주물로 만들거나 7mm 두께 이상의 철판을 절곡 또는 용접해서 만듭니다. 자가 제작을 할 경우엔 LPG 가스통이나 두꺼운 드럼통을 재활용해서 만들고 내열 페인트로 도색합니다. 장작을 넣는 화구는 난로 몸체 측면 중하단부나 난로 몸체 윗면에 직경 20~30cm 원형 또는 이 크기에 해당하는 사각형 형태로 만듭니다. 난로의 본체와 화구문에 장착하는 내화유리는 거의 영구적으로 쓸 수 있습니다. 난로의 보수는 주로 화구문이나 내화유리의 밀폐 역할을 하는 세라믹 가스켓을 교환하는 것입니다. 세라믹

가스켓은 연기를 새지 않게 해주는 역할도 하지만 더 중요한 것은 조절되지 않은 공기가 들어가는 것을 막습니다. 세라믹 가스켓은 저렴하지만 소량으로 구입이 어렵고 부착할 때 내열 세라믹 본드가 필요합니다.

화구와 공기주입 조절구

화구문 : 화구문은 연기가 실내로 역류하는 것을 막고 화구문을 통해 과도한 공기가 난로 안으로 주입되는 것을 막기 위해 기밀 시공이 중요합니다. 화구문은 겹침밀착 기밀 방식과 겹침끼움 마개방식으로 만들 수 있습니다.

겹침밀착 화구문은 화구문을 난로 몸체에 겹친 채로 밀착시켜 화구를 막는 방식입니다. 이런 형태의 화구문을 만들 때는 화구 안쪽 가장자리에 받침띠판 또는 받침 테두리를 덧대어서 화구의 기밀을 보강합니다. 화구문은 화구 크기보다 크게 만들어 난로 몸체에 밀착시켜 닫는데, 이때 화구문 손잡이를 고정시키는 걸쇠나 경사고임쇠 구조를 이용해서 화구문을 밀착시킵니다. 이때 화구문은 열변형이 일어나기 쉬운 부위이므로 철판을 구부리거나 덧대어 보강해주어야 합니다.

겹침끼움 방식의 화구문은 화구 안에 화구마개를 끼워 넣어 막는 방식입니다. 칠판 지우개 형태의 상자형 마개를 만들거나 병마개 형태로 만듭니다. 병마개 형태의 화구문은 뚜껑 있는 페인트 깡통을 잘라서 재활용하면 손쉽게 만들 수 있습니다. 마개형 화구의 기밀을 위해서 화구 안쪽 또는 바깥 방향으로 화구문 깃을 만들어 화구마개가 꽉 겹쳐 끼워지도록 만들어줍니다. 이러한 방식 외에도 난로 안의 불을 볼 수 있도록 화구문에 내열유리를 장착하기도 합니다.

장작받침·재받침·잿문·공기주입조절구 : 난로 몸체 하단부에 놓여 있는 장작받침을 기

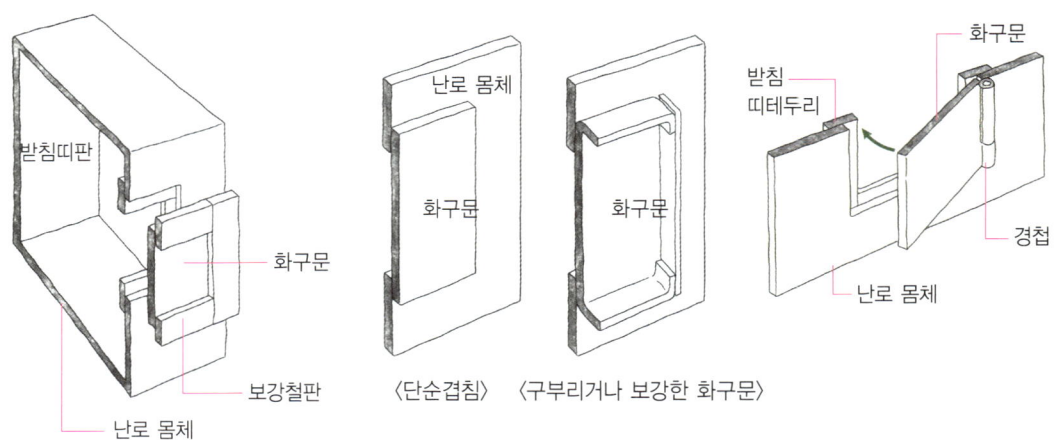

받침띠판

난로 몸체

화구문

화구문

화구문

받침
띠테두리

화구문

경첩

난로 몸체

화구문

보강철판

난로 몸체

〈단순겹침〉 〈구부리거나 보강한 화구문〉

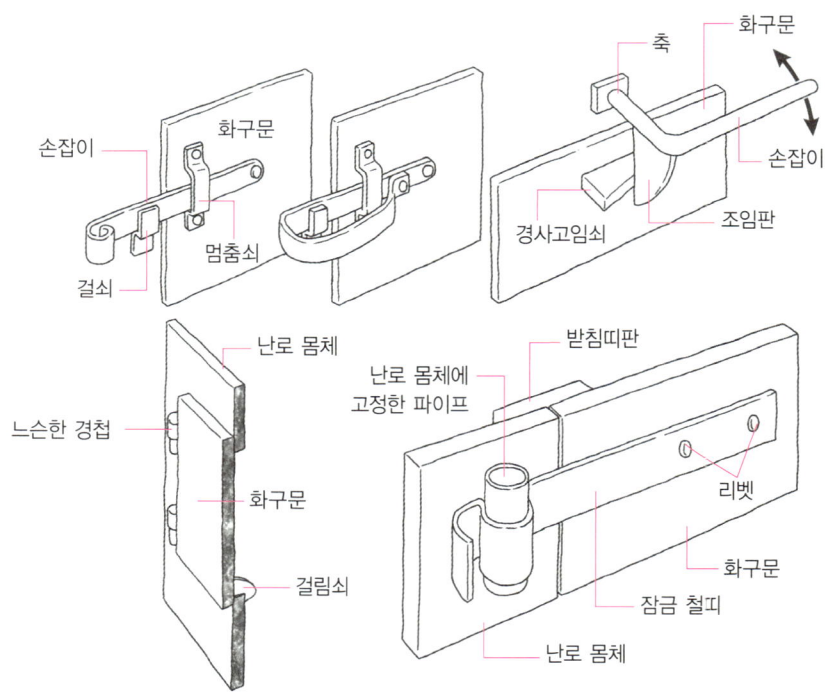

손잡이

화구문

축

화구문

멈춤쇠

손잡이

걸쇠

경사고임쇠

조임판

난로 몸체

느슨한 경첩

난로 몸체에
고정한 파이프

받침띠판

화구문

리벳

걸림쇠

잠금 철띠

화구문

난로 몸체

그림 7-1_다양한 겹침밀착 방식의 화구문 형태들

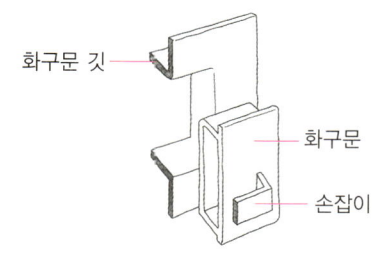

화구문 깃

화구문

손잡이

다양한 사각상자형 화구문
(끼움 방식 – 경첩 필요 없음)

다양한 원형통 끼움 방식 화구문
(경첩 필요 없음)

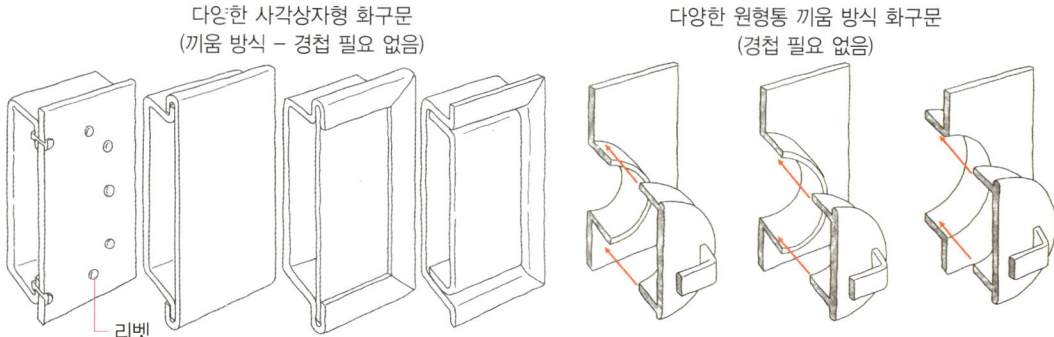

리벳

그림 7-2_겹침끼움 방식의 화구마개

준으로 위쪽의 연소실과 아래 재받침공간으로 나뉩니다. 장작받침은 원형 또는 직사각형의 구멍이 뚫린 주물판이나 철근을 용접해서 만들거나 우수로 철제 덮개를 잘라서 만들 수 있습니다. 장작받침은 밑으로 타고 남은 재를 떨어내는 장치지만 장작이 타는 데 필요한 공기가 이곳을 통과해서 연소실 안으로 공급되기도 합니다. 재받침공간(서랍)은 타고 남은 재가 고이는 공간으로 재를 청소할 때 여닫는 잿문을 두는데 여기에 함께 연소실 안으로 공급되는 공기량을 조절할 수 있는 공기주입조절구를 만들기도 합니다. 잿문에 달린 공기주입조절구를 통해 들어온 공기는 재받침 공간을 거쳐 장작받침을 지나 연소실 안으로 빨려 들어가게 됩니다. 화구문에 곧바로 공기주입조절구를 만드는 경우도 일반적입니다. 물론 잿문이나 화구문과 별도로 다른 위치에 공기주입조절구를 만드는

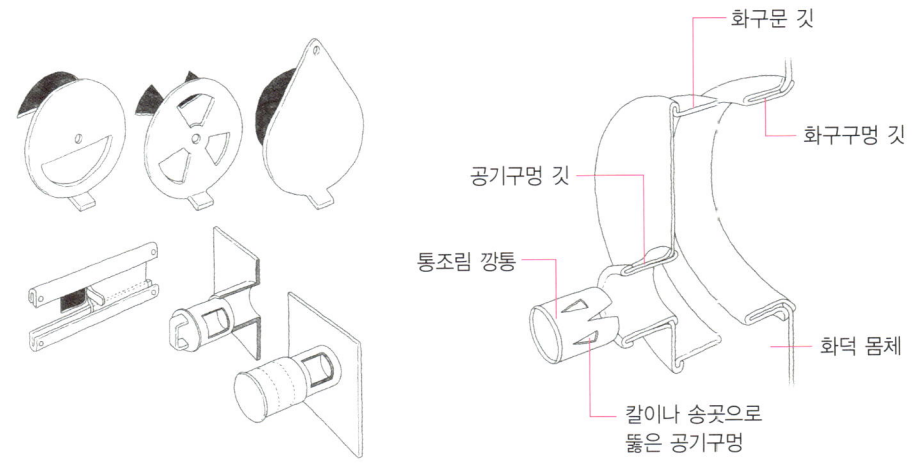

공기구멍 깃

화구문 깃

화구구멍 깃

통조림 깡통

화덕 몸체

칼이나 송곳으로
뚫은 공기구멍

그림 7-3_밀착슬라이드형 공기주입구와 겹침마개형 공기주입구

경우도 있습니다. 연소실 안으로 장작의 연소에 필요한 1차 공기를 공급하는 공기주입조절구는 화덕 몸체의 하부에 만들어야 한다는 점을 잊지 말아야 합니다. 잿문은 기본적으로 화구보다 아래쪽에 두기 때문에 잿문에 공기주입조절구를 만들 때는 큰 문제가 없습니다. 화구문에 공기주입조절구를 달 때는 화구문의 아랫부분에 공기주입조절구를 뚫어야 합니다. 다른 위치의 공기주입조절구 역시 전체적으로 화구보다 낮은 위치에 만들어야 차가운 공기는 밑으로 깔리고 뜨거운 공기는 위로 올라가는 자연대류 현상에 의해 공기가 잘 빨려 들어가고 화구 쪽에서 연기 역류가 발생하지 않습니다.

공기주입조절구를 만드는 방법은 여러 가지가 있는데 대표적인 방식이 일명 연탄난로나 보일러에 많이 사용되는 밀착슬라이드형 방식과 화구문 만들 때와 같은 방식인 겹침마개형 방식이 있습니다. 밀착슬라이드형 방식은 잿문이나 화구문, 난로 몸체에 바로 공기구멍을 뚫고 이 위에 같은 모양의 구멍을 뚫은 철판을 바짝 부착한 후 돌리거나 젖혀서 공기구멍이 열리거나 닫힐 수 있게 만듭니다. 미닫이 문처럼 공기구멍을 만들기도 합니다. 겹침마개형 공기주입조절구를 만들 때는 화구문의 경우와 같이 공기구멍 주위에 깃을 안 또는 바깥으로 만들어 공기구멍 마개가 꽉 끼일 수 있도록 만듭니다. 공기구멍은 몸체가 아닌 공기구멍 마개 자체에 뚫어서 마개를 끼워 넣는 정도에 따라 공기구멍의 열린 정도를 조절할 수 있는 구조로 만듭니다. 소형 페인트 깡통이나 통조림 깡통을 구할 수 있다면 재활용해서 손쉽게 공기주입 마개를 만들 수 있습니다.

배연조절 구조

화목난로 안의 타고 남은 연기, 즉 불연소가스를 실외로 배출하는 배연구조에는 연기를 배출하기 위한 연통, 연통을 끼우는 연통구멍, 연통 끝에 빗물이 들어오거나 역풍이 밀려 들어오는 것을 방지하기 위한 연가, 연통으로 곧바로 빠져나가는 열을 우회시키는 열기배출지연판, 배출 연기량을 조절해서 열손실을 줄여주고 연소시간을 조절하기 위한 바람문, 연통을 예열해서 연통 내부의 상승기류와 배출압력을 높여주기 위한 우회 연도가 있습니다.

연통 : 연통의 높이·직경·단열은 연기의 배출량에 직접 영향을 끼칩니다. 난로 안으로 들어오는 공기의 흡입 압력 변화에도 영향을 미칩니다. 연통이 높을수록 연통 안의 상승압력이 높아지고, 공기 흡입압도 커지죠. 연통의 직경이 크면 배출량이 커지지만, 연기가 배출되는 속도는 줄어들게 되죠. 직경이 작으면 배출량이 적어지지만 배출 속도는 빨라집니다. 연통이 단열재로 감싸져 있다면, 즉 연통이 따뜻하거나 예열된다면 연기 배출이 잘됩니다. 역시 연통 내의 상승기류가 커지기 때문이죠. 이러한 세 가지 요소가 복합적으로 작용해서 화목난로의 연기배출에 영향을 끼치게 됩니다. 난로의 연기가 실내로 역류한다면 이 세 가지를 조정해야 합니다.

파주 헤이리에 있는 쌈지농부 논밭갤러리에는 구들방이 있습니다. 이 구들방은 매번 연기를 아궁이로 토해내는 문제를 갖고 있었습니다. 다른 일로 헤이리에 들렀을 때 이 문제의 해결방법을 물어왔기에 살펴보니 굴뚝(연통)이 문제였습니다. 단열처리하지 않은 플라스틱 흄관 연통과 건물 지붕보다 낮은 연통 높이가 문제였습니다. 특히 경사진 산비탈에 건물이 세워졌기 때문에 산비탈을 타고 밤낮을 달리며 오르내리는 미세 기류의 영향을 간과한 결과였습니다. 이후에 다시 그곳을 찾아가보니 연통을 건물보다 높게 만든 후 단열처리를 했더니 실내로 연기가 역류하는 문제가 바로 해결되었다는 말을 들었습니다.

연가 : 종종 저기압이나 기류 역전현상, 강한 바람 때문에 실내로 연기가 역류하는 경우가 있습니다. 이러한 문제를 해결하고 연통을 통해 비가 들어오는 것을 막기 위한 장치가 연가입니다. 보통 삿갓 모양으로 씌우거나 단순히 'T'자형 관을 연통 끝에 꽂습니다. 연통 마개를 씌워 연통을 막아버리고 연통 옆을 삥 둘러가며 'V'자형으로 따서 젖혀 올려 연기구멍을 내주는 방식으로 연가를 대신할 수 있습니다.

연통구멍 : 연통을 난로 몸체에 끼워 고정하기 위한 연통구멍에는 끼움방식의 화구문과 같이 안 또는 밖으로 깃을 만들면 연기가 새지 않도록 기밀을 유지할 수 있습니다. 연통 아래쪽에 쌓이는 재나 그을음을 제거하기 편하게 개폐할 수 있는 재점검구와 결합해서 하중이 큰 연통을 받칠 수 있는 연통받침 구조를 만들기도 합니다.

연기배출지연판 : 연통은 연기를 배출하는 장치이지만 연통을 통해 연소열의 평균 20% 내외의 열기가 빠져나갑니다. 그만큼 열손실이 일어납니다. 이 문제를 해결하기 위한 해결책으로 등장한 것이 열기배출지연판입니다. 장작이 타면서 내는 열이 곧바로 연통으로 빠져나가지 않도록 막아서 열기를 품은 연기와 연소가스가 난로 안을 휘돌아 우회해서 연통으로 빠져나가게 만듭니다. 열손실을 막는 외에도 열기배출지연판은 발열 부

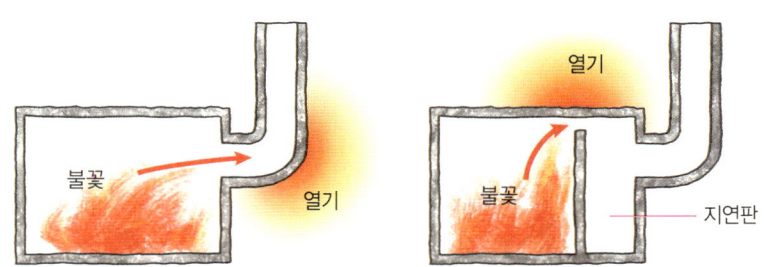

그림 7-4_열기배출지연판 부착한 경우와 없는 경우 발열부위 변화

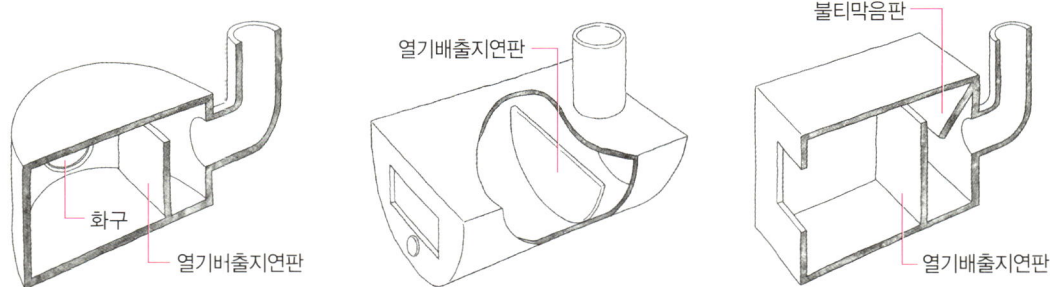

그림 7-5_열기배츨지연판은 화구와 연통의 위치 관계에 따라 열기배출을 효과적으로 막을 수 있는 위치에 수직 또는 수평으로 부착한다.

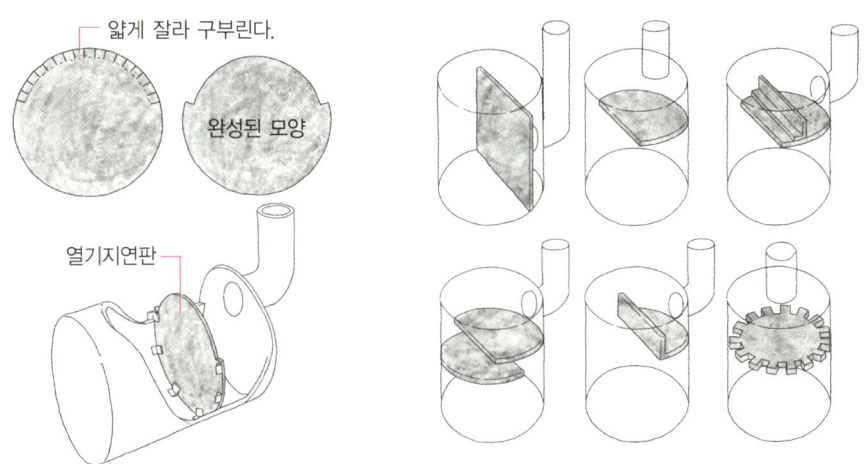

그림 7-6_드럼통을 재활용한 화목난로나 원통형 화목난로에 열기배출지연판을 부착하는 다양한 방식

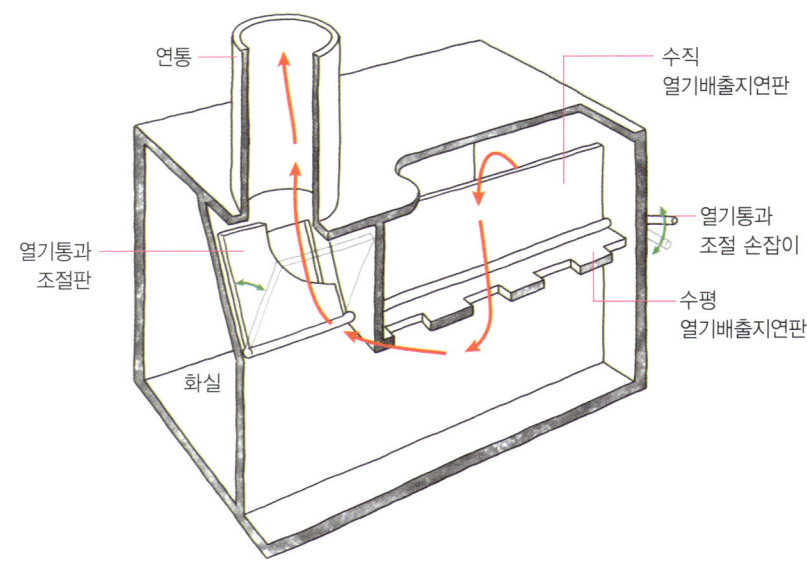

연통

수직
열기배출지연판

열기통과
조절판

열기통과
조절 손잡이

수평
열기배출지연판

화실

그림 7-7_복잡한 다중 열기배출지연판 구조와 초기 착화시 연통 예열을 위한 열기통과조절판

위를 바꾸는 역할을 합니다. 열기배출지연판이 없는 경우 발열은 주로 연통이 꺾어진 부분에 집중되는데 지연판을 두게 되면 열기가 지연판을 넘어가게 되는 상부에 발열부가 집중되는 현상이 나타납니다.

수직·수평 열기배출지연판을 이중·삼중으로 만들 수 있지만 대부분의 화목난로에서는 한 개의 열기배출지연판을 둡니다. 불티막음판은 열기배출지연판의 역할이 확장된 형태로 연통으로 뿜어져 나오는 불티를 막아 화재를 예방하는 장치입니다.

수직·수평 열기배출지연판을 이중·삼중으로 설치한 경우 자칫 연기의 배출 자체가 방해받을 수 있습니다. 특히 처음 화목난로에 불을 붙일 때 연기의 역류현상이 발생할 수 있습니다. 이때 열기통과조절판을 두어 연소실(화실)의 열기가 열기배출지연판을 돌아나가지 않고 바로 연통으로 빠져나갈 수 있도록 조절하여 연통을 예열시키면 연기 역류현상을 해결할 수 있습니다. 충분히 연통이 뜨거워지고 나면 연통 내부에 상승기류가 생기면서 흡입압이 높아지기 때문에 열기통과조절판을 닫아 화실의 열기가 열기배출지연판을 돌고 돌아 연통으로 가게 해도 연기가 역류하지 않게 됩니다.

바람문 : 난로 몸체에 가까운 연통 속에 장착하는 바람문은 가장 대표적인 배연조절장치입니다. 바람문은 연통을 직접 막아서 연기배출량을 조절하는데 열손실을 줄여주고 공기주입구를 통해 흡입되는 공기량을 간접적으로 줄어들게 해서 화력과 연소시간을 조절합니다. 바람문은 공기주입조절구와 연동해서 섬세하게 조절해야 합니다. 공기주입구를 활짝 열어 화력을 키워놓은 채 바람문을 닫게 되면 연기가 심하게 실내로 역류하게 되어 위험할 수 있습니다. 바람문을 닫을 때는 공기주입조절구도 함께 닫아 장작불이 약하지만 오랫동안 연소될 수 있도록 조절해야 합니다. 바람문을 가장 간단하게 만드는 방법은 연통 중간을 연통 둘레의 2/5 이하 크기로 수평으로 자르고 여기에 깊게 넣었다 뺐다 할 수 있게 함석판이나 얇은 철판을 끼워 넣는 방식입니다. 수평으로 자르게 되면 쉽게 바람문판이 빠질 수 있기 때문에 엎어진 반달형으로 연통을 잘라 얇은 함석판을 구

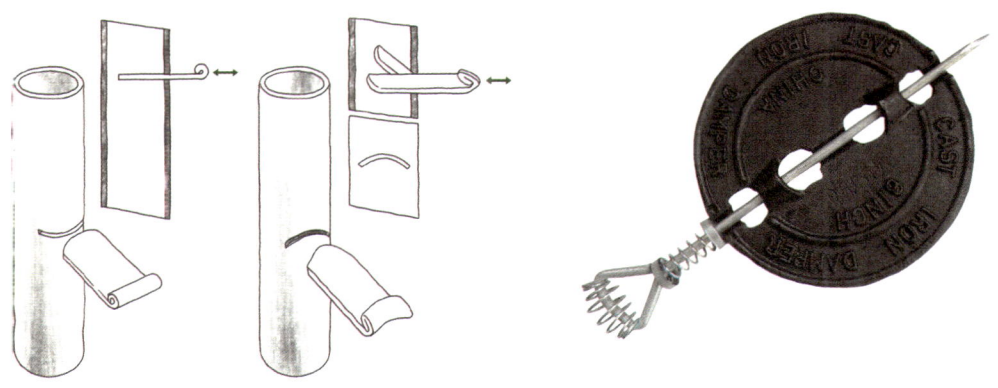

그림 7-8_연통 절개형 바람문(좌)과 돌림판형 바람문(우)

부려 끼워 넣기도 합니다. 다만 쉽게 뜨거워질 수 있기 때문에 화상을 입지 않도록 두꺼운 가죽으로 손잡이 부분을 감싸거나 손잡이를 따로 만들어 두어야 합니다. 상업적으로 판매되는 바람문은 일반적으로 그림 7-8의 오른쪽 그림의 형태입니다. 연통 속에 원형의 바람문판을 끼워 장착하고 바람문판에 연결된 손잡이를 돌려 배연을 조절합니다.

열기배출지연판이나 연통의 바람문이 없는 경우 연통을 장착하는 위치만으로 열기배출을 조절할 수 있습니다. 연통을 난로 몸체 위쪽 측면보다는 아래쪽 측면에 부착하면 화실의 열기가 먼저 화실 상부로 치솟아 가열된 난로 몸체를 통해 실내로 열을 방출한 후 아래쪽의 연통을 통해 빠져나가게 됩니다. 이 때문에 열기배출을 지연시키고 실내로 보다 효율적으로 열을 방출할 수 있습니다. 자칫 지나치게 낮은 위치에 연통을 장착하게 되면 연기가 역류할 수 있습니다. 일반적인 경우 1차 공기주입조절구보다는 조금이라도 높은 위치에 설치하는 것이 안전합니다. 특히 이 경우는 연통을 적절히 높이고 단열처리해서 전체적으로 연기의 배출이 자연스럽도록 만들어주어야 합니다.

배출압력조절장치 : 배출압력조절장치는 국내 난로에서 좀처럼 찾아보기 힘든 구조입니다. 연통 중간에 배출압력조절구멍이나 별도의 배출압력조절관을 연결해서 만드는 데이 장치를 열어 두면 연통 내부에 작용하는 상승기류, 즉 난로 몸체 내부의 흡입압력이 상쇄되면서, 공기주입구를 통해 들어오는 흡입압력과 공기주입 속도·흡입량이 줄어들게 됩니다. 이런 작용을 이용해서 은은하고 부드러운 불을 유지할 수 있습니다. 이외에도 배출압력조절장치는 연기가 빠져나가는 연통 중간에 깨끗한 공기를 넣어서 연기를 희석시키는 역할도 합니다.

연통 중간에 이와 같은 배출압력조절구멍이나 문을 열어두어도 이쪽으로 연기가 새어 나오지는 않습니다. 연통의 상승기류 때문에 이 구멍으로 상대적으로 차가운 공기가 빨려 들어오기 때문이죠.

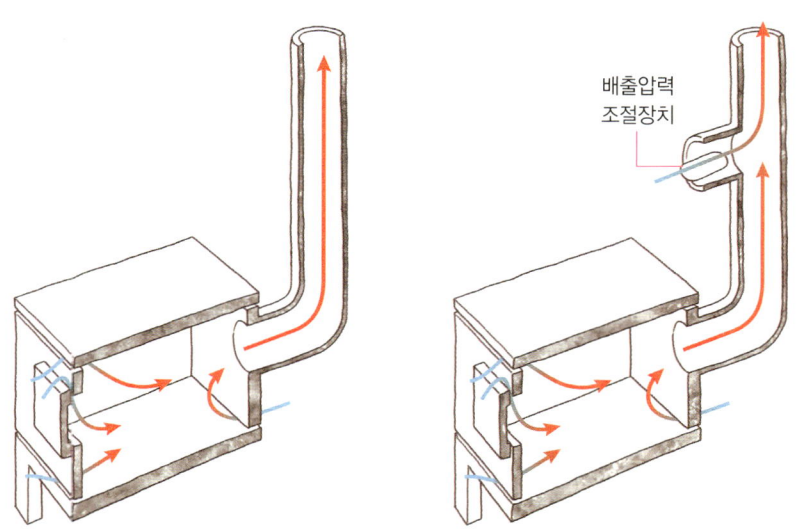

배출압력
조절장치

그림 7-9_배출압력조절장치가 없는 경우 난로 몸체 접합부의 부식된 틈을 통해 과도한 공기가 들어올 수 있고 난로 몸체의 틈을 더 벌어지게 만들 수 있다. 배출압력조절장치는 이러한 과부하를 약화시킨다.

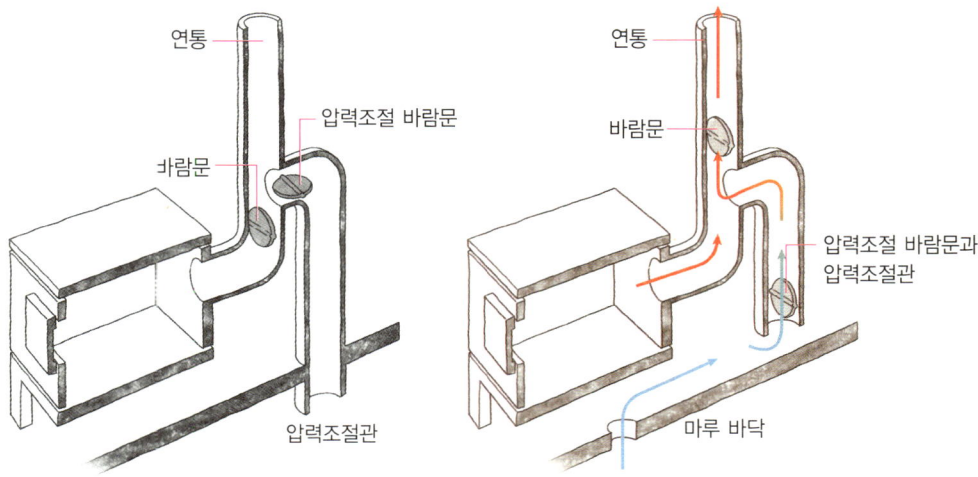

연통

압력조절 바람문

바람문

압력조절관

연통

바람문

압력조절 바람문과
압력조절관

마루 바닥

그림 7-10_별도의 압력조절 바람문과 압력조절관을 가진 구조(좌), 바닥을 띄워 시공하는 서양의 경량목 구조 방식이나 바닥 아래 지하부를 갖춘 경우에 주로 설치하는 화목난로의 구조(우). 이미 데워진 실내 공기를 빨아들여 연통으로 배출하지 않고 지하부나 실외의 공기를 빨아들인다.

이렇게 연통 측면에서 차가운 공기가 들어오면 난로 내부의 공기흡입과 연기배출을 포함한 흐름이 늦어지게 됩니다. 도로에서 두 도로가 합류하는 지점에서 병목현상으로 차량의 흐름이 늦어지는 것과 같은 원리입니다.

연통에 이미 바람문이 있는 경우 배출압력조절관을 따로 빼고, 여기에 배출압력조절 바람문을 달면 두 장치의 조합을 이용해서 화목난로의 공기 흐름과 화력을 효과적으로 조절할 수 있습니다. 바람문만 있어도 되는데 왜 불필요한 장치를 추가하는지 의문이 들 수 있습니다. 화력이 커지고 연통이 달궈져 있다면 강력한 흡입압력이 발생해서 바람문을 닫고 공기흡입조절구를 닫아도 대부분의 경우 화구나 공기흡입조절구가 완전 밀봉이 되지 않아 그틈으로 과도한 공기가 공급될 수 있습니다. 화구와 공기흡입조절구가 밀봉되었더라도 오래된 난로의 경우 강력한 압력 때문에 난로 몸체 접합부의 부식된 틈을 통해 과도한 공기가 들어올 수 있고, 난로 몸체의 틈을 더 벌어지게 만들 수 있습니다. 배출압력조절장치는 이러한 과부하를 약화시키는 역할을 합니다.

배출압력조절장치는 열기배출을 지연시키면서 잔불을 끌 때 이용되기도 합니다. 바람문과 압력조절관의 위치에 따라 다르겠지만 바람문과 공기흡입조절구를 닫아 공기의 흡입과 열기의 배출을 차단하고 압력조절관의 바람문을 열어두면 연통의 상승압력에 의한 공기흡입은 압력조절관 쪽에만 발생하기 때문에 화목난로 내부에는 공기 흐름이 멈추게 되고 불을 쉽사리 끌 수 있게 됩니다. 바람문도 열고 공기흡입조절구도 열어둔 경우라도 압력조절관의 바람문을 열어두면 화목난로에 작용하는 상승기류와 동시에 흡입압력이 줄어들기 때문에 불길을 누그러뜨릴 수 있고 천천히 부드럽게 오랫동안 장작이 탈 수 있게 만들 수 있습니다.

별도의 배출압력조절관이 아니라면 간단히 배출압력조절구멍을 만들어 이용할 수 있는데 연통을 감쌀 수 있는 덧관을 그림 7-11처럼 감싸고 연통과 덧관을 관통해서 구멍

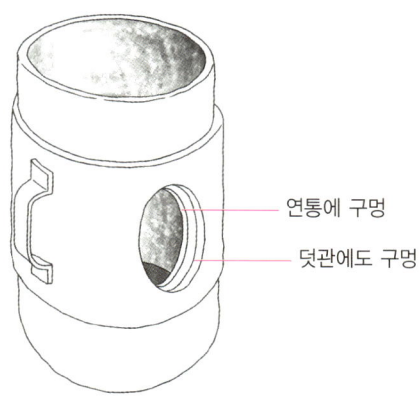

연통에 구멍

덧관에도 구멍

그림 7-11_구멍을 관통시킨 연통에 구멍 뚫린 덧관을 씌워 만든 배출압력조절구멍

을 뚫어서 만듭니다. 덧관에 손잡이를 달아 돌려 닫게 만듭니다. 덧관은 판매하는 규격의 직경이 아니기 때문에 보통 함석판을 구부려 만들어야 합니다. 또 다른 방법은 'T'자 관을 연통 중간에 눕혀서 끼우고 돌출된 'T'자 관에 젖힐 수 있는 뚜껑을 달아서 간단한 배출압력조절문을 만들 수 있습니다. 보통 캔 깡통을 씌워서 막고 깡통 바닥면을 오려서 뚜껑을 만들 수 있습니다. 외부의 공기를 빨아들일 수 있는 별도의 배출압력조절관을 두지 않는 이러한 구조는 자칫 실내의 데워진 공기를 연통을 통해 집 밖으로 내뿜어 버릴 수 있기 때문에 불을 끌 때나 지나친 압력을 조절할 때 제한적으로만 사용해야 합니다.

우회연도 : 배출압력조절관이 난로 외부로 연결된 반면에 우회 연도는 난로 몸체의 화실과 연통을 직접 연결하는 구조입니다. 빵이나 가금류, 고기류를 요리할 수 있는 오븐실이 장착된 화목난로의 경우 초기 착화 시에 오븐실 주위로 열기를 돌리기 전 오븐실 주위의 열기통로를 막고 우회 연도를 통해 열기가 바로 연통으로 흘러가게 하여 미리 연통을 예열해서 연통 내부의 상승기류와 배출압력을 높여주기 위한 구조입니다. 우회 연도에 대해서는 오븐실이 장착된 화목난로 구조를 다룰 때 자세히 다루었습니다.

고온 청정 연소를 위한 구조

1970년대 1, 2차 오일쇼크로 벽난로와 화목난로가 다시 각광을 받기 시작했습니다. 그러나 자주 화목을 넣는 번거로움을 해결해야 했습니다. 자기 전 한 번 장작을 넣고 잠자는 시간 동안 불이 꺼지지 않고 천천히 연소될 수 있는 난로가 필요했습니다. 연소시간을 길게 하기 위해서는 공기주입량을 줄여야 하는데 공기주입량이 적어진 결과 장작이 불완전연소하게 되면서 지나치게 많은 연기를 배출하게 됩니다. 화목난로의 과도한 사용으로 인한 대기오염 때문에 1988년 미국의 환경보호국은 난로도 대기오염 규제의 범위에 넣었습니다. 이후로 난로의 연소방식에 많은 변화가 있게 됩니다. 화목난로에 대한 대기오염 규제는 배출되는 고형성분의 양을 시간당 7.5g 이내로 낮추었는데 규제를 맞추기 위해 난로의 연소장치는 크게 두 방향으로 발전하게 됩니다.

촉매연소 : 촉매연소는 우리에겐 생소한 장치지만 최근 고급사양의 벽난로의 경우 장착된 제품이 국내에서도 출시되고 있습니다. 촉매연소장치는 벌집 모양의 세라믹에 백금막을 입혀, 통과하는 불완전 연소가스를 산화 연소시키는 장치입니다. 촉매연소장치는 보통 6년 정도 사용할 수 있는데 대략 20만 원에서 40만 원 정도의 추가 장치 비용이 듭니다. 촉매연소 장치의 장점은 열효율이 올라가고 연기 감소가 뛰어나서 배출오염물질의 양을 2g 이내로 줄일 수 있습니다. 다만 관리가 잘못되거나 쓰레기를 연소시킬 경우 촉매장치가 막힐 수 있습니다.

다중연소 : 다중연소 방식은 주 공기주입구를 통한 1차 공기주입 외에 미리 예열한 2~3차 공기를 열기배출지연판 주위에 공급해서 연소가스의 재 연소를 유도하는 방식입니다. 제작 방식이 간단하고 내구성이 높을 뿐 아니라 관리가 간편해서 많이 선호되는 방식입니다. 1993년에 미국의 J. 헨리가 특허출원한 난로구조를 보면 화실(연소실) 상부의

열기배출지연판 끝단에 2차 공기를 공급하고, 열기배출지연판 밑에 여러 개의 공기구멍을 뚫은 타공공기주입관을 통해 3차 공기를 공급하게 되어 있습니다. 이곳에서 추가 주입된 공기와 연소가스의 와류가 형성되어 불완전연소되었던 연소가스가 불꽃을 내며 재연소되는 구조입니다. 보통 공기주입타공관은 스테인리스 파이프로 제작합니다. 연기배출은 촉매연소의 경우보다 높은 시간당 3~5g 수준이지만 미국 환경보호국의 규제 범위 이내입니다. 이와 유사한 방식을 적용한 화목난로 특허가 1987년 이후 집중적으로 출원되었고 한국에서도 고급 사양의 다양한 모델에 적용되었습니다.

다중공기주입 : 다중연소 구조의 핵심은 다중공기주입 구조입니다. 화목난로에 있어 공기주입 방식은 고온 청정연소에 지대한 영향을 끼칩니다. 좋은 화목난로는 1~2차 공기주입구가 따로 있고, 공기주입구는 공기주입량을 조절할 수 있는 마개나 조절문이 달려 있습니다. 공기주입관은 뜨거운 화실 내부를 우회해서 예열된 뜨거운 공기를 적절한 위치에 주입하도록 설치되어 있습니다. 화실 내부를 우회한 공기주입관을 통해 공급되는 뜨거운 공기가 나무가스가 혼합되어 재 연소를 유도합니다. 공기주입관의 난로 내외부 장착에 따라 주입되는 공기의 온도가 달라집니다.

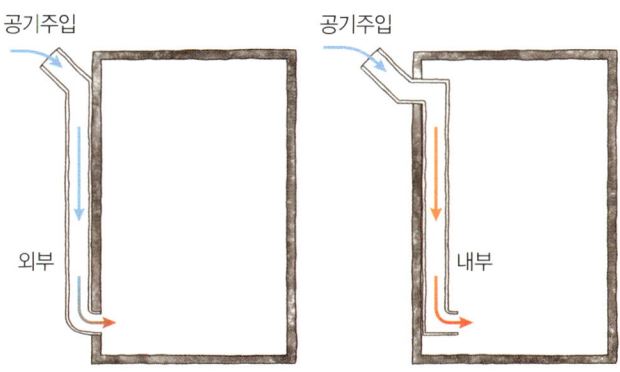

그림 7-12_공기주입관이 내부에 있으면 예열된 뜨거운 공기가 화실로 주입되어 고온 연소를 유도한다.

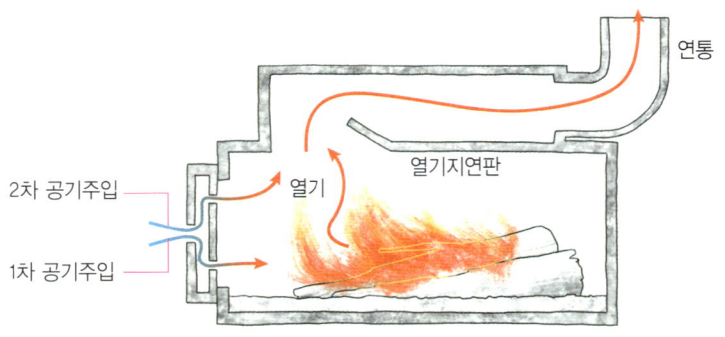

연통

2차 공기주입

1차 공기주입

열기

열기지연판

　　1차 공기주입구는 주로 재받침과 연결된 잿문이나 화구문에 설치되는데 가능하면 장작 하단부의 연소되고 있는 숯층에 공기가 주입되도록 설치합니다. 2차 공기주입관은 주로 불꽃 층 위쪽에 연통으로 열기가 빠져나가기 전 열기배출지연판 주위에 설치합니다. 이렇게 만들면 불완전연소된 나무가스를 재 연소시킬 수 있고 배출되는 그을음과 목탄액, 연기를 크게 줄일 수 있고 열효율도 높일 수 있습니다.

　　타공공기주입관을 화실 상부와 열기배출지연판 상부에 부착해서 장작 위쪽 활활 타는 불꽃에 직접 예열된 공기를 뿜어주거나 공기주입관을 가운데가 빈 박스형 열기배출지연판에 연결하고, 열기배출지연판 상부에 구멍을 뚫어서 이곳에서 공기를 뿜어주는 방식도 있습니다.

　　1차 공기주입구의 밀폐가 잘되고 연통 설치가 잘되어 연기배출 압력이 좋은 난로의 경우 난로 상판이나 상부에 아주 작은 2차 공기주입구를 뚫어주면 고온 청정연소를 유도할 수 있습니다. 난로 몸체 위쪽에 구멍을 뚫고 이곳을 막지 않아도 굴뚝의 상승기류가 충분하면 연기가 이곳으로 새어나오지 않고 되려 이곳에서 강력한 공기흡입이 발생합니다.

　　축열 : 다중연소 장치가 없는 경우라도 축열은 난로의 열이용률을 높입니다. 화실(연소실) 내부에 내화벽돌로 화실 안쪽을 감싸면 고온청정연소를 돕고 열효율을 올립니다. 난

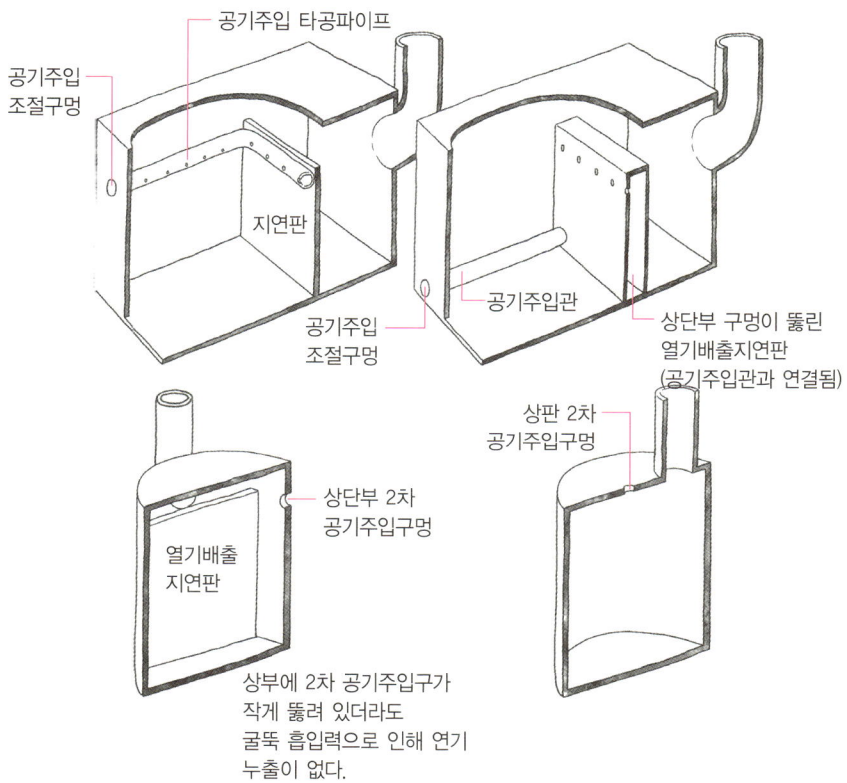

공기주입 타공파이프

공기주입
조절구멍

지연판

공기주입
조절구멍

공기주입관

상단부 구멍이 뚫린
열기배출지연판
(공기주입관과 연결됨)

상판 2차
공기주입구멍

상단부 2차
공기주입구멍

열기배출
지연판

상부에 2차 공기주입구가
작게 뚫려 있더라도
굴뚝 흡입력으로 인해 연기
누출이 없다.

로 외부에 돌이나 세라믹 자재, 도기판 등을 부착하면 축열효과로 인해 난로가 꺼진 후
에도 오랜 시간 실내로 열을 내뿜게 됩니다.

Tip 　　난로의 출력

난로에 따라 난방 가능 평형 또는 BTU(British Thermal Unit)로, 또는 kw로 표시합니다. 중대형 난로는 집의
단열이 잘 되어 있다면 30평 이상의 난방이 가능합니다. 참고로 kw는 전기에서 많이 사용하는 에너지 출
력을 표시하는 방식인데 1kwh는 3,413btu 입니다. 난로는 대개 4~10kw의 출력을 냅니다. 요즘은 kcal를 출
력단위로 쓰는 경우도 있습니다.

열이용률을 높이는 열교환 구조

화목난로에서 발생하는 열은 난로 위에 주전자를 올려놓았을 때 난로의 위에 얹은 물주전자에 직접 난로의 열이 전달되는 방식인 전도열, 레이저빔처럼 뜨겁게 달궈진 물체에서 뿜어져 나오는 복사열, 난로 주위의 공기를 가열시켜 공기 순환을 일으키는 대류열 3가지 방식으로 실내로 전달됩니다. 이중에서 가장 난방에 효과적인 열전달 방식은 대류열입니다. 난로에서 발생하는 열을 효과적으로 이용하기 위해 적용하는 구조는 방열판과 대류열교환기입니다.

방열판 : 방열판은 70~80년대 많이 사용되던 톱밥난로 몸체에 오토바이 엔진이나 라지에이터의 방열판과 같은 날개를 붙여서 열교환이 일어나는 난로몸체의 표면적을 확장시킨 형태입니다. 표면적이 넓을수록 열교환이 더 많이 일어납니다.

대류형 난로 : 난로 몸체 주위의 가열된 공기 순환(대류)에 의해서 실내 공기를 보다 적극적으로 데울 수 있도록 만들어진 난로가 대류형 난로(Convection Stove, Air heating stove)입니다. 대류는 상대적으로 차가운 공기는 밑으로 내려가고 뜨거운 공기는 위로 올라가는 현상인데 대류형 난로는 화실 외부 몸체에 공기가열통로를 두어서 실내 공기를 데웁니다. 주로 방바닥이나 마루 밑의 차가운 공기를 공기가열통로(상자, 또는 관의 형태)로 흡입해서 난로몸체 주변을 스치며 가열시킨 후 뜨거워진 공기를 실내로 내뿜을 수 있도록 만들어진 난로입니다. 이러한 유형은 보통 소형 환풍장치가 달린 강제순환형과 자연대류현상을 이용한 자연대류형이 있습니다.

대류형 난로는 대부분 공기가열실이 화실의 외부에 부착되는데 공기가열구조가 화실 내부를 통과하게 하면 보다 효과적으로 대류열을 이용할 수 있습니다. 이때 공기가열구조는 주로 관의 형태로 만듭니다.

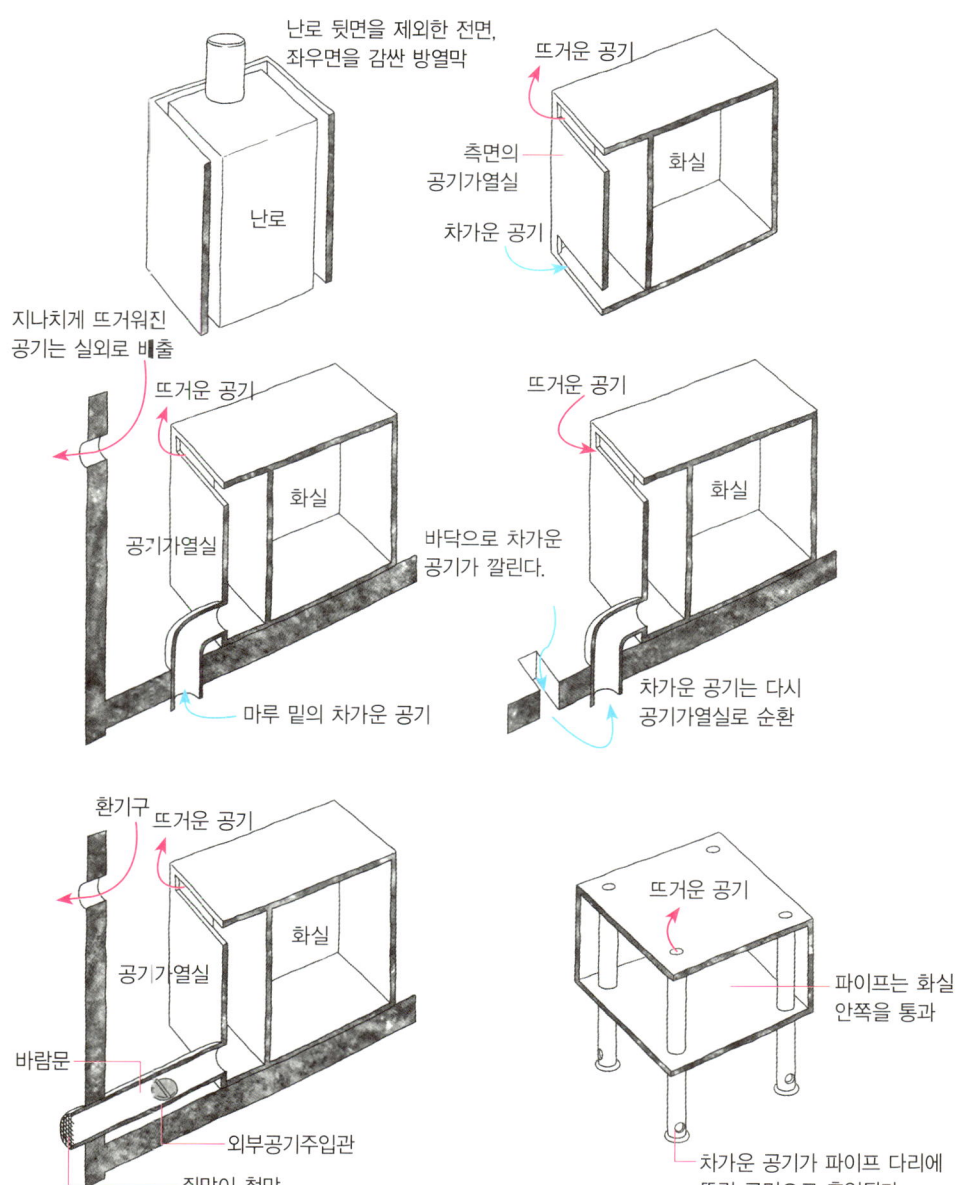

난로 뒷면을 제외한 전면,
좌우면을 감싼 방열막

뜨거운 공기

측면의
공기가열실

난로

화실

차가운 공기

지나치게 뜨거워진
공기는 실외로 배출

뜨거운 공기

뜨거운 공기

공기가열실

화실

화실

바닥으로 차가운
공기가 깔린다.

마루 밑의 차가운 공기

차가운 공기는 다시
공기가열실로 순환

환기구 뜨거운 공기

뜨거운 공기

공기가열실

화실

파이프는 화실
안쪽을 통과

바람문

외부공기주입관

쥐막이 철망

차가운 공기가 파이프 다리에
뚫린 구멍으로 흡입된다.

대류형 난로에 대한 이해가 부족한 경우 난로 몸체가 충분히 방안의 공기를 데우게 되는데 굳이 이러한 공기가열구조를 둘 필요가 있느냐는 의문이 생길 수 있습니다. 장작이 연소되면서 발생되는 열은 우선 난로 몸체에 전달되어 난로 몸체가 뜨겁게 달아오릅니다. 뜨거워진 난로 몸체의 열을 재빨리 실내공기에 전달(열교환)하지 못하게 되면 연소열은 충분히 난로 몸체로 전달되지 못한 채 이용되지 못하고 연통을 통해 빠져나가게 됩니다. 난로 몸체 외부 또는 내부에 좁은 공기가열통로를 두면 강한 흡입력과 동시에 상승기류가 위아래로 만들어집니다. 그 결과 실내의 상대적으로 차가워진 공기가 신속하게 공기가열통로를 지나면서 뜨거워진 난로 몸체의 열을 전달받게 되어 열이용률이 높아집니다.

오븐 장착 화목난로

　빵, 피자, 과자, 닭, 고기 등을 구울 수 있는 오븐 화목난로에서 제일 중요한 구조적 특징은 '간접열'을 이용한다는 점입니다. 오븐실은 대략 200~350도 이하의 은근한 간접열을 이용하는 조리공간으로 그림처럼 화실 안의 장작불이 직접 요리재료에 닿는 직화식이 아닙니다. 비록 오븐실은 화실 내부에 장착되지만 오븐실 안으로 곧바로 화실의 불꽃이나 연기가 들어오지 못하도록 차단된 별도의 독립적인 상자나 통 형태의 공간으로 만듭니다. 따라서 오븐 화목난로는 화구문과 오븐실 문을 따로따로 두는 구조를 갖게 됩니다.

　오븐실이 화실의 불꽃이 들어올 수 없는 분리된 별도의 공간일지라도 화실의 장작불

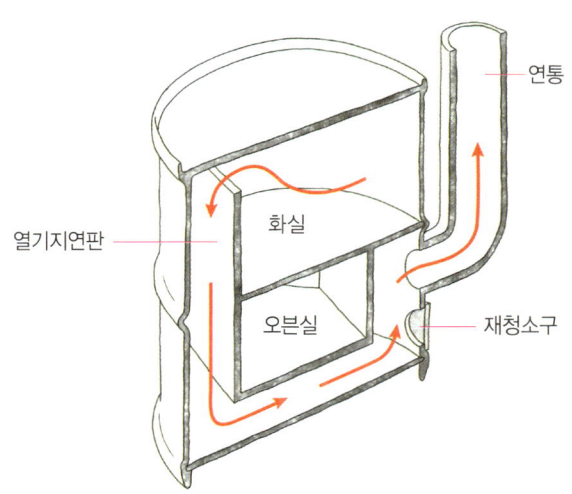

그림 7-13_오븐실 앞의 열기배출지연판과 오븐실을 우회하는 열기통로 구조

꽃이 바로 오븐실 외벽에 닿으면 오븐실이 지나치게 고온이 됩니다. 화실의 불꽃이 직접 오븐실에 닿지 않게 화실에서 오븐실로 연결되는 열기통로 앞단에 열기배출지연판을 두어 지나치게 뜨거운 불꽃을 차단합니다. 화실의 열기는 열기배출지연판을 지나 오븐실 문이 달린 전면만 빼고 오븐실 주변을 열기가 훑고서 연통으로 빠져나가는 열기통로 구조를 갖고 있습니다. 이러한 점 역시 오븐 장착 화목난로의 중요한 구조적 특징이라 할 수 있습니다.

잘 만들어진 오븐화덕은 연통에 바람문이 달려 있어 열기의 흐름을 조절하거나 잔열이 빠져나가지 않도록 조절할 수 있는 구조로 만듭니다. 오븐실을 우회하는 열기통로 구조는 자칫 자연스런 열기의 흐름을 방해할 수 있기 때문에 초기 점화 시에 연기가 역류될 수 있습니다. 이러한 문제를 해결하기 위해 오븐 화목난로는 열기를 오븐실을 우회하지 않고 곧바로 연통으로 보낼 수 있도록 바람문이 달린 직행연도를 따로 두거나 연기흐름변환판(연도변환판)을 만들어 점화 초기에 연통을 미리 예열할 수 있는 구조를 갖추고 있습니다. 열기를 직행시켜 연통을 예열시키면 연통 내부에 상승기루가 만들어지기 때문에 충분히 예열된 후에 연기흐름을 오븐실 주위를 우회할 수 있도록 조절해도 자연스러운 연기와 열기의 배출이 지속됩니다.

오븐 장착 화목난로는 구조가 복잡하기 때문에 주변에서 쉽게 찾아볼 수 없습니다. 제작할 때도 열기변환판의 위치, 오븐실 우회 열기통로, 예열을 위한 직행연도와 연도변환판 등 복잡한 구조를 갖고 있어 초보자들이 만들기 다소 어려움이 있습니다.

연통에 부착하는 오븐실 구조는 제작하기도 상대적으로 쉽고 기존 화목난로에 추가하기도 쉽습니다. 연통 중간에 오븐실을 장착해서 연통에서 올라오는 연기의 열기가 오븐실 주위를 훑고 지나가는 구조로 만듭니다. 오븐실을 감쌀 외통과 오븐실은 직경이 각기 다른 크고 작은 깡통 2개를 이용해서 간단히 만들 수 있습니다. 오븐실이 될 작은

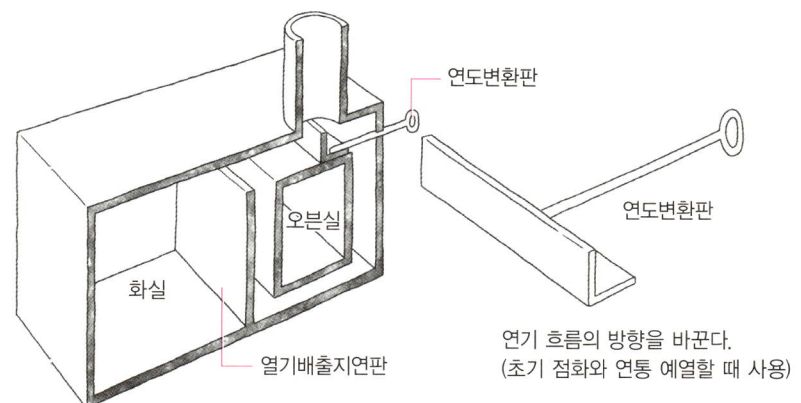

연도변환판

연도변환판

오븐실

화실

열기배출지연판

연기 흐름의 방향을 바꾼다.
(초기 점화와 연통 예열할 때 사용)

그림 7-14_초기 착화 시 열기를 연통으로 직행시키기 위한 연도변환판이 달린 구조

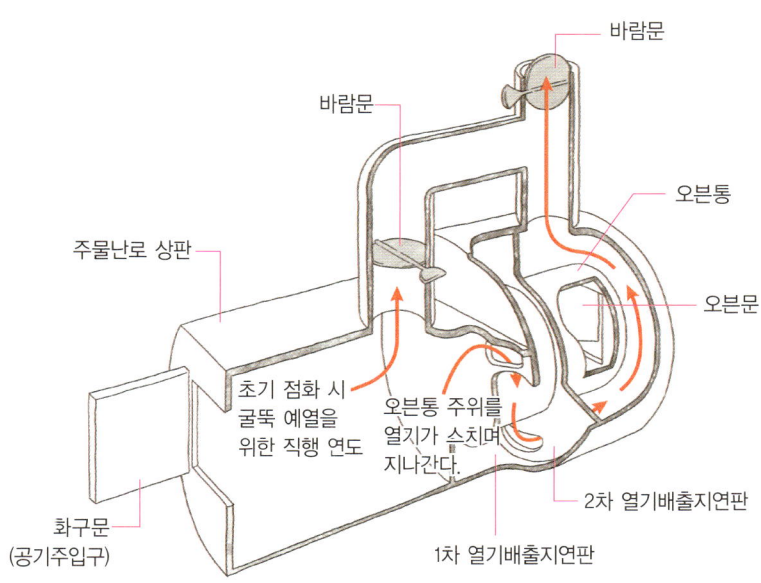

바람문

바람문

오븐통

주물난로 상판

오븐문

초기 점화 시
굴뚝 예열을
위한 직행 연도

오븐통 주위를
열기가 스치며
지나간다.

2차 열기배출지연판

화구문
(공기주입구)

1차 열기배출지연판

그림 7-15_바람문이 달린 직행연도가 달린 오븐 화목난로의 구조

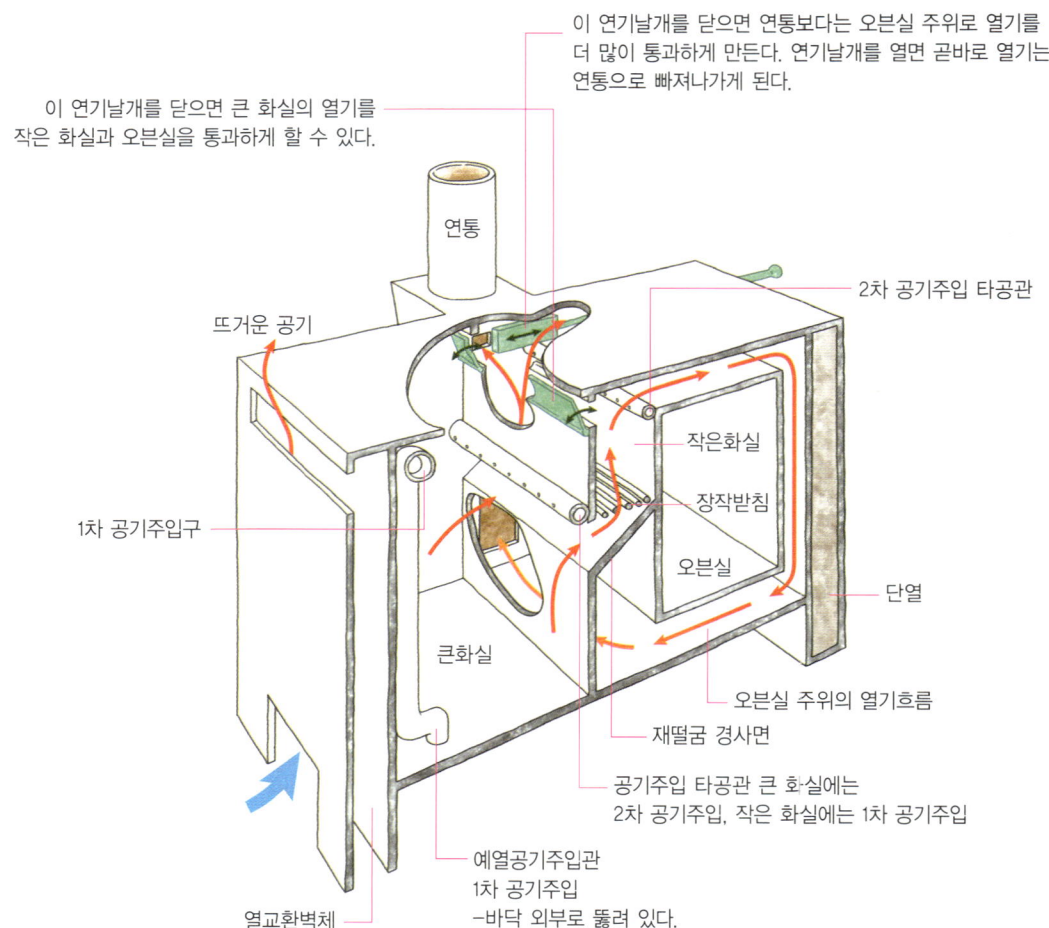

이 연기날개를 닫으면 연통보다는 오븐실 주위로 열기를 더 많이 통과하게 만든다. 연기날개를 열면 곧바로 열기는 연통으로 빠져나가게 된다.

이 연기날개를 닫으면 큰 화실의 열기를 작은 화실과 오븐실을 통과하게 할 수 있다.

연통

뜨거운 공기

2차 공기주입 타공관

작은화실

장작받침

1차 공기주입구

오븐실

단열

큰화실

오븐실 주위의 열기흐름

재떨굼 경사면

공기주입 타공관 큰 화·실에는 2차 공기주입, 작은 화실에는 1차 공기주입

예열공기주입관 1차 공기주입 −바닥 외부로 뚫려 있다.

열교환벽체

그림 7-16_2개의 화실과 1∼2차 예열공기주입관, 열기방향을 변환시키는 연기날개, 오븐실, 대류열 이용을 위한 공기가열구조 등 복합적인 구조를 가진 오븐 장착 쿡탑Cook top 조리용 화덕

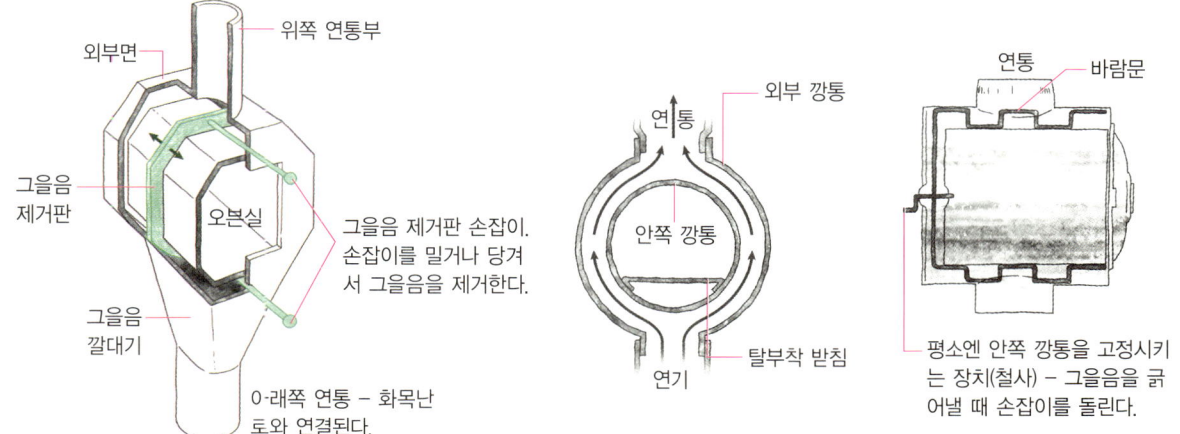

위쪽 연통부

외부면

그을음
제거판

오븐실

그을음 제거판 손잡이.
손잡이를 밀거나 당겨
서 그을음을 제거한다.

그을음
깔대기

0·래쪽 연통 – 화목난
토와 연결된다.

연통

외부 깡통

안쪽 깡통

연기

탈부착 받침

연통

바람문

평소엔 안쪽 깡통을 고정시키
는 장치(철사) – 그을음을 긁
어낼 때 손잡이를 돌린다.

그림 7–17_연통 장착형 오븐실의 구조

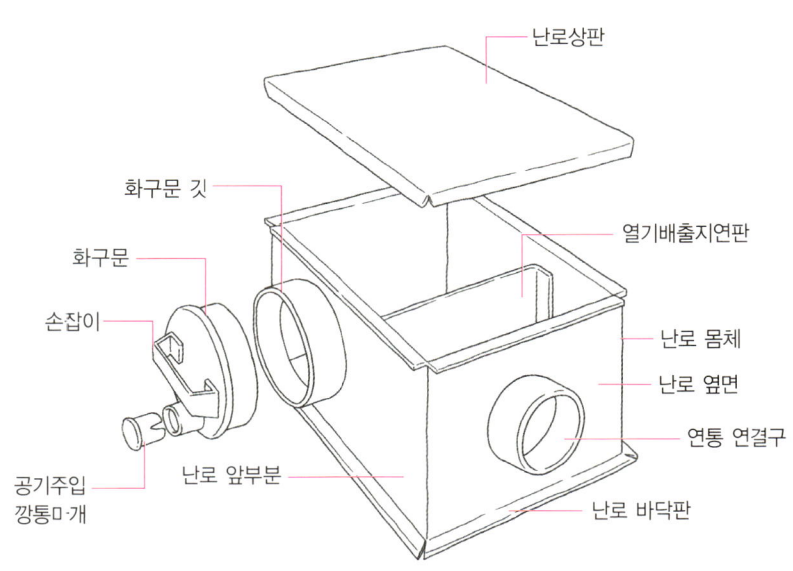

난로상판

화구문 깃

화구문

손잡이

공기주입
깡통ㅁ·개

난로 앞부분

열기배출지연판

난로 몸체

난로 옆면

연통 연결구

난로 바닥판

그림 7–18_폐 기름상자나 철제 상자로 만들 수 있는 기본형 화목난로

깡통은 외통과 일정한 간격을 유지한 채 고정되어야 합니다. 주로 굵은 철사로 요철 모양의 지지물을 만들어 두 깡통 사이에 끼워 넣습니다. 이 요철 지지물에 손잡이를 만들어 두면 깡통오븐실 주위에 그을음이나 재가 쌓여 막힐 때 돌려서 재나 그을음을 제거하는 데 이용할 수 있습니다.

거꾸로 타는 난로

    사각 기름통이나 철제 상자, 페인트 깡통, 기름 깡통 등을 이용해서 화구와 공기주입 마개, 열기배출지연판이 달린 간단한 철제난로를 자가 제작할 수 있습니다. 사실 대부분 시중에 나와 있는 주물난로나 철제난로도 고급사양이 아닌 경우 대부분 이와 유사한 단순한 구조로 제작됩니다. 다만 철판의 두께, 화구문에 내화유리나 장식, 재받침 서랍과 장작받침, 기밀부착, 정밀용접에서 차이가 납니다. 기본 구조로 된 화목난로는 고연소효

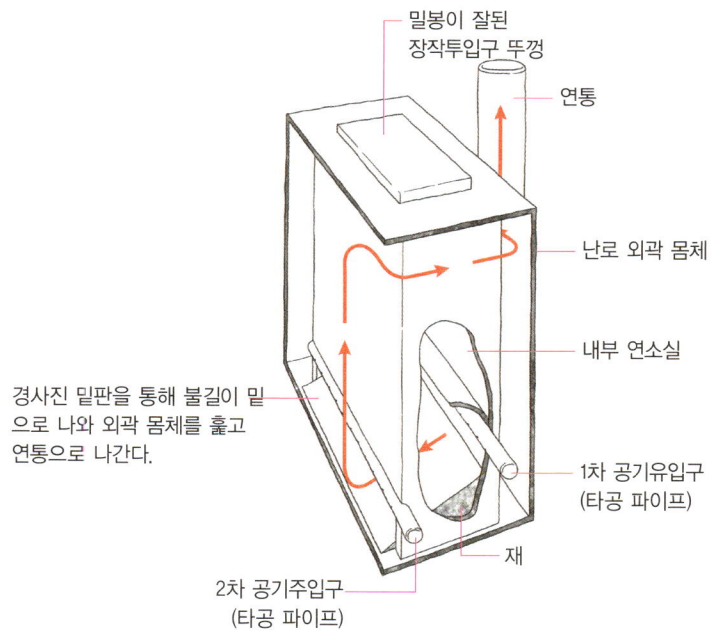

밀봉이 잘된
장작투입구 뚜껑

연통

난로 외곽 몸체

내부 연소실

경사진 밑판을 통해 불길이 밑
으로 나와 외곽 몸체를 훑고
연통으로 나간다.

1차 공기유입구
(타공 파이프)

재

2차 공기주입구
(타공 파이프)

그림 7-19_Box in Box 형태에 1~2차 공기주입 타공관이 설치된 거꾸로 타는 화목난로

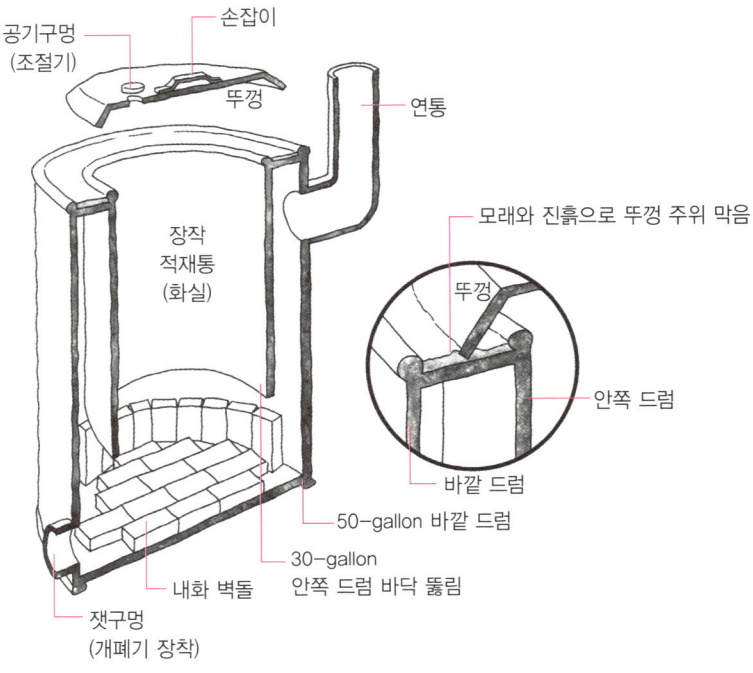

공기구멍
(조절기)

손잡이

뚜껑

연통

장작
적재통
(화실)

모래와 진흙으로 뚜껑 주위 막음

뚜껑

안쪽 드럼

바깥 드럼

50-gallon 바깥 드럼

30-gallon
안쪽 드럼 바닥 뚫림

내화 벽돌

잿구멍
(개폐기 장착)

율과 고온 청정연소를 기대하는 데 한계가 있습니다. 앞서 소개했던 촉매연소장치나 다중연소를 위한 1~3차 예열공기주입구조, 열기배출지연판, 바람문, 정밀한 공기조절구, 연소실 내부의 축열벽 등 복잡하고 정밀한 상호 비율과 각 구조 사이의 위치 조정이 필요합니다. 혹시 우리가 직접 만들 수 있을 정도의 간단한 구조지만 고효율과 고온 청정연소를 기대할 수 있는 화목난로는 없을까요.

거꾸로 타는 화목난로 모델들은 간단한 구조임에도 불구하고 고온 청정연소를 기대할 수 있습니다. 불완전 연소가스가 거꾸로 불꽃 층을 통과하면서 재 연소되기 때문입니다. 또한 장작의 연소점이 장작 아래쪽 끝에 형성되기 때문에 장작 소모량도 줄어듭니다. 이러한 화목난로 모델에서 장작투입구의 뚜껑을 닫았을 때 밀봉이 잘 될수록 난로의 효율이 좋아집니다.

거꾸로 타는 상자형 화목난로는 장작이 투입되는 '연소실 상자'와 열기가 훑고 지나며 발열되는 '발열상자'를 Box in Box 형태로 만듭니다. 연소실 상자 밑바닥은 경사지게 만들고 발열상자로 통하는 통로를 만듭니다. 내부에 타공관을 이용해서 1~2차 공기주입관을 연소실 하부와 발열실로 통하는 하부 입구에 설치하면 보다 효율적으로 청정 고온 연소가 되는 화목난로를 만들 수 있습니다. 연통은 이때 반드시 발열실 측면 상부에 설치합니다.

거꾸로 타는 이중깡통난로는 나무가스가 불꽃 층을 통과해서 재 연소되면서 아래로 내려갔다가 안쪽 연소 드럼통(장작 적재통)과 바깥 발열 드럼통 사이의 틈새를 타고 올라간 후 연통으로 빠져나가는 방식의 난로입니다. 완전연소에 가깝게 고온·청정연소되고 연통으로 빠져나가는 열손실도 적은 효율적인 난로입니다. 마른 장작을 사용하면 초기 착화 때 외에는 그을음이나 연기도 거의 없습니다. 대부분의 화목난로에서 최소 20% 이상 연통으로 열기가 빠져나가는데 이러한 열손실을 줄여주기 때문에 땔감 사용량도 줄어듭니다.

'거꾸로 타는 이중깡통난로'를 만들 때 연기가 장작을 넣는 뚜껑 위가 아닌 연소 드럼통 바닥 쪽으로 내려가도록 주의해야 합니다. 연통을 단열처리하고 연통을 높게 세워서 연통 내부의 상승기류를 만들어 연기를 빨아올릴 수 있도록 충분한 흡입력을 만들어 주어야 합니다. 이런 화목난로 모델의 경우 1차 공기는 난로 상부의 뚜껑에 뚫려 있는 공기구멍을 통해 연소 깡통 안으로 빨려 들어가게 됩니다.

거꾸로 타는 이중깡통난로를 제작할 때 주의해야 할 사항들

재점검구 : 재점검구의 직경은 재를 손쉽게 빼낼 수 있도록 150mm 정도가 적당한데,

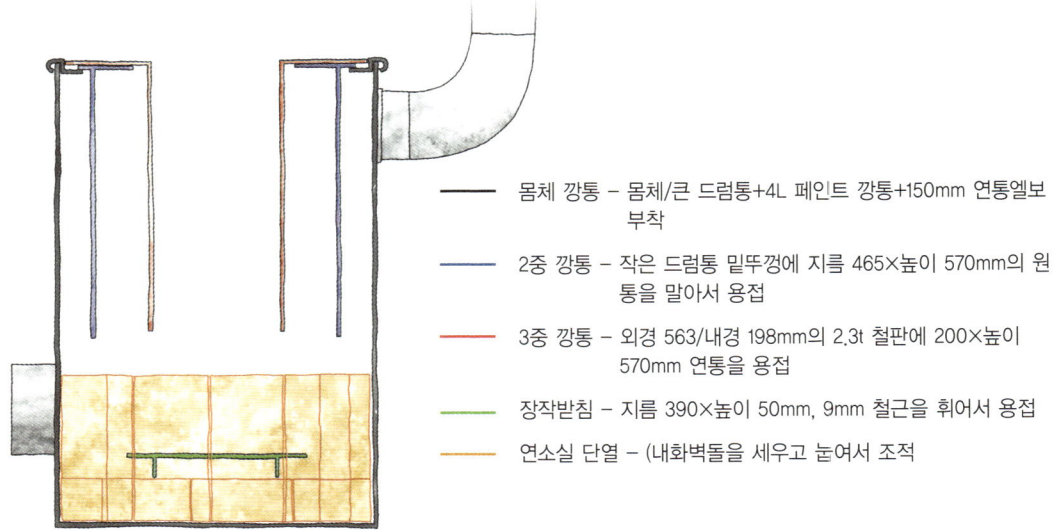

몸체 깡통 - 몸체/큰 드럼통+4L 페인트 깡통+150mm 연통엘보 부착

2중 깡통 - 작은 드럼통 밑뚜껑에 지름 465×높이 570mm의 원통을 말아서 용접

3중 깡통 - 외경 563/내경 198mm의 2.3t 철판에 200×높이 570mm 연통을 용접

장작받침 - 지름 390×높이 50mm, 9mm 철근을 휘어서 용접

연소실 단열 - (내화벽돌을 세우고 눕여서 조적

그림 7-20_거꾸로 타는 3중 깡통난로의 구조도

일반 페인트 깡통의 직경 크기와 같습니다. 재점검구의 바닥 높이는 난로 바닥면에 까는 내화벽돌 윗면에 맞추어야 재를 빼내기 편리합니다. 재점검구는 재청소 외에도 처음 불을 붙일 때 사용되는데 이곳을 열어 불쏘시개를 넣고 불을 붙입니다.

연통 : 일반 드럼통을 사용해서 이 모델의 난로를 만들 때 연통의 직경은 최소 150mm 이상이어야 합니다. 연통 직경이 너무 작거나, 연통 높이가 너무 낮으면 흡입력이 약해져서 연기가 장작투입구 뚜껑 쪽으로 역류할 수 있습니다.

공기구멍 : 500원짜리 동전 크기의 구멍을 두 줄로 10개 정도 뚫고 구멍을 가변 차폐할 수 있어야 합니다. 공기구멍이 너무 작으면 초기 착화 시 불이 잘 붙지 않을 수 있습니다. 공기구멍도 작고 연통도 작으면 화목난로 내부의 가스 압력이 커져서 장작투입 뚜껑이 들썩거릴 수 있습니다.

그림 7-21_① 바닥에 내화벽돌과 장작받침이 보임, ② 공기주입관 내부에 장착된 장작, ③ 공기주입구의 덮개, ④ 드럼통 상부 옆면에 연통이 보인다.

내·외부 깡통의 간격 : 안쪽 연소 드럼통과 바깥 발열 드럼통 사이의 간격은 50~70mm 정도 떼는 것이 자연스런 배기에 좋습니다. 즉 바깥 드럼통과 안쪽 드럼통의 직경은 최소 100~140mm 이상 차이가 나야 자연스럽게 연기배출이 되는 간격을 확보할 수 있습니다.

내외부 깡통 높이 : 바깥 발열 드럼통 바닥에서 안쪽 연소드럼통 밑부분까지의 적절한 높이는 바깥 발열 드럼통 바닥 측면에 세워 놓은 벽돌 윗면으로부터 안쪽 연소드럼

통 밑부분까지 50~70mm 정도 차이가 있어야 합니다. 안팎 드럼통의 둘레 간격과 같은 50~70mm 정도 높이 차가 나야 연기가 자연스럽게 배출됩니다. 바깥 발열 드럼통 바닥에서 안쪽 연소드럼통 밑부분까지의 높이가 너무 높으면, 다시 말해 안쪽 드럼통이 너무 짤막하면 산소가 밑바닥까지 충분히 공급되지 않을 수 있습니다.

1970~1980년대 아크레임, 라이트웨이와 같이 거꾸로 타는 방식으로 특허 출원한 난로들이 대거 등장합니다. 그러나 화목난로 전문가인 래리 게이Larry Gay는 '거꾸로 타는 난로'는 종종 시장에 등장했지만 살아남지 못했다고 말합니다. 미국의 저명한 과학자이자 발명가인 벤저민 프랭클린이 설명했듯이 이러한 방식의 난로는 자칫 잘못 만들면 뚜껑을 여닫거나 장작을 새로 집어넣을 때 방안으로 연기를 내뿜기 때문입니다. 그러나 점점 장작사용량을 줄여야 하고 연소효율과 환경적 영향을 고려해야 할 필요가 증가하는 요즈음 다시 거꾸로 타는 방식의 난로(down draft stove)에 대한 관심이 세계적으로 증가하고 있습니다.

필자는 2010년 1월 파주 헤이리 쌈지농부에 입주한 제2공방의 이근세 작가와 함께 '거꾸로 타는 이중깡통난로'를 실험적으로 만들어보았는데 놀라운 화력과 고온 청정연소 효과에 감탄하지 않을 수 없었습니다. 그동안 일명 포켓 스토브Pocket Stove라 불리는 드럼통 한 개와 직경이 다른 연통 두 개로 만드는 '거꾸로 타는 깡통난로'를 소개하고 여러 곳에서 제작해서 사용해왔는데 이보다 '거꾸로 타는 이중깡통난로'는 더 월등했습니다. 바닥에 단열벽돌이 깔려있고, 연소실에 해당하는 연소 드럼통이 뜨거운 열기가 돌아나가는 발열 드럼통 내부에 있어 초고온을 유지할 수 있기 때문에 고온 연소가 가능해졌기 때문입니다. 불완전 연소된 나무가스는 거꾸로 바닥의 불꽃층을 통과하며 발열 드럼통을 통과해야 하기 때문에 재 연소되기 때문입니다. 그 결과 연기나 그을음이 거의 없는 청정연소가 가능해집니다. '거꾸로 타는 이중깡통난로'에 장점만 있는 것은 아닙니다. 처음 불을 붙일 때 쉽게 불이 붙지 않기도 하고 충분히 가열되어 열기 흐름이 원활해지기 전까지는 불이 붙다가도 종종 꺼지는 경우가 있습니다. 난로 뚜껑에 나 있는 공기구멍만으로는 충분한 공기가 난로 바닥까지 내려가지 않고 바로 연통으로 빠져나가기 때문이었습니다. 전국귀농운동본부 주최로 음성 농촌선교교육원에서 진행한 적정기술워크숍 때 이근세 작가와 저는 '거꾸로 타는 이중깡통난로'의 구조를 약간 개선해서 이 문제를 해결했습니다. 난로 바닥 바로 위까지 닿을 정도의 길이로 200mm 스파이럴 관을 공기구멍에 부착했습니다. 이 내부의 관은 공기주입관 역할과 동시에 장작투입구 역할을 합니다. 이 공기주입관 때문에 난로 바닥까지 충분한 공기가 전달되어 처음 불을 붙일 때도 편리하고 연기도 역류하지 않고 화력은 더욱 좋아졌습니다. 바깥의 발열 드럼통, 안쪽의 연소 드럼통, 중앙의 공기주입관(통)까지 합치고 나니 '거꾸로 타는 삼중 깡통난로'가 되었습니다.

이근세 작가는 음성 워크숍이 끝난 후에 개량한 거꾸로 타는 삼중 깡통난로의 내부 구조 설계를 자세하게 도면을 그려 보내주셨습니다. 이 그림의 설계에 대해 의견을 주고받으며 내부의 공기주입관 크기를 더 키우면 한 번에 넣을 수 있는 장작의 양도 늘릴 수 있겠다는 생각을 하게 되었습니다.

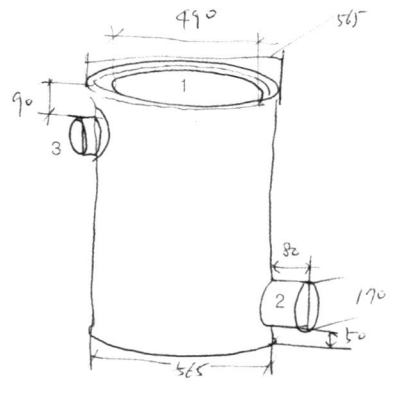

1. 큰 드럼통 윗뚜껑에 지름 490mm의 구멍을 뚫습니다.

2. 재검검구 입니다. 하단 75mm지점에 구멍을 뚫어 뚜껑을 개폐할 수 있는 페인트 깡통을 매입합니다.

3. 재점검구 반대편 상단에는 150mm 연통을 설치할 구멍을 뚫습니다.

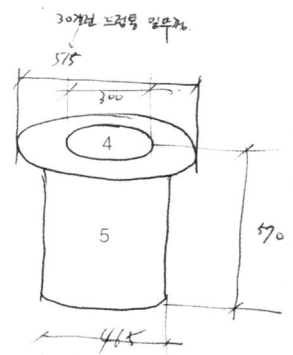

4. 작은 드럼통(30갤런)을 이용하여 2중 깡통을 만듭니다. 밑뚜껑을 잘라내 지름 약 300mm 정도의 구멍을 뚫습니다.

5. 작은 드럼통의 몸체 철판을 잘라서 지름 465, 높이 570mm의 원통을 말아서 용접한 후 이것을 뚜껑어 용접합니다. 이미 500으로 말려있는 판이므로 절개 후 조금 더 작게 말아주는 일입니다. 용접은 서툴고 듬성듬성 되더라도 별 상관 없겠습니다.

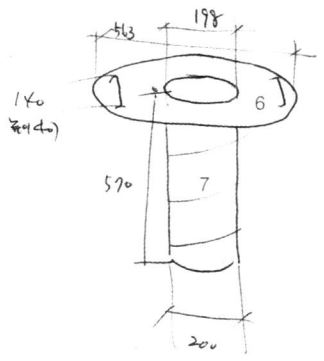

6. 2.3mm 이상의 철판을 이용하여 윗뚜껑을 만듭니다. 사용되는 드럼통의 뚜껑 홈에 딱 맞아야 하므로 가급적 정확한 실측이 요구됩니다. 워크숍에 사용된 드럼통의 경우, 홈의 내경지름이 565였으므로 2mm 작은 563으로 재단했습니다.

7. 고온 연소 지점에 위치할 부속이므로 가급적 두꺼운 재료를 사용해야 합니다. (고물상에서 구할 수 있는 지름200×3t 철배관 파이프) 이번에는 여건상 200mm 스파이럴 연통을 사용했습니다.

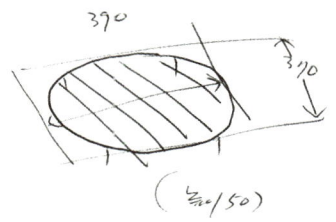

8. 장작받침은 9mm 정도의 철근을 구부리고 용접해서 만듭니다. 다리의 높이는 약 50mm로 했습니다.

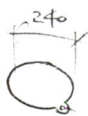

9. 1개의 축으로 회전개폐되는 240mm의 원형뚜껑은 화구문과 공기조절구의 역할을 동시에 합니다. 2.4mm 철판을 잘라서 만들고 대못을 달구어 리벳팅을 했습니다. 작은 볼트와 너트를 이용하면 더 쉽습니다.

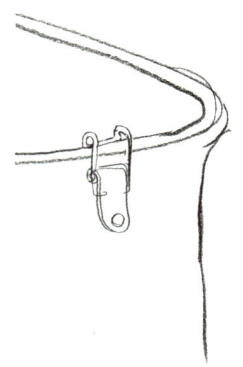

10. 마지막으로 펫독피쉬님께서 윗뚜껑의 열변형과 밀착성을 높이기 위한 방법으로 철제클립 등을 부착하는 게 좋겠다는 의견을 말씀하셨습니다.

그림 7-22_이근세 작가가 보내온 거꾸로 타는 3중 깡통난로 구조도(단위 : mm)

8

화목난로 3박자,
열복사·대류·열전도

화목난로 3박자,
열복사·대류·열전도

    화목난로는 대중적인 공간난방장치입니다. 화목난로 안의 장작이 타면서 발생하는 열기는 열복사·대류·열전도 세 가지 현상에 의해 방 안을 따듯하게 만듭니다. 우리는 이러한 열교환 방식에 대해 얼마나 알고 있을까요. 열복사·대류·열전도에 대해 정확히 알게 되면 장소의 특성에 따라 가장 적합한 화목난로를 선택할 수 있게 됩니다.

    열교환 방식의 차이가 난방 방식의 차이라 할 수 있습니다. 우리가 익히 들어온 난방 방식에는 구들, 보일러와 같은 바닥난방과 벽난로나 화목난로와 같은 공간난방 방식이 있습니다. 구들은 구들돌에, 보일러는 물에 열을 저장(축열) 해두었다가 서서히 열복사가 일어나게 하는 난방 방식입니다. 화목난로는 곧바로 실내 공간에 열을 복사하거나 대류현상을 통해 집 안의 공기를 데우는 방식입니다. 벽난로나 구들은 흙이나 돌 같은 축열재에 열을 저장했다가 서서히 열을 복사하는 축열 복사 방식이라 할 수 있습니다.

열복사·대류·열전도

　겨울이 되면 다양한 난로와 관련된 추억들이 떠오릅니다. 어릴 적 다녔던 교회는 겨울철이면 톱밥난로를 피웠습니다. 톱밥난로의 화력이 얼마나 좋은지 예배를 보는 내내 땀을 뻘뻘 흘리면서도 항상 난로 앞 자리를 차지하곤 했습니다. 부모 몰래 하굣길에 들리던 만화방엔 매캐한 냄새를 뿜어내는 연탄난로가 있었습니다. 가내수공업을 하고 있던 집에는 석유난로가 있었는데 조금 오래 때면 눈이 매워지고 목이 칼칼해져서 자주 환기를 시켜야만 했습니다. 학교에선 교실마다 갈탄난로로 난방을 했는데 큰 교실 골고루 열이 가지 않았습니다. 춥고 따뜻한 자리가 따로 있어 매주 자리를 바꿔 앉아야 했지요. 모든 급우들이 따뜻한 자리에 앉을 기회를 얻는 것은 아니었지요. 담임 선생의 눈밖에 난 친구들은 늘 추운 구석으로 쫓겨나 앉곤 했습니다. 사람의 일이란 불평등이 다반사죠. 그러나 물질은 항상 열평형을 이루려는 성질이 있습니다. 뜨거운 물질은 항상 보다 차가운 물질을 데워서 같은 온도로 만들려는 성질을 갖고 있습니다. 열평형은 열복사·대류·열전도를 통해 이뤄집니다.

열복사

　열복사는 열에너지가 곧바로 공간으로 전달되는 현상입니다. 마치 태양빛이 온 대지를 따뜻하게 하는 것처럼 뜨거운 물질로부터 열에너지가 공간으로 쏘아진다고 생각하면 이해하기 쉽습니다. 다만 난로에서 방사되는 파장이 긴 열에너지는 사람이 볼 수 없습니다. 열복사 에너지는 모든 방향에서 열을 흡수하거나 반응하는 물질을 만날 때까지 직선으로 움직이는데 열복사의 가장 큰 단점은 표면만을 가열시킬 수 있다는 점입니다. 만약 어떤 장애물이 놓여 있다면 그 뒤에 있는 물질은 가열되지 않습니다. 다른 급우들에게 가려져 있는 난로의 복사열은 교실 구석에 앉아 있는 급우에게까지 미치지 못합니다. 마치 뜨거운 여름에도 햇빛을 가린 그늘 아래 있으면 서늘한 것과 같은 이치입니다.

대류

대류는 공기나 액체의 흐름과 순환을 통해 열을 전달하는 현상입니다. 화목난로 위의 공기는 뜨겁게 달궈지고 방 위로 올라가 사방으로 퍼집니다. 다시 차가워진 공기는 사방 벽면을 타고 방바닥으로 내려오게 됩니다. 이러한 순환이 반복되면서 집 안의 공기가 따뜻해지게 됩니다. 아무리 난로의 복사 열기가 잘 가지 않는 교실 구석에 앉은 급우라도 그나마 대류열의 혜택은 받을 수 있습니다. 대류난방의 가장 큰 단점은 주로 위쪽이 따뜻해진다는 점입니다. 난로를 피울 경우 대류현상에 의해 대부분 천정 쪽이 가장 따뜻합니다.

열전도

열전도는 접촉에 의해 열이 전달되는 현상입니다. 열전도는 항상 뜨거운 물질에서 차가운 물질로 열평형을 이루면서 일어납니다. 열전도는 대류와 달리 위 아래 옆 어느 방향으로든지 일어납니다. 돌이나 흙의 경우 밀도가 높을수록 열전도가 빨리 일어납니다. 석회석이나 벽들은 중간 정도입니다. 돌이나 흙은 열을 빨리 흡수해서 저장(축열)하지만 일단 뜨거워지면 서서히 열을 집 안으로 내뿜습니다. 이게 바로 복사열입니다. 벽난로나 구들은 열전도 현상으로 열을 구들돌이나 흙, 벽돌 등 열매체에 저장(축열)했다가 다시 열매체가 내뿜는 복사열을 사용하는 대표적인 난방장치입니다.

단열재는 열이 전달되는 속도가 늦은 물질, 즉 열전도율이 낮은 물질입니다. 따라서 열전달을 늦추기 위해서는 밀도가 작고 가벼운 물질을 사용하면 됩니다. 대부분 가볍고 밀도가 낮은 물질은 그 안에 공기가 차 있는 공극이 있습니다. 잘 알려진 화학단열재인 스티로폼은 말 그대로 공기주머니 덩어리라 볼 수 있죠. 사실 공기는 가장 훌륭한 단열재인 셈이죠. 공극이 많은 부석이나 질석은 열전도가 가장 늦게 일어납니다. 부석이나 질석의 공극 안에 있는 공기가 열전도를 방해하기 때문입니다. 때문에 가벼운 경량토가 주로 단열재로 사용됩니다.

열복사·대류·열전도를 이용한 난로 만들기

효과 만점 거꾸로 타는 깡통난로

　오늘 아침 텃밭에 나가보니 고구마 잎과 줄기가 검게 녹아버렸습니다. 벌써 서리가 내렸나봅니다. 아무리 전남 장흥이라지만 벌써 11월, 밤낮으로 쌀쌀한 걸 보니 겨울이 오는가 봅니다. 겨울철이면 농한기라 밖에서 할 일이 없는 것 같아도 시골생활이란 게 한데 나가 할 일이 없지 않습니다. 작년 겨울 동네 어르신 장례 때도 여간 추운 게 아니어서 여기저기 장작불을 피운 기억이 납니다. 저희 집은 사랑채 공사가 아직 끝나지 않은 터라 아침 일찍 흙일을 할라치면 불부터 피울 생각이 납니다. 요즈음 깡통과 연통으로 적당히 뚝딱 만든 '거꾸로 타는 깡통난로'를 사용하고 있습니다. 이 역시 땔감을 절약할 수 있고 깨끗하게 고온 연소가 가능한 난로입니다.

　그동안 불에 대해 이야기하면서 물리적인 용어를 사용했더니 조금 어렵게 느껴질 수도 있습니다. 저의 표현 능력의 한계입니다. 그래도 원리는 알아두어야 합니다. 아무리 읽어도 잘 모르겠다 싶으면 일단 그림을 보고 대충! 적당히! 만들어 사용해 보십시오. 그래도 효과 만점 화목난로가 됩니다. 이런 게 농촌생활기술이자 적당기술 아니겠습니까.

　거꾸로 타는 깡통난로를 소개하기 전에 짧게 열복사에 대해 살펴보겠습니다. 열복사는 뜨거워진 물체에서 직접 열파장이나 빛의 형태로 다른 물체에 열에너지를 전달하는 현상을 말합니다. 한마디로 레이저빔처럼 열을 쏜다는 말입니다. 열복사의 경우 어떤 물체가 중간에 놓이게 되면 그 뒤에 있는 물체로 열전달이 차단되는 단점이 있습니다. 야

그림 8-1_깡통과 연통만으로 만드는 거꾸로 타는 깡통난로

외에서 사용하는 화목난로는 주로 열복사 현상을 이용합니다.

드럼통에 나무 때는 게 별 거냐 하실 분들이 계실지도 모르겠네요. 보통 공사장에서 드럼통 밑부분을 적당히 뚫고 장작을 집어 넣어 불을 피우는데 화력은 좋지만 냅다 타 버리는 통에 나무 집어 넣기 바쁩니다. 게다가 매운 연기가 이리저리 춤을 추는 턱에 눈 시울을 씻어내며 불을 쬐야 합니다. 집 안에서 사용할 수 있는 비싼 주물 화목난로는 눈 에 드는 실한 놈은 보통 3~4백만 원을 넘는 데다 연통에다 설치비까지 합치면 뒤로 자 빠질 지경입니다.

거꾸로 타는 깡통난로는 깡통과 직경이 다른 짧은 연통 두 개와 폐깡통으로 만드니 재료 값이라 해봐야 기껏 몇 만 원 수준입니다. 어설프게 만들어도, 화구가 위쪽으로 나 있어 위에서 아래로 장작을 넣어도 연통을 제외하곤 난로 밖으로 연기가 새어나오지 않습니다. 장작이 거꾸로 타들어가니 나무가 가열되면서 나오는 나무가스(연기, 그을음)는 빨간 불꽃 속으르 빨려들어가며 재 연소되기 때문에 연기가 줄어듭니다. 게다가 연통으로 쑥쑥 빨려들어간 후 사람 키 높이 위에서 연기가 빠져나가니 매운 연기 때문에 고생할 일도 없습니다. 이 깡통난로는 요리용 단열 개량 화덕과 달리 단열재로 감싸지 않습니다. 난로 몸통을 통해 열을 후끈후끈 뿜어내는 게 목적이기 때문입니다. 이 난로는 장작을 위에서 거꾸로 집어 넣는데 밑에서부터 타기 때문에 연소점이 집중되고 타들어가면서 저절로 난로 속으로 미끄러져 들어갑니다. 한마디로 땔감이 자동투입되는 화목난로입니다. 무엇보다 적은 나무 땔감으로도 고온 연소가 되는 데다 발산하는 열량이 커서 후끈한 게 요놈만 한 난로가 없습니다. 단점이라면 워낙 고온이라 쉽게 연통과 깡통이 부식되어 몇 년 사용치 못합니다. 아무래도 싼 게 비지떡이네요.

만드는 방법

이 난로는 아주 간단히 만들 수 있습니다. 작은 드럼통 윗면에 직경과 길이가 다른 두 연통을 꽂아 만듭니다. 직경이 작은 긴 연통은 말 그대로 연통 역할을 합니다. 직경이 크고 짧은 연통은 드럼통 안쪽으로 깊고 낮게 꼽는데 화구(장작투입구) 역할을 합니다. 100리터짜리 큰 드럼통으로 난로 몸체를 만들 경우 화구는 직경이 20cm이고 길이가 60cm 정도인 연통을 사용하고, 말 그대로 연기가 빠져나가는 연통은 직경이 12~15cm에 길이가 160~170cm 인 연통을 사용합니다. 화구가 너무 작으면 공기 주입이 잘 되지 않기 때문에 불이 쉽게 붙지 않고 불이 붙는다 해도 쉽게 꺼질 수 있습니다. 저와 전국귀농운동본부의 박용범 사무처장은 괴산 귀농지 탐방 때 크고 작은 드럼통으로 거꾸로 타는 깡통

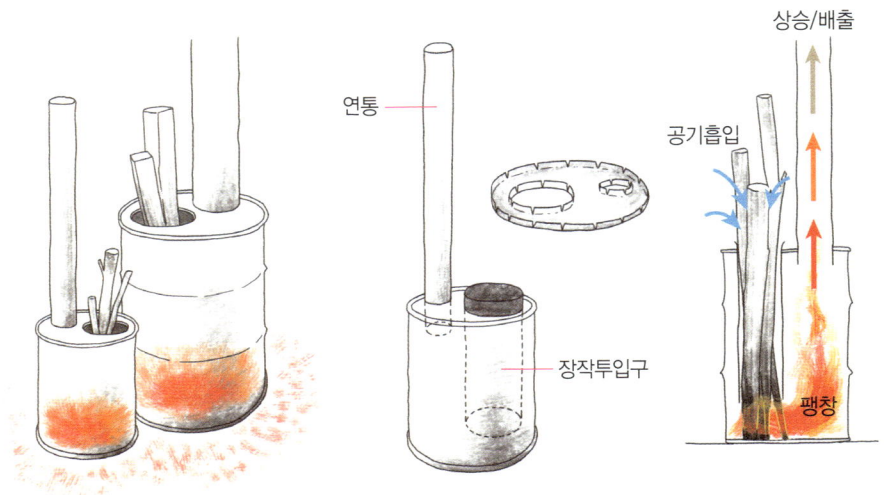

연통

장작투입구

상승/배출

공기흡입

팽창

그림 8-2_거꾸로 타는 깡통난로의 구조와 원리

난로를 만들었는데 그중 대형 드럼통에 비해 너무 작은 연통을 장작투입구로 사용한 난로는 불을 붙이는 데 애를 먹었습니다. 이후 박용범 사무처장은 반으로 자른 드럼통 밑쪽을 모래상자에 꽂아 밑으로 연기가 새지 않게 하고 나중에 재도 쉽게 빼낼 수 있도록 만들었습니다. 그리고 연통 직경은 12cm, 화구는 직경이 20cm인 연통을 사용해서 만들었습니다. 녹색일자리 한마당에 설치한 귀농운동본부의 인디언 티피 안에 새롭게 개량된 거꾸로 타는 드럼통 난로가 등장했는데 작은 페인트 깡통난로에 비해 열량도 높고 군고구마나 삼겹살을 굽기에도 좋았습니다.

보통 한말 들이라고 부르는 20리터 용량의 일명 구리스 깡통으로 난로를 만들 경우 연통은 직경 10cm, 길이 150~160cm 크기의 것을 사용하고, 화구는 지름 15cm, 길이 30~40cm 연통을 사용합니다. 먼저 깡통에 칠해진 페인트칠을 깨끗이 태워 없애야 합니다. 페인트칠이 연소되면서 유독 가스가 나오기 때문입니다. 깡통 뚜껑의 고무 링도 제거

그림 8-3_거꾸로 타는 반쪽 드럼통 난로 위에 고구마와 삼겹살을 굽고 있는 귀농운동본부의 박용범 사무처장

합니다. 깡통 뚜껑에 연통과 장작투입구로 쓸 연통의 직경에 맞춰 구멍을 뚫어둡니다. 구멍을 뚫을 때는 뚫고자 하는 연통 지름 크기의 원과 그보다 작은 원을 연필로 표시한 후 내부의 작은 원을 우선 함석가위나 그라인더로 잘라냅니다. 잘라낸 작은 원 안에서 큰 원까지 방사선처럼 함석가위로 그림 8-2와 같이 자릅니다. 자른 부분들을 접어 올려 연통과 짧은 화구용 연통을 끼웁니다. 긴 연통이 깡통 밑으로 쑥 빠져버리지 않도록 SUS 호스밴드를 사서 꽉 죄어줍니다. 그리고 석고붕대나 석고 분말을 반죽해서 연결부위를 잘 감싸줍니다. 석고가 없으면 흙반죽을 대용하기도 합니다.

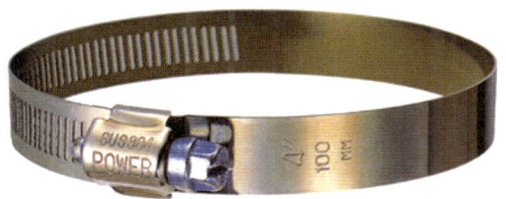

그림 8-4_연통을 고정할 때 사용하는 SUS 호스밴드

미세 기압차와 상승기류가 만드는 거꾸로 타는 불꽃

거꾸로 타는 깡통난로는 키 높은 연통에 비해 낮은 화구 쪽으로 차갑고 무거운 공기가 깡통 안쪽으로 빨려들어갑니다. 연통과 화구에 미세한 기압차가 발생하기 때문입니다. 일단 깡통 안에 불이 붙고 예열되면 좁고 긴 연통 안에는 상승기류가 생기면서 연기가 쏙쏙 빨려나갑니다. 반대로 화구(장작투입구) 쪽에는 공기가 밑으로 빨려들어오면서 수직으로 꽂아 넣은 장작과 함께 불꽃도 거꾸로 타들어가게 됩니다. 화구가 위로 열려 있어서 그리로 연기가 나올 것 같지만 전혀 연기가 나오지 않습니다. 사용할 때 알아두면 좋은 요령 하나는 화구를 깡통 안으로 깊이 넣으면 불꽃이 깡통 밑에서만 놀게 되고 장작은 천천히 타게 됩니다. 화구를 바깥쪽으로 잡아 당겨 깡통 안쪽으로 들어간 부분이 적게 만들면 불꽃은 보다 높게 놀게 되고 장작은 상대적으로 빨리 타게 될 뿐 아니라 열량도 커집니다.

집 안에서도 사용할 수 있는 거꾸로 타는 깡통난로

거꾸로 타는 깡통난로는 연통을 1m 이상 높인 후 수평으로 꺾어서 집 밖으로 내보내면 집 안에서도 연기 걱정 없이 사용할 수 있습니다. 사진과 같이 깡통난로의 밑부분을 벽돌이나 모래상자로 받치고 주위를 흙과 모래를 섞은 반죽으로 미장한 후 석회나 석고를 발라주면 화재 걱정을 하지 않아도 됩니다. 깡통난로 몸체는 자동차용품점에서 파는 소음기용 내열페인트를 바르면 외관도 깔끔하게 바뀝니다. 이때 내열페인트는 800도 이상 견딜 수 있는 스프레이용을 사용합니다.

거꾸로 타는 깡통난로를 집 안에서 사용하기 위해서는 몇 가지 보완이 필요합니다. 잿구멍을 깡통난로 밑에 뚫고 잿구멍을 완전하게 밀봉할 수 있는 문을 달아야 합니다. 잿구멍의 문이 완전하게 밀봉되지 않으면 장작을 넣는 화구로 불길과 연기가 역류하게

그림 8-5_실내용 거꾸로 타는 깡통난로

됩니다. 만약 좀 더 효율적으로 개선하고자 한다면 깡통난로 내부에 철근으로 오븐받침 처럼 장작받침을 만들어 끼워넣습니다. 이때 장작받침의 다리 높이는 잿구멍 위에 장작 받침이 놓일 정도 높이로 만들면 재를 빼내기 편리하겠지요. 깡통난로를 가상으로 3등분 해서 맨 아래쪽은 장작받침 밑부분으로 재가 쌓이는 곳이 되고, 장작받침 바로 위쪽 3 등분 부위는 연소공간으로 장작받침 주위를 단열재로 감싸서 연소효율을 높이고, 깡통난 로의 맨 위쪽인 화구와 연통 가까이 3등분은 단열재로 감싸지 않고 그대로 놔둬서 실내로 열을 발열하도록 만듭니다. 즉 발열공간, 연소공간, 재처리공간으로 나누어 보는 거죠.

연통으로 빠져나가는 열을 좀더 잡아두고 싶다면 연통을 1m 정도 높이로 올린 후에 는 구불구불 접어 열기 배출을 지연시키고 연통주위를 축열할 수 있는 진흙반죽으로 감 싸거나 벽돌로 연통을 감싼 후 그 사이에 모래를 채워 넣는 방법도 시도해볼 만합니다. 장작을 집어 넣는 화구에도 공기주입량을 조절할 수 있는 뚜껑을 달아 닫을 수 있게 만 들면 이미 따뜻해진 실내 공기가 연통을 통해 외부로 빠져나가는 것을 막을 수 있게 됩니다.

조금씩 개선하다보면 점점 깡통난로는 복잡해지고 만들기도 어렵겠지만 그만큼 열효율은 높아집니다. 기술적 개선은 효율을 목표로 삼지만 종종 더욱 복잡해지고 제작하기 어려워집니다. 적당한 선에서 개선을 멈추고 단순함이 주는 편리와 또 다른 차원의 효율을 잃지 말아야 합니다. 고도의 기술과 지식을 집약한 하이테크보다 가볍게 농담삼아 적당기술이라 부르는 적정기술이나 중간기술에 더 관심을 갖는 이유 중 하나는 단순함이 주는 편리와 만들고, 사용하고, 폐기하는 전 과정에서의 효율을 잃지 않기 위해서입니다. 하이테크는 쉽게 전문가의 독점물이 되어버립니다. 중간기술은 누구나 실생활에 직접 적용할 수 있고 대중들의 창조력과 자연에 대한 이해를 높이는 생활기술입니다. 개선시킬 수 있는 지식과 기술이 있으나 적당한 선에서 개선을 멈추는 여유 있는 선택이 화덕이나 난로를 만들 때에도 필요하지 않을까요.

대류난방과 송풍식 난로

대류현상이란 따뜻해지면서 밀도가 낮아진 공기는 위로 올라가고 그 자리에 밀도가 큰 차가운 공기가 흘러들면서 순환되는 공기의 흐름을 말합니다. 대류난방이란 이러한 원리를 이용해 열을 확산시키는 방식이죠. 집 안의 공기를 데우는 방식인데 대부분의 화목난로는 직접 열을 뿜어내는 열복사와 함께 대류현상을 이용해서 방 안을 따뜻하게 만듭니다. 석유를 연소시킨 열을 팬을 이용해 강제 송풍시키는 온풍기는 가장 적극적으로 대류현상을 이용한 난방장치입니다.

대류난방식 화목난로는 많은 단점에도 불구하고 값싸게 만들 수 있고 재빨리 공간을 데울 수 있다는 장점 때문에 많은 사람들이 사용하고 있습니다. 잘 만들어진 대류난방

표 8-1_대류식 화목난로의 장·단점

장점	단점
1. 값 싸고 만들기 쉽다. 2. 상대적으로 가볍다. 3. 공간을 적게 차지한다. 4. 방을 쉽게 데울 수 있다.	1. 열을 저장하지 못한다. 불을 끄면 빨리 식는다. 2. 깨끗이 연소되지 않고 연기가 많이 난다. 3. 외풍이 많은 집에는 적당치 않다. 4. 쉽게 과열되고 일정한 온도를 유지하기 어렵다. 5. 적은 화목으로 공간 난방을 하기 어렵다.

식 화목난로는 집안의 공기가 보다 많이 접촉할 수 있도록 난로의 외부 표면적을 넓게 만듭니다. 연소실은 고온 연소가 되도록 단열처리하지만 뜨거운 연소가스가 빠져나가면서 열에너지를 뿜어내는 부분은 주로 열전도율이 높은 금속으로 만듭니다. 뜨거운 연소가스와 열기가 빠르게 난로 내부면을 마찰하며 지나가야 열전도가 효과적으로 일어나기 때문에 열기가 지나가는 통로나 연도는 좁고 길게 만듭니다.

이중 드럼통 화목난로

'이중 드럼통 화목난로'는 가장 간단하게 만들 수 있는 대류난방식 난로 중 하나입니다. 일반적으로 드럼통 하나만으로 화목난로를 만드는 데 비해 이 화목난로는 드럼통 두 개를 사용합니다. 연소실로 사용하는 아랫부분의 연소 드럼통과 열배출을 지연시키면서 충분한 열을 집 안으로 방출시키도록 만든 윗부분의 발열 드럼통을 연결해서 만듭니다. 연소공간과 발열공간을 나눠서 만드는 거죠. 연소 드럼통은 고온의 열 때문에 쉽게 부식될 수 있습니다. 오랫동안 사용하려면 내화벽돌로 얇은 철제 드럼통 내부 벽을 보호해야 합니다. 내화벽돌을 넣어 연소실을 만들면 고온연소가 가능해집니다. 그만큼 연소효율이 높아집니다. 발열 드럼통은 고온의 연소가스가 곧바로 연통으로 빠져나가는 것을

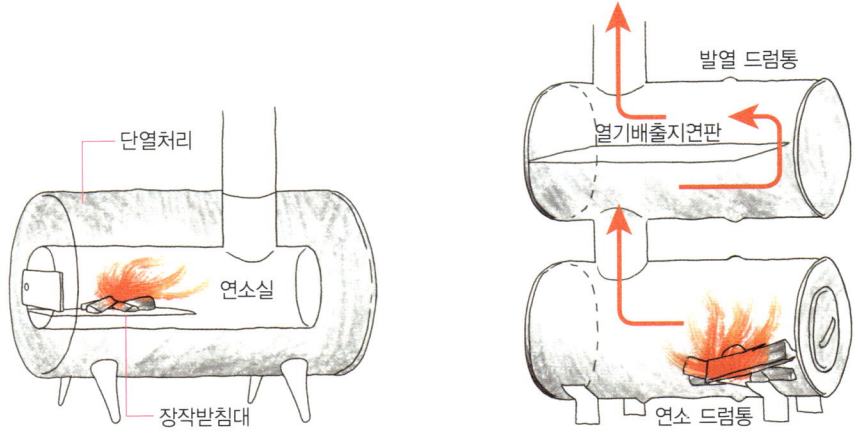

단열처리

연소실

장작받침대

발열 드럼통

열기배출지연판

연소 드럼통

그림 8-6_대류난방식 이중 드럼통 화목

지연시키는 열기배출지연판이 드럼통 중간에 들어 있습니다. 열기배출지연판을 여러 개 달수록 뜨거워진 발열 드럼통 표면이 뜨거워지고 충분히 집 안의 공기를 데우게 됩니다. 집 밖으로 배출되는 연소가스(연기)의 온도는 낮아야 합니다. 집 안에서 충분이 열을 내뿜은 후 식을대로 식은 다음 연소가스가 집 밖으로 배출될 수 있어야 열효율도 높고 장작을 아낄 수 있는 난로입니다.

송풍식 이중 드럼통 화목난로

'송풍식 이중 드럼통 화목난로'는 이중 드럼통 화목난로에 송풍기를 단 강제 송풍식 화목난로 입니다. 이 화목난로는 두개의 위아래 드럼통으로 만드는데 아래 드럼통은 뜨거운 열기에 드럼통이 부식되지 않도록 내화벽돌로 바닥을 깔고, 의 드럼통은 뜨거워진 공기를 내뿜을 수 있는 송풍관을 드럼통을 관통해서 여러 개 설치합니다. 송풍관이 달

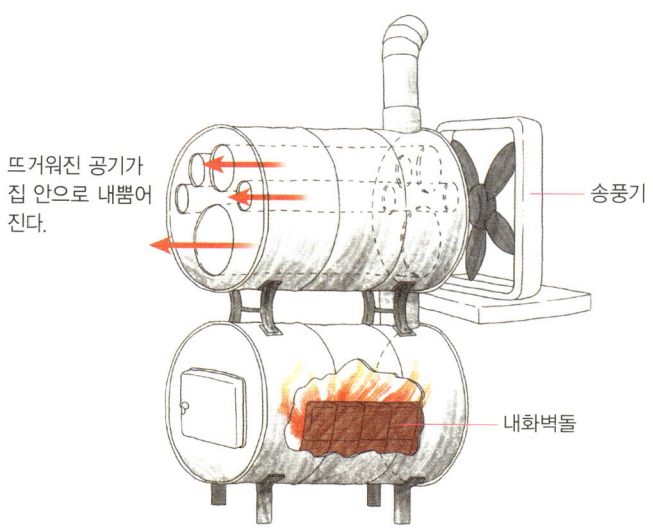

뜨거워진 공기가
집 안으로 내뿜어
진다.

송풍기

내화벽돌

그림 8-7_개량된 송풍식 이중 드럼통 화목난로

린 윗 드럼통 뒤에는 송풍기를 설치해서 열기
를 강제 송풍하도록 만듭니다.

　대류난방식 난로라고 대류 방식의 열전달
만 일어나는 것은 아닙니다. 모든 화목난로
는 동시에 대류와 열복사 또는 열전도(축열)와
열복사 두 가지 이상의 열전달 방식을 통해
집 안을 데우게 됩니다. 어떤 방식을 보다 적
극적으로 이용하는 구조냐에 따라 구분할 뿐

그림 8-8_음성 워크숍에서 제작한 LPG 2단 깡통난로.
검은 보안경을 쓴 이가 철공과 용접의 달인 진일주 씨.

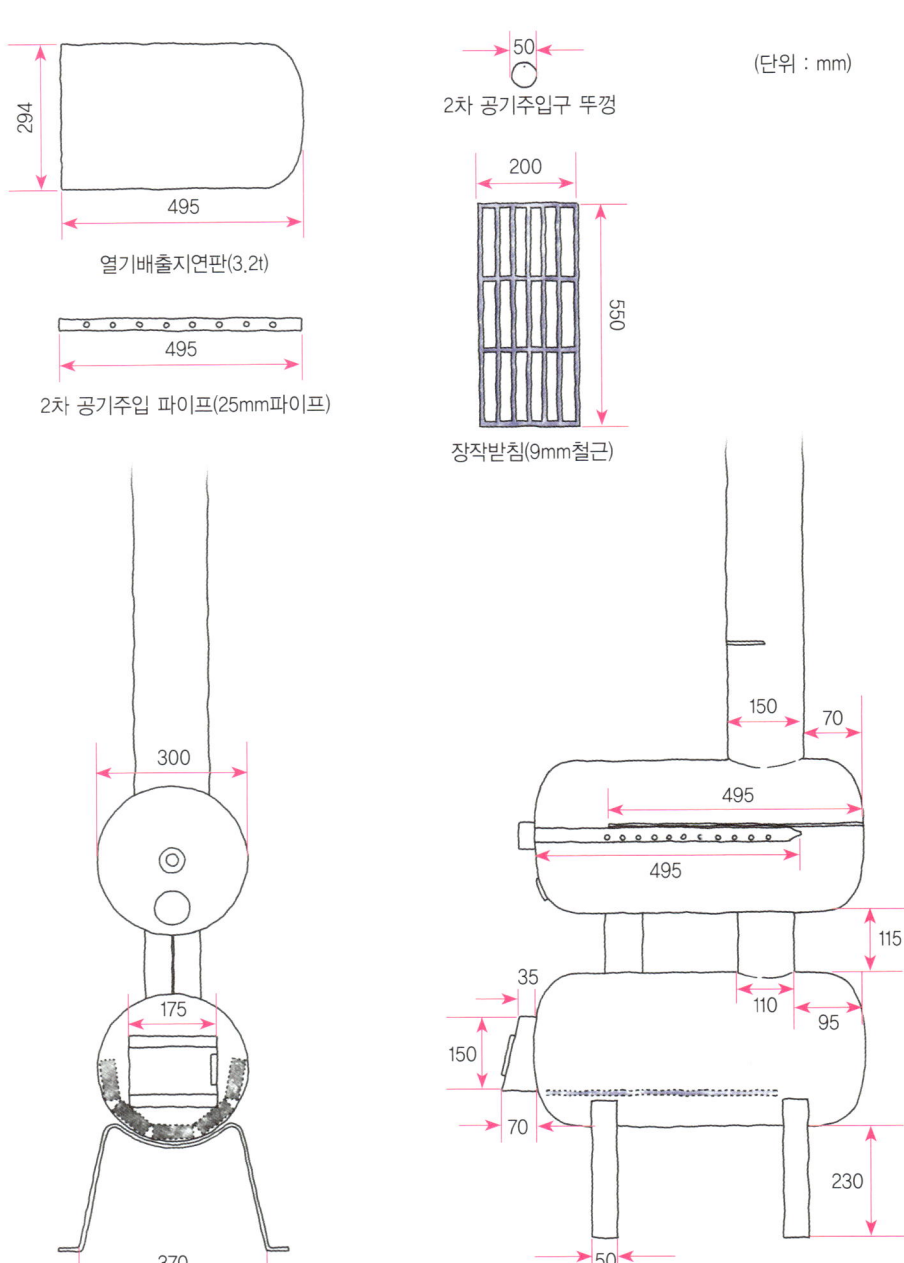

294

495

열기배출지연판(3.2t)

495

2차 공기주입 파이프(25mm파이프)

50

2차 공기주입구 뚜껑

(단위 : mm)

200

550

장작받침(9mm철근)

300

175

370

150

70

495

495

115

110

95

35

150

70

230

50

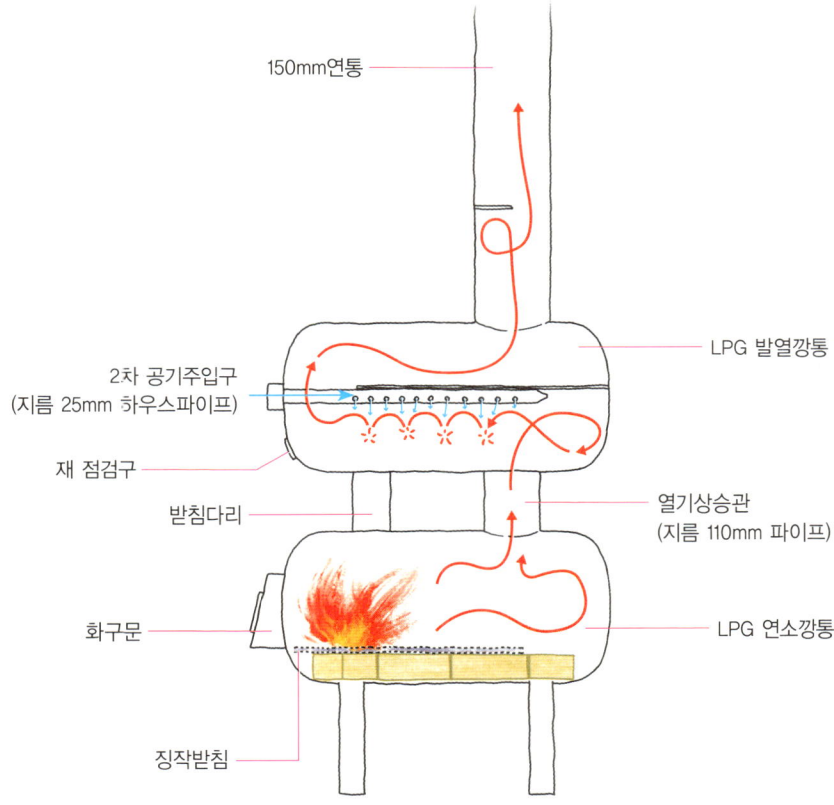

150mm연통

LPG 발열깡통

2차 공기주입구
(지름 25mm 하우스파이프)

재 점검구

받침다리

열기상승관
(지름 110mm 파이프)

화구문

LPG 연소깡통

징작받침

그림 8-9_다중연소를 위한 타공 파이프를 추가 설치한 2단 깡통난로의 부품 규격과 구조

입니다.

2011년 3월 음성 농촌선교교육원에서 전국귀농운동본부 주최로 열은 제1회 적정기술보급원 워크숍에서 필자와 파주 헤이리 제2공방의 이근세 작가, 양주에서 오신 진일주 씨는 참가자들과 함께 7개 정도의 화목난로와 화덕, 깡통구들난로를 제작했습니다. 그중에는 LPG 깡통 2개를 이용한 2단깡통난로도 포함되었습니다. 앞서 소개했던 2단깡통난로와 기본 구조는 같습니다. 기본구조에 발열깡통의 열기배출지연판 밑에 2차 공기를 주입할 수 있는 타공 파이프를 끼워 넣어 다중연소를 유도할 수 있도록 개선했습니다. 여기에 이근세 작가가 작업 내용을 정리한 도면을 사진과 함께 소개합니다.

열을 저장하는 축열식 난로

축열은 어떤 물질에 열을 저장하는 것입니다. 열전도와 축열, 열복사는 연이어 일어납니다. 열전도 현상에 의해 축열체에 축열된 열은 반드시 열복사에 의해 방출됩니다. 열저장 매체인 축열체는 주로 밀도가 높은 흙이나 벽돌, 돌을 사용하는데 북미식 벽난로가 대표적인 축열난방장치입니다. 물 역시 자주 이용되는 열저장 매체입니다. 온수 보일러가 대표적입니다. 잘 만들어진 축열식 벽난로는 뜨거운 열기가 그대로 연통이나 굴뚝으로 빠져나가지 않고 가능한 많은 열을 저장했다가 실내로 천천히 열을 복사하도록 설계되어 있습니다. 일반적인 화목난로들의 경우 장작이 열에너지로 바뀌는 연소효율은 70% 정도입니다. 그러나 잘못 제작된 화목 난로의 경우 실내에서 이용할 수 있는 열에너지는 장작이 연소될 때 발생하는 열에너지의 10~20% 정도밖에 되지 않습니다. 잘 만들어진 북미식 벽난로는 연소효율도 95~98% 이상으로 높고 열이용율 역시 70~85% 이상 높습니다.

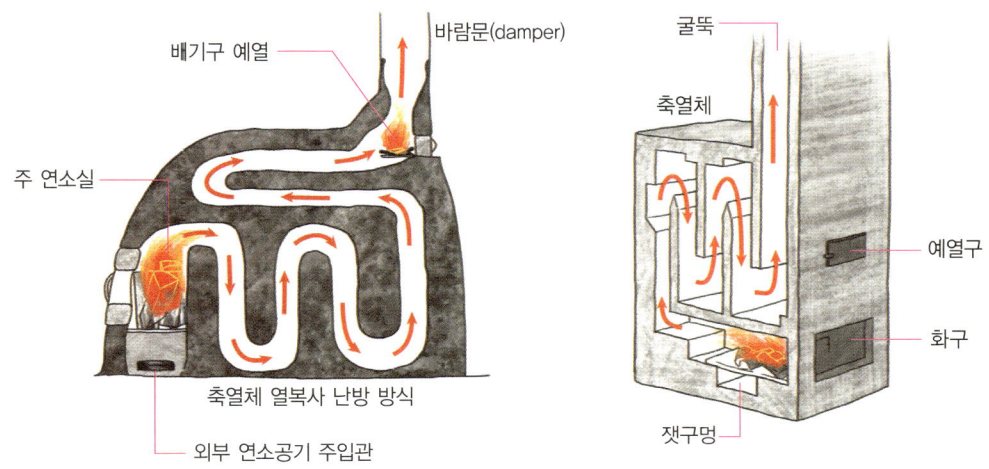

바람문(damper)
배기구 예열
굴뚝
축열체
주 연소실
예열구
화구
축열체 열복사 난방 방식
외부 연소공기 주입관
잿구멍

그림 8-10_축열 방식의 벽난로 구조

축열 방식의 화목난로나 벽난로는 외풍이 많은 집이 대부분이었던 시대에 개발되었습니다. 여기저기 구멍이 숭숭 뚫린 옛날 집들은 한 시간에 열 번 이상 공기 교환이 일어납니다. 다시 말해 집 안에서 화목 난로를 때면 집 안의 모든 공기는 시간마다 열 번 이상 완전히 차가운 공기로 교체됩니다. 아무리 화목난로를 활활 태운다 해도 순식간에 따뜻해진 실내 공기는 사라지고 차가운 외부 공기가 방안을 가득 채우고 만다는 얘기입니다. 축열체가 없는 일반 화목난로는 사실 효과적인 난방장치가 아니기 때문에 한번에 빠른 시간에 과도하게 집 안 공기를 데우고 맙니다. 그 대신 벽난로는 연소열을 흙이나 벽돌, 돌에 저장했다가 서서히 방출하는 열복사 에너지를 이용합니다.

벽난로의 몸체에 저장된 열은 서서히 실내로 시간당 매우 낮은 비율로 복사되면서 집 안을 따뜻하게 만듭니다. 보통 한 번 불을 때면 꺼진 후에도 24~36시간 이상 복사열을 내뿜습니다. 축열 복사 난방은 오랜 시간 동안 실내 온도를 지나치게 높게 하지 않으면서도 화목 난로 안의 장작을 고온으로 연소시킬 수 있습니다. 축열체인 벽난로 몸체에 충

표 8-2_축열식 난로의 장·단점

장점	단점
1. 축열 열복사 방식은 밤새 집 안을 따뜻하게 유지할 수 있다.	1. 순간적인 실내 온도 조절이 되지 않는다. 서서히 실내 온도가 올라가고 서서히 식는다.
2. 열복사는 너무 뜨겁지 않고 부드러운 따뜻한 느낌을 준다.	2. 축열체가 달궈지는 데 오랜 시간이 걸린다. 따라서 실내 온도를 높이는 시간도 한참 걸린다.
3. 화목난로를 불 때는 시간을 줄일 수 있다. 밤새 불을 때지 않아도 된다.	3. 축열체가 실내에서 차지하는 공간 비중이 크다.
4. 단시간 고온 연소가 가능하기 때문에 연기가 적게 난다.	4. 돌, 벽돌, 흙으로 축열 열교환 장치를 만드는 데 약간의 기술과 경험이 필요하다.

분한 열을 저장한 후에도 몸체를 이루는 흙이나 벽돌, 돌의 표면은 상대적으로 온도가 낮은 상태가 유지됩니다. 화목에서 발생한 뜨거운 열기가 곧바로 실내로 전달되지 않고 축열체에 일단 저장된 후 은근히 뿜어나오는 복사열을 이용하기 때문입니다. 높은 온도로 장작을 연소시키면 깨끗하게 완전 연소되기 때문에 해로운 연기나 그을음이 적게 생깁니다. 축열식 화목난로나 벽난로의 구조는 열기 배출을 지연시켜 천천히 굴뚝으로 빠져나가도록 만들어져 있습니다. 겨울 날씨가 혹독한 러시아 페치카는 축열 벽난로의 극단적인 예입니다. 보통 바람문이 달려 있어 장작이 다 탄 후 화목난로 안의 뜨거운 열기가 곧바로 빠져나가는 것을 조절합니다. 처음 장작에 불을 붙이기 전 연기의 배출과 공기의 흡입을 원활하게 하기 위해 미리 굴뚝 안을 예열할 수 있는 예열구를 종종 만들기도 합니다. 예열구를 열어 촛불을 잠시 켜 놓았다가 끄면 굴뚝 안은 상승기류가 만들어지고 연기도 거꾸로 나지 않게 됩니다.

연통과 댐퍼에 대해 바로 알자.

화목난로에 일반적으로 이용되는 함석 연통은 상당한 양의 열을 실외로 너무 빠르게 배출시켜 버립니다. 연통이 길면 방안을 따뜻하게 만든다고 생각하지만 결코 좋은 열교환장치가 아닙니다. 뜨거운 연기와 가스가 연통과 마찰해야 열전도가 이뤄질 텐데 연통 안에서 마찰은 잘 일어나지 않습니다. 열기는 연통 한가운데를 빠르게 지나가버릴 뿐입니다. 연통을 통해 너무 쉽고 빠르게 빠져나가는 열을 축열체를 이용해서 잡아두면 적은 양의 장작으로도 충분히 방안을 따뜻하게 만들 수 있습니다.

많은 사람들이 연통의 댐퍼(Damper, 배기개폐장치, 바람문)를 잘못 사용하고 있습니다. 댐퍼로 불의 세기를 조절할 수 있는데 연소 중에 연통의 댐퍼를 닫으면 연소가스 배출이 원활하지 않게 되고 화목난로로 공기 주입도 줄어들게 됩니다. 장작은 불완전연소되고 집안은 연기로 가득찰 수 있습니다. 댐퍼를 연소실 바로 위 연통에 설치하면 최악의 결과를 낳을 수 있습니다. 연소가 된 후 뜨거워진 열기가 충분한 시간 동안 축열체에 저장될 때까지 열기와 연소가스가 외부로 빠져나가지 않도록 배기를 조절할 수 있는 적절한 위치에 댐퍼가 있어야 합니다. 댐퍼가 없다면 뜨거운 공기가 연통을 통해서 빠져나가는 만큼 창이나 문, 지붕 틈새를 통해서 차가운 공기가 실내로 들어오게 됩니다. 댐퍼는 불기 조절장치라기보다는 연기배출지연장치라 할 수 있습니다. 처음 불을 붙일 때 상당한 정도 실내 공기가 교체됩니다. 3~4시간 화목난로를 활활 때서 축열체에 충분히 열이 저장되고 화목이 다 탄 후 댐퍼를 닫아두면 실내의 뜨거운 공기가 빠져나가는 것과 차가운 공기가 실내로 들어오는 것을 막을 수 있습니다. 이러한 문제점을 해결하기 위해 외부로부터 공기를 끌어들이는 별도의 공기주입관을 벽난로에 연결해두면 실내의 대류 온도를 어느 정도 일정하게 유지하는 데 도움이 됩니다.

일본의 마제코제 카페의 로켓함석난로

1998년 동계올림픽이 열렸던 나가노에는 환경과 문화운동에 관심을 갖고 있는 이들이 만든 마제코제란 카페가 있습니다. 마제코제 카페는 창고를 개조해서 살림공간 겸 카페로 사용하고 있는데 본래 건물이 단열이 부실해서 겨울 추위에 대한 대책으로 로켓화덕을 응용한 로켓 연소부가 내장된 개량된 함석난로를 만들어 사용하고 있습니다.

카페 분위기에 석유난로는 어울리지 않고 다양한 고급 철물 벽난로나 주물난로는 너무 비싸기 때문에 선택 대상에서 제외했다고 합니다. 카페 주인은 나가노 야마무라부 지역에서 쉽게 구할 수 있는 혼마 시계형 함석난로를 변형해서 열효율이 좋고 장작 사용

그림 8-11_
나가노 마제코제 카페의 혼마 시계형 로켓함석난로

량도 적은 로켓함석난로를 직접 만들었습니다. 혼마 시계형 난로와 큰 차이는, 연소실 내부에 로켓화덕의 연소부, 즉 내화벽돌로 만든 로켓엘보Rocket Elbow를 넣어 연소 효율을 큰 폭으로 향상시키고 있는 점입니다.

카페 구성원들은 로켓화덕의 원리를 이용해서 혼마 로켓난로를 만들게 된 중요한 이유에 대해 다음과 같이 말하고 있습니다. 현지에서 조달할 수 있는 재료로 제작하고, 가능한 단순하고 간단한 구조로 복잡한 장치가 필요 없어서 스스로 제작할 수 있고, 무엇보다도 연소효율이 높아 장작 사용량을 줄일 수 있는 난방장치이기 때문이라고 말합니다. 로켓함석난로는 한마디로 적정기술, 중간기술을 이용한 지속가능한 생활방식에 적합한 난방장치입니다. 마제코제 카페의 구성원들이 로켓철물난로를 만든 목적은 환경적인 배려와 난방비를 절감하려는 분명한 목적이 있었습니다. 이외에 그들은 "우리의 생활은 어떻게 만들어지고 있는지?"라고 하는 "눈에는 안보이는 생활의 배경으로 관심을 가지는 계기 만들기"가 목적이었습니다. '로켓철물난로 만들기'를 통해 가장 효과적이고 구체적인 체험과 계기를 마련하기 위해서였습니다.

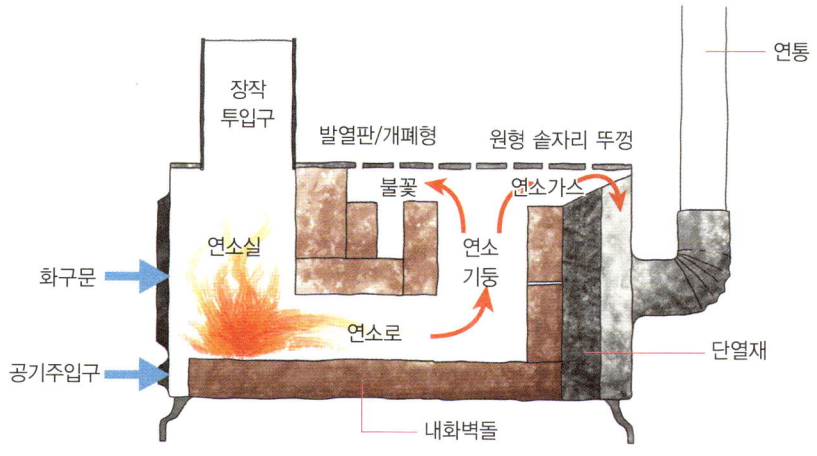

장작
투입구

발열판/개폐형

원형 솥자리 뚜껑

연통

불꽃

연소가스

화구문

연소실

연소
기둥

공기주입구

연소로

단열재

내화벽돌

그림 8-12_시계형 로켓철물난로 내부 구조

마제코제 카페의 로켓철물난로는 우리나라에서도 흔히 볼 수 있는 누운 직사각형 철제 난로나 드럼통 난로를 보다 효율적으로 개량하는 데 좋은 지침이 됩니다. 특히 기존 난로의 외형을 그대로 유지한 채 난로 내부에 내화단열벽돌로 로켓 연소부를 쌓기만 하면 되기 때문입니다. 단, 장작투입구나 발열판에 뚫려 있는 개폐형 원형 솥자리 뚜껑을 닫았을 때 완전히 밀폐되어야만 연기가 실내로 역류하지 않게 된다는 점에 주의하시기 바랍니다.

1회 적정기술보급원 양성 과정 워크숍에서는 드럼통을 이용하여 중형 마제코제 화목난로를 실험적으로 제작해보았습니다. 제작 비용 등의 문제 때문에 중형 드럼통과 말통 깡통을 활용해서 만들었고, 내부 구조물과 화구 구조물은 이근세 작가와 진일주 씨가 제작했습니다.

완료된 중형 마제코제 화목난로는 충분한 화력에도 불구하고 몇 가지 개선점을 찾을 수 있었네요. 우선 화구문에 달린 공기주입구의 직경을 좀 더 크게 키울 필요가 있었습니다. 조리가열판과 화덕 몸체인 드럼통의 용접이 쉽지 않았는데 드럼통 철판이 너무 얇기 때문이었습니다. 실제 제작에서 좀 더 두꺼운 철판이나 스테인리스를 활용해서 화덕 몸체를 만들면 이 문제는 해결되리라 봅니다. 또 다른 문제는 중간 드럼통을 화덕 몸체로 사용하다보니 화구와 로켓엘보 연소부 사이의 장작 적재부위가 너무 짧아 한꺼번에 많은 장작을 넣을 수 없었습니다. 마지막으로 내부 로켓엘보의 크기가 너무 커서 펄라이트로 주변부를 단열했어도 충분한 고온연소 환경을 만드는 데 한계가 있었습니다. 이근세 작가는 상세한 제작도면과 개선 부위를 표시한 보완 구조도를 작성해서 공개해주었습니다.

그림 8-13_중형 드럼통을 몸체로 활용해서 만든 중형 마제코제 화목난로

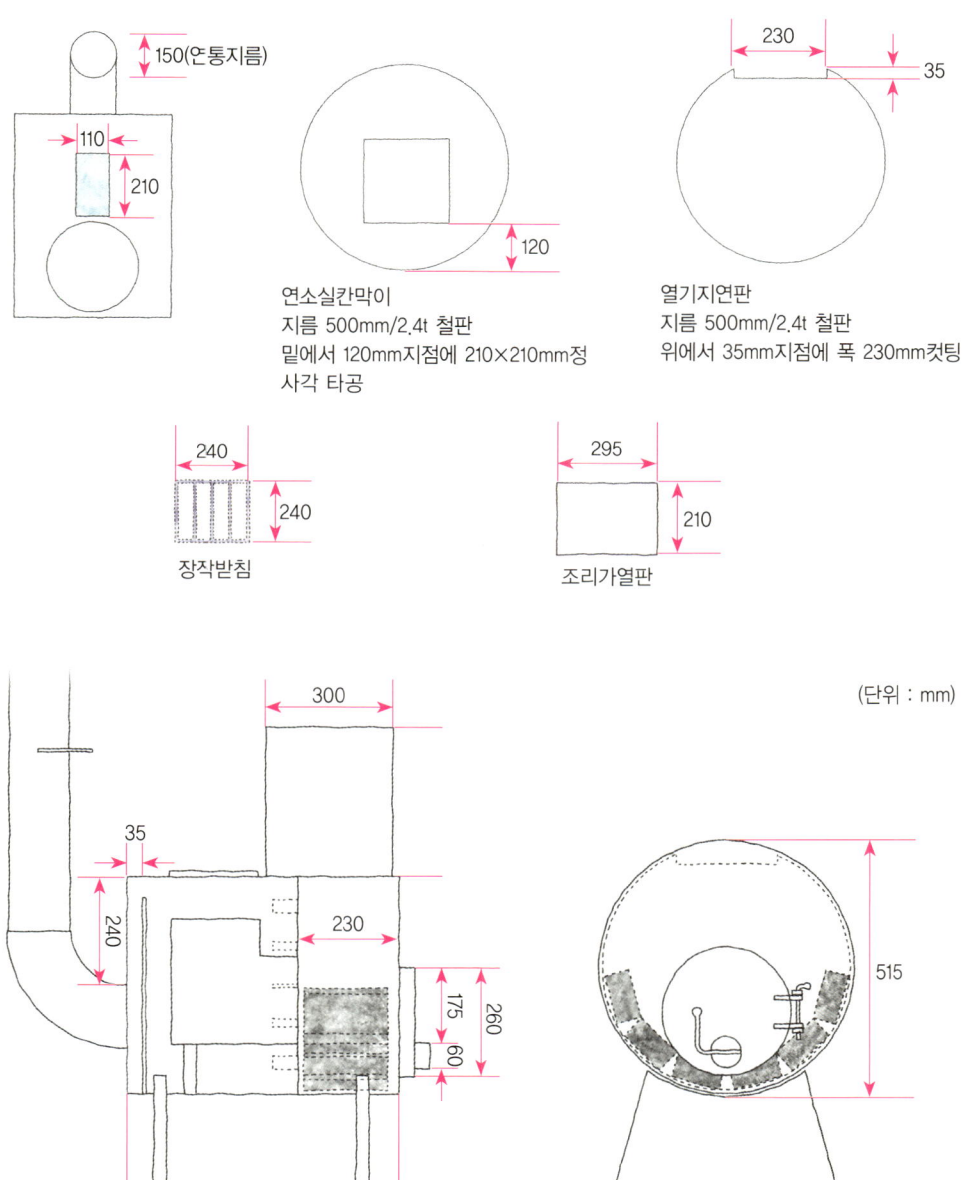

150(연통지름)

110

210

연소실칸막이
지름 500mm/2.4t 철판
밑에서 120mm지점에 210×210mm정
사각 타공

120

230

35

열기지연판
지름 500mm/2.4t 철판
위에서 35mm지점에 폭 230mm컷팅

240

240

장작받침

295

210

조리가열판

300

(단위 : mm)

35

240

230

175

260

60

640

515

그림 8-14_중형 마제코제 화목난로의 구조와 각 부위 크기

제8장 | 화목난로 3박자, 열복사·대류·열전도 **307**

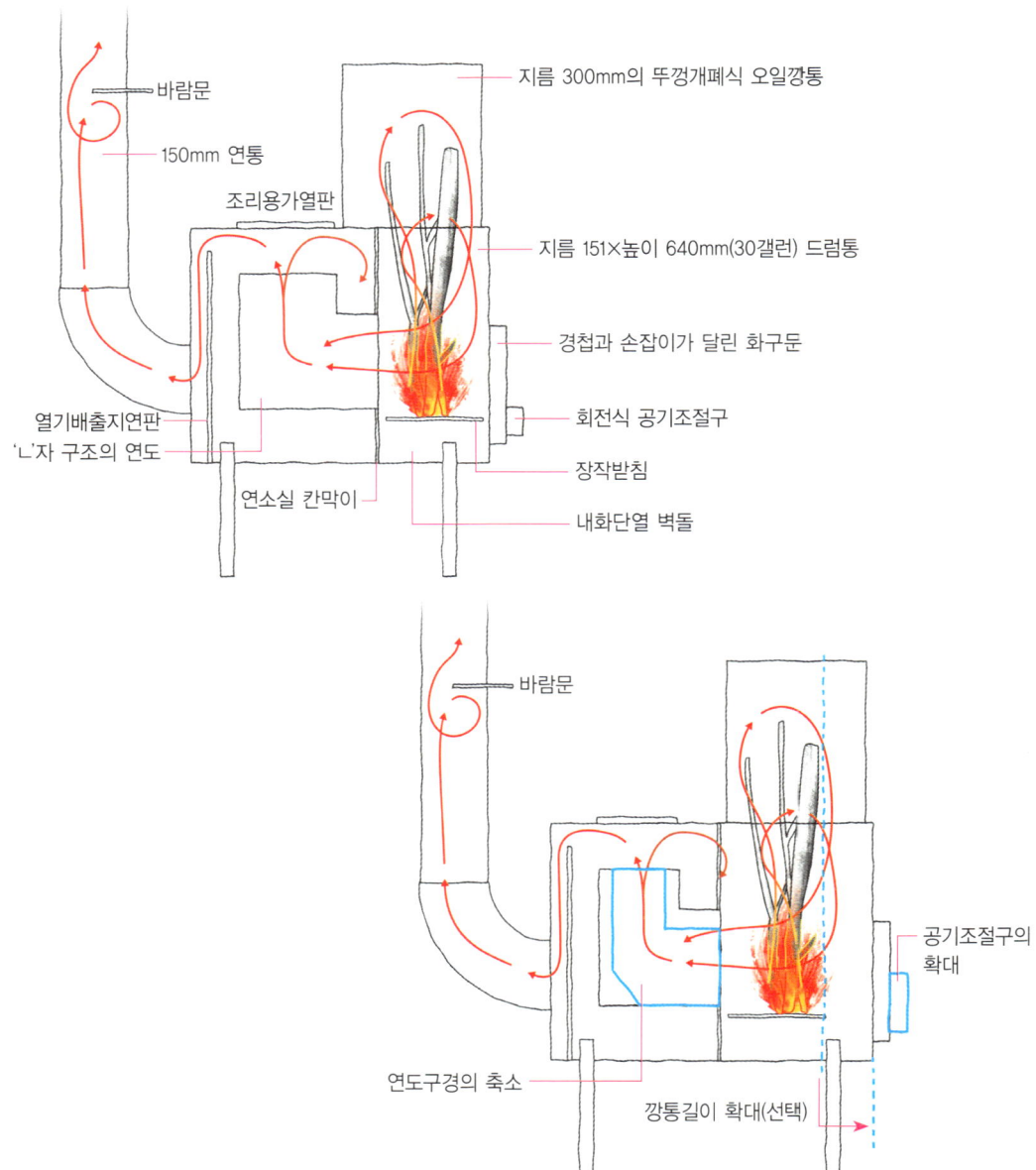

바람문

150mm 연통

조리용가열판

지름 300mm의 뚜껑개폐식 오일깡통

지름 151×높이 640mm(30갤런) 드럼통

경첩과 손잡이가 달린 화구문

회전식 공기조절구

장작받침

내화단열 벽돌

열기배출지연판

'ㄴ'자 구조의 연도

연소실 칸막이

바람문

공기조절구의
확대

연도구경의 축소

깡통길이 확대(선택)

그림 8-15_중형 마제코제 화목난로의 개선 부분이 표시된 구조도

9

알고 있던 벽난로 그 이상

알고 있던 벽난로
그 이상

　난방 방식은 각 나라의 주거문화와 생활방식에 따라 다양한 형태로 발전되어 왔습니다. 서양의 벽난로 역시 그 다양한 난방 방식 중 하나입니다. 바닥을 난방하는 온돌문화에 익숙한 우리에게 벽난로는 아직 생소할 뿐 아니라 부자들의 고급스런 장식품처럼 느껴집니다. 최근 들어 귀농하거나 귀촌하는 이들이 늘어나면서 다양한 난방 방식에 대한 관심이 늘어나고 있고 벽난로에 대한 인식도 적잖은 변화가 일어나고 있습니다. 특히 공간난방용 보조수단으로서의 그 가치가 새롭게 부각되고 있을 뿐 아니라 거친 솜씨지만 직접 벽난로를 제작해보려는 시도가 늘고 있습니다.

　서양의 대표적인 난방장치인 벽난로는 멀리 고대 로마의 서양식 구들인 하이포코스트Hypocaust의 유산을 간직하고 있습니다. 벽난로는 장작이 타면서 내뿜는 열기를 위아래 좌우로 나누어 보내고 축열하는 다양한 기술을 발달시켜 왔습니다. 심지어 벽난로의 열을 벽난로 앞쪽 바닥으로 보내어 부분적이긴 하지만 바닥난방을 할 수 있도록 시공한 사례도 있습니다. 최근에는 공간난방을 할 수 있는 난로와 우리의 온돌처럼 바닥난방을 할 수 있는 축열의자나 축열침대를 결합시키거나 벽난로와 구들을 결합하는 다양한 방법들이 소개되고 있습니다.

기름값이 오르락 내리락 널뛰는 통에 덜컥 겁이 납니다. 한겨울 기름통에 몇 드럼씩 난방유를 채우다보면 웬만한 날씨엔 보일러 켜기조차 주저하게 됩니다. 자식들이 설치해놓은 보일러는 제쳐두고 전기장판을 사용하는 할매들 심정을 이해하겠습니다. 전기장판이며 온수매트를 사용해보기도 했지만 잠자리가 좋을 리 없습니다. 자꾸 몸이 마르는 듯합니다. 코끝이 새끈해지고 으슬으슬 한기라도 들라치면 어쩔 수 없이 에라 모르겠다 포기하고 펑펑 기름보일러를 때고 맙니다. 몸이 중요하지 기름값이 중요하겠습니까. 기름 보일러를 사용하는 본채에 보조난방장치도 필요하고 장작불이 이글거리는 운치도 느낄 겸 나주 쪽 광주 초입의 벽난로 전문상가를 찾았습니다. 제법 모양도 있고 튼실한 데다 열효율이 높을 만한 주물벽난로 가격을 물어보니 연통과 난로 몸체, 부속값, 설치비를 더하니 최소 3백만 원을 훌쩍 넘어버립니다. 둘 다 직장을 그만두고 귀농한 처지가 뻔하니 눈요기만 하고 발걸음을 돌려 집으로 향하며 생각합니다. '돈 좀 적게 들고 직접 벽난로를 만들 수는 없을까? 벽난로에 대해서 도통 모르는데 가능할까?' 요즘 같은 시대엔 열심히 찾아보면 알지 못할 게 없고 서툴지만 부딪혀 보면 못할 일도 없습니다.

우리가 알고 있는 벽난로 그 이상

벽난로 하면 떠오르는 그림은 무엇인가요? 아마 17~18세기를 시대적 배경으로 한 서구 영화에 등장하는 화려하게 회벽 치장하거나 돌을 붙인 영국식 개방형 벽난로 아닐까요. 영국식 벽난로는 화구가 크게 열려 있고 벽체 안으로 삽입되어 있습니다. 요즘 건축 잡지에 자주 소개되는 주물이나 강철로 만든 노출형 벽난로 역시 사람들의 머릿속에 자리 잡고 있는 이미지입니다. 하지만 벽난로는 사용연료에 따라 장작용, 가스용, 전기용, 펠렛용, 기름용, 갈탄 등으로 나눌 수 있고, 설치 방법에 따라 매립형과 노출형, 반매립

그림 9-1_단면개방형 재래식 벽난로

형, 중앙노출형 등 다양한 형태가 있습니다. 외부 치장재에 따라서도 벽돌마감, 석조마감, 타일마감, 금속마감, 석회마감, 흙마감 등 여러 가지 종류가 있습니다. 벽난로 구조에 따라서도 영국식 개방형, 북미·북유럽식 밀폐형으로 나눌 수 있습니다.

Tip **단면 개방형 벽난로**

벽난로는 비록 열역학법칙을 응용하고 있다 해도 정밀과학이 아니라 경험적 기술에 속합니다. 벽난로 역시 오랜 세월 원시적인 형태로부터 재래식 단면 개방형, 럼포드식 벽난로, 로진식 벽난로를 거쳐 현재의 북미·북유럽식 벽난로로 발전해왔습니다.

단면 개방형 벽난로는 역사시대 이래 주요 건축 시기 동안 가장 오랜 세월 이용되어 왔습니다. 단면 개방형 벽난로는 효과적으로 방을 데울 수 있습니다. 복사되는 열량은 주로 불을 둘러싼 연소실 벽돌의 양에 따라 증가합니다. 장작불을 둘러싼 연소실 벽체의 크기와 장작불에서 연소실 벽체까지 거리가 벽난로의 복사되거나 반사되는 열량을 결정합니다. 장작불의 열을 저장하고 불이 꺼진 후 실내로 서서히 방출하는 열량에도 영향을 끼칩니다. 그러나 현대의 축열식 벽난로에 비해 열저장량이 적어 불을 끄고 나면 곧 쉽게 식어버립니다.

럼포드Rumford벽난로는 옆으로 넓게 벌어진 대표적인 단면개방형 벽난로입니다. 럼포드 백작이 고안한 벽난로여서 그의 이름을 붙였습니다. 연소실(화실) 깊이는 얕고, 화구는 높이 개방되어 있으며 측면은 양쪽으로 경사지며 크게 벌어져 있습니다. 영화에 자주 등장하는 장식적인 벽난로보다 전면이 옆으로 더 벌어진 형태입니다. 재래식 단면 개방형 벽난로에 비해 월등히 열효율이 높습니다.

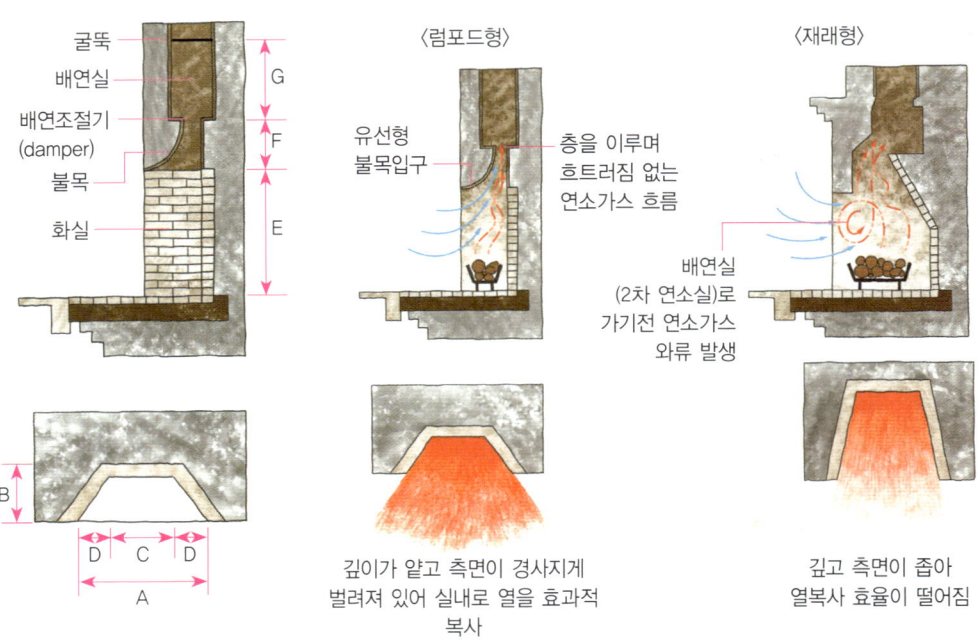

굴뚝
배연실
배연조절기 (damper)
불목
화실

G
F
E

B
D C D
A

〈럼포드형〉

유선형 불목입구

층을 이루며 흐트러짐 없는 연소가스 흐름

〈재래형〉

배연실 (2차 연소실)로 가기전 연소가스 와류 발생

깊이가 얕고 측면이 경사지게 벌려져 있어 실내로 열을 효과적 복사

깊고 측면이 좁아 열복사 효율이 떨어짐

그림 9-2_럼포드벽난로와 재래식 벽난로의 비교

럼포드벽난로는 각지고 넓은 연소실(화실) 구조 때문에 연소가스의 와류가 발생해서 연기가 밖으로 새어나오는 문제가 있습니다. 이러한 럼포드 벽난로의 문제를 개선해서 로진Rosin 박사가 새로운 벽난로를 만들었습니다. 로진 박사는 연소실 안쪽 벽과 불목 입구를 둥글게 굽어지게 만들고 옆은 럼포드 벽난로처럼 넓게 벌린 단면 개방형 벽난로를 개발했습니다. 전체적으로 럼포드벽난로와 아주 비슷합니다.

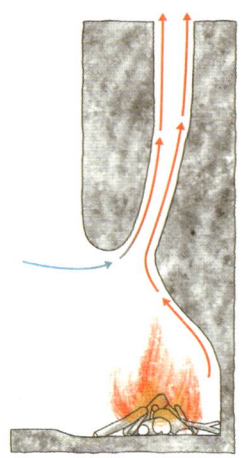

그림 9-3_곡면구조를 가진 로진벽난로의 연소실

열기배출지연과 축열 구조

충분히 열을 저장할 때까지 곧바로 연기를 굴뚝으로 내보내지 않고 지연시키는 열기 배출지연구조로서 열기통로를 가진 축열식 벽난로는 동유럽에서 유래되었습니다. 벽난로는 일반적으로 화구와 별도의 공기주입구를 통해 공기를 불어넣고 굴뚝 바람문을 활짝 열어 장작을 고온 연소시킵니다. 깨끗하게 고온 연소될 뿐 아니라 연기도 거의 보이지 않게 됩니다. 이처럼 열기가 곧바로 굴뚝을 통해 빠져나가지 못하도록 지연시켜 열을 저장하는 열기배출지연과 축열구조, 즉 열교환 구조야말로 대표적인 축열식 벽난로의 특징이라 할수 있습니다. 이러한 열기배출지연 구조는 방(chamber) 형태가 확대되어 위아래 앞뒤로 연결된 복잡한 열기통로 구조로 발전했습니다. 이런 열기배출지연 구조 때문에 일반 벽돌로 직접 만든 벽난로 경우도 하루 불을 때면 3일간 계속 따뜻한 열기를 내뿜고, 러시아 벽난로는 하루에 단 1시간 불을 피우면 충분합니다.

그림 9-4_북미 축열식 벽난로

　보통 영국식이라 불리는 재래식 벽난로는 화구 개방형으로 벽체에 삽입 설치하고 단층구조로 열기통로가 단순해서 연소효율도 낮고 열효율도 20% 정도에 지나지 않습니다. 연소효율은 재를 남기지 않고 장작을 완전하게 태울 수 있는 정도를 말하고, 열효율은 장작이 타면서 발생한 열에너지를 낭비하지 않고 실내 난방에 활용할 수 있는 정도를 표시합니다. 무조건 '우리 것'을 외치며 섣불리 서양의 벽난로를 폄하할 때 주로 영국의 개방형 벽난로가 예로 거론됩니다. 그러나 내열유리문이나 철문으로 밀폐시키고 배기가스의 배출을 지연해서 충분히 축열할 수 있도록 다층구조로 열기통로를 만든 북미·동유럽·북유럽의 축열식 벽난로는 연소효율과 열효율이 매우 높습니다. 일반적인 벽돌조적식 벽난로의 열효율은 평균 70~85% 정도입니다. 북미 표준규격을 맞춘 벽돌조적식 벽난로의 경우 연소율은 95~98%에 이르고 전체 열효율은 85% 정도, 유럽 표준의 경우는 거의 100%에 가까운 정도입니다. 전통 구들에 비해 결코 열효율이 뒤처지지 않을 뿐 아니라 연소효율은 오히려 크게 앞섭니다.

다중연소방식

장작을 태우는 연소방식에는 일반 연소방식과 연소실 상층부에서 산소를 1, 2차에 나누어 공급함으로써 나무가스와 공기를 혼합한 후 와류를 일으켜 재연소시키는 다중연소방식이 있습니다. 다중연소방식은 같은 양의 땔감으로 발열량을 3배 이상 증대시킬 수 있습니다. 보통 화실 안의 연소가스는 균질되게 연소되지 않습니다. 일부는 연소되고 일부는 불완전연소된 채 배출되죠. 불완전연소된 연기와 그을음을 불 붙기 쉬운 산소와 수소 등 다양한 가스의 혼합물인 공기와 뒤섞어주면 재차 연소가 일어나게 되고 완전연소에 이르게 됩니다. 앞서 다루었던 나무가스 화덕의 예열된 2차 공기주입과 같은 원리입니다. 벽돌조적식 벽난로는 내열유리문이 달린 밀폐식인 데다 대부분 다층구조의 열기통로를 갖고 있고 다중연소방식을 채택하고 있는 경우가 많습니다. 제대로 알고나면 입식 주거문화의 벽난로는 좌식 문화의 구들과 다른 방향으로 발전되었을 뿐 결코 '우리 것'에 뒤지지 않는다는 것을 알 수 있습니다. 환경과 문화가 다른 조건 속에서 태어난 산물은 쉽게 우열을 가리거나 비교할 수 없습니다. 상대 문화에 대한 섣부른 비교나 폄하는 무지의 결과일 뿐입니다.

대칭 열기흐름방식의 벽난로 구조

가장 간단한 열기통로를 가진 축열식 벽난로는 열기통로가 대칭구조인 벽난로입니다. 이 구조의 연소방식
을 살펴보면 벽난로를 좀 더 이해하는 데 도움이 됩니다. 불이 타면서 공기는 주 공기주입구와 화실(연소실)
밑바닥 쪽의 재받침를 통해 빨려들어가고 장작 사이로 주입됩니다. 화실의 내부 용적과 경사진 천정때문
에 불꽃으로부터 뿜어져 나온 열은 점선으로 표시된 것처럼 다시 화실 안쪽으로 반사됩니다. 이 때문에 화
실 안의 온도는 600℃까지 고온이 되고 2차 연소를 위한 고온 연소환경을 만들게 됩니다. 2차 연소를 통해
방사된 고온의 열은 재차 화실 내부로 복사되고 다시 초고온 연소환경을 만들게 됩니다. 이때 연소를 위한
공기는 주로 화실 밑으로부터 공급됩니다. 화구문의 2차 공기주입구를 통해 주입된 공기와 불꽃, 연소되지
않은 가스는 솟구치듯 화실 천정의 좁은 불목을 통과해서 2차 연소실로 들어갑니다. 약간 각진 연소실 구
조 때문에 공기와 연소가스, 연기, 불꽃은 압력을 받게 되는데 일단 불목을 통과한 가스들은 팽창되면서 소
용돌이치고 뒤섞이면서 재 연소됩니다. 이때 2차 연소실의 온도는 900℃까지 올라갑니다. 뜨거워진 고온의
가스는 2차 연소실 양벽면 위로 올라가 벽난로 양쪽 옆에 아래를 향해 뚫려 있는 수직의 하강 열기통로로
들어갑니다. 하강 열기통로 밑바닥까지 밀려 내려온 뜨거운 연소가스는 굴뚝으로 연결된 연도를 통과해 굴
뚝으로 빠져나가게 됩니다. 고온의 연소가스가 벽난로 양쪽의 하강 열기통로를 통과해 내려오면서 열교환이
일어나는데 벽난로 몸체에 열을 저장(축열)하게 되고 이후 서서히 열기를 실내로 복사합니다.

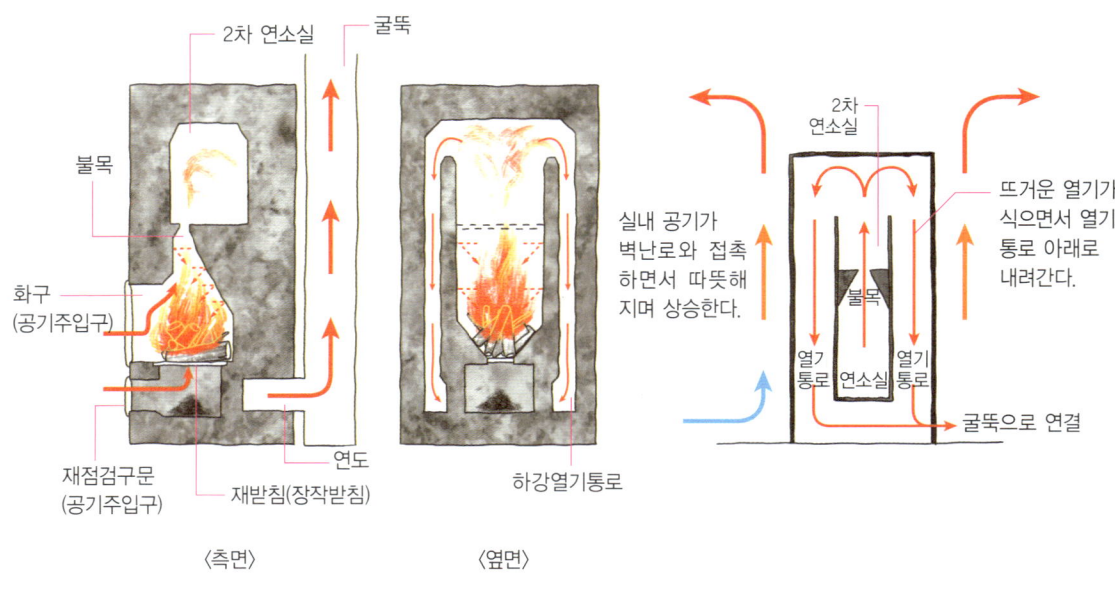

그림 9-5_대칭열기흐름(Contraflow) 방식의 벽난로 구조

커다란 몸체, 은근한 열기

벽난로는 입식 위주의 주거문화에서 발달된 대표적인 공간난방장치로 집 안의 공기를 데우는 난로의 일종입니다. 대부분의 난로는 불을 피우자마자 금방 뜨거워졌다가 불이 꺼지면 곧장 식어버립니다. 반면 축열 벽난로는 다른 난로와 달리 흙이나 돌, 벽돌 등 축열재로 만든 커다란 몸체에 열을 저장해 두었다가 아주 천천히 은근하게 실내로 복사열을 내뿜어내는 축열식 난로입니다. 요즘 유행하는 주물 벽난로는 축열구조가 없어 장작불이 꺼지면 곧 식어버리는 단점이 있습니다.

벽난로의 성능은 난방 면적의 개념이 아닌 발열량과 연소시간으로 평가됩니다. 벽난로는 일반 석유, 전기난로나 보일러와 같이 일정한 열량을 발산하는 기기가 아니고 장작을 얼마나 넣고 불을 피우냐에 따라 그 난방 면적이 달라지기 때문입니다. 1회 장작 투입으로 최적의 연소상태를 유지하면서 불이 타는 연소시간이 길고 발열량이 높아야 좋은 벽난로입니다. 발열량이 높다는 것은 장작을 완전연소시키는 연소효율이 높고, 장작이 타면서 방출한 열을 축열하여 열을 낭비하지 않고 난방에 활용하는 전체 열효율이 높다는 것을 의미합니다. 성능 좋은 벽난로는 한 번 불을 때면 9시간 이상 적정 연소가 지속되고 불이 꺼진 후에도 최대 24~36시간 축열된 열을 지속적으로 은근히 방출합니다.

연소효율이 높은 벽난로의 화실(연소실)은 내열유리문으로 닫을 수 있는 밀폐형이고 내화단열벽돌로 만들어져 있습니다. 연소시간을 길게 하기 위해서 별도의 공기주입구를 두거나 공기주입량을 조절할 수 있게 되어 있을 뿐 아니라, 다중연소를 위해 공기주입 위치를 달리하거나 예열된 공기를 재차 주입할 수 있는 구조로 되어 있습니다. 발열량을

그림 9-6_축열 몸체에 타일 치장을 한 동유럽식 타일 벽난로, 카첼외펜Kachelöfen

높이기 위해선 기본적으로 축열이 잘 되어야 하기 때문에 다층열기통로 구조로 되어 있습니다. 연통으로 연기가 빠져나오기 전에 열기통로를 지나면서 충분히 열을 저장하는 구조랍니다. 벽난로의 두께는 두꺼우면 두꺼울수록 축열하는 데 시간이 오래 걸리고 표면 온도는 낮아지게 됩니다. 대신 복사열을 방출하는 시간은 길어집니다. 장작불이 꺼진 후에도 오랫동안 열기를 내뿜게 됩니다. 벽난로의 두께가 얇으면 바로 따뜻해지고 표면온도도 높지만 장작불이 꺼지면 바로 식습니다. 일반적으로 벽난로 벽체 두께는 25cm 이상, 외벽 마감만의 두께는 10~12cm가 적당한데 추운 지방일수록 두께를 두껍게 만듭니다.

Tip **축열 벽난로의 특징**
 – 최소 800kg 중량이 넘는 축열 몸체
 – 연기가 새지 않도록 꽉 맞는 화구문
 – 전체 평균 두께 25cm 이상인 벽난로 벽체
 – 화구 주위를 제외하고 벽난로의 외부 온도는 110℃ 이하
 – 내부열교환 열기통로는 화실로부터 최소 180도 이상 방향이 꺾인 후 굴뚝으로 나가기 전 밑으로 향하는 하강열기 통로를 가짐.
 – 화실에서 굴뚝으로 나가는 열기통로의 길이는 화실 크기의 최소 두 배 이상이어야 함.
   (1998. 6. 8일 MHA 연례회의)

벽난로 그 속을 들여다보면

저는 일머리도 부족하고 일손도 다듬어지지 못한 사람입니다. 부족함을 보완하려 무언가 만들려면 우선 만들고자 하는 것에 대해 이리저리 자료를 수집하고 파악하려 노력합니다. 어느 정도 파악이 된 후에 일을 시작하면 비록 일머리도 일손도 부족해서 서툴고 거칠지만 어느 정도 모양새를 갖추고 본래 쓰임새대로 쓸 수 있는 물건을 만들게 됩니다. 처음엔 아무리 복잡해 보이는 벽난로라도 마찬가지입니다.

연소부 구조

벽난로는 크게 연소부·축열부·배연부 세 부분으로 나눌 수 있습니다. 우선 연소부는 말 그대로 장작을 연소시키는 부분으로 그 중심되는 공간이 화실(연소실)입니다. 북미 벽돌조적 벽난로의 표준은 기본적으로 800도 이상의 고온을 견딜 수 있도록 내화단열 벽돌로 화실을 만듭니다. 화실 밖은 축열이 가능한 적벽돌로 외벽을 쌓아 한 번 더 감싸는 이중벽 구조로 만듭니다. 보통 안팎 벽은 2.5~3cm 정도 띕니다. 화실이 밀폐식인 경우 화실 입구는 세라믹그라스와 같은 내열유리문을 장착합니다. 보통 화실은 밑쪽에 땔감 받침 철물이 놓이고 그 아래로 재청소구 겸 하단부 공기주입구가 연결됩니다. 조금 복잡한 구조에서는 연소실 내벽 중간에 작은 구멍이 뚫린 격자벽돌(checker brick)을 여러 개 끼워넣게 되는데 내외벽 사이 떨어진 공간으로 예열된 공기가 다시 연소실 중상단부로 공급되게 만들어진 경우도 있습니다. 공기주입을 1, 2차 나눠 주입하는 이중 연소구조입니

그림 9-7_연소실을 조적하고 있는 모습. 맨 아래 구멍이 재청소구, 연소실 바닥에 땔감받침이 있고 연소실은 이 중벽으로 되어 있다. 연소실 내벽엔 중상단부에 격자벽돌로 2~3차 공기주입 구멍을 만든다.

다. 연소실 재청소구의 철문은 벽난로 전면을 향한 경우도 있고 측면에 나 있는 경우도 있습니다. 연소실 상단부는 보통 철판이나 내화석재 등으로 인방을 만들어 그 위의 구조물을 지지하게 됩니다.

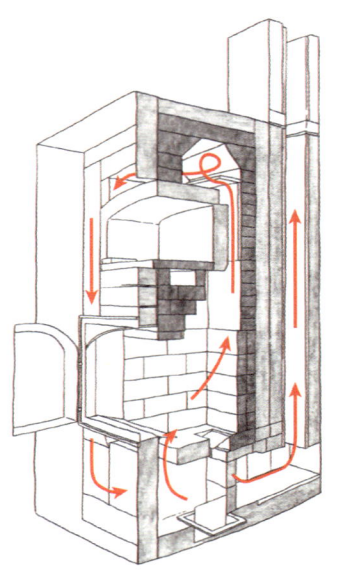

그림 9-8_일반적인 벽돌 벽난로의 구조

축열부 구조

벽난로의 축열부는 연소실에서 고온 연소된 열기를 벽난로 몸체에 저장하는 역할을 합니다. 축열부는 고온의 연소가스가 지나가는 열기통로와 재가 쌓이기 쉬운 위치에 몇 개의 재점검구로 구성됩니다. 연소실 바로 위에 빵이나 피자를 구울 수 있는 오븐실을 두기도 합니다. 고온 연소가스를 연소실에서 굴뚝으로 곧바로 보내지 않고 위아래 좌우로 꺾인 열기통로를 지나도록 해서 벽난로 안에서 체류하는 시간을 늘리고 연소가스의 배출이 지연되도록 합니다. 이렇게 하면 충분한 시간 동안 벽난로 몸체에 축열할 수 있게 되고 이 열은 서서히 실내로 방출되게 됩니다.

열기통로는 크게 수평통로 방식과 수직통로 방식 두 가지로 나뉩니다. 그리고 수직 열

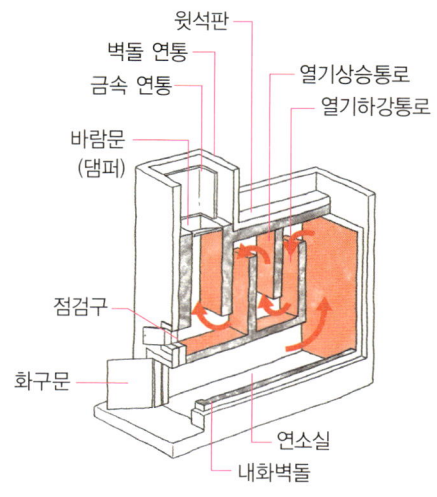

윗석판
벽돌 연통
금속 연통
열기상승통로
열기하강통로
바람문
(댐퍼)
점검구
화구문
연소실
내화벽돌

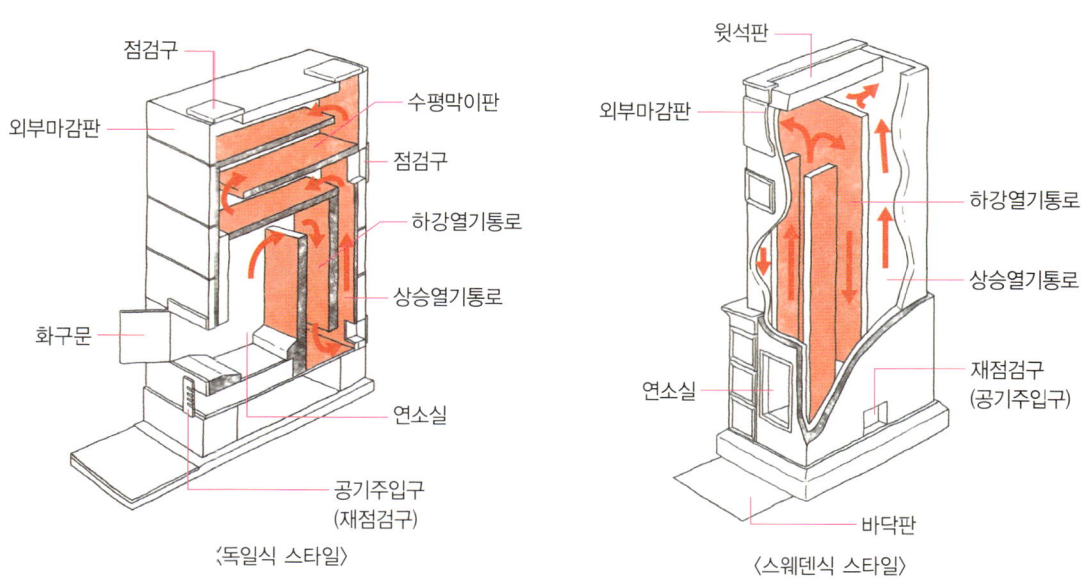

점검구
외부마감판
수평막이판
점검구
하강열기통로
상승열기통로
화구문
연소실
공기주입구
(재점검구)
〈독일식 스타일〉

윗석판
외부마감판
하강열기통로
상승열기통로
연소실
재점검구
(공기주입구)
바닥판
〈스웨덴식 스타일〉

그림 9-9_다양한 열기통로 구조들

그림 9-10_축열부를 확장해서 따뜻한 흙벽과 흙의자를 만든 독일식 벽난로 구룬트외펜Grundöfen

기통로 방식을 기본으로 수평 방식을 결합한 혼합형이 있습니다. 러시아식과 스웨덴식은 수직통로 방식으로 구분할 수 있고, 독일식은 혼합형입니다. 심지어 벽난로의 열기를 벽난로 전면 바닥 밑으로 통과시켜 일부 바닥난방을 한 후에 다시 벽난로 속의 열기통로로 보낼 수 있는 구조도 있습니다. 재점검구의 위치, 오븐실의 설치 유무에 따라, 또 축열 몸체를 확장해서 따뜻한 흙벽과 흙의자를 만들 것인가에 따라 다양한 형태로 변형이 가능합니다. 이처럼 벽난로도 그 내부 구조를 보면 열기의 상승·하강, 수평 흐름과 분기를 조절해서 전체 열효율을 극대화할 수 있도록 만들어져 있습니다. 전통 구들은 주로 열기의 수직 이동보다는 수평 이동과 분기에 초점이 맞춰져 있습니다. 벽난로의 구조와 구들의 구조를 비교해보면 참으로 유사한 점이 많다는 것을 알게 됩니다.

축열부를 확장해서 열기통로가 지나가는 흙벽과 흙의자(Heat Wall & Heat Cob Bench)를 만들면 보다 많은 열을 저장할 수 있습니다. 미적으로 잘 만들어진 벽난로는 그 자체로 가구의 역할을 할 수 있을 뿐 아니라 열기가 흘러가는 따뜻한 벽체와 흙의자, 열기통로가 연결되어 있습니다. 이러한 벽난로 시공 경험과 지식이 뒤에서 소개할 깡통난로구들(rocket mass heater)을 만드는 데 응용되고 있습니다.

배연부 구조

배연부는 굴뚝과 배기가스조절판인 바람문으로 구성되어 있습니다. 굴뚝은 연소부에서 발생한 고온의 연소가스가 열기통로를 통과하면서 화덕 몸체에 축열을 하고 난 후 온도와 압력이 떨어진 배기가스를 외부로 배출하는 장치입니다. 좋은 굴뚝은 일단 굴뚝 안으로 들어온 배기가스, 즉 연기의 온도를 실외로 최종 배출할 때까지 떨어트리지 않고 끝까지 그 온도를 유지한 채 내보낼 수 있습니다. 배기가스의 온도를 떨어트리지 않아야 굴뚝 안에 상승기류가 유지되고 배기가스를 잘 배출시킬 수 있습니다. 따라서 굴뚝의 단열이 매우 중요합니다. 벽난로의 굴뚝은 20×30cm 도기관이나 직경 20cm인 스테인리스관을 사용하고 그 외부를 단열처리한 후 벽돌조적하거나 흙 또는 회미장으로 마감합니다. 굴뚝을 만들 때에도 재점검구의 설치를 미리 고려해야 합니다.

굴뚝(연통)은 배기가스의 배출뿐 아니라 열기통로의 열기를 빨아내는 역할을 합니다. 열기통로의 연소가스가 상하좌우로 이동할 수 있는 이유는 우선 단열된 연소실에서 장작이 타면서 고온의 상승기류가 발생하며 강한 압력이 생기기 때문입니다. 그 다음 굴뚝이 다시 한 번 압력이 떨어진 연소가스를 굴뚝 내의 상승기류의 힘으로 빨아내는 역할

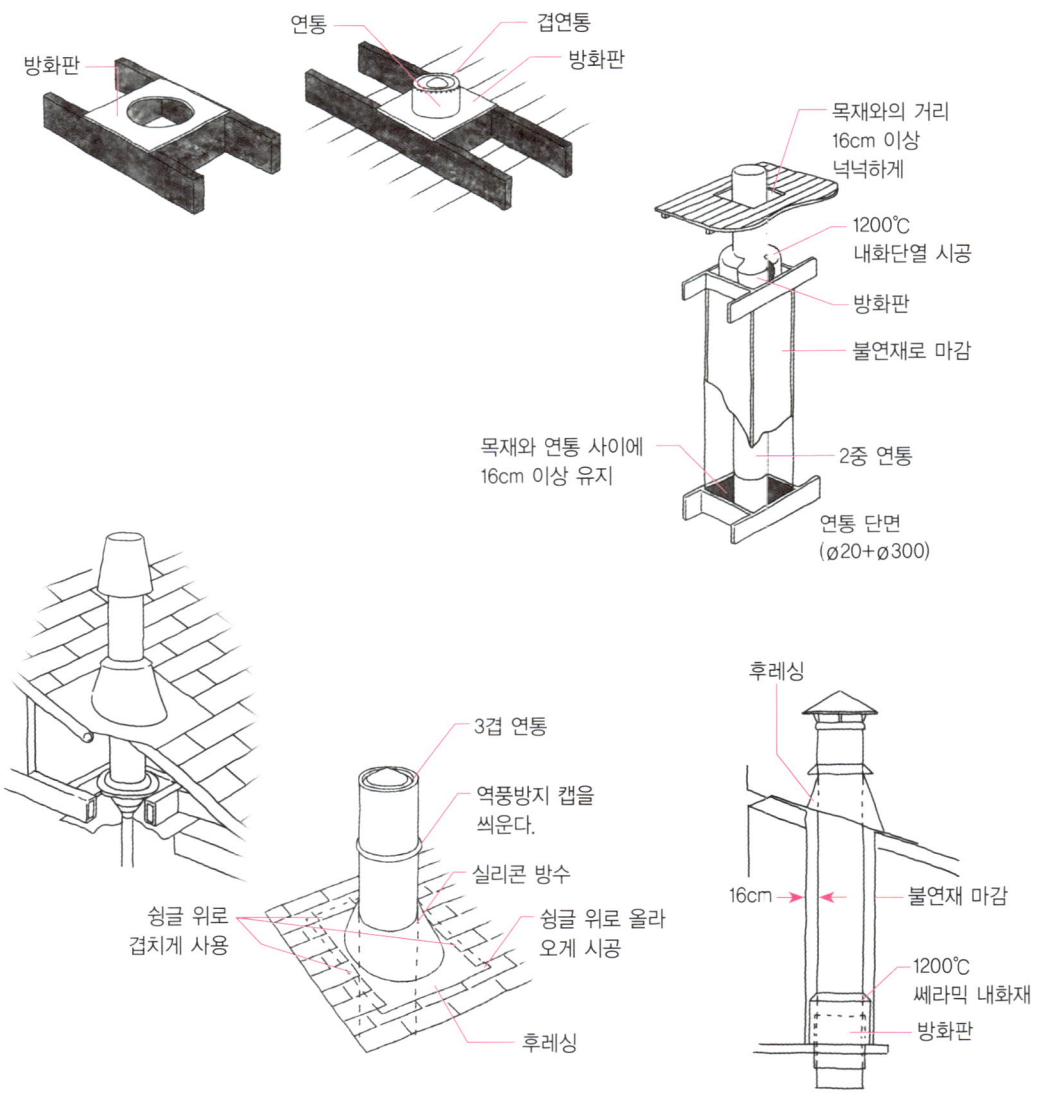

방화판

연통　겹연통

방화판

목재와의 거리
16cm 이상
넉넉하게

1200℃
내화단열 시공

방화판

불연재로 마감

목재와 연통 사이에
16cm 이상 유지

2중 연통

연통 단면
(ø20+ø300)

3겹 연통

역풍방지 캡을
씌운다.

실리콘 방수

쉬글 위로
겹치게 사용

쉬글 위로 올라
오게 시공

후레싱

후레싱

16cm

불연재 마감

1200℃
쎄라믹 내화재

방화판

그림 9-11_벽난로의 굴뚝 구조와 개구부 시공 방법

을 하기 때문입니다. 때문에 연소실의 상단부와 굴뚝은 충분한 상승기류를 만들어낼 수 있도록 단열처리할 뿐 아니라 수직 구조로 만들어집니다. 단열재로 연통을 감싸서 만들 수도 있고 2~3중으로 연통을 감싼 겹연통을 만들어 단열처리할 수도 있습니다. 연통 안의 바람문은 배기가스의 배출을 여닫는 조절판입니다. 바람문은 회전 방식과 수평 방식으로 만들 수 있습니다. 연통을 지붕에 설치할 때는 지붕에 연통을 끼우기 위해 뚫은 개구부 주위에 화재방지를 위해 방화판을 위아래로 부착하고 빗물의 누수 등을 막기 위해 방수포와 금속 후레싱으로 방수 시공합니다.

핀란드식 벽난로

핀란드식 벽난로는 바라바 타카Varaava Takka라 불립니다. 툴리 키비Tuli Kivi라는 지층에서 캐낸 내화 활석을 사용해서 만드는데 내화성뿐만 아니라 축열성도 높습니다. 툴리키비 활석은 부드럽고 따뜻한 질감을 갖고 있습니다. 툴리키비 활석을 이용해서 화실(연소실)과 열기통로, 화덕 몸체를 만듭니다. 열기는 열기배출지연장치와 열기통로를 통과하면서 벽난로 몸체에 열을 저장합니다. 열기통로를 이용해서 따뜻한 흙의자를 만들기도 하고 2층 구조의 벽난로를 만들기도 합니다. 2층을 통과하는 열기통로를 이용해서 흙의자나 좀더 넓은 침대형으로 만들기도 합니다. 장작이 활활 타오른 후 바람문을 닫아두면 축열되었던 열은 방안으로 24시간 이상 복사되며 방 안을 데웁니다. 이처럼 벽난로는 주로 공간난방용이지만 바닥난방 기능을 부분적으로 포함하고 있습니다.

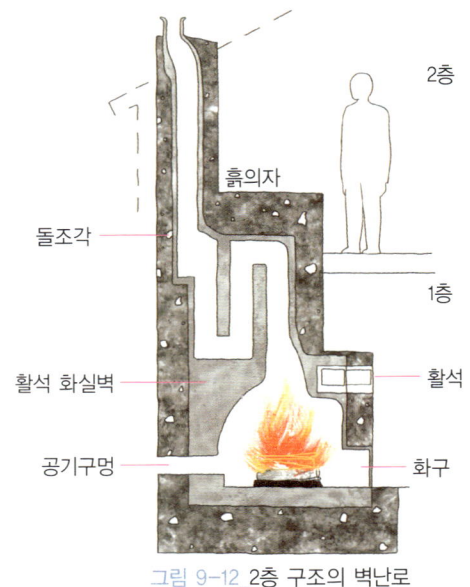

그림 9-12_2층 구조의 벽난로

국내 사례 – 당진 면천 이태용 씨 자작 벽난로

조적식 축열 벽난로는 전문가들만 시공할 수 있을까요? 아닙니다. 누구나 벽난로는 스스로 만들 수 있습니다. 벽난로 시공에 대한 정보가 대중적으로 공개되지 않고 전문가들이 독점했기 때문 아닐까요. 대부분의 전문가들이 그러하듯 전문가 자신들의 이익을 위해서 생활의 필요를 충족시키기 위해 자신의 손과 머리를 사용하려는 사람들을 겁주고 협박했기 때문 아닐까요. 스스로 벽난로를 만들 줄 알던 사람들이 먼저 있었고 나중에 솜씨 좋은 전문가들이 나타나기 시작한 거죠. 전문가들이 먼저 벽난로를 만든 것은 아니지 않나요. 지금 전문가에게 의존하지 않고 다시 보통 사람들이 스스로 벽난로를 만들던 시절처럼 우리도 그렇게 살아본다고 무엇이 문제겠습니까.

이태용 씨는 흙부대생활기술네트워크 회원입니다. 물론 직접 가족들과 함께 아름다운 흙부대집을 짓고 살고 있습니다. 그는 거실 난방을 위해 흙부대생활기술네트워크 카페에 공개되어 있는 정보를 참조해서 성능 좋은 벽난로를 직접 만들었습니다.

이태용 씨의 자작 벽난로는 러시아식 벽난로 화실(연소실)에 좌우앞뒤 4개의 열기통로를 갖춘 스웨덴식 벽난로 방식을 결합한 구조입니다. 내화벽돌과 벽돌을 이용해서 화덕 몸체와 열기통로, 화실을 만들었습니다. 공기주입조절장치와 재받침이 있는 화구문과 바람문이 달려 있는 이중 연통은 기성제품을 구입해서 벽난로 몸체에 장착했습니다.

벽돌로 조적한 벽난로 몸체는 진흙과 모래·석회 반죽으로 1차 미장 후 다시 석회미장으로 마감했습니다. 전문업자에게 맡겼으면 그 비싼 시공 비용에 엄두도 내지 못했을 아름다운 축열식 벽난로가 이태용 씨와 가족들의 손에 의해 만들어졌고 추운 겨울 가족들이 모이는 거실을 따뜻하게 데우고 있습니다.

그림 9-13_당진 면천 흙부대집에 이태용 씨가 직접 제작한 벽난로

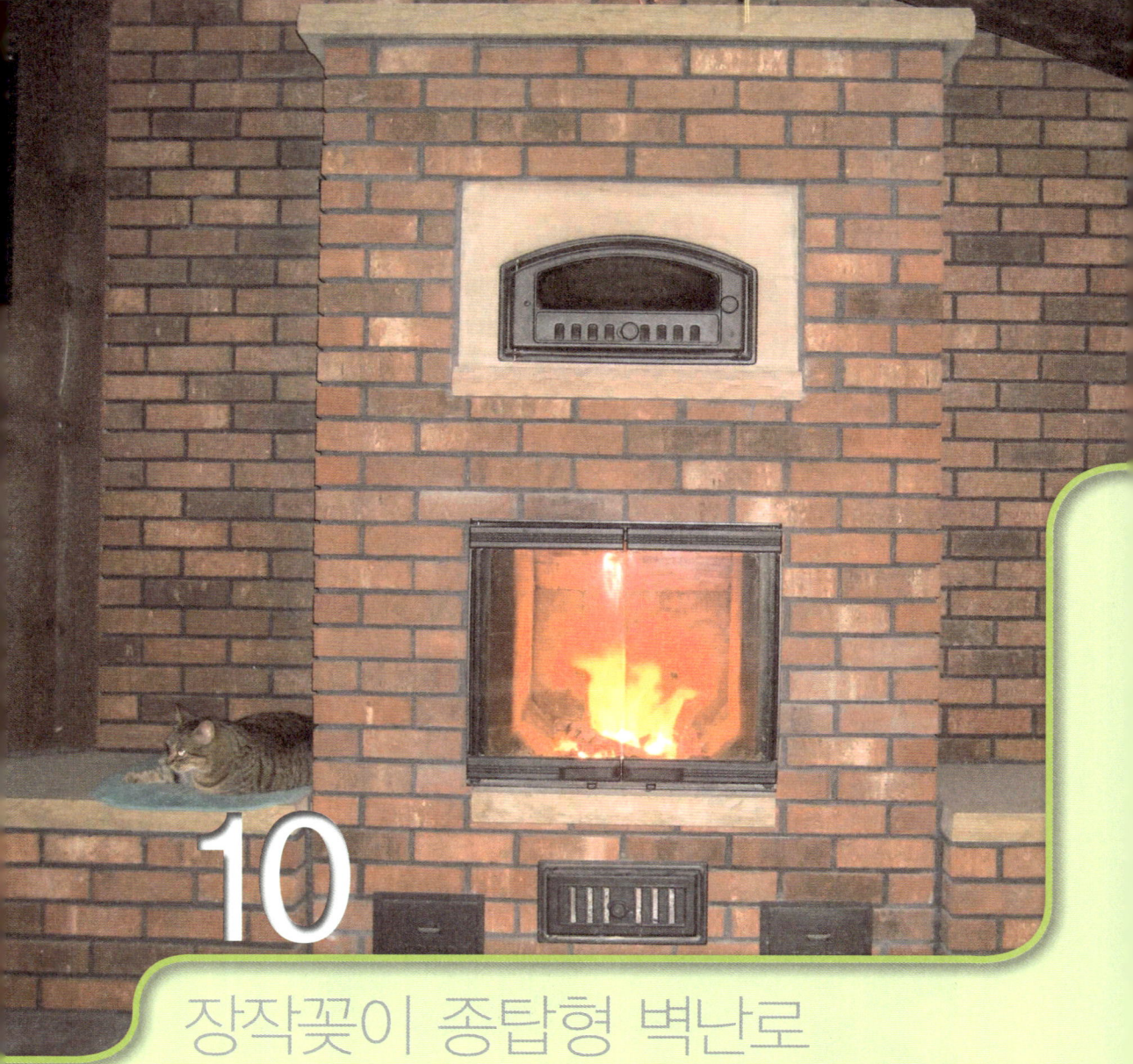

10

장작꽂이 종탑형 벽난로

장작꽂이 종탑형 벽난로

"물은 아래로 흐르고 불은 위로 흐른다." 구들 장인들을 만나면 자주 듣는 말입니다. 불의 성질에 대한 은유적 표현입니다. 언제나 은유는 이해를 돕기도 하지만 오해를 불러일으키거나 부분적인 이해에 머물게 만들곤 합니다. 장인들의 은유는 사실 반은 맞고 반은 틀립니다. 끓는 냄비 안의 물은 대류현상이 생기는데 상대적으로 고온의 물은 위로 올라가고 공기에 접촉한 후 식은 저온의 물은 밑으로 내려갑니다. 다시 냄비 바닥의 열에 의해 데워져 고온이 된 물은 또다시 위로 올라가죠. 이와 같은 방식으로 순환대류가 생깁니다. 마찬가지로 뜨거운 기체(불)는 위로 올라가고 상대적으로 낮은 온도의 기체(냉기)는 밑으로 내려갑니다. 상대적으로 낮은 온도라 하지만 그래도 구들이나 벽난로 내부를 흐르는 냉기는 상대적인 표현일 뿐 직접 손을 대어보면 뜨겁거나 따뜻하답니다. 순전히 상대적인 거죠. 상대적으로 뜨거운 불은 위로 올라가고 상대적으로 차가운 불은 아래로 내려갈 수 있습니다.

불의 성질에 대한 또 다른 은유가 있습니다. "물은 웅덩이에 고여서 넘쳐 흐르고 불은 천장 위로 고인 후 넘쳐 흐른다." 아마도 이 말은 소방관들이 가장 잘 이해할지도 코르겠네요. 이 은유가 표현하고 있는 불의 성질을 최대한 응용해서 자연대류식 벽난로를 만든 이들이 있습니다.

자연대류식 종탑형 벽난로

핀란드 컨트라플루우, 스웨덴 카테루겐, 독일 구룬트외펜, 덴마크 카철외펜, 러시아 페치카, 북미식 벽난로 등 대부분 벽난로는 대부분 강압열류식입니다. 연소실에서 장작이 연소되면서 발생되는 고온의 상승압력에 의해 열기통로에 차 있는 열기를 굴뚝 밖으로 밀어 내보내는 방식입니다.

반면에 종탑형(Bell Type) 벽난로는 중력 때문에 생기는 자연적인 열기흐름을 따라 연소가스와 열기가 외부로 나가게 되는 자연대류식 벽난로입니다. 종탑형 벽난로 이론은 20세기 초 러시아에서 원자로를 연구한 그룸그치마일V. E. Grum-Grzhimailo 박사가 처음 연구 발표했습니다. 그의 제자 포드고로드니코프Podgorodnikov I. S.가 좀 더 발전시켰다네요. 1960년대 드디어 석공이자 기술자인 이고르 크즈네쵸프Igor Kuznetscv가 현재의 종탑방과 같은 연실을 갖고 있는 종탑형 벽난로를 개발했습니다. 그는 종탑형 벽난로를 4,000여개 이상 설계하고 시공했습니다. 그만큼 종탑형 벽난로의 열효율과 성능이 검증된 거라 봐야겠죠. 종탑형 벽난로는 크기 제한이 없고 다양한 형태의 벽난로를 만들 수 있답니다. 반면 열기통로(Channel) 방식은 열기통로 크기, 길이 등에 제약이 많습니다. 반면 종탑형은 열기통로 방식이 아닌 넓은 공간을 가진 종탑 방 모양의 연실(Chamber) 구조라서 제약이 없습니다. 종탑형 벽난로는 보일러도 만들 수 있고, 주방형 철판화덕과 연결할 수도 있죠. 한마디로 쉽게 변형과 조합이 가능한 유연한 벽난로입니다.

종탑형 벽난로의 원리

"물은 아래로 흐르고 불은 위로 흐른다."

구들 장인들을 만나면 자주 듣는 말입니다. 불의 성질에 대한 은유적 표현입니다. 언제나 은유는 이해를 돕기도 하지만 오해를 불러일으키거나 부분적인 이해에 머물게 만들곤 합니다. 장인들의 은유는 사실 반은 맞고 반은 틀립니다. 끓는 냄비 안의 물은 대류현상이 생기는데 상대적으로 고온의 물은 위로 올라가고 공기에 접촉한 후 식은 저온의 물은 밑으로 내려갑니다. 다시 냄비 바닥의 열에 의해 데워져 고온이 된 물은 또다시 위로 올라가죠. 이와 같은 방식으로 순환대류가 생깁니다. 마찬가지로 뜨거운 기체(불)는 위로 올라가고 상대적으로 낮은 온도의 기체(냉기)는 밑으로 내려갑니다. 상대적으로 낮

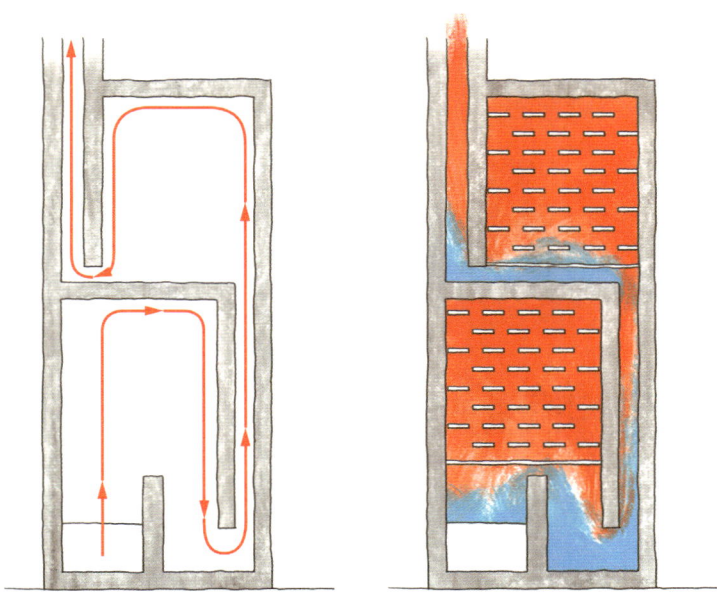

그림 10-1_종탑형 벽난로의 자연 대류에 의한 연소가스 흐름

은 온도라 하지만 그래도 구들이나 벽난로 내부를 흐르는 냉기는 상대적인 표현일 뿐 직접 손을 대어보면 뜨겁거나 따뜻하답니다. 순전히 상대적인 거죠. 상대적으로 뜨거운 불은 위로 올라가고 상대적으로 차가운 불은 아래로 내려갈 수 있습니다. 불의 성질에 대한 또 다른 은유가 있습니다.

"물은 웅덩이에 고여서 넘쳐 흐르고 불은 천장 위로 고여서 넘쳐 흐른다."

이 은유가 표현하고 있는 불의 성질을 최대한 응용하여 자연대류식 벽난로인 종탑형 벽난로를 러시아 기술자인 이고르 크즈네쵸프가 개발하였습니다. 종탑형 벽난로 내부의 열기는 연실 위로 올라가 고이게 됩니다. 뜨거운 열기는 종탑, 즉 연실 위에 고여 벽난로 벽체에 열을 저장하게 됩니다. 벽체에 열을 저장하고 상대적으로 차가워진 열기는 무거워지면서 중력에 의해 연실 밑으로 깔리게 됩니다. 사실 잘 살펴보면 뒤이어 연소실에서 뿜어져 나온 더 뜨거운(고로 가벼워진) 연소가스에 의해 연실에 차 있던 상대적으로 온도가 낮고 무거운 연소가스가 밀려나오게 됩니다. 이렇게 연실 밑으로 깔린 차갑고 무거운 연소가스는 굴뚝으로 밀려나가게 됩니다. 이런 현상은 연실 내부에 연소가스(열기)의 혼합과 와류를 만들어내며 2, 3차 연소가 일어납니다. 이러한 특성 때문에 종탑형 벽난로는 효과적으로 열기를 벽난로 몸체에 축열하게 됩니다. 그리고 고온 연소에 방해가 되는 차가워진 연소가스(냉기)의 영향을 최소화시키면서 굴뚝 외부로 내보냅니다.

이중 연실을 가진 자연대류형 벽난로

종탑형 벽난로를 확장하여 연소가스가 고이는 방 형태의 연실을 여러 개 만들 수 있습니다. 종탑형 벽난로의 이러한 연실을 종탑방과 같다는 뜻에서 벨(Bell)이라고 부르기도 합니다. 벨이라 불리는 연실에 열기가 고이고 축열이 이뤄지게 되는 공간입니다. 벨 연실

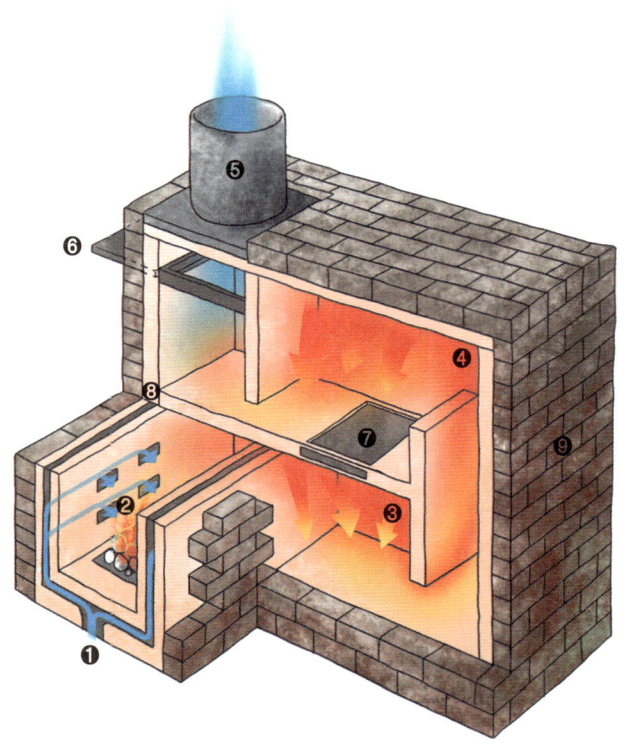

① 공기주입
② 2차 공기
③ 제1연실(Bell)
④ 제2연실(Bell)
⑤ 연통
⑥ 바람문
⑦ 통과 개폐장치
　 (열기흐름변환)
⑧ 내화 벽돌
⑨ 일반 벽돌

그림 10-2_두 개의 연실을 가진 자연대류식 벽난로

뿐 아니라 연소실 내벽은 모두 내화벽돌을 쌓아 만들고 외벽체는 일반벽돌을 쌓아 만듭니다.

간단한 장작꽂이 종탑형 벽난로

　지금까지 간략하게 자연대류식 벽난로의 일반적인 원리와 구조 등에 대해 소개했습니다. 다소 복잡하고 어렵게 느껴져서 벽난로는 전문가 아니면 만들지 못할 것처럼 멀찌감치 제쳐두고 싶어집니다. 그러나 대부분의 도구와 장치들은 단순하게 만들어져 복잡한 구조로 발전해왔다는 점을 주목해야 합니다. 복잡한 구조로의 개선은 발전이기도 하지만 한편으론 일반인들을 배제시켜 버립니다. 원래 초기의 단순한 도구와 장치들은 일반인들에 의해 만들어졌다는 점을 상기해야 합니다. 복잡해져버린 장치를 지금 다시 비전문가인 우리들이 단순화시켜 만든다고 해서 목적으로 한 기능을 발휘하지 못하는 경우는 없습니다. 그동안 발전해오면서 축적한 전문가들의 지식과 경험은 일반인들이 '성능 좋고 경제적인 단순한 장치나 도구'를 제작하는 데 좋은 자산이 될 수 있습니다.

　장작꽂이 종탑형 벽난로(Rocket Bell Heater)는 일반인들이 한번 도전해볼 수 있는 '성능 좋고 경제적인 벽난로' 중 하나입니다. 이 벽난로는 앞에서 소개했던 개량 화덕의 로켓엘보형 연소실을 장착하고 자연대류식 종탑형 연실(Chamber 또는 Bell)을 결합한 벽난로입니다. 앞서 로켓화덕, 거꾸로 타는 깡통난로 등에서 소개한 원리, 자연대류식 벽난로의 구조와 원리를 응용하고 있습니다.

　장작꽂이 벽난로의 핵심인 연소부는 'J' 형태로 내화단열벽돌을 조적해서 만듭니다. 다른 벽난로와 다른 점은 장작투입구가 사선으로 경사져 있어서 꽂아 넣은 장작이 연소되면서 자동투입된다는 점입니다. 벽난로의 화실(연소실)은 복잡해서 초보자들 입장에서 시공하기 어렵습니다. 그러나, 로켓화덕의 'L'자 로켓엘보 연소실이나 거꾸로 타는 깡통

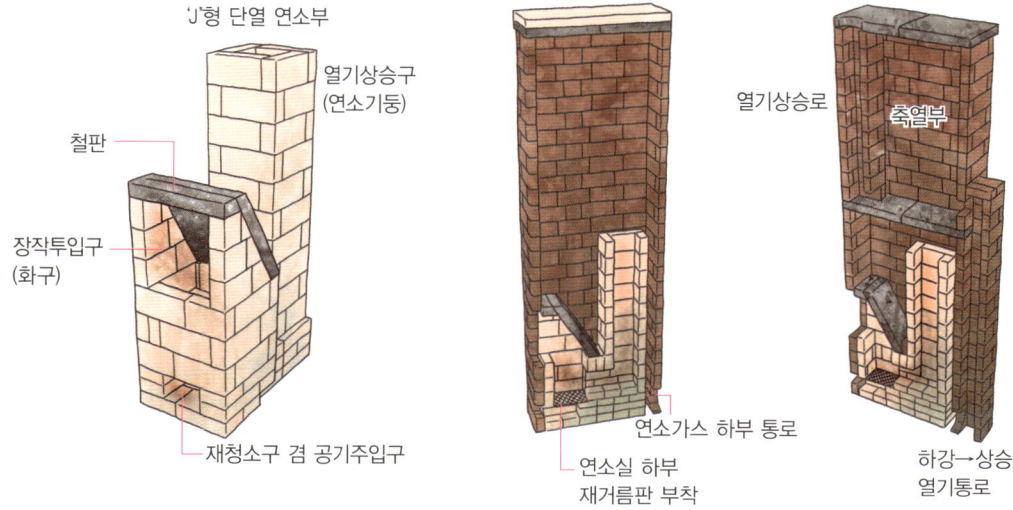

'J'형 단열 연소부

열기상승구
(연소기둥)

철판

장작투입구
(화구)

재청소구 겸 공기주입구

연소가스 하부 통로

연소실 하부
재거름판 부착

열기상승로

축열부

하강→상승
열기통로

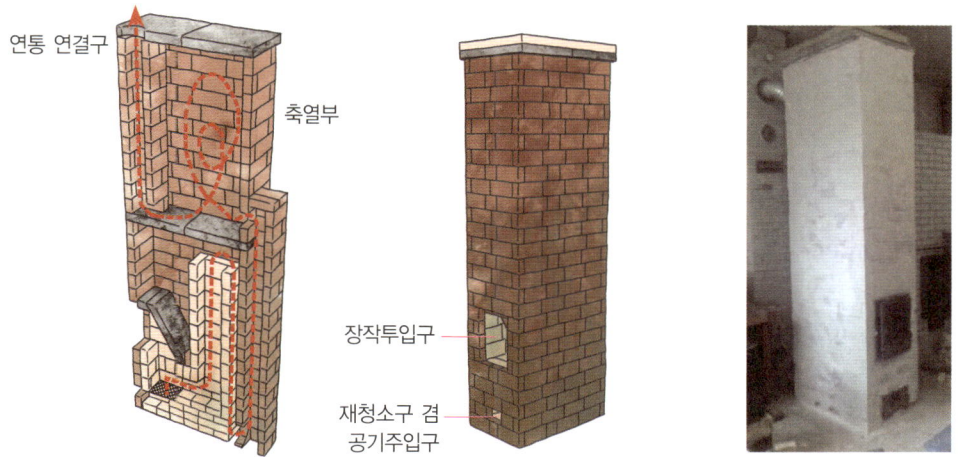

연통 연결구

축열부

장작투입구

재청소구 겸
공기주입구

그림 10-3_장작꽂이 벽난로의 내부 구조

난로의 'J'자형 연소실 구조는 시공하기 쉽고 단순합니다. 거꾸로 타는 깡통난로를 소개하면서 이러한 장작 투입방식의 원리에 대해 충분히 설명해두었습니다. 'J'자 형태의 연소실 구조와 위에서 꽂아 넣는 장작 투입방식 때문에 장작꽂이 벽난로란 이름을 붙여봤습니다. 장작투입구의 경사진 덮개는 철판이나 화강암 석판으로 만듭니다. 연소실(화실) 밑쪽에 재청소구 겸 공기주입구가 있는데 연소실과 재청소구 사이에 철물로 된 장작받침(재거름판)이 놓입니다. 이때 공기주입구의 단면적 크기는 장작투입구의 1/3이 적당합니다. 완성된 후에는 장작투입구(화구)나 재청소구에 철문이나 내열유리문을 설치합니다.

일반 벽난로의 연소공간은 말 그대로 화실(방)형인데 비해 장작꽂이 벽난로의 연소실은 수평으로 연결된 연소로와 연결되어 있고, 연소로는 다시 수직으로 세워진 연소기둥(열기상승관)으로 이어집니다. 연소로는 벽난로의 연소실 역할을 하고 여기서 연소가스의 재 연소와 팽창이 일어납니다. 연소기둥은 벽난로 안에 내장된 수직 열기통로의 역할을 하는데 장작이 연소되면서 상승기류가 발생하게 됩니다. 연소로와 연소기둥 내의 팽창압력과 상승기류로 인해 고온의 열기가 벽난로 내부의 연실에 고였다가 외부 굴뚝(연통)으로 빠져나가게 됩니다. 이 벽난로의 장작투입구(화구)와 공기주입구(재점검구), 연소로, 열기상승관(연소기둥)의 크기는 두 구멍 대형 화덕에서 제시한 수치 값들을 적용합니다.

장작꽂이 종탑형 벽난로의 몸체는 2층 구조로 되어 있는데 하부층에는 위에서 설명한 연소부가 놓이고 상부층에는 종탑 연실을 포함한 축열부입니다. 축열부 상부에 굴뚝(연통)이 연결됩니다. 상하부층 사이에는 고온에 강한 화강암이나 ALC 판재, 내열콘크리트판 등 내열판재로 층간막이를 합니다. 연소실의 열기상승관(연소기둥)에서 뿜어져 나온 고온의 열기는 층간막이 석판에 부딪힌 후 벽난로 바닥 쪽을 향한 하강 열기통로로 내려가게 됩니다. 다시 바닥에 뚫린 하부통로를 통해 내외벽 사이에 뚫린 상승열기통로를 거쳐 상층부의 연실로 올라가 축열된 후 굴뚝을 통해 배기가스가 빠져나가게 됩니다. 배기가스의 배출을 지연시키고 더 많이 축열하려면 연실을 더 추가할 수 있습니다.

그림 10-3의 장작꽂이 종탑형 벽난로는 벽돌을 한 겹만 쌓았는데 열팽창에 의해 나중에 균열이 생겨 연기가 누출될 수 있습니다. 외부에 일반벽돌로 한 번 더 쌓고 꼼꼼히 미장해서 균열을 막아주어야 합니다. 외벽을 쌓지 않고 두텁게 흙과 모래·석회를 섞은 반죽으로 미장해서 이중 외벽을 대신할 수 있습니다.

'J'형 로켓 연소실을 장착한 벽난로

'J'형 연소실은 로켓화덕의 'L'자형 로켓엘보 연소실의 변형입니다. 주요 부위의 크기와 연소실 단열 등 적용되는 원리는 같습니다. 로켓연소실의 변형이 'J'형의 연소부가 장착된 장작꽂이 종탑형 벽난로는 장작을 세워 넣기 때문에 연소하면서 장작이 자동투입되며 연소점이 집중됩니다. 앞서 소개한 자연대류식 종탑 구조가 아니더라도 연소실 주변에 외벽을 쌓고 연소실과 외벽 사이에 공간을 만들어 연실 역할을 하게 하고 연통만 연결해도 훌륭한 벽난로를 만들 수 있습니다. 이때 벽난로 외벽이 축열체 노릇을 하게 됩니다. 물론 연소실은 내화단열벽돌로 쌓고 외벽은 일반벽돌로 쌓습니다. 몰탈은 내화몰탈이나 황토세라믹, 내화본드 등을 사용할 수 있습니다. 외벽 뒷편 하단부에 연도를 뚫은 후 이곳에 연통을 연결해서 굴뚝을 만들면 연기배출이 지연되기 때문에 화덕 몸체 안에 충분히 연소가스가 체류하게 됩니다. 그만큼 축열량도 많아집니다.

'J'형 연소실 구조는 여러 가지 장점에도 불구하고 장작이 활활 타는 정취를 느낄 수 없다는 단점이 있습니다. 그러나 장작투입구 전면을 노출시키고 내열유리가 달린 철문을 달면 그대로 장작은 위쪽에서 세워 넣으면서도 내열유리문으로 불꽃을 볼 수 있습니다. 이때 'J'형 연소부와 약간 다르게 연소부를 'L'자형으로 만들되 장작투입구 앞쪽을 개방된 형태로 연장해서 쌓고 여기에 내열유리문을 답니다. 이렇게 만들면 결과적으로 그대로 장작을 세워 넣을 수 있는 'J' 형의 연소부가 됩니다. 내열유리가 장착된 철문 하단부에 공기주입량을 조절할 수 있는 개폐장치를 달면 장작이 타들어가는 연소시간과 화력을 조절할 수 있습니다. 내열유리를 국내에서 취급하고 있는 곳은 삼성테크노글라스입니

그림 10-4_ 'J'형 로켓 연소부를 내장한 간단한 구조의 벽난로

다. 이곳에서는 5mm두께에 200×150mm 크기의 독일 스코트사의 세라믹유리를 택배비 포함 2만 원 정도에 판매하고 있습니다.

'J'형의 로켓 연소실에 좁고 긴 축열 벽체를 결합시켜서 그 어떤 형태의 장작꽂이 벽난로에 비해 보다 간단하게 만들 수 있는 벽난로를 로페즈Lopez 연구소에서 개발했습니다. 화구(장작투입구) 단면적과 같은 20cm 내외 너비로 좁고 긴 축열실을 만들어서 축열성능이 높은 벽난로를 만들 수 있습니다. 별도의 열기통로 구조 없이 긴 축열실이 연실 역할을

그림 10-5_내열 유리문이 달린 'J'형 로켓 연소부를 장착한 벽난로

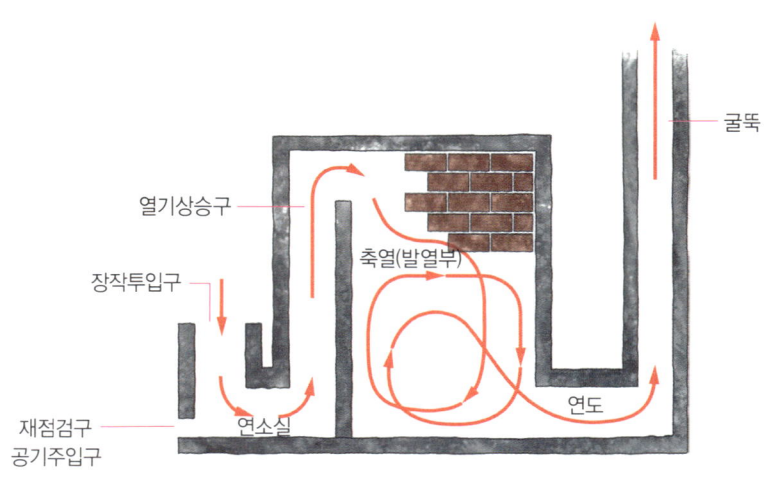

그림 10-6_좁고 긴 축열실에 'J'형 로켓연소실을 장착한 장작꽂이 벽난로의 구조와 연소가스 흐름

그림 10-7_로페즈 연구소에서 만든 긴 축열실에 'J'형 연소실을 가진 장작꽂이 벽난로

합니다. 간단하게 변형된 종탑형 벽난로라 할까요. 이렇게 만들면 축열 연실 내부에서 연소가스의 압력과 온도가 떨어지기 때문에 연도 뒤로 구들을 연결해서 바닥난방을 하기에는 열량이 부족해집니다. 만약 이러한 구조를 구들과 연결해서 사용하려 한다면 축열실 크기를 줄이거나 내부 열기통로를 만들어서 충분한 압력과 온도를 구들로 전달할 수 있게 만들어야 합니다.

연통 모래축열 장작꽂이 벽난로

　　'J'형 로켓 연소실에 종탑형 연실이 아닌 일반 축열식 벽난로의 열기통로 구조를 결합해서 장작꽂이 벽난로를 만들 수 있습니다. 장작꽂이 벽난로가 아무리 간단하다 해도 복잡한 열기통로를 벽돌로 조적하는 것은 쉽지 않습니다. 따라서 'J'형의 연소부와 벽난로의 몸체는 벽돌로 조적하고 열기통로를 연통으로 만든 후에 내부를 흙이나 모래 등 축열재를 채워서 벽난로를 만들 수 있습니다. 벽난로의 기본원리와 구조를 이해하면 이렇게 다양하게 그 원리를 응용하되 변형이 가능합니다. 앞서 소개한 다양한 개량 화덕들과 벽난로의 원리와 구조들은 종합적으로 혼합되어 뒤에서 소개할 서양식 깡통난로구들로 이어지게 됩니다.

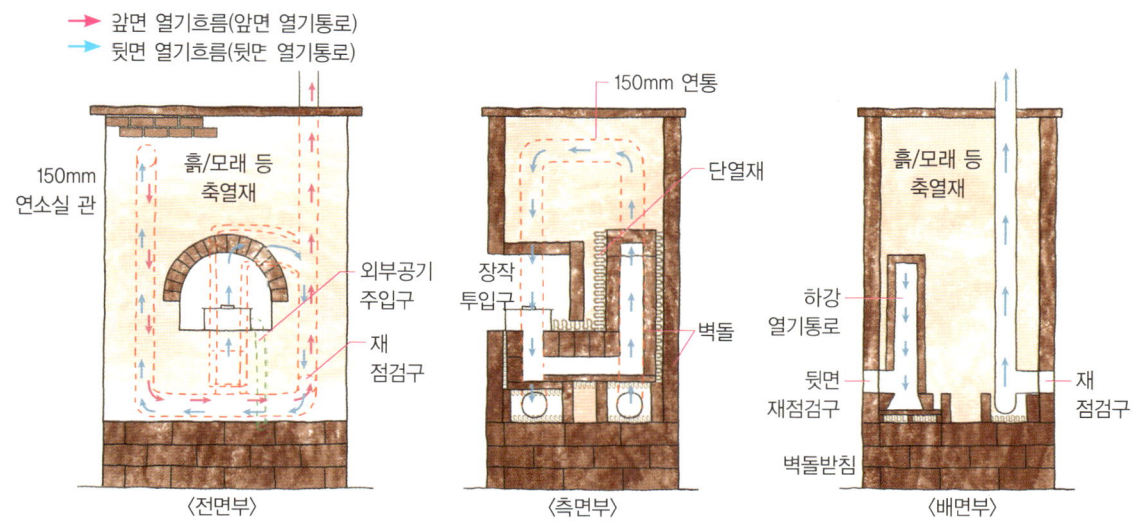

그림 10-8_연통으로 열기통로를 만든 장작꽂이 벽난로

11

벽난로와 구들의 결합,
그 아름다운 만남

벽난로와 구들의 결합,
그 아름다운 만남

　뜨끈하게 등을 지질 수 있는 구들 바닥, 이글거리는 불꽃 그림자가 포근한 벽난로, 이 둘은 집에 대해서 우리가 갖고 있는 세밀한 낭만적 욕망의 대상 가운데 결코 하나가 된 적이 없는 것들입니다. 하나는 바닥난방을 요구하는 우리의 좌식문화를 대표하고, 또 다른 하나는 서양의 입식문화에서 발전된 공간난방에 걸맞기 때문입니다. 좌식문화 위에 그대로 누운 채 서양식 건축문화를 받아들인 우리들은 두 문화를 모두 욕망합니다. 그리고 집과 공간을 따뜻하게 하는 방식을 항상 생각하죠.

　두 난방 방식을 어떻게 하나로 화해시킬 것인가? 1990년 대 초 위나르스키Winiarski 박사는 대류, 축열, 열복사 방식을 종합해서 바닥난방과 공간난방을 동시에 해결할 수 있는 서양식 벽난로 구들을 개발했습니다. 일명 '거꾸로 타는 깡통난로구들(rocket mass heater)'입니다. 우리나라에서도 이화종 선생의 산촌도드리 벽난로와 구들장 벽난로, 그 외 다양한 바닥 겸용 벽난로가 보급되고 있습니다. 이러한 복합 난방장치를 통해 우리는 그 오랜 숙원을 해결할 수 있게 됩니다.

벽난로와 구들의 결합

구들과 벽난로를 결합시켜 바닥난방과 공간난방을 동시에 해결하고자 하는 노력은 다양한 방향에서 시도되어 왔습니다. 제품화되어 있는 대표적인 사례로는 이화종 씨의 산촌도드리 벽난로와 최상홍 씨의 구들장 벽난로, 그리고 삼진의 보일러 겸용 벽난로가 있습니다.

이화종 선생의 산촌도드리 벽난로는 구들난방에서 출발해 벽난로 기능을 접합시킨 사례입니다. 산촌도드리 벽난로는 주물벽난로와 주물 함실을 결합시킨 구조를 말하는데 함실의 열기 일부를 함실의 노출면을 통해 복사열을 방출하므로 거실 공기를 데울 수 있는 구조로 만들어져 있습니다. 바닥난방 방식의 특징은 이중고래 겹구들 방식으로 방을 놓고 열기가 흘러가는 고래를 유선형과 직선을 결합시켰다는 점입니다. 이중고래 겹구들은 강한 불기운과 약한 불기운을 위아래 이중고래 사이로 나누어 보냄으로 습기를 방지할 뿐 아니라 유선형으로 놓여져 열기의 체류시간과 축열 접촉면을 늘여 축열효과를 극대화시키고 있습니다. 다만 거실 공간난방을 위한 축열부가 따로 없고 함실에서 장작이 연소될 동안만 거실로 복사열을 방출하도록 되어 있습니다. 이는 공간난방을 위한 축열구조를 가진 북미식 벽난로에 비해 산촌벽난로가 바닥난방에 중점을 두고 함실의 노출열을 공간난방에 사용하기 때문입니다.

최상홍 씨의 구들장 벽난로는 벽난로의 열기통로를 침실의 바닥 구들로 연장한 후 연통으로 연결해서 거실 공간난방과 침실 바닥난방을 겸하도록 개발된 형태입니다. 구들장 벽난로는 바닥 구들로 벽난로 연소실의 열기를 빨아들이기 위허 굴뚝을 철저히 단열

그림 11-1_이화종 씨의 산촌도드리 벽난로와 유선형의 이중고래 겹구들 시공 모습

해서 굴뚝 안의 상승기류에 의한 흡입력을 높이는 구조로 되어 있다는 점입니다. 이 벽난로 역시 거실 공간난방을 위한 별도의 축열구조를 갖고 있지 않아 산촌도드리 벽난로처럼 땔감 연소 시에만 공간난방 효과가 제한됩니다.

　벽난로 전문업체로 유명한 삼진 벽난로의 보일러 겸용 벽난로는 위에 소개한 사례들과 다른 방향어서 공간난방과 바닥난방을 겸하도록 되어 있습니다. 위 두 사례들처럼 직접 열기가 방바닥 밑으로 지나는 구조가 아니라 벽난로 화실(연소실) 내부에 바닥 보일러 배관과 연결된 열교환 코일을 설치하는 방식입니다. 이 역시 공간난방을 위한 별도의 축열부는 갖고 있지 않지만 공기주입량을 조절해 연소시간을 조절하도록 되어 있습니다.

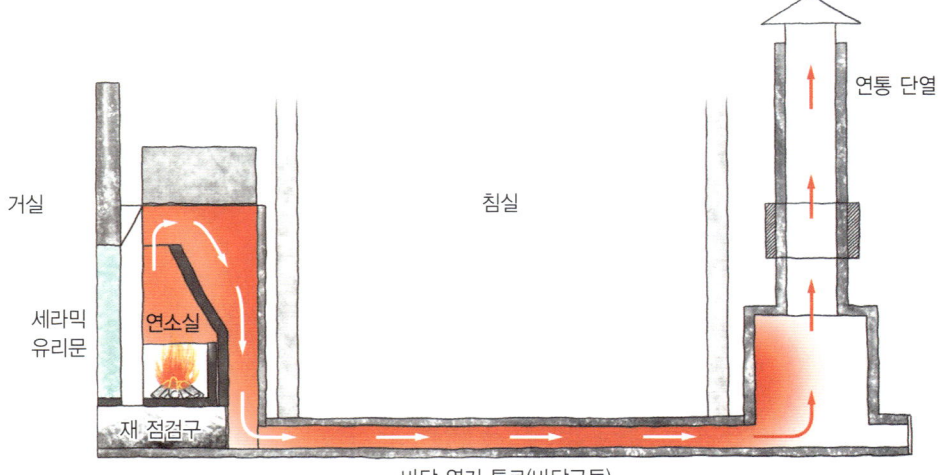

거실

세라믹
유리문

연소실

재 점검구

침실

연통 단열

바닥 열기 통로(바닥구들)

그림 11-2_최상홍 씨의 구들장 벽난로 구조도

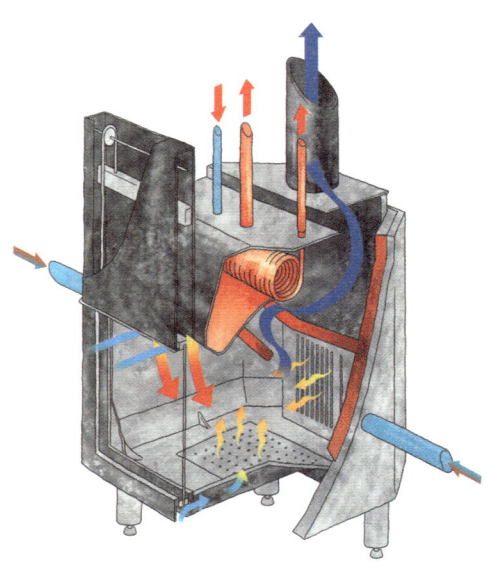

그림 11-3_삼진 벽난로의 보일러 겸용 벽난로 구조

점화본능을 일깨우는 화덕의 귀환

위나르스키 박사의 깡통난로구들

1990년대 초 위나르스키 박사도 단열 개량 화덕에 드럼통을 씌운 깡통난로와 연통구들을 깐 흙의자를 결합해서 깡통난로구들을 만들었습니다. 깡통난로구들은 연소부·발열부·축열부로 구성되있습니다. 연소부는 단열 개량 화덕처럼 장작투입구(화구)·연소실(화실)·연소로·연소기둥(열기상승관)이 들어 있고, 벽난로 역할을 하는 발열부는 열교환을 일으키는 발열 드럼통이 연소기둥 위에 덧씌워져 있습니다. 바닥난방을 위한 축열부는 열을 저장할 수 있도록 연소가스가 흐르는 수평연통이 깔려 있는 흙의자나 흙침대가 있고 마지막으로 연기를 배출할 수 있는 굴뚝이 연결됩니다. 제가 깡통난로구들에 주목하는 이유는 상대적으로 큰 돈 들이지 않고 직접 만들어 사용할 수 있는 모델이기 때문입니다.

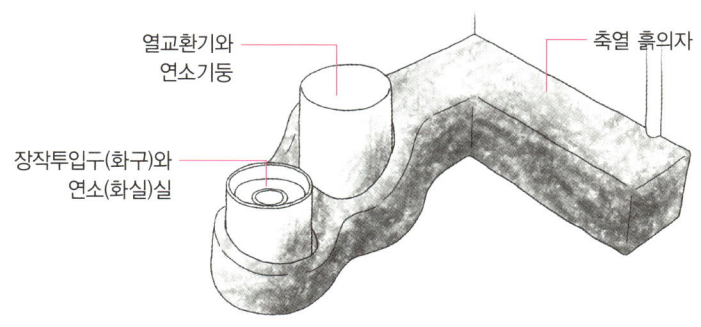

열교환기와
연소기둥

축열 흙의자

장작투입구(화구)와
연소(화실)실

그림 11-4_1990년대 개발된 초기 깡통난로구들 모델

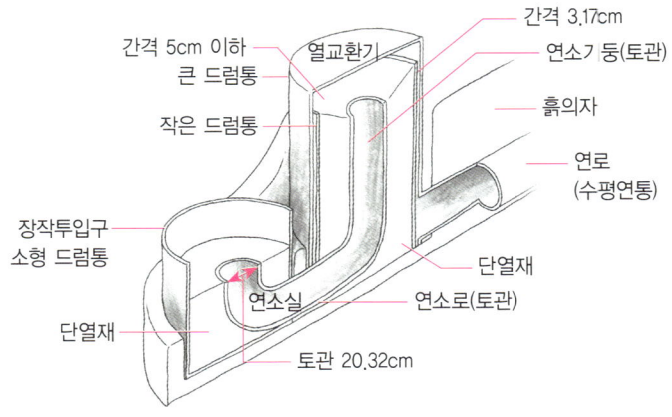

간격 5cm 이하
큰 드럼통
열교환기
작은 드럼통
간격 3.17cm
연소기 둥(토관)
흙의자
연로
(수평연통)
장작투입구
소형 드럼통
단열재
연소실
연소로(토관)
단열재
토관 20.32cm

그림 11-5_초기 모델의 내부 구조

위나르스키 박사가 만든 초기모델의 장작투입구(화구)는 약 60리터 용량의 소형 드럼통으로 만들어졌습니다. 그 안쪽의 연소실(화실)과 연소로는 직경이 약 20.32cm 정도의 토관이 사용되었는데 같은 크기의 토관으로 연소기둥(열기상승관)을 만들고 작은 드럼통을 덧씌워 단열처리했습니다. 연소기둥을 만드는 데 사용한 토관의 높이는 91.44cm였고 직경은 20.32cm 였습니다. 토관을 감싼 작은 드럼통은 약 125리터 용량 크기를 사용했습니다. 벽난로 역할을 하는 열교환 발열 드럼통은 가장 큰 약 208리터 용량으로 만들어졌는데 연소기둥과 그것을 감싼 작은 드럼통 위에 덧씌워졌습니다. 이 큰 발열 드럼통에서 뿜어져 나오는 대류열과 열복사에 의해 공간난방을 하게 됩니다.

깡통난로구들의 초기 모델은 장작투입구와 연소부, 연소기둥 주위를 나무재를 이용해서 단열처리 했습니다. 이렇게 단열처리 하면 연소실과 연소로, 연소기둥(열기상승관), 열교환기(발열 드럼통) 안의 온도를 높게 유지할 수 있고 강력한 상승기류와 흡입력을 만들어 냅니다. 연소기둥 안에 발생한 고온의 상승기류는 연소기둥을 감싼 작은 드럼통과 발열 드럼통 사이를 통과해서 흙의자 밑의 수평연통으로 열기를 밀어내는 압력을 발생시킵니다. 연소부 안의 열기를 고온으로 유지하면 유지할수록 열기를 밀어내는 힘은 더욱 강해집니다. 마치 열 펌프와 같은 역할을 하게 됩니다.

흙의자(또는 흙침대) 밑을 통과하는 수평 연통은 벽난로의 열기통로에, 구들에서는 고래에 해당합니다. 수평연통은 직경이 초기 모델의 경우 15.24cm였습니다. 이 연통을 지나는 열기는 열을 흙의자나 흙침대에 저장하고 충분히 식은 후 마지막으로 집 밖으로 연결된 외부 굴뚝이나 연통을 통해 빠져나가게 됩니다.

불은 위로만 올라가지 않는다

"불은 위로 올라가고 물은 아래로 내려간다" 이 말은 반은 옳고 반은 틀린 말입니다. 기체인 불은 상대적으로 뜨거울 때 위로 올라가고 차가워지면 밑으로 내려갑니다. 액체인 물 역시 뜨거워지면 위로 올라가고 차가운 물은 아래로 내려갑니다. 그런데 뜨겁다 차갑다는 상대적인 표현입니다. 끓는 물을 보십시오. 전체적으로 끓는 물은 뜨겁습니다. 그런데 그 안에서 상대적으로 뜨거워진 물과 차가워진 물이 대류를 일으키며 위아래로 움직입니다. 불도 마찬가지입니다. 상대적으로 차가운 불(열기)도 있고 뜨거운 불(열기)도 있습니다. 상식선에서 뜨거운 불이라도 주변에 비해 상대적으로 차가운 불은 아래로 내려갑니다. 일정한 크기의 부피를 형성하는 공간 안에서 불은 보통 위로 올라갑니다. 그러나 폐쇄된 관로 구조 안에서는 압력이 가해지면 불(열기)은 상대적 온도의 높고 낮음에 상관없이 관로의 배치에 따라 위로도 아래로도 갈 수 있습니다. 이렇게 불은 위로만 솟구치지 않는다는 점을 열 펌프와 같은 연소부를 가진 깡통난로구들을 통해 분명하게 알 수 있습니다.

깡통난로구들에서는 그 구조적 특성에 의해 공기와, 열기, 그밖의 연소가스는 복합적

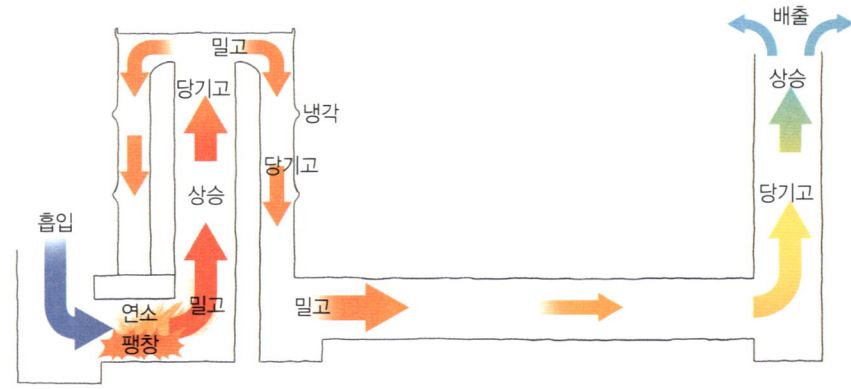

그림 11-6_깡통난로구들의 열기와 연소가스의 흐름

인 힘이 작용하면서 흘러갑니다. 장작투입구로부터 흡입된 공기는 연소실에서 팽창되면서 연소기둥(열기상승관)으로 올라갑니다. 연소기둥에서 연소가스와 공기가 뜨겁게 달궈지면서 상승기류를 형성하며 올라가 열교환 드럼통 맨 위쪽에서 압력으로 작용합니다. 그다음 열교환 드럼통 위쪽에서 열을 발산하며 어느 정도 냉각·수축된 연소가스는 열교환 드럼통 측면 밑으로 밀려 내려가며 열을 발산합니다. 이때 연소가스가 다시 냉각·수축되며 밑으로 더욱더 밑으로 밀려 내려가게 됩니다. 이렇게 냉각수축되면서 내려온, 그러나 아직도 고온의 열기를 가진 연소가스는 축열체인 흙침대 밑의 수평연통 밑으로 밀려 들어가게 됩니다. 축열체인 축열 의자나 침대에 열을 저장하면서 지나온 연소가스는 더욱더 식어가지만 아직도 온기를 갖고 있기 때문에 위로 상승하려는 힘을 갖고 있습니다. 게다가 연소부는 열 펌프처럼 끊임없는 압력으로 연소가스와 뜨거운 공기를 밀어냅니다. 단열처리되어 일정한 온도를 유지하고 있는 굴뚝에서도 상승기류가 발생하면서 수평 연통이나 연도 안의 연소가스(또는 배출가스)를 빨아올리게 됩니다.

깡통난로구들에서 열기의 흐름은 위로만 올라가려는 성질에 좌우되는 것만은 아닙니다. 연소기둥(열기상승관)보다 낮은 높이의 장작투입구(화구)에 발생하는 차갑고 무거운 공기의 위치에너지, 즉 미세기압은 장작투입구 안으로 공기를 거꾸로 밀어넣는 힘으로 작용합니다. 장작이 연소되면서 발생하는 공기와 가스의 팽창력 역시 작용합니다. 연소기둥(열기상승관) 안에서 발생하는 뜨거운 열기가 위로 오르려는 상승기류 역시 또 하나의 힘입니다. 열교환 발열 드럼통 위와 옆으로 열을 발산하고 서서히 식어가며 수축·냉각된 열기는 상대적으로 하강하며 내리누르는 압력으로 변합니다. 밀폐된 공간에서 연소가스가 빠져나가는 통로가 갑자기 좁아졌을 때 속도는 빠르게 변합니다. 다시 말해 압력이 커집니다. 이렇듯 복잡한 작용이 깡통난로구들 안에서 작용하면서 열기는 위아래 이리저리로 흐르게 됩니다. 이런 힘의 작용을 정확히 이해하면 자유롭게 벽난로나 구들, 화덕을 개량하고 변형할 수 있게 됩니다.

뜨겁게 타서 차갑게 나가다

깡통난로구들의 연소실 화점에서 최대 연소온도는 1,000도까지 올라갑니다. 전통 구들의 경우 연소실에 해당하는 함실의 연소온도가 600~700도, 도자기 굽는 가스가마가 1,200~1,400도 정도입니다. 단열 연소부를 가진 깡통난로구들은 가마 수준은 아니지만 상당히 높은 그온 연소가 가능합니다. 연소기둥(열기상승관) 안의 온도는 대략 640~970도 정도입니다. 고온의 배출가스와 열기는 연소기둥을 감싸고 있는 열교환 발열 드럼통을 통과하면서 257~367도까지 떨어집니다. 발열 드럼통을 통해 열이 방출되면서 공기를 데우는 데 사용되기 때문입니다. 그 다음 바닥난방용 축열체인 흙침대나 흙의자 밑의 수평연통을 지나면서 열을 저장하게 되는데 이때 섭씨 32~92도까지 식게 됩니다. 흙침대나 흙의자에 저장된 열은 서서히 실내로 복사됩니다. 이러한 여러 단계의 복합적인 과정을 거쳐 집 안을 충분히 데운 후 마지막으로 차가워진 배출가스, 즉 연기가 집 밖 연통을 통해 나가게 됩니다.

1995년 위나르스키 박사팀이 초기 개발한 깡통난로구들 모델이 처음부터 완벽했던 것은 아닙니다. 처음 만든 모델에 불을 붙여 연소실의 온도와 집 밖 연통에서 나오는 배출가스의 온도를 측정해보았는데 큰 차이를 보이지 않았습니다. 직경 15.24cm, 길이 284.84cm인 흙의자 밑의 수평연통은 직경도 작고 길이도 너무 짧았던 것입니다. 연통을 감싸고 있는 흙의자로 축열이 거의 일어나지 않았습니다. 다시 말해 흙의자에 열이 저장되지 않은 것입니다. 2시간이나 불을 지폈는데도 불구하고 흙의자는 만족할 만큼 따뜻해지지 않았습니다. 여전히 집 밖 연통에서 측정한 배출가스의 온도는 240도가 넘었습니다. 연통으로 배출되는 온도가 너무 높다는 것은 실내에서 그만큼 축열이 이뤄지지 않았다는 증거입니다.

열을 어떤 물질에 저장한다는 것은 결코 쉽지 않은 일입니다. 열기의 흐름이 마찰을 일으킬 수 있어야 하고 열을 전달할 수 있는 표면적이 넓어야 합니다. 연통은 좀 더 넓고, 좀 더 길어야 했습니다. 위나르스키 박사팀은 축열체인 흙의자 속에 들어있는 수평 연통을 원통형이 아니라 사각형으로 교체해서 문제를 해결했습니다. 위나르스키 박사는 실험 결과 초기 모델의 경우 집 안으로 충분한 열을 방출할 수 있도록 만들기 위해서는 열기가 부딪히는 연통의 표면적을 총합했을 때 최소 12평방미터여야 한다는 점을 밝혀냈습니다. 표면적이 12평방미터가 되려면 사각 연통의 윗부분 넓이만 3평방미터가 되어야 합니다. 이렇게 해서 집 밖으로 나가는 배출가스의 온도를 120도 정도로 낮출 수 있게 되었습니다. 이후 지속적으로 개선해서 배출온도를 32~92도까지 낮출 수 있었습니다. 그만큼 더 많은 열을 실내에서 사용할 수 있게 된 것입니다. 최근 국내외에서 깡통난로구들을 설치한 사례들을 보면 보다 크고 긴 원형 연통을 구불구불 겹쳐 깔아서 길이를 연장하거나 내화단열벽돌로 우리 전통의 구들 고래와 같은 연도를 놓아서 더 많은 열을 바닥난방에 이용할 수 있도록 만듭니다.

거꾸로 타는 비밀 세 가지

깡통난로구들은 장작을 수직으로 거꾸로 꽂아 넣습니다. 왜 장작을 거꾸로 넣을까요? 불길이 거꾸로 타들어가기 때문입니다. 수직으로 꽂아 넣어도 불길이 거슬러 올라오지 않습니다. 다만 장작은 점점 타들어가면서 중력에 의해 자동으로 연소실 안쪽으로 들어갑니다. 불이 거꾸로 타들어간다니요? 불은 위로 솟구치는 게 당연하지 않나요. 그 궁금증을 하나씩 풀어보겠습니다.

첫 번째 비밀, 'J'자 형태의 연소부 구조

급격한 각을 가진 'J'자 형태의 연소부는 깡통난로구들의 핵심이라 할 수 있습니다. 이러한 형태 때문에 낮은 장작투입구(화구)로 차갑고 무거운 공기가 빨려들어가고 높은 연소기둥(열기상승관) 쪽으로 뜨겁고 가벼워진 열기가 밀려 올라갑니다. 즉 장작투입구와 연소기둥의 높이 차에 따른 미세기압차 때문에 공기와 함께 불꽃이 거꾸로 타들어가게 되는 것입니다.

두 번째 비밀, '연소부 단열'

'연소부 단열' 역시 거꾸로 타는 비밀의 열쇠입니다. 단열처리된 연소실(화실)은 장작이 연소될 때 발생하는 열을 외부로 빼앗기지 않도록 만듭니다. 단열처리된 고온의 연소실에서 뜨겁고 가벼워진 연소가스와 공기는 연소기둥(열기상승관) 안에서 강력한 상승기류를

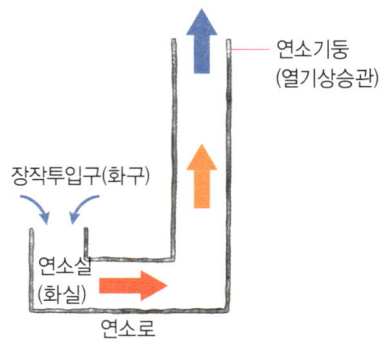

연소기둥
(열기상승관)

장작투입구(화구)

연소실
(화실)

연소로

그림 11-7_깡통난로구들의 'J'자 형태의 연소부

만듭니다. 이 때문에 장작투입구 쪽에서 공기를 빨아들이는 흡입력이 생깁니다. 이러한 작용으로 불꽃이 연소실 안쪽으로 거꾸로 빨려들어가는 것입니다.

세 번째 비밀, '연소실 일체형 연소기둥'

깡통난로구들은 수직으로 세운 짧은 연통이 연소실과 일체화되어 연소부를 이루고 있습니다. 이렇게 연소기둥(열기상승관)을 연소실과 일체화시켜 내장하게 되면 연소가스의 열을 최대한 잡아둘 수가 있을 뿐 아니라 연소부 내부를 고온 상태로 만들 수 있습니다. 때문에 그 어떤 난로보다 강력한 흡입력을 갖게 됩니다. 초기 모델에 내장된 연소기둥의 높이는 보통 91.48cm 정도입니다. 이 연소기둥 안에서 강력한 상승기류가 형성되며 열기가 올라가며 2차 3차 연소가 일어나기 때문에 '연소기둥'이라 부릅니다.

Tip   **굴뚝효과와 흡입력**

야외에서 장작더미에 불을 붙이면 화력이 높기 때문에 가까이 가기 쉽지 않고 주위에 오래 앉아 있으면 연기 때문에 눈이 아프고 눈물이 나기 쉽습니다. 나무 연기는 냄새는 좋을지 모르지만 대부분 유독 가스이기 때문에 해롭습니다. 장작불 가까이 있는 사람만 따뜻하고 대부분의 열은 공기 중으로 재빨리 사라집니다.

열기

그림 11-8_굴뚝의 역할과 흡입력

장작더미 한가운데 연통(굴뚝)을 세우면 연통은 유독한 연기와 불꽃을 진공청소기처럼 빨아들입니다. 연통 안쪽이 연통 바깥쪽 온도보다 높기 때문에 연통 안쪽의 공기가 더 가볍고 뜨거워집니다. 상대적으로 연통 주변의 공기는 온도가 낮고 무겁기 때문에 연통 아래로 모였다가 연통 속으로 빨려 올라가게 되는 것입니다. 이때 연기와 불꽃, 열기를 함께 연통 속으로 빨아들이는 흡입력은 연통의 높이와 화력에 따라 달라집니다. 연통이 높으면 높을수록 흡입력은 높아집니다. 연통의 높이가 비록 낮다고 하여도 연통을 단열해서 연통 내부의 온도를 높이면 강력한 흡입력을 갖게 할 수 있습니다.

깡통난로구들의 장점

깡통난로구들의 가장 중요한 장점은 바닥난방과 공간난방을 한 번에 해결하는 난방장치라는 것입니다. 깡통난로구들은 구들과 벽난로의 결합이 가능한 난방장치입니다. 그러나 진정한 장점은 이뿐만이 아닙니다.

1. 장작을 거꾸로 세워 넣을 수 있기 때문에 타들어가면서 중력에 의해 자동으로 장작이 연소실로 공급됩니다. 장작이 거꾸로 타들어가기 때문에 장작 끝에 연소점을 집중시킬 수 있고 그 결과 불완전연소를 줄일 수 있습니다.

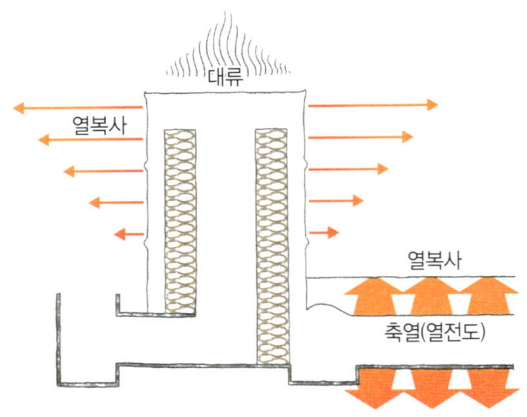

그림 11-9_깡통난로구들의 복합 난방 개념도

2. 연소실(화실)·연소로·연소기둥(열기상승관) 등 연소부 일체가 단열처리되어 있어 고온을 유지하게 되고 깨끗하게 고온 완전연소됩니다. 높은 연소효율로 인해 땔감을 50~90% 이상 절약할 수 있습니다.

3. 상승기류가 발생하는 연소기둥이 내장되어 있어 고온을 유지하고 화염과 열기의 흐름을 로켓처럼 가속시킵니다.

4. 열복사·대류·축열(열전도)난방 기능이 복합적으로 결합되어 있어 최대한 열에너지를 동시에 이용할 수 있습니다. 즉, 공간난방과 바닥난방을 겸할 수 있고 찻물을 끓이거나 음식물을 데울 수도 있습니다.

5. 복합난방으로 인해 신속하게 방 안의 공기를 데울 수 있을 뿐 아니라 불이 꺼진 후에도 흙침대에 축열된 열기가 오랜 시간 방출되므로 난방효고-를 지속시킬 수 있습니다.

6. 연소부와 축열체인 흙침대나 흙의자가 기능적으로 연결되어 있어 열을 오랫동안 저장할 수 있을 뿐 아니라 자연적인 가구의 역할을 합니다.

7. 불완전연소의 결과인 연기·재·그을음·목탄액이 매우 적게 나오고 굴뚝이나 연통으로 불꽃이 솟지 않아 화재의 위험이 적습니다.

8. 값싼 재활용 자재나 주변에서 쉽게 구하는 재료를 이용해서 특별한 기술 없이도 누구나 쉽고 경제적으로 만들 수 있습니다.

9. 온수 장치·구들·빵 굽는 오븐·조리용 화덕 등과 쉽게 결합시킬 수 있습니다.

깡통난로구들의 단점

깡통난로구들은 많은 장점을 가지고 있지만 그렇다고 완벽하지는 않습니다. 몇 가지 단점을 가지고 있습니다.

1. 장작투입구(화구)가 작기 때문에 장작을 자주 넣거나 긴 장작을 넣어주어야 합니다. 중력에 의해 땔감이 자동으로 연소실로 미끄러져 들어가도록 만들어져 있지만 휘거나 옹이가 있거나 갈라진 가지일 경우 걸리기 쉽습니다.

2. 장작을 가늘게 쪼개는 데 많은 시간이 걸립니다. 장작투입구(화구) 직경이 약 15cm인 경우 팔뚝만 한 크기로 장작을 쪼개 넣어야 합니다. 장작이 그 이상 크면 문제가 생깁니다. 장작투입구가 약 20cm인 경우라면 장작은 무릎 두께 이상이 되어서는 안됩니다. 장작투입구는 연소부를 조적하는 내화단열벽돌의 크기에 제약을 받으므로 장작을 많이 넣을 수 있도록 장작투입구를 넓히는 데 한계가 있습니다.

3. 깡통난로구들은 화구가 실내에 있기 때문에 처음 불을 지필 때 연기가 방 안으로 나올 수 있습니다. 때문에 실외 연통에 팬 배출기를 설치하여 처음 불을 지필 때나 저기압으로 연기배출이 잘 안될 때 임시로 사용합니다.

4. 고온으로 인한 부식이 심합니다. 깡통난로구들은 연소실(화실) 온도가 1,000도까지

올라가기 때문에 열부하가 큽니다. 연소부를 만들 때 금속 파이프나 일반벽돌을 사용한다면 쉽게 부식되거나 깨져 부스러질 수 있습니다. 연소부(연소실·연소로·연소기둥)는 내화단열벽돌·주철·내화도기를 사용하면 수명을 늘릴 수 있습니다.

5. 모든 나무화덕이나 구들처럼 재를 자주 긁어내야 합니다. 물론 깡통난로구들은 장작을 고온 연소시키기 때문에 상대적으로 훨씬 적은 숯이나 재를 남깁니다. 재가 쌓이면 연소효율이 떨어지고 연기가 역류할 수 있습니다. 연소실 밑이나 연소부와 축열부 결합지점, 수평연통이 꺾이는 부분, 바깥으로 나가는 연통 밑 등 여러 곳에 점검구 또는 재 청소구를 만들어 두어야 합니다.

6. 깡통난로구들을 사용하는 데 숙련된 기술이 필요합니다. 장작을 골라 넣고 불을 지피는 일은 조금 과장하면 예술의 경지를 요구합니다. 한꺼번에 장작을 많이 넣을 수 없기 때문에 조심스럽게 때에 맞게 조금씩 넣어야 합니다. 처음 불을 붙일 때는 가는 장작부터 시작해서 점점 굵은 장작으로 바꾸어 주어야 합니다. 가늘고 긴 장작을 넣으면 자주 장작을 넣지 않아도 됩니다.

7. 열교환 발열 드럼통은 불을 지피기 시작한 후 곧 뜨거워지지만 불이 꺼지면 금방 식습니다. 축열 흙침대나 흙의자는 따뜻하게 되는 데 시간이 걸립니다. 축열부의 규모에 따라 다르겠지만 보통 30분 이상 불을 때야 바닥이 뜨거워지기 시작합니다. 자주 불을 때지 않은 경우 차갑게 식은 축열부의 흙의자나 흙침대를 따뜻하게 하는 데 특히 시간이 걸립니다. 전통적인 구들과 마찬가지입니다. 그러나 일단 축열되고 나면 오랫동안 열기를 실내로 내뿜게 됩니다.

8. 규모가 아주 큰 바닥을 데우는 데 한계가 있습니다. 국내의 경우 깡통난로구들과 전통 구들의 고래 구조를 결합시켜서 보다 큰 규모의 바닥난방과 공간난방을 동시에 해결하려는 다양한 시도가 있습니다. 현재 6평 규모의 거실 바닥을 흙건축 전문

기업인 '건축공방 무無'의 이일우 소장이 장작투입구(화구)를 확장한 깡통난로구들의 원리를 접목시켜 시공한 사례와 필자가 진안에서 4평 바닥에 발열부를 깡통이 아닌 벽돌조적 형태로 변형해서 난로구들을 시공한 사례로 제주도 환경연합 회원들과 함께 찰나무님이 깡통난로구들을 수평연통이 아닌 전통 구들방식과 결합해 시공한 사례가 있습니다.

12

깡통난로구들을
만들기 위한 준비

깡통난로구들을
만들기 위한 준비

　　추운 겨울이 다가오면 옛사람들은 숯을 담은 화롯불을 떠올렸을 테지만 현대인들은 아마도 인테리어 잡지에 나오는 벽난로를 떠올릴지 모릅니다. 몇 해 전 남쪽이라지만 제법 쌀쌀한 겨울을 지내기 위해 광주와 나주 경계에 있는 꽤 큰 주물벽난로 전시장을 찾았습니다. 벽난로 몸체만 기본이 100만 원 이상을 넘고 스테인리스 단열 연통값과 부속 부품값 역시 몸체값에 버금갔습니다. 시공비까지 합하면 도무지 엄두가 나질 않았습니다. 정작 마음에 든 모델은 삼사백여 만 원을 넘었습니다. 눈이 간사합니다. 한번 눈에 들어온 것이 있으니 다른 것들은 성에 차지 않습니다. 그러나 주머니 사정이 넉넉치 않으니 마음 속에서부터 저 멀리 밀어 놓습니다. 그해 겨울은 벽난로 없이 지냈지만 몇 해가 지난 후 벽난로와 바닥난방을 겸할 수 있는 깡통난로구들을 사랑채를 지으며 놓게 되었습니다. 깡통난로구들은 저처럼 일머리 없는 사람들도 직접 만들 수 있습니다. 주변에 있는 재활용 자재나 자연자재를 십분 활용할 수 있어 경제적입니다. 벽난로를 갖고 싶습니까? 직접 만들어보십시요. 그러나 '모든 일은 준비가 반'이란 말을 잊지 마시기 바랍니다.

만드는 순서

'일머리'라는 말이 있습니다. '일의 순서'와 '요령'이란 뜻. '요령'이란 '일의 중요한 골자와 줄거리'를 말하는데 깡통난로구들을 제대로 만들려면 그 '일머리'를 깨우쳐야 합니다. 우선 깡통난로구들을 만드는 일의 순서를 살펴보도록 하겠습니다.

1. 깡통난로구들을 어느 곳에 앉힐지 가늠해본다.

2. 깡통난로구들을 앉힐 자리를 측량해본다.

3. 깡통난로구들의 연소부와 축열부를 설계한다.

4. 벽돌의 실제 크기에 맞춰 설계를 수정한다.

5. 제작 도구와 자재를 준비한다.

6. 드럼통 바깥쪽 페인트를 태우고 연소기둥(열기상승관) 높이를 맞춰본다.

7. 집 밖에서 실제크기로 연소부 모형을 만들어본다. 단 쉽게 해체할 수 있도록 만든다.

8. 집 밖에서 깡통난로구들 모형을 가지고 불을 피워본다.

9. 불을 피워서 문제점을 발견하고 모형에서 부위의 크기를 조정하고 조정한 크기를 기록한다.

10. 내화 몰탈을 반죽하고, 단열재와 볏짚, 진흙반죽을 준비한다.

11. 집 안의 실제 깡통난로구들을 설치할 자리를 다지고 수평을 잡는다.

12. 깡통난로구들의 연소부와 축열부(흙의자 또는 흙침대, 연통)를 앉힐 자리를 표시한다.

13. 미장 마감을 고려하여 전체 디자인과 설계를 재점검한다.

14. 깡통난로구들이 놓일 바닥을 단열시공한다.

15. 깡통난로구들의 연소부[연소실·연소로·연소기둥(열기상승관)]을 내화단열벽돌로 쌓는다.

16. 연소실 입구 위에 소형 드럼통으로 장작투입구를 만든다.

17. 연소기둥(열기상승관)의 단열처리를 위해 중간 크기의 드럼통을 덧씌운다.

18. 연소기둥과 중간 드럼통 사이를 단열재로 채운다.

19. 중간 드럼통 위에 제일 큰 열교환 발열 드럼통을 덧씌운다.

20. 이때 불을 피워보면서 연소기둥(열기상승관)과 드럼통 위치를 바로잡는다.

21. 축열부(흙침대 또는 흙의자, 그 밑을 통과하는 수평연통·배출연통·재점검구)를 조립한다.

22. 창을 열어놓고 수차례에 거쳐 불을 피워본다.

23. 축열부의 수평연통을 흙반죽으로 감싸서 흙침대 또는 흙의자를 만든다.

24. 연소부 주위를 흙과 볏짚·모래를 섞은 반죽으로 몸체를 만들고 미장한다.

필요한 자재들

깡통난로구들 각 부위의 수치는 축열부 밑에 들어가는 수평연통의 크기를 기준으로 정해집니다. 여기서는 직경 20cm인 수평연통을 사용할 때 필요한 재료들을 살펴보도록 하겠습니다. 연소실·연소로·연소기둥은 내화단열벽돌을 사용하고, 열교환 발열부는 드럼통, 축열부 밑에는 수평연통을 사용할 경우에 맞춰 필요한 재료들을 정리해 보았습니다. 그러나 깡통난로구들은 연소기둥을 벽돌로 쌓을지, 금속관이나 도기관을 사용할지, 열교환 발열부는 드럼통으로 만들지, 벽돌로 만들지와 축열부는 수평연통을 사용할지, 벽돌을 이용해서 연도를 만들지, 전통 구들로 만들지에 따라 자재와 그 양이 달라집니다.

내화단열벽돌

전체 연소부를 만드는 데 약 60~70장의 내화단열벽돌이 필요한데 그중 30~40장은 연소기둥(열기상승관)을 만드는 데 사용됩니다. 연소실(화실)과 연소로 등 연소부 내부에 사용되는 벽돌은 고온과 급격한 열변화에 견디면서도 단열 성능이 좋아야 합니다. 내화벽돌과 내화단열벽돌을 종종 혼돈하는 경우가 있는데 내화벽돌은 고온에 대한 내구성은 갖고 있으나 단열성능이 낮습니다. ALC(기포경량콘크리트) 벽돌은 단열성능은 우수하지만 고온에 오래 노출될 경우 표면이 조금씩 부스러지는 등 단점이 있습니다. 내화단열벽돌을 고를 때는 반드시 단열 성능표를 점검해야 합니다. 일반적으로 단열벽돌은 안에 공극이 있기 때문에 가볍습니다. 공기는 매우 열전도성이 낮은 물질이기 때문입니다. 집에서 진흙과 톱밥을 섞어서 단열벽돌을 만들어 사용할 수 있습니다. 내화단열벽돌을 쌓을 때 사용하는 몰탈은 상업용 내화몰탈을 사용해야 합니다. 집에서 진흙과 톱밥으로 만든 내화벽돌을 사용할 경우엔 벽돌을 만들 때 사용한 진흙·톱밥 반죽을 그대로 몰탈로 사용합니다.

Tip　**집에서 내화단열벽돌 만들기**

진흙과 모래, 돌 등 축열재로 만든 화덕 몸체는 화덕 안의 열기를 빼앗아 저장해둡니다. 결과적으로 화덕 연소실의 온도를 떨어뜨리고 연소효율을 낮추게 됩니다. 금속이나 스테인리스로 만든 화덕은 고온을 유지시키지만 쉽게 브식됩니다. 주물 화덕은 내구성이 높지만 대신 제작 비용이 높습니다. 연탄 보일러 내부에 주로 사용하는 드기는 효과적이지만 단열 성능이 떨어져 외부에 별도로 단열처리를 해야 합니다. 깡통난로구들 연소부도 마찬가지로 단열재로 감싸거나 내화단열벽돌을 사용해야 합니다. 내화단열벽돌은 집에서도 만들 수 있는데 다양한 단열재와 진흙을 섞어 만듭니다. 그러나 톱밥이나 진주암을 섞은 벽돌 외에는 대부분 고온으로 구워야 하기 때문에 간단히 그늘에 말려서 사용할수 있는 진흙·톱밥 벽돌을 가장 많이 사용합니다.

*톱밥과 진흙반죽

톱밥 500g, 물 1200g, 진흙 900g 비율로 반죽합니다. 반죽을 벽돌 틀에 넣고 다진 후 꺼내어 그늘에서 건조시킵니다. 건조된 상태 그대로 화덕이나 깡통난로구들의 연소부를 만듭니다. 연소부에 장작불을 넣으면 자체로 벽돌은 그워집니다. 뜨거운 열기에 의해 톱밥은 타고 벽돌 안에 공극이 생겨 단열벽돌이 만들어집니다.

*숯과 진흙반죽

숯가루와 진흙을 먼저 물과 반죽합니다. 다시 2mm 정도의 체에 거른 굵은 숯가루를 섞고 반죽해서 숯흙벽돌을 만듭니다. 건조시킨 후 1,000도 이상의 고온에서 굽습니다. 숯은 벽돌을 구울 때 연소되고 벽돌에 공극을 남기게 되는데 가볍고 단열성능이 우수한 경량 내화벽돌이 됩니다. 단점은 고온에 구워야 한다는 점입니다.

*질석과 진흙반죽

2.36mm 체에 거른 질석과 진흙을 물과 섞어 반죽합니다. 건조한 후에 1,000도 이상의 고온에서 굽습니다.

*진주암과 진흙반죽

진주암과 진흙을 반죽합니다. 이때 진주암의 크기는 2.36~9mm. 진주암 역시 값싼데 식물 식재용으로 많이 사용됩니다. 조경상회나 농자재상에서 살 수 있습니다. 진주암과 진흙반죽으로 만든 벽돌 역시 단열 성능이 좋은 경량 내화벽돌이 됩니다.

*속돌(浮石, Pumice)과 진흙반죽

일명 화산석, 0.25~4.75mm까지 다양한 체에 걸러 사용합니다. 속돌의 크기에 따라 대, 중, 소 비율을 2 : 1 : 4 비율로 혼합하여 진흙과 섞어 벽돌을 만듭니다. 건조시킨 후 역시 불에 굽습니다. 단열 성능이 좋은 경량 내화벽돌을 만들 수 있습니다. 반죽할 때는 공기가 빠지게 압력을 주면서 잘 반죽해야 합니다. 단 며칠 건조시킨 후 1,100도의 불로 굽습니다.

흙

일반적으로 흙은 실트silt·모래·작은 자갈·점토 등으로 구성되어 있습니다. 각 지역마다 흙의 성분비나 성질 역시 많은 차이를 보입니다. 가능하면 찰기가 많은 진흙이나 황토를 사용합니다. 흙은 주로 몰탈로 사용하고 외부 미장용·흙침대나 흙의자 몸체를 만들 때도 사용합니다. 단열벽돌을 만들 때도 사용합니다. 반죽을 만들 때 큰 자갈이나 유기물을 제거하고 고운 철망에 걸러 사용합니다.

모래

주로 몰탈용이나 미장용으로 사용되는데 역시 고운 체에 걸러 사용합니다. 축열이 필요한 흙침대나 흙의자 몸체 윗부분에는 모래를 사용하지 않습니다. 모래는 열전도율이 낮은 물질이기 때문입니다. 진흙과 함께 섞어 사용할 때 모래 함량은 흙 성분비에 따라 다르지만 대략 흙 1 : 모래 2.5~3분량을 섞어서 사용합니다. 단열쳑돌이나 단열반죽을 만들 때는 모래를 섞지 않습니다.

드럼통

깡통난로구들을 만들 때 필요한 드럼통은 대·중·소 세 가지가 필요합니다. 보통 페인트 말통이라 불리는 가장 작은 드럼통은 연소실(화구) 입구를 감싸는 장작투입구에 사용됩니다. 중간 드럼통은 연소기둥(열기상승관)을 단열재로 감싸기 위한 틀로 사용합니다. 중간 크기의 드럼통은 구하기 어렵기 때문에 철망이나 금속판을 관 형태를 만들어 대용합니다. 열교환이 이뤄지는 발열부에 사용되는 가장 큰 드럼통은 주변에서 쉽게 구할 수 있습니다. 드럼통 대신 진흙반죽이나 축열이 가능한 흙벽돌이나 적벽돌 등으로 열교환 축열부를 만들수도 있습니다.

드럼통을 사용할때는 드럼통 페인트를 벗겨내거나 태운 후 사용해야 나중에 유독 가스가 발생하는 걸 막을 수 있습니다. 드럼통에 내화페인트를 바르면 불을 피워도 칠이 벗겨지지 않고 유독 가스를 내뿜지 않습니다. 내화페인트를 바르고 처음 불을 때면 한동안은 냄새가 나는데 곧 사라집니다. 때때로 드럼통에 고무 패킹이 둘려져 있는 경우가 있는데 고무 패킹은 반드시 제거합니다. 스테인리스 재질에 뚜껑이 있고 뚜껑 조임장치가 있는 드럼통은 비싸지만 발열부 드럼통으로 사용하면 점검이 필요하거나 재를 긁어내야 할 때 편리합니다.

연통

흙침대나 흙의자와 같은 축열부 밑을 통과하는 수평 연통은 작은 것보다 큰 것이 더 효과적입니다. 작은 연통은 종종 그을음이나 재로 막힐 수 있고 연기 흐름도 좋지 않습니다. 처음에 생각한 것보다 조금 더 큰 것을 사용합니다. 전체 연통의 직경은 모두 같아야 합니다. 직선 연통과 'U'형, 'L'형 'T'형 등 다양한 연결관이 필요합니다. 재점검구로는 주로 'T'형 연결관과 막음뚜껑을 사용합니다. 가능하면 강도를 고려해 함석 연통보다는 철제 연통이나 스테인리스 재질에 페인트칠이 되지 않은 것을 사용합니다. 철제 연통이나 스테인리스 연통은 미터당 가격이 만 원 이상으로 매우 비싸기 때문에 고물상이나 철물점에서 중고 연통을 구입해서 사용하는 것이 경제적입니다. 너무 두꺼운 연통을 사용하거나 삼중 겹연통을 사용하면 축열부에 열을 전달하는 걸 방해하게 됩니다. 연통의 부식을 걱정하는 경우가 많은데 연통 주변을 흙반죽으로 꼼꼼하게 잘 감싸주면 연통이 부식되더라도 그 형태를 유지하게 됩니다.

단열재

단열재는 많은 공기주머니, 즉 공극을 갖고 있고 밀도가 낮으며 가벼운 특징을 갖고 있습니다. 쉽게 구할 수 있는 단열재로는 연탄재·숯·나무재·왕겨 등입니다. 단열재는 주로 깡통난로구들의 연소부 주위를 단열해서 고온 연소가 가능하게 하는 데 사용됩니다. 제품으로 판매되는 단열재로는 부석·질석·진주암 등이 있는데 흙을 섞어 사용합니다. 주로 이런 단열재는 건재상이나 원예용품 상회, 농자재상에서 판매합니다. 진주암이나 질석은 보통 시멘트 부대 정도 크기가 1만~1만5천 원 정도에 판매되는데 지역마다 가격 차가 많습니다. 연소부 주위만 단열하는데 대략 두 부대 정도 필요합니다. 양이 부족하면 흙을 섞어 사용합니다. 단열재는 진흙반죽과 섞어 사용하기도 하고 공간을 채울 때는 반죽하지 않고 마른흙과 섞어 사용합니다. 단, 진흙을 많이 섞으면 단열 성능이 떨어진다는 점에 유의해야 합니다.

볏짚

볏짚은 흙침대나 흙의자의 윗부분과 같은 축열이 필요한 곳에는 사용하지 않습니다. 볏짚의 공극이 열을 차단하기 때문입니다. 연소부 외부 몸체나 단열이 필요한 곳에서 진흙과 섞어 사용해도 됩니다. 볏짚은 주로 1~2차 미장용 진흙반죽을 만들 때도 사용합니다. 이때 볏짚은 충분히 물에 불려서 사용하는데 볏짚을 섞으면 균열이 일어나는 것을 방지할 수 있습니다. 볏짚을 구하기 힘든 경우는 동물털이나 머리털·나일론 실을 잘게 잘라 사용하거나 철물점에서 식물성 섬유인 수사를 구입해서 사용합니다.

만들기 위한 준비

'모든 일은 준비가 반'입니다. 자재를 준비해두었다면 가장 먼저 집 밖에서 깡통난로구들 모형을 만들어 실험한 후 설계를 수정합니다. 한편에선 실제 깡통난로구들을 앉힐 자리의 바닥을 준비합니다. 연소부를 벽돌로 쌓을 때 사용할 내화몰탈과 몸체용 진흙반죽을 만들어 두면 이제 모든 준비는 끝났습니다.

모형 만들기

실제 깡통난로구들을 만들기 전 반드시 실외에서 모형을 만들어서 실험해보아야 실수가 없습니다. 모형을 만들 때는 벽돌에 몰탈을 바르지 않고 쌓아서 쉽게 해체하고 조정할 수 있도록 만듭니다. 벽돌을 누이거나 모로 세워 보며 다양한 형태로 연소부를 만들어봅니다. 연소실과 연소로는 내화단열벽돌로 만들어야 하지만 연소기둥(열기상승관)은 내화단열벽돌이 아닌 두꺼운 금속관이나 연통으로 만들수도 있습니다. 열교환 발열 드럼통 역시 축열이 가능한 적벽돌이나 흙벽돌을 사용할 수 있습니다. 미리 어떤 자재를 사용할지를 결정한 후 모형을 만들어 봅니다. 모형을 만들 때 핵심 연소부 외에도 연소부 주위의 단열부위까지 가조적 해봅니다. 축열부 바닥을 수평연통이나 연도 방식이 아니라 구들장 형식으로 만들고자 한다면 역시 몰탈을 사용하지 않고 가조적해서 형태를 잡아 봅니다.

그림 12-1_실외에서 만들고 있는 깡통난로구들 연소부 벽돌 모형

바닥 준비하기

깡통난로구들을 만들기 전 장작투입구나 연소실 입구 부분이 방바닥 위에 오게 만들 것
인지, 방바닥 안으로 움푹 들어가게 할지 먼저 결정해야 합니다. 방바닥 안으로 움푹 들어
가게 만들려면 바닥을 마감하기 전에 미리 깡통난로구들을 만들면 작업이 수월해집니다.

깡통난로구들의 연소부가 놓일 바닥은 항상 수평을 이뤄야 하고 단단해야 합니다. 그리고 반드시 단열처리되어야 합니다. 바닥을 만들 때 쉽게 실수하는 부분이 연소실 밑바닥의 잿구멍 깊이를 빼먹는 것입니다. 바닥은 철망을 깔고 시멘트와 단열재를 섞은 몰탈을 부어 만듭니다. 잿구멍 깊이를 반드시 고려해서 바닥을 준비해야 합니다. 잿구멍은 내화단열벽돌을 형틀 삼아서 잿구멍 크기만큼 미리 넣은 채 바닥 몰탈을 부어서 만듭니다. 이처럼 바닥으로부터 올라오는 습기와 냉기를 막고 연소실의 불기가 전혀 닿지 않는 단열바닥을 먼저 만들어야 합니다. 이 단열 바닥 위에 다시 내화단열벽돌을 바닥에 깐 후 깡통난로구들의 핵심 연소부(연소실·연소로·연소기둥)를 만들어야 합니다.

그림 12-2_깡통난로구들 연소부 바닥 시공 사례

진흙반죽 몰탈 만들기

내화단열벽돌을 쌓을 때 사용하는 몰탈은 불에 강한 상업용 내화몰탈을 사용하거나 아주 고운 모래와 체에 친 진흙을 섞어서 만든 반죽을 몰탈로 사용합니다. 이때 진흙과 모래는 1 : 2.5~3 비율로 섞습니다. 모래의 함량이 많아야 열기에 갈라지지 않습니다. 시멘트나 석회, 석고는 불에 약하기 때문에 몰탈로 사용하지 않습니다. 몰탈을 사용하여 벽돌을 조적할 때나 깡통난로구들 몸체에 흙미장을 할 때 먼저 벽돌이나 바탕에 먼저 물을 축여 놓아야 천천히 양생되고 갈라짐이 없습니다. 그리고 몰탈을 항상 두껍게 바르지 않고 6mm 이하로 얇게 발라야 한다는 점 잊지 말아야 합니다. 상업용 제품을 사용할 경우는 화학접착제 성분이 없는 황토세라믹 몰탈을 사용합니다.

몸체를 만들 진흙반죽 만들기

깡통난로구들 연소부와 축열부 몸체는 보통 진흙반죽을 사용합니다. 열을 많이 받는 연소실 몸체는 흙과 모래를 1 : 2.5~3 비율로 혼합한 후 볏짚을 섞어 반죽한 진흙반죽을 이용합니다. 단열되어야 하는 수평연통 밑 부분 축열부(흙침대나 흙의자) 몸체 역시 흙과 모래를 1 : 2.5~3 비율로 섞고 여기에 볏짚을 반죽해서 사용합니다. 볏짚과 모래는 단열 성능을 높여줄 뿐 아니라 마르면서 생기는 균열을 줄여줍니다. 그러나 열전도성을 높여야 하는 수평연통 윗부분 축열부 몸체는 볏짚이나 모래를 섞지 않고 가능하면 진흙반죽만으로 만듭니다. 단 미장에 사용하는 흙은 고운 체에 거른 흙과 모래를 1 : 2.5~3 정도 비율로 섞어서 사용합니다. 만약 미장반죽에 볏짚을 넣고자 한다면 가늘게 자른 후 충분히 물에 숙성시킨 볏짚을 교반기로 돌려 잘게 만들어 사용해야 합니다. 이렇게 각기 용도가 다른 진흙반죽들을 필요한 만큼 미리 만들어 비닐로 덮어 하룻밤 이상 숙성시켜 놓아야 점성이 높아집니다.

그림 12-3_깡통난로구들과 미장한 축열부의 긴 흙의자

그림 12-4_볏짚·진흙반죽으로 미장하고 타일치장을 한 축열침대

13

깡통난로구들의
크기와 비율

깡통난로구들의
크기와 비율

아주 작은 차이가 확연히 다른 결과를 낳습니다. 우리는 종종 눈에 잘 띄지 않는 미세한 변화와 차이들을 무시합니다. 그러나 그 결과는 결코 무시할 수 없는 경우가 많습니다. 불은 작은 크기의 변화도 놓치지 않습니다. 그 차이를 활활 태워 뜨거운 불꽃이 아니면 검고 독한 연기로 되돌려줍니다. 불이 만들어지고 열기가 통과하는 모든 공간과 통로들은 서로가 인정하는 크기가 있습니다. 너무 크지 않게 또는 너무 작지 않게 적당한 비율로 서로를 통제하며 전체 구조를 이루어 불을 만들고 다스립니다. 잘 만들어진 모든 화덕과 벽난로들이 그러하듯 깡통난로구들도 적절한 크기와 비율로 만들어야 합니다.

연소부 각 부위의 크기와 영향

　깡통난로구들을 만들 때 가장 중요한 점은 각 부위의 크기와 정확한 비율입니다. 각 부위의 크기와 상호간의 비율이 깡통난로구들의 성능에 끼치는 영향은 매우 큽니다. 사례를 들면 연소기둥(열기상승관)과 연소로의 길이, 연소로와 연소기둥의 높이, 화구(장작투입구)와 연소기둥의 높이 등 그 비율과 크기에 따라 열기와 연기의 흐름은 그림과 같이 변하게 됩니다.

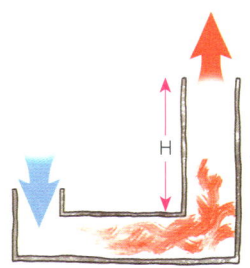
연소기둥의 높이와 연소로 길이는 같다.

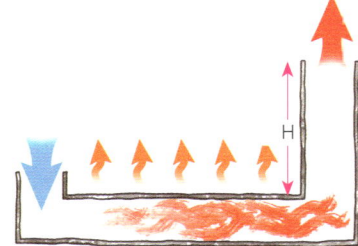
연소로의 길이가 연소기둥 높이의 두 배가 되면 열기의 흐름은 반으로 줄고 연소로에서 열손실은 두 배로 증가한다.

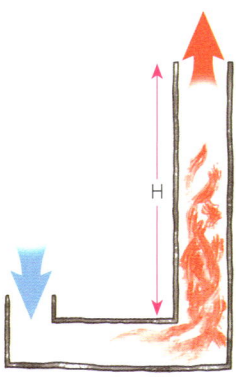
연소기둥(열상승관)의 높이가 연소로 길이의 두 배가 되면 열기의 흐름은 두 배로 빨라진다.

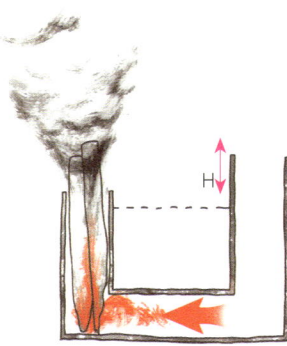
장작투입구(화구) 높이가 너무 높고 연소기둥(열상승관) 높이가 상대적으로 낮으면 연기가 자주 역류한다.

그림 13-1_연소부 각 부위의 상대적 크기에 따른 영향

수평연통의 크기를 기준으로 삼는다.

깡통난로구들 각 부분의 모든 치수와 비율은 축열부 밑에 들어가는 수평연통의 직경을 기준으로 삼습니다. 흙침대나 흙의자 아래 수평연통의 직경이 20cm일 경우 전체 연소부가 차지하는 공간은 대략 122(길이)×61(폭)×91cm(높이) 정도가 되어야 합니다. 물론 연소부 몸체를 어떻게 감쌀 것인가에 따라 크기는 더 커질 수 있습니다.

깡통난로구들을 만들 때 반드시 정확한 치수와 비율을 지켜야 하는 핵심 부분이 있습니다. 그외 나머지 부분들의 크기는 정확치는 않아도 가능하면 권장 크기를 지켜야 합니다. 여기서는 축열부 흙의자 밑에 들어갈 수평연통은 직경 20cm 연통을 사용하고 208리터 드럼통을 열교환기 발열 드럼통으로 사용하는 깡통난로구들을 기준으로 설명하고자 합니다.

정확히 지켜야 할 크기와 비율

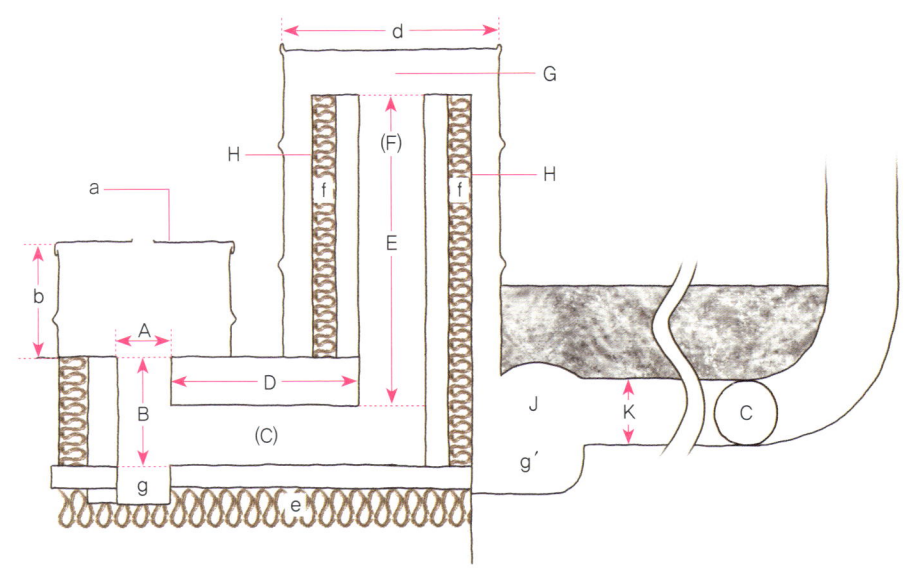

그림 13-2_깡통난로구들 각 부위, 대소문자 표시 구분에 주의한다.

　'A'는 화구(연소실 입구) : 화구의 크기는 정확해야 합니다. 깡통난르구들로 들어가는 공기의 주입량과 깡통난로구들을 통과하는 연소가스의 양을 결정하기 때문입니다. K 부분, 즉 축열부를 통과하는 수평연통의 직경이 20cm일 때 화구의 크기 A는 18×17.4cm이어야 합니다. 만약 K 값이 15cm일 경우라면 연소실 입구 A의 크기는 14×12.5cm로 줄여야 합니다. 화구가 너무 크게 되면 실내로 연기가 역류될 수 있습니다. 이처럼 화구 A와 수평연통 K 값은 아주 밀접한 상관관계를 갖고 있습니다. 그러나 실제 시공할 때는 구입한 내화단열벽돌 크기나 도기관의 크기에 따라 화구 크기를 조정하는 데 한계가 있습니다. 벽돌 크기를 고려해서 수평연통의 직경을 결정해야 합니다.

3평 이상의 큰 방을 난방하기 위해서는 많은 양의 장작을 넣을 수 있도록 화구를 25×25cm 이상 크게 만들어야 합니다. 이때 연소로와 연소기둥(역시상승관)도 화구에 비례하는 크기르 만들어야 합니다. 축열부 밑의 수평연통은 판매하는 연통 직경이 보통 20cm를 넘지 않으므로 구들처럼 여러 가닥으로 나누어 설치해야 합니다. 그러나 연도나 굴뚝의 경우는 결국 하나로 합쳐야 하기 때문에 직경 30cm 이상의 대형 플라스틱 재질의 PE관을 사용합니다. 연도나 굴뚝 부위에서 연소가스의 온도는 40~60도 이하로 내려가므로 열기에 녹거나 화재 염려는 없습니다.

'B'는 화구부터 잿구멍 깊이를 뺀 연소실 바닥까지의 높이 : B 값은 장작을 세워서 넣기 좋은 높이여야 하고 중력에 의해 장작이 타면서 저절로 밑으로 타들어가기 적합해야 합니다. B 값, 즈 연소실 입구의 높이는 작아야 합니다. 연소기둥(역시상승관)보다 높이가 훨씬 낮고 그 깊이도 낮아야 미세기압에 의한 공기 흡입 효과도 커지고 어떤 경우에서든 화구로 불이 역류하지 않게 됩니다. 실제 시공을 할 때는 역시 내화단열벽돌의 크기에 맞추게 됩니다. 보통 3장 정도를 누이거나 모로 세워서 쌓게 됩니다. B의 높이는 보통 20~25cm가 적당합니다.

'C'는 연소로의 단면적 : 연소로는 반드시 내화단열벽돌로 만듭니다. 대부분 연소가 바로 이곳에서 일어납니다. 연소로는 높이보다 넓이가 약간 넓게 옆으로 누운 직사각 형태로 만듭니다. 불이 위로 올라가는 성격이 있기 때문에 낮고 넓게 만들어 열기가 꽉 차게 만들어야 냉기의 침투를 막을 수 있기 때문입니다. 내화단열벽돌 한 장의 크기는 제품별로 다른데 보통 190~230(길이)×100~114(너비)×50~65mm(높이)입니다. 이 점을 고려해서 벽돌을 쌓습니다. 연소로의 단면적 C는 매우 중요합니다. 연소로 뒷단의 F, G, H, J,

그림 13-3_내화벽돌로 연소실을 쌓고 열기상승관 주위를 중간 드럼통 대신 철망으로 감싸 놓았다. 철망 안에 단열재를 진흙과 섞어 넣는다. 연소실 주위는 기공이 많아 단열성이 높은 화산석을 채우고 흙반죽으로 감쌌다.

K 부분의 넓이가 C보다 반드시 커야 연소가스의 정체가 일어나지 않습니다. C 부분은 가장 온도가 높아 연소가스가 팽창하면서 압력이 세지고 흐름이 빠릅니다. 그 뒷단 부터 점점 연소가스의 열에너지가 각 부위로 빼앗기면서 온도가 내려가고 압력도 낮아지고 흐름도 느려지게 됩니다. 연소로 뒷단의 각 부위 크기를 좀 더 넓게 만들어야 연소가스와 열기가 역류하지 않습니다.

오해하기 쉬운 부분이 있습니다. 뒤에서 언급할 H 값 3.17cm와 G 값 5cm는 간격을 의미합니다. 연소로의 넓이보다 커야 하지만 간격값이 아니라 간격의 총합이 만들어내는 넓이가 커야 합니다. H와 G 부위의 전체 넓이를 계산했을 때 연소로 C 부분의 단면적보다 커야 합니다. J와 K 부위도 높이나 직경이 아니라 해당 부위의 단면적이 연소로 단

388 점화본능을 일깨우는 화덕의 귀환

면적의 넓이보다 커야 합니다. 그러나 실제 시공할 때는 대부분 시공의 편리를 위해 보통 연소로와 동일한 넓이로 만듭니다.

'D'는 화구에서 연소기둥(열기상승관)까지의 거리, 즉 연소로의 길이 : 이 부분은 가능한 열 손실을 막기 위해 짧아야 합니다. 연소로의 길이 D 값은 연소기둥(역시상승관)의 높이 'E' 값의 1/2 이하여야 합니다. 기본 모델에서는 약 30~45cm 정도입니다. 연소로 길이가 길어질수록 단열을 강화합니다. 실제 시공에 있어서는 가능하면 짧게 만들되 열교환 발열 드럼통과 연소실 입구를 감쌀 장작투입구 깡통이 놓일 자리를 고려해서 결정하게 됩니다.

'E'는 연소로 위부터 연소기둥 위까지의 높이 : 이 높이는 깡통난로구들에서 가장 중요한 값입니다. 연소기둥(열기상승관)의 높이 'E' 값은 연소실로 들어오는 공기의 흡입력과 그 양을 결정할 뿐 아니라 연소효율을 결정하기 때문입니다. 연소기둥 높이 E 값을 두 배로 높이면 흡입력 역시 두 배로 커집니다. 결과적으로 연소가스를 축열부 흙침대 밑의 수평 연통으로 보내는 압력과 배출 연통으로 내뿜는 배출력에 영향을 끼칩니다. 연소기둥의 높이는 열교환 발열 드럼통 윗부분과 옆면의 복사열 온도에도 영향을 끼칩니다. 여기서 설명하고 있는 기본 모델의 경우 연소기둥의 높이 E 값은 83.82cm인데 62~127cm까지 가능합니다. 규모가 큰 방이나 흙침대를 데울 경우 화구와 연소기둥의 단차는 크게 하고, 연소기둥과 흙침대 밑의 수평연통의 단차는 줄이는 것이 좋습니다. 즉 화구가 가장 낮고 연소기둥 높이가 제일 높고, 흙침대 밑의 수평연통은 화구보다 높이 설치되어야 열기의 흐름이 원활해집니다.

'F'값은 연소기둥 윗 부분의 단면적 : 연소기둥과 열교환 발열 드럼통 사이의 공간 값 G 와 혼동하지 말아야 합니다. F 값은 연소로의 단면적보다 커야 합니다. 그래야 연소가스의 흐름이 원활해집니다. 기본 모델에서 F 값이 17.78×17.78cm인 벽돌조적형이거나 직경인 20cm인 원통형입니다.

'G'는 연소기둥과 열교환 발열 드럼통 윗부분 사이의 체적 : 이 부분이 차지하는 전체 부피는 C 부분, 즉 연소로의 단면적보다 커야 합니다. G 부분에서 연소기둥과 열교환 발열 드럼통까지의 간격은 수평연통 직경이 20cm인 모델에서는 5~7cm여야 합니다. 수평연통이 15cm인 모델에서는 3~5cm가 적당합니다.

'H'는 열교환 발열 드럼통과 연소기둥과 단열재를 감싸고 있는 중간 크기 드럼통 사이의 간격 : 이 간격은 3.8cm가 적당합니다. 결국 중간 드럼통의 직경과 큰 드럼통의 직경은 7.6~8cm 정도 차이가 나야 합니다. 두 드럼통의 간격은 고리 모양의 공간을 만들어내게 되므로 간격은 좁지만 고리 모양의 공간의 크기는 연소로 C 값보다 커집니다. 전체 드럼통을 골고루 데우기 위해서는 고온의 가스가 드럼통 주변을 골고루 소용돌이치며 내려가야 합니다. 열교환 발열 드럼통의 복사열이 방 쪽으로 더 복사되게 하기 위해서는 방 쪽 방향을 향해서 약간 더 간격이 넓게 중심축을 약간 틀어 놓습니다. 간격이 좀 더 넓은 쪽으로 고온의 가스가 더 많이 지나가게 되기 때문입니다.

열기상승관은 금속 연통 대신 내화단열벽돌로 만들 수 있습니다. 단열재를 감싸는 중간 드럼통 역시 촘촘한 철망(매쉬)이나 금속판을 사용해서 만들 수 있습니다. 열교환 발열 드럼통 대신 축열이 가능한 황토벽돌이나 적벽돌을 쌓아서 만들 수 있습니다. 이처럼 만드는 방법이 다르더라도 각 부위 크기와 비율은 최대한 지켜져야 합니다.

'J'는 열교환 드럼통과 축열부 수평연통이 연결되는 접합 부위 : 이곳은 자신도 모르게 좁게 만들기 쉬운 부분입니다. 그렇게 되면 배기가스의 병목현상이 일어납니다. 이 부분은 연결 부위를 약간 깊고 넓게 팝니다. 이 부분은 접합 부위이기도 하고 재를 청소하는 재청소구가 여기에 연결됩니다. 연소실 바로 밑의 잿구멍 'g'와 접합 부위의 재청소구 'g''는 재가 쌓여 막히지 않게 하는 역할을 하는데 여닫을 수 있는 개폐장치를 달아둡니다. 보통 T형 연통 연결구와 막음마개를 사용합니다. 큰 규모의 방에 설치하고자 할 때 연소부와 축열부를 연결하는 연결부 구덩이 'J'를 여러 개 만들어 여러 가닥으로 분기된 수평연통을 연결하면 넓은 방을 데울 때 골고루 열기를 전달할 수 있습니다. 이때는 분기된 수평연통의 직경의 합을 고려하여 연소로나 연소실입구(화구), 연소기둥(열기상승관) 등의 크기를 크게 조절해야 합니다. 수평연통을 여러 가닥으로 분기해서 설치하는 대신 전통 구들 고래 방식대로 줄고래나 허튼고래를 혼용하여 시공할 수 있습니다.

'K'는 축열부 흙의자나 흙침대 밑의 수평연통(연도) : 수평연통 안에 흐르는 열기는 축열부에 열을 저장하면서 흘러가게 됩니다. 이 부분은 적어도 연소기둥 단면적보다 넓어야 합니다. 기본 고델에서 수평연통의 직경은 20~25cm 정도가 적당합니다. 수평연통의 직경이 20cm 이하면 축열부와 닿는 단면적이 작아지므로 축열효율이 떨어집니다. 수평연통의 직경은 전체적으로 대부분의 연결 부위 크기보다 커야 합니다. 수평연통에서 연소

그림 13-4 좌 : 수평연통 중간 중간에 재점검구가 뚫려 있다. 우 : 축열부의 수평연통을 볏짚·흙 반죽으로 감싸서 흙침대를 만들었다.

가스의 흐름이 가장 느리고 압력도 낮아지기 때문입니다. 깡통난로구들의 모든 부분에서 열흡수가 일어나면서 그만큼 열에너지와 압력이 줄어들기 때문입니다. 특히 축열부 아래 수평연통에서는 가장 많은 열흡수가 일어납니다. 연통이 아닌 벽돌로 쌓아서 만든 연도일 경우도 같은 크기의 비율을 적용합니다.

축열부를 구들 형식으로 연결할 경우 고래는 전통 방식보다는 좁고 낮게 만들되 연소로 공간을 만들 때 쌓은 벽돌의 높이와 너비보다 약간 넓게 만듭니다. 구들형식으로 축열부 밑의 연도를 만들 경우 연소가스가 골고루 펴지도록 규모에 따라 다양한 고래의 설계가 가능합니다. 작은 규모의 흙침대일 경우는 줄고래보다 허튼고래 형태로 만듭니다. 긴 흙의자의 경우는 되돌아오는 줄고래 형태로 만듭니다.

권고를 따르면 좋은 크기와 비율들

'a'는 **장작투입보호구** : 화구 위를 감싼 소형 드럼통 부분입니다. 이 부분이 별도로 없고 화구(연소실입구)와 장작투입보호구를 함께 사용하는 경우도 있습니다. 장작투입보호구는 보통 가장 작은 56.77~68.12리터 드럼통으로 만드는데 직경은 35cm 정도가 적당합니다. 작은 드럼통이 없을 경우 원형으로 말은 함석판을 사용하기도 합니다.

'b'는 화구에서 **장작투입보호구** 입구까지의 높이 : 약 30cm 이하로 만듭니다. 장작투입보호구의 높이가 지나치게 높으면 불꽃과 연기가 역류할 수 있습니다. 특히 축열부 수평연통의 높이보다 높아지지 않도록 주의합니다. 이곳은 아주 뜨거운 부분인데 자칫 이곳이 과열되면 연소 흐름을 방해하고 연기가 역류할 수 있습니다. 장작투입보호구는 쉽게 냉각될 수 있는 재질로 만듭니다. 때때로 연기가 역류되는 것을 막거나 연소실에 주입되는 공기량을 조절하기 위해 작은 구멍을 뚫거나 공기구멍을 여닫을 수 있는 개폐장치가 달린 뚜껑을 덮습니다.

'c'는 굴뚝이나 외부 연통이 수직으로 꺾이며 연결되는 부분 : 최대한 바닥에 붙여서 설치하는데 이곳에 그을음이나 재청소구멍을 만듭니다. 기압이 낮은 날은 이 구멍을 열어 연기 배출을 돕는 숨구멍을 뚫어둡니다. 배출연통 방식이 아닌 굴뚝 개자리가 있는 전통 굴뚝 방식으로 만들 수도 있습니다.

'd'는 열교환 발열 드럼통의 윗 표면 : 가장 많이 사용되는 94.625리터 드럼통의 직경은 46.99cm입니다. 208.19리터 드럼통의 직경은 57.15cm입니다. 94.625리터나 113.55리터 드럼통은 수평연통의 직경이 15cm일 경우 적당하고, 208.19리터 드럼통은 수평연통의 직경이 20cm일 때 적당합니다. 열교환 발열 드럼통이 크면 그만큼 드럼통 표면의 온도가 낮아지게 됩니다. 발열 드럼통 대신 축열과 열복사가 가능한 흙벽돌이나 적벽돌로 약간 간격을 떨어뜨려서 열기상승관을 감싸 열교환기를 만들 수 있습니다. 드럼통으로 만들

그림 13-5_거섶흙집인 코브하우스cob house에 설치된 깡통난로구들. 축열부 흙의자를 'ㄷ'자형으로 만들고 그 사이에 테이블을 놓아 거실 소파 역할을 하도록 만들었다.

면 수리나 점검이 편리한 반면 옆면이 지나치게 뜨거워 화상의 위험이 있습니다. 벽돌로 만들면 수리나 점검이 쉽지 않지만 외관이 깔끔하고 화상의 염려가 없습니다. 벽돌로 만들 때 윗부분에 철판을 덮고 내화몰탈을 발라서 마감하면 이후 수리나 점검이 필요할 때 편리합니다.

'e'는 연소로 밑의 단열부 : 연소가스의 온도가 떨어지지 않게 하기 위해 연소로를 주위를 단열해야 합니다. 특히 바닥 단열은 매우 중요합니다. 만약 방바닥에 보일러가 깔려 있다면 별도로 단열처리할 필요는 없습니다.

'f'는 연소기둥을 감싸는 단열부 : 연소기둥과 그것을 감싸고 있는 중간 드럼통 사이에 단열재를 충분히 채웁니다. 중간 크기의 드럼통을 구할 수 없을 때는 촘촘한 철망 매쉬나 금속판으로 감싸고 그 안에 단열재를 진흙과 섞어서 채웁니다.

'g', 'g´'는 잿구멍과 재청소구 : 개폐 장치가 달린 마개를 만들고 재를 치우기 쉽게 팔이 들어갈 정도로 충분한 크기로 만듭니다.

14

로켓엘보 연소부 만들기

로켓엘보 연소부 만들기

깡통난로구들은 크게 연소부와 축열부 두 부분으로 구성되어 있습니다. 연소부는 나무 땔감이 연소되는 곳입니다. 연소부는 장작투입보호구, 화구(연소실 입구), 연소실, 잿구멍, 연소로, 연소기둥(열기상승관), 열교환 발열 드럼통으로 구성되어 있습니다. 발열 드럼통을 제외하고 나머지 부분을 간단히 로켓엘보rocket elbow라 부릅니다. 로켓엘보는 깡통난로구들의 핵심 엔진에 해당합니다. 무엇이든지 핵심을 잘 이해하고 구성할 수 있게 되면 응용과 확장은 자유로워집니다

로켓엘보 벽돌 쌓기

깡통난로구들 연소부의 핵심 엔진인 로켓엘보는 열을 많이 받는 곳이기 때문에 내화 단열벽돌을 사용해서 만듭니다. 내화 벽돌과 단열벽돌은 다릅니다. 보통 내화벽돌은 불에 강한 벽돌이고, 단열벽돌은 단열 성능이 우수한 벽돌로 가볍고 기공이 많은 벽돌입니다. 벽돌의 크기가 제품별로 다르기 때문에 벽돌을 쌓는 방법은 달라질 수 있습니다. 벽돌로 로켓엘보를 잘 쌓는 가장 좋은 방법은 우선 몰탈을 사용하지 않고 임시로 쌓아

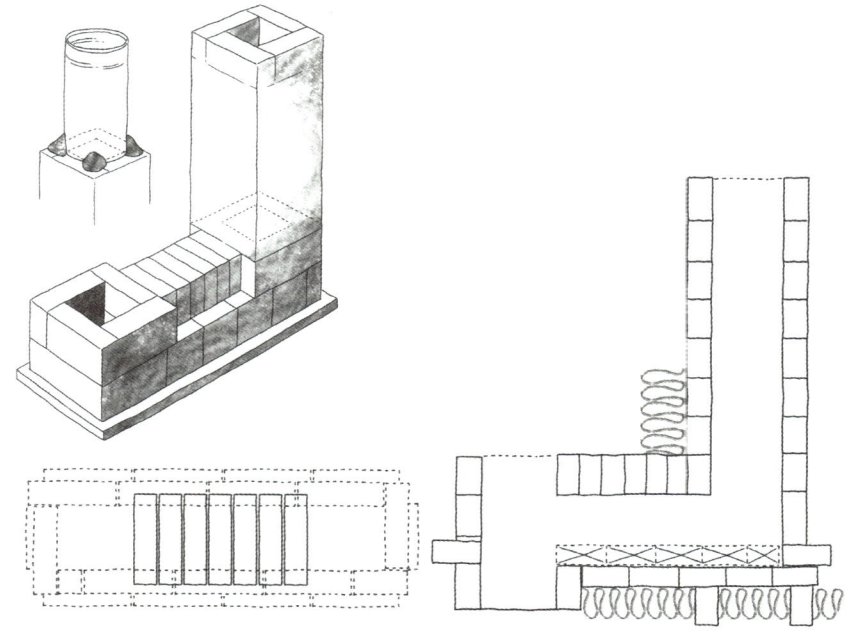

그림 14-1_로켓엘보 벽돌 쌓기

그림 14-2_내화재를 이용해서 연소부 기초 바닥을 만든다. 이때 연소실 잿구멍도 함께 만든다.

보는 것입니다.

벽돌을 쌓기 전에 반드시 불에 전혀 닿지 않는 방습 단열처리한 기초 바닥을 만들어 두어야 합니다. 기초 바닥이 만들어졌으면 이제 그 위에 내화단열벽돌로 바닥을 깔기 시작합니다. 언제나 첫번째 단이 제일 중요합니다. 반드시 수평을 유지해야 합니다. 첫째 단은 전체 구조물에 영향을 끼치기 때문입니다. 몰탈은 상업용 내화몰탈, 내화접착제나 톱밥과 섞은 진흙반죽을 사용합니다. 몰탈은 가능한 얇게 6mm 이하로 발라야 적당하고 몰탈의 수축에 의한 변화가 적습니다. 초보자들은 몰탈을 두껍게 바르는 경향이 있는데 수축이 진행되면서 높낮이가 달라지고 수평으로 계속 벽돌을 쌓기 어려워집니다. 몰탈을 바르기 전 반드시 벽돌에 물을 축여두어야 잘 접착됩니다.

모서리에서는 벽돌이 서로 맞물리게 하고 위아래 어긋쌓기를 합니다. 즉 아랫단 벽

그림 14-3_내화단열벽돌로 로켓엘보를 쌓는 모습

돌 한 장 위에 벽돌 두 장이 걸치게 쌓습니다. 반드시 단마다 수평자로 수평을 재면서 쌓아야 합니다. 벽돌을 쌓으면서 옆으로 삐져나온 흙반죽 몰탈을 종종 깨끗하게 안팎으로 닦아냅니다. 특히 연소기둥(열기상승관) 안으로 삐져나온 흙은 조심스럽게 잘 닦아내야 합니다. 마지막으로 벽돌을 다 쌓은 다음 아주 깔끔하게 닦아냅니다. 몰탈이 삐져나온 채 굳으면 나중에 열기나 연소가스의 흐름에 좋지 않은 영향을 끼치게 됩니다. 연소실입구(화구)는 나중에 화목이 잘 미끄러져 들어가게 걸리는 부분이 없도록 잘 쌓습니다.

Tip	**벽돌 쌓는 순서**

1. 첫째 단 : 단열처리한 기초 바닥 위에 벽돌을 눕혀 깔아서 로켓엘보의 전체 바닥을 만듭니다. 바닥의 폭은 보통 벽돌 1장 반에서 2장, 길이는 4~5장이 되게 만듭니다. 좀 더 큰 화력을 요구하는 로켓엘보를 만들 때는 보다 큰 규격의 벽돌을 사용합니다.

2. 둘째 단 : 벽들을 눕혀서 연소실과 연소로, 연소기둥(열기상승관) 테두리를 만들며 쌓습니다. 전체적인 모습은 직사각형입니다. 수평과 수직을 정확히 측정하고 어긋쌓기로 벽돌을 쌓습니다. 직사각형의 크기는 연소실입구(화구)와 연소로, 연소기둥(열기상승관) 길이를 더한 크기로 만드는데 연소로는 발열 드럼통을 엎을 충분한 길이여야 하되 너무 길지 않게 만듭니다. 전체 길이와 폭은 벽돌의 크기와 몇 장을 놓을 수 있느냐에 따라 조금씩 달라집니다. 보통 직사각형의 폭은 벽돌 두 장이 조금 못되게 만듭니다. 길이는 보통 벽돌 4장 반 또는 5장 정도입니다.

3. 셋째 단 : 둘쩌 단 벽돌 위에 벽돌을 모로 세워서 쌓습니다. 전체적인 모습은 여전히 긴 직사각형입니다. 이때 깨지지 않은 온전한 벽돌을 사용합니다.

4. 넷째 단 : 직사각형 양쪽에 연소실입구(화구)와 연소기둥(열기상승관) 부분은 개방해 놓는 형태로 벽돌 모로 세워서 쌓습니다. 적당한 연소실 입구의 크기와 연소기둥의 크기를 고려해야 합니다. 물론 실제 시공 시에는 보통 벽돌 크기의 제약을 받습니다. 직사각형의 중앙 부분은 양쪽에 걸쳐 다리 형태로 벽돌을 모로 겹쳐 세억 셋째 단을 덮습니다. 이때 가운데 걸칠 벽돌은 보통 4~6장을 겹쳐 세웁니다.

5. 다섯째 단 : 여기서부터는 연소기둥을 쌓습니다. 벽돌은 모로 세워서 쌓되 어긋쌓기를 합니다. 점점 높아져 가기 때문에 수직 수평을 측정하며 조심스럽게 쌓아갑니다. 끝까지 벽돌로 쌓기도 하고 어느 정도 높이까지 쌓다가 금속관을 엎어서 연소기둥(열기상승관)을 완성하기도 합니다.

장작투입구보호와 화구 만들기

    직경 20cm인 수평연통을 사용할 경우 화구나 연소로의 단면적은 $314cm^2$가 넘지 않게 만듭니다. 화구의 크기는 18×17.4cm 이하여야 합니다. 만약 수평연통의 직경이 15cm일 경우라면 화구는 14×12.5cm로 줄여야 합니다. 물론 실제 시공에선 벽돌 크기와 놓는

그림 14-4_연소실 입구에 연결된 외부공기 주입관과 장작투입구보호

방식의 제약을 받는다는 점 잊지 마시기 바랍니다. 난방하고자 하는 축열부 흙침대나 흙 의자, 방의 크기가 3평 이상이라면 화구의 크기는 25×25cm 이상 크게 만들어야 합니다.

보통 연소실의 깊이는 장작을 지지할 정도인 약 20~25cm가 제일 적당합니다. 화구 를 감싸는 장작투입구보호는 소형 드럼통으로 만드는데 연소실과 장작투입구보호가 너 무 깊으면 연통 역할을 해서 불꽃과 연기가 역류하게 됩니다. 이때 여기에 연소 과정에서 필요한 외부 공기를 빨아들일 수 있는 외부 공기주입관을 연결해두면 잦은 실내외 공기 교체를 줄일 수 있습니다. 외부 공기주입관을 설치하면 실내 공기를 일정한 온도로 유지 하는 데 효과적입니다.

연소기둥과 발열 드럼통 얹기

연소기둥을 벽돌로 쌓는다면 그 위에 덮을 열교환 발열 드럼통의 높이를 고려해서 쌓아야 합니다. 물론 연소기둥 내부를 다른 금속관이나 연통, 도기관으로 만들 수 있습니다. 연소기둥의 높이는 62~127cm 정도가 적당합니다.

연소기둥을 내화단열벽돌로 쌓은 후 위아래 뚜껑을 따낸 중간 드럼통을 씌우고 내화벽돌 연소기둥과 중간 드럼통 사이를 단열재로 채웁니다. 만약 연소기둥을 내화단열벽돌이 아니라 강관이나 금속 연통을 사용했다면 중간 드럼통의 아랫부분은 금속연통 직경만큼만 구멍을 뚫습니다. 물론 중간 드럼통의 윗 뚜껑은 완전히 따냅니다. 중간 드럼통 가운데 금속 연통을 끼우고 연통과 중간 드럼통 사이에 단열재를 채우고 맨 윗부분은 내화몰탈이나 진흙으로 막음합니다.

연소기둥에 중간 드럼통을 씌우고 단열재로 채웠다면 이제 열교환 발열 드럼통(가장 직경이 큰 드럼통)을 씌울 차례입니다. 발열드럼통은 아래 뚜껑만 완전히 따내고 윗면은 그대로 놔둡니다. 연소기둥에 발열 드럼통을 덮어 씌울 때는 여러 명이 조심스럽게 씌워야 합니다. 자칫 잘 쌓은 연소기둥을 무너트릴 수 있습니다. 연소기둥 맨 윗단과 열교환 발열 드럼통 윗부분의 간격은 5~7cm가 적당합니다. 너무 간격이 크면 드럼통 위쪽 면에 골고루 열이 퍼지지만 열 전달이 잘 이뤄지지 않아 주전자 물이 잘 끓지 않습니다. 또한 축열부 수평연통으로 연소가스를 밀어내는 압력이 작아집니다. 틈이 좁으면 드럼통 윗부분 중앙에 집중적으로 열이 가해지기 때문에 주전자 안의 물을 빨리 끓게 할 수 있습니다. 또한 축열부로 연소가스를 밀어내는 압력이 강해집니다. 그러나 너무 좁으면 되려

1. 연소기둥 주위를 긁·쌀 중간 드럼통 위는 완전 개방하고 밑부분은 구멍을 뚫는다.

2. 로켓엘보 위에 금속 연통으로 연소기둥을 만든다.

3. 중간드럼통을 씌우고 벽돌로 높이를 맞춘다.

5. 중간 드럼통에 단열재를 채워넣는다.

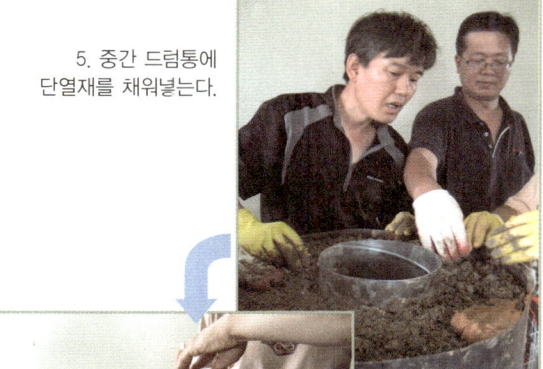

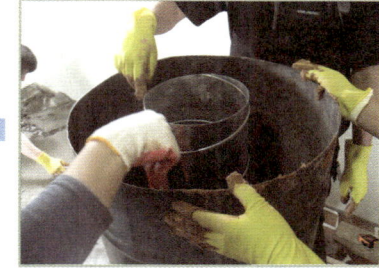

4. 연소기둥(금속연통)과 중간드럼통

7. 발열 드럼통을 덧 씌우고 높이를 맞춘다.

6. 내화몰탈로 단열재 위를 마감한다.

그림 14-5_연소기둥과 발열 드럼통을 만들고 있는 부산 경상공방 회원들

병목현상이 생길 수 있습니다.

연소기둥(열기상승관)을 단열재로 감싸고 있는 중간 드럼통(또는 금속관)과 발열 드럼통의 옆면 간격은 대략 3.8cm 정도가 적당합니다. 너무 틈이 좁으면 연소가스 배출이 방해를 받습니다. 연소기둥을 덮는 열교환 발열 드럼통의 높이를 맞출 때는 드럼통 아랫부분에 진흙반죽이나 벽돌 부스러기를 끼워 조절합니다. 발열 드럼통을 사용하지 않고 연소기둥과 열교환 발열부를 각각 내화단열벽돌과 축열이 가능한 적벽돌이나 흙벽돌로 쌓을 경우는 드럼통을 사용할 경우보다 약간 넓게 간격을 유지합니다. 만약 연소기둥을 토관이나 금속관을 사용한 경우라면 그 주위를 중간 크기의 드럼통이나 금속 철망으로 둥글게 감싸고 그 사이에 단열재와 진흙을 섞어서 채운 후 열교환 발열 드럼통을 덮어야 합니다. 단열재로는 질석, 부석, 재, 톱밥 섞은 흙 등을 사용합니다.

열교환 발열 드럼통을 덮을 때는 조심스럽게 다뤄야 합니다. 연소기둥과 부딪히지 않아야 합니다. 잘 쌓고 나서 드럼통을 얹다 무너트릴 위험이 있습니다. 열교환 발열 드럼통 바닥은 모래와 진흙반죽으로 잘 감싸서 연기가 새지 않도록 합니다. 무거운 드럼통을 받치기 위해서는 아래쪽에 받침 벽돌을 놓습니다. 발열 드럼통을 얹은 후 진흙반죽으로 감쌉니다. 반죽이 마른 후에도 여러 번에 걸쳐 불을 지피면서 연기가 새지 않는지 점검해야 하고 연기가 세어 나온다면 진흙·모래 반죽으로 꼼꼼히 보강하면서 틈을 막습니다. 드럼통은 불을 지피면서 손등으로 드럼통 가까이 대어보아 혹시 다른 곳보다 열기가 적은 곳이 어느 방향인지를 찾아서 조금씩 드럼통 위치를 조정해서 맞춥니다. 가능하면 방 쪽으로 나오게 위치를 잡습니다. 간격이 좁은 곳보다는 간격이 넓은 곳으로 더 많은 열이 발산되기 때문입니다.

토관으로 연소기둥을 만들고 중간 크기의 드럼통을 덧씌운 후 그 사이를 단열재로 채우고 내화단열몰탈로 윗부분을 마감했다. 이 위에 다시 열교환기 발열 드럼통을 덧씌운다.

연소기둥을 스테인리스 관으로 만들었다. 이 둘레를 철망으로 감싸고 그 안을 단열재로 채우고 있다. 이 위에 다시 열교환기 발열 드럼통을 덧씌운다.

연소기둥 안쪽과 바깥쪽을 금속 판으로 만든 관을 이용하여 만든 사례이다. 윗부분은 진흙과 모래를 섞은 반죽으로 마감했다.

연소기둥을 내화단열 벽돌로 만들고 금속관을 두른 후 단열재를 채웠다.

그림 14-6_다양한 방식으로 연소기둥(열기상승관)을 만들 수 있다.

연소부와 축열부 연결하기

　　로켓엘보를 만들고 발열 드럼통을 덮었다면 이제 연소부와 축열부를 연결할 차례입니다. 축열부 흙침대나 흙의자 밑을 통과하는 수평연통과 연소부를 연결할 때는 발열 드럼통 밑에 연통을 끼우고 진흙반죽을 바릅니다. 진흙반죽 위를 천이나 마대 또는 철망 라스(metal lath)를 두른 후 다시 진흙반죽으로 꼼꼼하게 발라 연기가 새지 않도록 마감해야 합니다. 이때 이 부분에 잿구멍과 연통청소구(점검구)를 만들어 둡니다. 이곳이 연소실 다음으로 재가 많이 쌓이는 곳이기 때문입니다. 잿구멍은 발열 드럼통과 수평연통이 연결되는 지점 바로 아래 아주 작은 초소형 페인트 깡통 정도 크기로 만들고 점검구는 수평연통이 연결되는 지점과 수평 위치에서 직각으로 만듭니다. 이밖에도 수평연통이 끝나

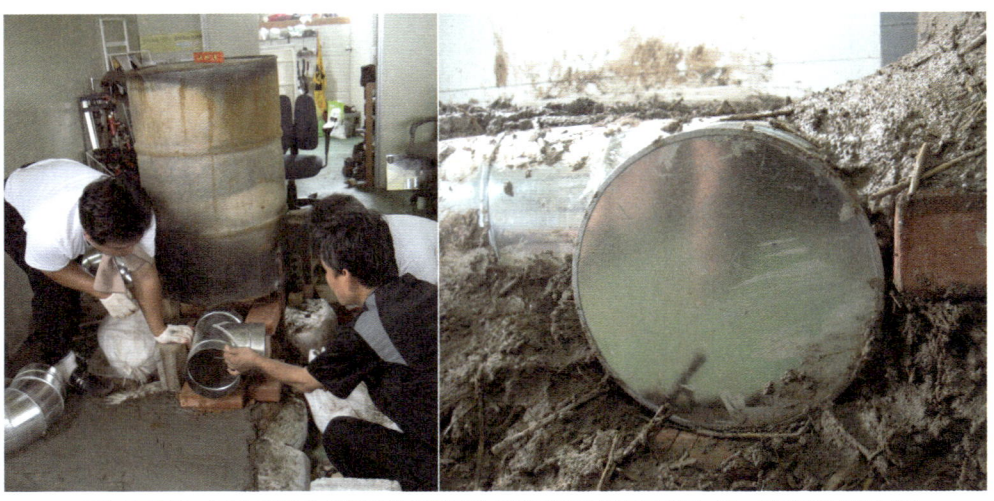

그림 14-7_좌 : 'T'자 연통을 이용해서 연결구와 재점검구를 만들고 있다. 우 : 재점검구 막음마개

고 굴뚝이나 외부 연통과 연결되는 지점이나 연통이 꺾이는 지점엔 잿구멍이나 점검구를 만들어 두면 좋습니다. 이러한 점검구를 만드는 방법은 간단합니다. 'T'자 연통을 주로 사용하는데 점검구 막음마개는 연통에 끼울 수 있도록 함석으로 만든 제품을 쉽게 철물점에서 구할 수 있습니다.

연소부와 축열부를 연결하는 또 다른 방법은 발열 드럼통에 직접 구멍을 뚫어 수평 연통과 점검구를 곧바로 연결하는 방식입니다. 만약 열교환 발열부를 벽돌로 조적했다면 연통을 끼울 자리는 미리 벽돌을 빼놓아 구멍을 만들어두고 진흙반죽으로 수평연통을 연결할 입구를 만들어두어야 합니다. 접속 부위의 수평연통 밑에는 벽돌이나 기타 지지물을 놓아 연통이 처지지 않도록 합니다. 자칫 이 부분이 좁아질 수 있는데 좁아지지 않도록 주의합니다. 축열부를 구들 형식으로 만들 경우 연결부는 여러 갈래로 나뉘어진 고래에 열기가 잘 분산될 수 있도록 충분한 크기로 만들어야 합니다. 나중에 이 부분은 불을 피워보면서 적절한 크기를 맞춰봐야 합니다.

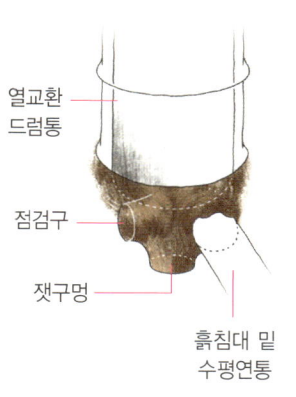

열교환
드럼통

점검구

잿구멍

흙침대 밑
수평연통

그림 14-8_연소부 발열 드럼통이나 벽돌 조적 발열부와 축열부 수평연통은 다양한 방식으로 연결할 수 있다. 맨 우측은 드럼통과 수평연통, 점검구가 연결되어 있는 모습

연소부 단열처리 하기

깡통난로구들은 연소부의 모든 부위가 단열처리되어 있어야 합니다. 단열이 어느 정도 철저히 되었느냐가 관건입니다. 단열이 잘 되어야 고온연소도 되고 연소효율이 높아집니다. 그을음이나 연기도 덜 배출하게 되고 연소실 입구에서 공기 흡입력도 좋아집니다. 간과하기 쉬운 부분이 바닥단열입니다. 연소기둥(열기상승관)을 내화단열벽돌로 쌓을

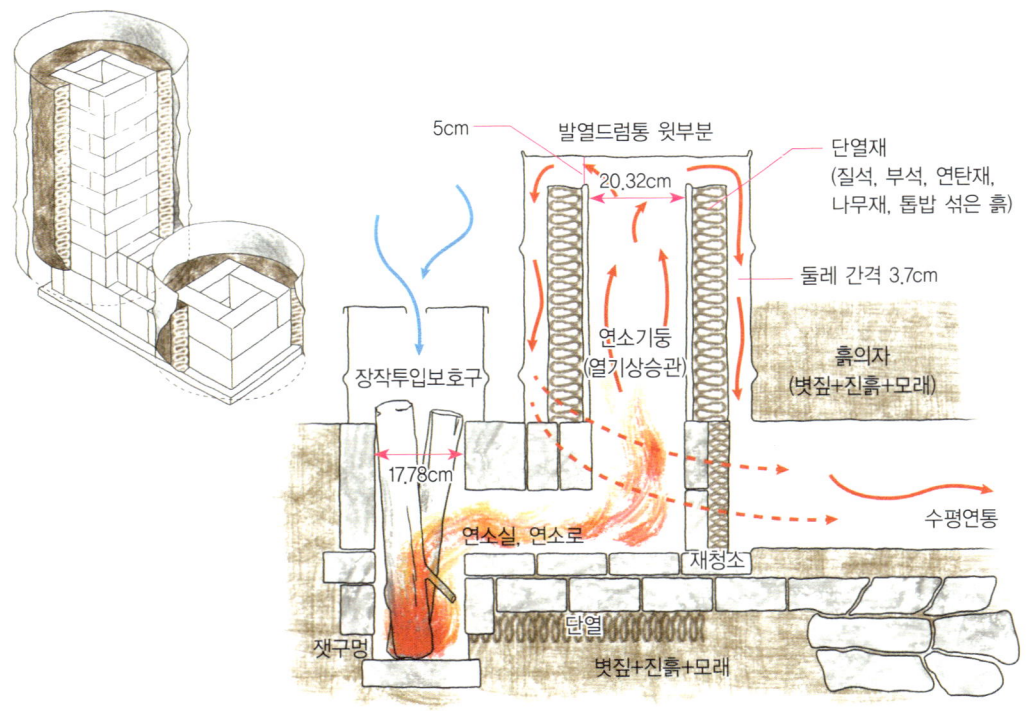

그림 14-9_깡통난로구들 각 부위와 단열처리

경우도 추가적으로 단열처리하는 것이 좋습니다. 만약 일반 벽돌을 사용한 경우라면 반드시 단열처리해야 합니다. 특히 빼놓지 말아야 할 곳은 연소부와 축열부가 연결되는 연결부위나 재점검구 주위는 반드시 단열처리해둡니다.

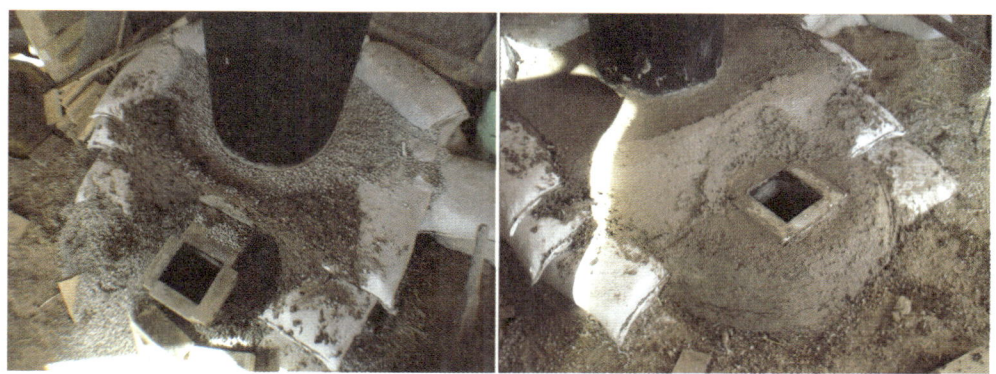

그림 14-10_연소부를 흙부대와 단열재로 채우고 진흙반죽으로 감싼 모습

그림 14-11_흙집 안에 만들어진 깡통난로구들과 흙침대

15

축열부 흙침대 만들기

축열부 흙침대 만들기

따뜻한 흙침대, 온기를 품고 있는 흙의자는 우리가 깡통난로구들에 관심을 갖게 만드는 이유 중의 하나입니다. 벽난로 역할을 하는 발열부 깡통난로와 더불어 몸을 누이고 앉을 수 있는 다양한 형태의 바닥을 은근한 온기로 데워주기 때문입니다. 그 자체로 흙이 주는 자연미를 갖춘 가구가 되고 쉼자리가 됩니다.

서양의 연도 방식이든 전통 구들이든, 좁은 흙침대이든 넓은 구들방이든 깡통난로 구들에 무엇을 어떻게 조합시킬지는 우리에게 선택으로 남아 있습니다. 깡통난로구들이 우리나라에 와서는 자연스럽게 구들과 결합됩니다. 공간난방을 할 수 있는 벽난로와 바닥난방을 위한 구들의 결합, 아직 서툴지만 용기 있는 실험과 시도들이 계속되고 있습니다.

따뜻한 흙침대 몸체 만들기

바닥에 만들고자 하는 흙침대나 흙의자를 앉힐 자리를 금을 그어 표시합니다. 습기가 올라오지 않도록 비닐을 깔고 나서 볏짚 섞은 진흙반죽을 바닥에 깝니다. 그 위에 흙부대나 막돌을 깝니다. 그 다음 톱밥이나 질석 같은 단열재를 섞은 흙반죽을 2cm 두께로

그림 15-1_흙침대 축열부가 달린 깡통난로구들

그림 15-2_흙부대 위에 축열부 수평연통을 놓은 모습　그림 15-3_흙침대 밑에 들어갈 수평연통을 배설한 모
습. 중간 중간에 재점검구가 뚫려 있다.

깔아줍니다. 수평연통 주변은 단열을 위해 빈 병이나 큰 자갈을 채운 후 다시 축열을 위
해 콩자갈을 까는 경우도 있습니다.

　단열처리한 바닥 위에 수평으로 스테인리스 연통이나 알루미늄 관을 배관합니다. 연
통을 볏짚이나 모래를 섞지 않은 진흙반죽으로 감싸서 흙침대의 모양을 만듭니다. 모양
을 다 만든 후에 잘게 자른 볏짚과 모래를 섞은 미장 흙반죽으로 마감해서 완성합니다.
진흙반죽이 아닌 돌판이나 도기타일로도 흙침대나 흙의자의 윗면을 만들 수 있습니다.

　흙의자는 보통 벽에 붙여서 창가에 만드는데 의자 깊이가 대략 45cm 정도에 높이는
35~45cm 정도가 적당합니다. 높이가 너무 낮으면 그만큼 적게 열을 저장하게 되고 앉
기도 불편합니다. 2인용 흙침대를 만들 경우 214^(길이)×138~180^(너비)×45cm^(높이) 크기가
적당합니다. 구들 방식으로 개량하거나 연소실입구^(화구)와 연소로, 연소기둥^(열기상승관)을

2~3배로 크게 만들고 축열부 밑의 수평연통을 여러 가닥으로 분기해서 설치할 경우 이보다 더 큰 규모로 만들 수 있습니다. 건축공방 무의 이일우 소장은 깡통난로구들의 화구를 크게 만들고 수평연통을 세 가닥으로 분기해서 연결하는 방법으로 6평 정도의 거실 바닥 난방을 해결했습니다. 보다 큰 규모의 방을 데우는 데는 보다 많은 화력이 필요하기 때문입니다.

Tip **진흙 반죽과 미장하기**

축열부를 만들 때 흙반죽은 크게 세 종류로 나눌 수 있습니다. 단열이 필요한 바닥 부분에는 볏짚(톱밥 또는 질석), 모래·흙을 반죽을 사용합니다. 볏짚은 보통 부피를 기준으로 흙과 모래를 합한 양만큼 사용합니다. 단 잘게 썬 후 충분히 물에 불려 숙성시킨 후 사용합니다. 모래는 흙 양의 2.5~3배 정도 비율로 섞습니다.

축열이 필요한 수평연통 윗부분 몸체는 진흙반죽만을 사용합니다. 연통 주변이나 돌판 주위는 꼼꼼하게 빈틈이 없도록 흙반죽을 밀어넣고 감싸야 열전달과 축열이 잘됩니다. 모래나 볏짚을 섞게 되면 열전도율이 떨어지기 때문입니다.

마지막으로 흙침대 바닥 미장을 할 때는 흙과 모래, 잘게 썬 볏짚을 섞어서 미장합니다. 모래가 들어가지 않으면 미장에 균열이 일어날 수 있기 때문입니다. 표면 미장은 두서너 차례 겹미장을 합니다. 1~2차 미장은 흙, 모래, 볏짚 반죽으로 하되 2차 미장 때는 흙과 모래를 고운 체에 거르고 볏짚 역시 더 가늘게 썰어서 반죽합니다. 3차 미장은 바닥이 완전히 마른 후에 아마인유나 땅콩 기름, 천연 왁스를 여러 차례 바릅니다. 땅콩 기름이나 아마인유를 바르면 단단하게 굳어지고 잘 부스러지지 않게 됩니다. 아마인유는 쉽게 마르지 않기 때문에 여러 번에 걸쳐 여러 번 발라야 하는데 횟수를 더할수록 더 엷고 묽게 테라핀유로 희석해서 바릅니다. 첫 번째 희석 비율은 1 : 1, 두번

그림 15-4_수평연통 주위를 진흙(모래/볏짚) 반죽으로 감싸서 흙침대를 만들고 있다.

째는 아마인유와 테라핀유가 각각 1 : 1.5, 세 번째는 1 : 2 정도로 희석시켜가며 사용합니다.

흙침대나 흙의자 모서리는 둥글둥글하게 다듬어야 부수어지지 않습니다. 발열 드럼통 주변은 건조되면서 수축하고 균열이나 틈이 생기기 쉬운데 시간을 두고 꼼꼼히 여러 번 금이 갈 때마다 곱게 체에 친 진흙과 모래를 반죽해서 메우고 다시 아마인유를 발라줍니다.

흙침대 밑에 수평연통 깔기

축열장치인 흙의자나 흙침대 속의 수평연통이 길면 길수록 연소가스로부터 더 많은 열을 뽑아내 저장해둘 수 있습니다. 흙이 열을 흡수해서 내뱉는 속도는 시간당 2.54cm 정도밖에 되지 않습니다. 아주 천천히 열을 흡수하고 천천히 열을 내뱉습니다. 열교환 발열 드럼통은 빨리 뜨거워지는 데 비해 축열부는 불을 때고 나서도 한참 있어야 따뜻해집니다. 만약 돌로 축열부의 의자나 침대 상판을 만든다면 흙인 경우보다 두 배 빨리 데워집니다. 이런 점을 고려해서 넓은 흙침대나 흙의자가 골고루 열이 분배되게 하고 가능하면 빠르게 따뜻해지면서도 충분한 열을 저장할 수 있도록 만들어야 합니다.

그림 15-5_
수평연통 사이사이 흙부대를 채워 넣었다.

구불구불 높낮이를 달리하며 깐다.

바닥을 골고루 빨리 데우기 위해서는 수평연통을 구불구불 높낮이를 달리하며 깔아야 합니다. 연통을 구불구불 깔때 문제는 'U'자형 연결관을 구하기 어려워 보통 'L'자형 연결관 두 개를 이어붙여서 대신하는데 수평연통과 연통 사이의 빈 공간이 너무 넓어지는 문제가 있습니다. 'L'자 연결관 길이를 약간 잘라서 연통 사이 빈 공간을 좁히거나 빈 공간 사이에 축열이 잘되는 자갈이나 빈 병 등을 채워야 합니다. 수평연통을 구불구불 3줄 이상 깔게 되는 경우 연소부로부터 가장 가깝고 뜨거운 열기가 바로 지나가는 연통은 표면에 가까이 깔고 약간 식은 중간 온도의 열기가 지나가는 연통은 맨 밑에, 마지막으로 충분히 식은 연통은 표면으로부터 중간 위치에 설치하면 보다 효과적으로 열기를 이용할 수 있습니다. 연소부로부터 가깝게 연결된 연통을 바닥 표면 가까이 놓게 되면 빨리 흙침대나 흙의자가 따뜻해집니다. 연소부로부터 멀어질수록 연통 안의 열기는 점점 식어갑니다. 그러나 뒷부분의 연통을 흙침대나 흙의자 아래쪽 깊이 놓으면 열을 충분히 저장해둘 수 있습니다. 저장된 열기는 천천히 그리고 은근히 흙침대 표면으로 올라오

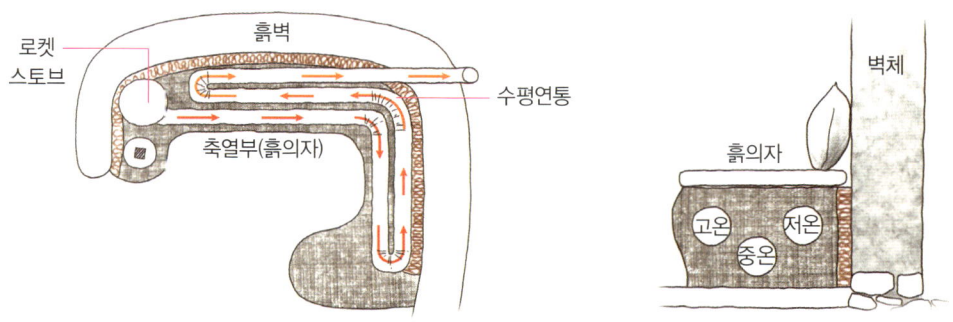

그림 15-6_축열을 오래할 수 있도록 수평연통을 길게 구부려 시공할 경우 배치

게 됩니다. 즉 연소부로부터 멀고 바깥 굴뚝이나 연통 쪽에 가까운 곳일수록 깊숙이 수평연통을 깔아야 합니다. 연통을 구불구불 깔다보면 연통사이가 벌어져 냉골이 생기는데 바닥 전체 열전도가 골고루 가도록 함석판을 덮은 후 바닥 미장을 하도록 합니다.

폭이 좁은 흙의자나 흙침대가 아닌 보다 큰 규모의 방에 시공할 경우는 화력을 높이기 위해 연소부 각 부위를 크게 확대하고 수평연통을 연소부에서 여러 가닥으로 나누어 뽑아 연결하거나 전통 구들과 같은 형태로 연결부를 좀 더 크게 만든 후 여기서 줄고래나 허튼고래 방식으로 연결하여야 합니다.

연통에서 바닥 표면까지의 두께

흙이 열을 흡수해서 내뱉는 속도는 시간당 2.54cm 정도입니다. 5cm 두께로 흙미장을 하면 불을 피우고 최소 2시간 이상 지나야 흙침대 바닥이 따뜻해집니다. 수평연통에서 흙침대 표면까지 두께가 5~7cm 정도로 얇으면 바닥 표면이 너무 뜨거워집니다. 대신 빨리 식기 때문에 담요를 깔아야 합니다. 가능하면 흙침대나 흙의자 표면으로부터 10~15cm 밑으로 연통을 묻는 것이 좋습니다. 구들 고래와 같은 방식도 마찬가지입니다. 수평연통 뒷부분에서 흙침대 바닥 면까지 최소한 10~15cm 이상 두꺼워야 적당합니다. 깊게 수평연통을 묻을수록 바닥은 천천히 따뜻해지지만 더 골고루 따뜻해지고 보다 많은 열을 오랫동안 저장할 수 있습니다. 너무 뜨거운 바닥보다는 은근한 열기로 달궈지고 오랫동안 따뜻한 기운이 가시지 않는 흙침대에 오랫동안 누워 즐길 수 있어야 합니다.

연통의 직경은 우리나라와 같이 겨울에 영하로 내려가는 지역은 직경 20cm 연통을 사용합니다. 그러나 아주 작은 건물에 시공할 경우는 직경 15cm 연통을 사용합니다.

수평연통은 가능하면 10m 이상 길게

흙침대나 흙의자 속에 들어 있는 수평연통에서 연소가스의 교란이 일어나는 것은 바람직하지 않습니다. 교란은 연소가스의 흐름이 원할치 않을 때 일어납니다. 교란 때문에 연소가스의 흐름이 늦어질 수 있습니다. 전통 구들 이론에서는 뜨거운 열기와 연기가 천천히 오래 머물러야 무조건 좋다고 생각합니다. 종탑형 벽난로에서 살펴보았듯이 방(Chamber)형 구조에서는 맞는 말입니다. 그러나 열기통로 구조의 경우 축열 측면에서 보면 반대로 뜨거운 연소가스가 빠르게 수평연통이나 연소로를 마찰시키면서 흘러가야 열 저장이 빠르게 일어납니다. 즉 빠른 시간에 고온으로 축열하고 아주 천천히 복사열을 내뿜도록 해야 합니다. 물론 전체적으로 볼 때 축열체인 흙침대나 흙의자 밑에서 고온 상태로 연기가 통과하는 시간이 길수록 축열에 도움이 됩니다. 즉 연소가스가 천천히 느리게 흐르면서 오랫동안 정체되는 것보다 빠르게 긴 수평연통 속을 흘러가되 전체 구간을 지나는 체류 시간이 길어야 합니다. 가능하면 축열체 밑의 수평연통이나 연도는 길게 간듭니다. 최소 6m 이상이 되어야 충분한 열을 저장해둘 수 있습니다. 너무 짧으면 재빨리 연기가 집 밖으로 나가버립니다. 연통으로 불꽃이 보인다거나 연통을 통해 나가는 열기가 너무 뜨거우면 위험할 뿐 아니라 잘못된 난방 시스템입니다. 그만큼 열이 저장되지 않고 곧바로 빠져나온다는 증거입니다. 축열체 밑을 통과하는 수평연통은 전체 길이가 10m가 적당합니다. 물론 수평연통이 10m라고 해서 흙침대나 흙의자가 10m란 이야기는 아닙니다. 연통을 구부려 겹쳐 깔기 때문입니다.

축열부, 구들 침대 만들기

깡통난로구들이 서양에서 개발되었지만 구들 고래와 연결하면 더욱 효율을 높일 수 있습니다. 흙침대나 흙의자 정도의 작은 크기는 서양에서도 연통을 사용하지 않고 구들 고래와 비슷하게 벽돌로 열기통로를 만들기도 합니다. 벽돌로 열기통로를 만들 때에도 연소가스가 병목되지 않게 해야 하고 충분한 시간 동안 흙침대 밑에 머물도록 열기통로를 구부려 길게 만들어야 합니다. 좀 더 큰 규모의 방바닥이라면 우리 전통의 고래와 같은 허튼고래, 줄고래 등 다양한 고래방식을 적용할 수 있습니다. 이 경우 개자리 대신 재를 퍼내거나 점검할 수 있는 잿구멍과 점검구를 여러 곳에 만들어두면 관리하기 편리합니다.

그림 15-7_벽돌 열기통로를 이용해서 흙침대를 만들고 있다.

배출 연통 만들기

깡통난로구들의 굴뚝이나 배출 연통(굴뚝)은 다른 화목난로와 다르게 작동합니다. 깡통난로구들은 연소효율이 높고 고온연소가 가능합니다. 고온의 연소가스는 흙침대나 흙의자 밑을 통과하면서 충분히 열을 저장하게 되고 굴뚝이나 외부 배출 연통으로 나오는 배출가스의 온도는 낮아집니다. 거의 연기도 보이지 않게 됩니다.

차갑고 습기를 머금은 가스는 천천히 응결되면서 연통이나 굴뚝 안에 맺히게 됩니다. 이렇게 맺히는 습기와 목탄액 때문에 굴뚝이나 연통을 단열처리하지 않거나 비에 그대로 노출시켰다면 빠르게 연통을 부식시킵니다. 전통 굴뚝은 굴뚝 밑에 깊은 구덩이를 파서 굴뚝 개자리를 만드는데 가끔 여기에 모인 물기를 빼주거나 재를 긁어냅니다. 배출 연통은 위로 꺾인 연결부 아랫부분에 작은 구멍을 뚫고 그 아래 깡통을 매달아 구멍을 통해 빠져나온 목탄액이나 맺힌 물기를 받습니다. 배출 연통의 부식을 막기 위해 특히 연통 연결부는 고온에 견딜 수 있는 실리콘을 바르거나 알루미늄 테이프로 잘 감아야 독한 연기가 새어나오는 것을 막을 수 있습니다.

굴뚝이나 외부 배출 연통은 가능하면 비가 많이 들이치지 않는 곳으로 빼고 지붕 처마 밑에 놓이게 합니다. 전통 구들의 연통이나 굴뚝은 보통 지붕보다 높게 세우지만 깡통난로구들의 경우엔 흙침대를 거쳐 나온 연기가 충분히 식기 때문에 처마 밑에서도 특별히 화재의 염려는 하지 않아도 됩니다. 깡통난로구들의 경우 연기를 밀어내는 힘이 다른 화덕에 비해 매우 강해서 굴뚝이나 외부 연통 단열을 덜 신경써도 되지만 가능하면 단열처리를 해서 연기의 배출이 더 쉽도록 만들어야 합니다.

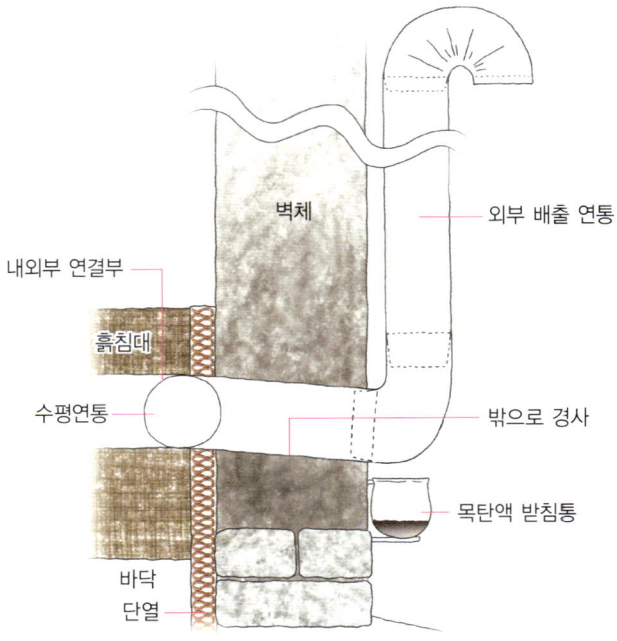

그림 15-8_외부 연통 시공 방법과 목탄액 받침통 설치

연통 끝에는 배기팬을 달아둡니다. 배기팬은 처음 깡통난로구들에 불을 붙일 때나 기압이 낮은 날만 사용합니다. 배기팬을 사용하면 특히 불을 붙일 때 미세 연기가 집 안으로 역류하는 것을 막을 수 있습니다. 굴뚝의 가장 큰 적은 바람입니다. 갑작스런 돌풍이 불면 굴뚝으로 차가운 바람이 밀고 들어와 결국 집 안으로 연기가 역류할 수 있습니다. 이런 현상을 막기 위해 굴뚝이나 외부 연통 윗부분에 연가(굴뚝 모자)를 달거나 'T'자 관 또는 바람막이를 답니다. 화구쪽에서 불이 역류할 경우 배출연통의 높이를 높이거나, 직경을 키우거나, 이중 연통으로 단열처리하면 문제를 해결할 수 있습니다.

그림 15-9_발열 깡통은 내화페인트를 칠하고 흙의자는 아마인유와 붉은색 천연 점토페인트를 발라서 마감했다.
흙의자 아래쪽에 재점검구 마개가 보인다.

16

솜씨 좋게 불 다루기

솜씨 좋게 불 다루기

구들 아궁이에 불을 처음 붙이는 사람들은 불 때기가 녹녹치 않다는 걸 알게 됩니다. 스위치만 돌리면 손쉽게 불이 붙는 가스 버너나 가스레인지 같지 않습니다. 종이를 한껏 넣어 불을 붙여보지만 장작에 불이 붙는가 싶으면 곧 꺼지고 맙니다. 불쏘시개로 밑불을 잘 놓아야 하고 장작도 솜씨 좋게 쌓아야 불이 제대로 붙습니다. 아무리 연소 효율이 좋고 깨끗하게 연소가 되는 개량 단열화덕(rocket stove)이나 이를 응용한 깡통난로구들도 아무렇게나 불을 붙일 수는 없습니다. 화덕에 불을 때는 사람이 불을 기술적으로 다룰 때에야 비로소 최대의 기대 효과를 누릴 수 있습니다.

불 때기 5단계

1단계 : 예열은 필수

　연기를 바깥으로 내지 않게 불을 잘 붙이려면 예열은 필수입니다. 연소실 안이 뜨거워져야 공기를 빨아들이는 흡입력이 생기고 상승기류가 만들어지기 때문입니다. 먼저 구긴 종이를 연소실 안에 조금 넣고 불을 붙입니다. 종이로 바로 장작에 불을 붙이려 서두르지 마십시오. 종이는 말 그대로 예열을 위해서 사용합니다. 종이로는 잔가지 불쏘시개에 불을 붙이는 데 만족하십시오. 불쏘시개에 불이 붙은 후에야 본격적으로 장작에 불을 붙일 수 있습니다.　딱딱한 종이 박스나 잡지보다 신문지 종이가 예열할 때는 제격입니다. 보통 한두 장 정도면 충분한데 책이나 티슈, 종이 박스는 보통 광물성 돌가루가 섞여 있어 잘 타지 않고 빠르게 재를 남깁니다. 신문지를 구겨서 연소실 안으로 집어넣고 성냥이나 라이터로 불을 붙인 후 살살 바람을 불어넣습니다. 연기가 방향을 잡아 밖으로 역류하지 않고 연소실 안쪽으로 불길이 빨려 들어가게 합니다.　그 다음 다시 신문지 뭉치를 연소실 바닥 쪽에 넣어서 연소실을 덥히고 여기에 불쏘시개를 놓습니다.

　처음 불을 붙일 때 아무래도 연기가 밖으로 약간 나오게 되는데 살짝 바람을 불어주면 연기는 방향을 제대로 잡고 연소실 안으로 들어갑니다. 만약 배출기를 달았다면 완전히 불이 붙을 때가지 배출기를 틀어 놓으면 더욱 효과적입니다. 너무 많은 종이를 넣게 되면 종이재 때문에 연소로가 막힙니다. 점화 후에는 더 이상 종이를 넣지 않고 잔가지나 장작을 넣어야 합니다. 이 점 주의해야 합니다.

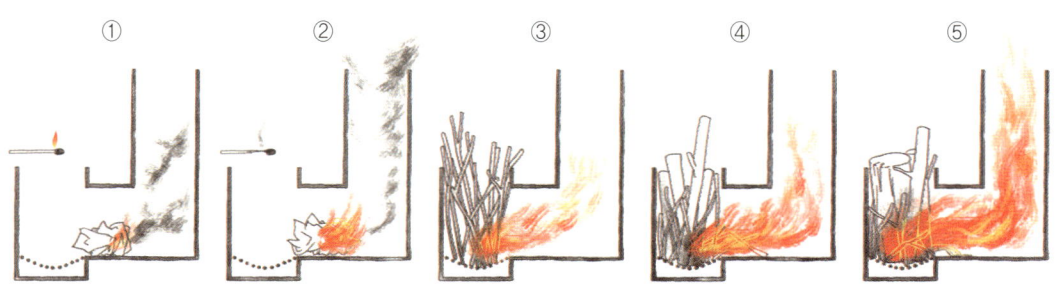

① ② ③ ④ ⑤

그림 16-1_깡통난로구들에 불 때는 순서

2단계 : 잔가지 불쏘시개에 불 붙이기

불쏘시개는 불이 잘 붙을 수 있는 바짝 마른 잔가지가 좋습니다. 보통 개량 단열화덕이나 깡통난로구들 곁에 하룻밤 정도 세워두면 충분히 마릅니다. 습기가 많은 지역에선 불쏘시개나 장작을 바닥에서 떨어지게 쌓아놓을 수 있도록 받침대를 깔아두면 마른 상태로 보관할 수 있습니다. 불쏘시개로 쓸 잔가지는 연필 정도로 가늘고 똑바르고 길어야 합니다. 잘 쪼개져 있고 여기저기 나무 결이 일어나 불이 잘 붙을 수 있으면 더욱 좋습니다. 화구로 잘 미끄러져 들어갈 수 있어야 하고 불이 잘 붙을 수 있어야 하기 때문입니다.

보통 예열이 끝난 후 다시 한 번 신문지 종이를 연소실(화실)에 넣고 불꽃이 나아가는 방향 앞

그림 16-2_
잔가지 불쏘시개를 넣은 깡통난로구들의 화구

쪽에 최대한 가는 잔가지 불쏘시개를 넣습니다. 그래야 불 붙은 신문지 종이가 들고 일어나지 않고 불쏘시개에 불이 잘 붙습니다. 처음 넣은 불쏘시개에 불이 붙으면 바로 좀 더 많은 불쏘시개를 넣습니다.

3단계 : 아이 팔목 굵기의 장작 넣기

잔가지 불쏘시개에 불이 충분히 붙으면 아이 팔목 굵기만 한 가는 장작을 화구가 가득 찰 정도로 넣습니다. 불꽃과 연기는 연소로를 통해 거꾸로 들어가지만 불길은 조금씩 야금야금 뒷걸음치며 장작을 가열시키며 연소시킵니다. 화구에 똑바로 세워 넣은 장작은 연소실 바닥에서 장작의 밑부분만 조금씩 타들어가게 되는데 타들어가는 만큼 중력에 의해 조금씩 연소실 속으로 들어갑니다. 너무 굵은 장작을 넣으면 연기가 나고 불완전연소가 될 수 있습니다. 장작은 끝이 두꺼운 쪽을 밑으로 향하게 넣어야 합니다. 옆가지가 없는 걸 사용하고 가능하면 가늘지만 짧지 않고 길게 다듬어 사용합니다. 그래야 화구가 막히지 않고 장작이 타면서 쏙쏙 밑으로 내려가게 됩니다. 장작이 가늘수록 고온 상태에서 완전연소되고 연기도 밖으로 내지 않고 빠르게 가열됩니다. 오랜 시간 천천히 불이 타도록 하려면 우선 충분히 깡통난로구들 연소실 내부가 고온으로 달궈지게 한 후에 밀도가 높고 굵은 장작을 넣습니다. 보통 길고 두꺼운 통나무 장작을 두세 개 넣으면 한두 시간 불이 지속됩니다. 너무 긴 나무를 사용하다보면 타들어가면서 불 붙은 나무가 넘어져 화재의 원인이 될 수 있습니다. 굵은 철사로 장작투입토호구 위쪽에 우산 꽂이처럼 고리를 2~3개 만들어 놓으면 공기 흐름도 막지 않으면서 장작이 넘어지지도 않습니다.

반드시 마른 장작을 사용합니다. 장작이 젖어 있으면 열에너지의 일부분은 장작 안에 남은 수분을 증발시키는 데 사용됩니다. 그만큼 열낭비가 생기고 불완전연소가 됩니다. 덜 마른 장작을 사용하면 연소되면서 나온 수증기와 목탄액이 연통을 부식시킵니다. 가능하면 장작은 맑고 건조한 날씨에 모으는 것이 좋고 바람 잘 통하고 비 맞지 않을 장소에 잘 쌓아놓아야 합니다. 생가지나 생나무는 곧바로 사용하지 않고 충분히 건조시킨 후 사용합니다. 지나치게 송진이나 기름기가 많은 장작은 사용하지 말아야 합니다. 불길이 연소실과 연소로 밑으로 타들어가지 않고 장작투입구 바깥으로 타오를 가능성이 많기 때문입니다. 니스를 칠하거나 도색한 나무를 사용하면 유독 가스가 나옵니다.

일단 장작에 불이 붙으면 불꽃과 연기, 나무가스는 연소실을 지나 수평으로 놓인 연소로 안을 지나게 되는데 연소로 안에서 이글거리는 뜨거운 숯 층을 통과하면서 불꽃과 연기, 나무가스는 다시 한 번 연소됩니다. 이러한 방식으로 장작은 깨끗하게 연소되고 고은의 열기는 연소기둥 위로 솟구쳐 올라가게 됩니다. 깡통난로구들은 너무 많은 장작을 넣지 않아야 합니다. 적은 장작을 이용해서 고온의 열효율을 얻도록 설계되었다는 점 잊지 마시기 바랍니다.

4단계 : 오랜 시간 축열하고 천천히 연기 빼내기

100% 완벽하게 나무를 연소시킨다 해도 열을 효과적으로 사용하지 않는다면 소용이 없습니다. 단열처리되어 고온 상태를 유지할 수 있는 깡통난로구들은 나무를 최대한 완전하게 고온 연소시킵니다. 이산화탄소와 수증기, 약간의 재와 열을 만들어낼 뿐입니다. 그 열을 어떻게 사용하느냐는 또 다른 주제입니다.

일반 화목난로는 차가운 공기를 쑥쑥 빨아들여 화목을 활활 태우고 거기서 나온 열을 연통을 통해서 집 밖으로 훅훅 뿜어냅니다. 깡통난로구들은 연통을 통해서 쉽게 빠져나가는 열을 붙잡아 벽난로와 같은 역할을 하는 열교환 드럼통을 통해서 실내를 따뜻하게 하는 데 이용합니다. 발열 드럼통 위에다 물을 끓일 수도 있고 간단한 요리를 할 수도 있습니다. 축열체인 흙침대나 흙의자 밑을 통과하는 수평연통은 열을 흙침대나 흙의자에 저장합니다. 따뜻해진 이 위에 누울 수도 앉을 수도 있습니다. 수평연통을 통해 빠져나가는 열을 저장하는 데는 많은 시간이 필요합니다. 3톤 정도의 흙으로 만든 흙침대는 한 번 가열되면 보통 3일 정도 따뜻합니다. 즉, 흙침대나 흙의자와 같은 열저장 축전지는 고온의 열을 상대적으로 짧은 시간 안에 저장한 후 아주 천천히 열을 내뿜습니다.

5단계 : 불이 다 꺼진 후 뚜껑 닫기

장작이 다 타고 잔불이 꺼지면 바로 깡통난로구들의 뚜껑을 덮어 찬공기를 차단해야 합니다. 연소가 완전히 끝난 후에도 깡통난로구들에는 공기흡입력이 남아 있게 되는데 계속 주입되는 찬 공기는 깡통난로구들과 축열체를 냉각시키기 때문입니다. 뚜껑을 덮는 또 다른 이유는 수평연통 밑에 남은 열기가 빠르게 굴뚝으로 빠져나가는 것을 막기 위해서입니다. 장작에 불이 붙어 있었을 때는 산소를 공급하면서 고온으로 연소시켜 고온의 열기가 빠르게 충분한 시간 충분한 길이의 수평연통을 통해 흐르면서 흙부대나 흙침대에 열을 저장하게 만듭니다. 그러나 일단 불이 꺼지면 뚜껑을 닫아 잔열을 최대한 가둬두는 것입니다. 화목난로가 연소될 때는 강력한 흡입력이 발생해서 집 안의 이미 데워진 방 안의 공기를 빨아들여 연통을 통해 배출시켜 버립니다. 그만큼 열손실이 생깁니다. 여기서 끝나지 않습니다. 화목난로 안으로 빨려들어간 따뜻한 공기 대신에 집 밖의 차가운 공기가 집 안으로 빨려들어오게 됩니다. 이러한 현상을 막기 위해 깡통난로구들 연소실 밑으로 별도의 공기주입관을 만들어두거나 장작이 다 타면 곧바로 뚜껑으로 닫아두

그림 16-3_① 화구 쪽으로 외부 공기주입구를 연결한 모습, ② 소형 깡통으로 만든 장작투입보호구 밑쪽에 자갈로 살짝 구멍을 막은 외부 공기주입구와 사각 화구, ③ 장작투입보호구 뚜껑, ④ 장작투입보호구 뚜껑과 열교환 발열 드럼통의 윗 모습

어야 합니다. 별도 공기주입관에 대해서는 이견이 있습니다. 별도의 공기주입관을 연소실에 붙일 필요가 없다는 주장도 있습니다. 자연스럽게 깡통난로구들이 뜨거워지면 장작을 연소시키건서 집의 각종 틈을 통해 새로운 공기를 끌어들이는데, 적당한 공기순환이 오히려 실내에서 화목난로를 땔 때는 반드시 필요하다고 말하는 사람도 있습니다. 그러나 연소실에 따로 외부 공기주입관을 열결해두면 이러한 환기 효과를 차단해버립니다. 대신 방 안의 공기는 오랫동안 따뜻하게 유지할 수 있습니다.

깡통난로구들의 뚜껑을 닫아두는 또 다른 경우는 바람이 많고 저기압인 날 연기의 역류를 막기 위해서입니다. 이런 날은 가능하면 잠자기 한두 시간 전에 불을 끄고 뚜껑을 닫아둬야 합니다. 그래야 잠자는 동안 연기가 역류하는 걸 막을 수 있습니다.

깡통난로구들의 문제 해결

깡통난로구들은 많은 장점에도 불구하고 단점도 있고 평소에 잘 관리해야 오래 사용할 수 있습니다. 깡통난로구들에서 자주 발생하는 문제와 그 해결 방법을 알아두면 효과적으로 관리할 수 있습니다.

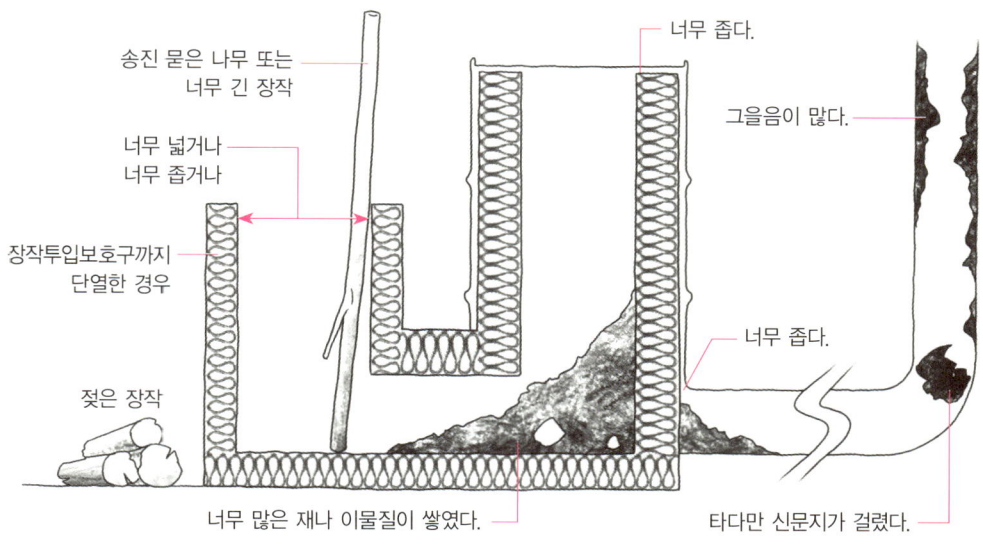

송진 묻은 나무 또는
너무 긴 장작

너무 좁다.

그을음이 많다.

너무 넓거나
너무 좁거나

장작투입보호구까지
단열한 경우

너무 좁다.

젖은 장작

너무 많은 재나 이물질이 쌓였다.

타다만 신문지가 걸렸다.

그림 16-4_깡통난로구들에서 발생할 수 있는 문제점들

연기가 역류할 경우

연기가 자주 역류할 경우 대부분은 어딘가 구멍이 막혀 있는 경우입니다. 우선 연소로의 재를 청소합니다. 어쩌다 진흙반죽이나 타다 남은 신문지가 연소로나 연통을 막는 경우가 생기는데 이러한 이물질을 제거합니다. 장작이 젖었거나 송진이 많은 침엽수를 태울 경우 그을음과 연기가 많이 납니다. 가끔 그을음을 털어내야 합니다. 축열부 아래 수평연통을 너무 많이 구부렸을 경우나 수평연통이 부식되었을 경우도 연기가 날 수 있습니다. 이 경우 이 부분을 청소하거나 수리해주어야 합니다.

연기가 역류하게 되는 또 다른 원인은 화구가 너무 큰 경우입니다. 이때는 살짝 입구를 벽돌로 가려서 공기주입량을 줄여줍니다. 화구의 높이가 축열부 밑을 통과하는 수평연통의 높이보다 높은 경우 화구쪽으로 불이 역류할 수 있습니다. 이때는 소형 깡통으로 만든 장작투입보호구를 없애거나 높이를 낮춥니다. 화구 자체의 높이가 높을 때는 장작을 위에서 넣는 방식이 아니라 앞에서 눕혀 넣는 방식으로 바꿔서 화구의 높이를 낮춰야 합니다. 배출연통의 높이나 직경을 조절해서 불의 역류를 막을 수도 있습니다.

물이 빨리 끓지 않을 때

연소기둥(열기상승관)과 발열 드럼통 사이의 위쪽 간격이 너무 좁을 경우 발열 드럼통의 가운데 윗부분만 지나치게 달궈집니다. 드럼통 높이를 조절해서 간격을 조절해주어야 합니다. 발열 드럼통 위에 물주전자를 올려놓으면 가스레인지에 올려 놓았을 경우처럼 금방 펄펄 끓지는 않습니다. 천천히 물이 데워지면서 끓게 되는데 가능하면 주전자나 냄비는 밑바닥이 넓은 것을 사용하면 효과적입니다.

연통 부식이 걱정될 때

나무를 태우면 물방울이 생깁니다. 비록 잘 마른 나무라도 정도의 차이만 있을 뿐 물기가 생깁니다. 물방울, 즉 결로는 온도 차이가 많은 곳에서도 발생합니다. 깡통난로구들의 경우 내부보다는 주로 외부 연통에서 결로가 생깁니다. 특히 실내에서 바깥쪽으로 빠져나가는 연통 부위에서 많이 발생합니다. 연통 안의 물방울은 그을음과 섞인 목탄액인데 이를 제거하기 위해 바깥으로 빠져나가는 연도를 약간 밖으로 기울게 시공합니다. 그리고 위쪽으로 꺾이는 지점에 목탄액을 뽑아낼 수 있는 작은 구멍을 만들어둡니다. 목탄액을 사용하려면 작은 깡통을 이곳에 달아두어 곡탄액을 모읍니다. 젖은 나무를 사용하면 목탄액이 많이 생기는데 가능하면 미리 깡통난로구들 주변에 장작을 놔두어 장작이 마르도록 한 후 사용하는 것이 좋습니다. 약한 연통을 흙침대나 흙의자 밑에 깔 경우 연통 주변을 흙·볏짚·모래를 섞은 반죽으로 잘 감싸주면 연통이 부식되어도 형태를 잘 유지하고 연기도 나오지 않습니다.

그림 16-5_부산 경상공방에서 깡통난로구들에 불을 붙이고 있는 계곡좋가님과 어도비님

그림 16-6_석회 마감한 깡통난로구들 흙의자. 발열깡통의 부식을 막기 위해서는 내열페인트를 칠한다.

17

국내 시공 사례

국내 시공 사례

흙부대생활기술네트워크 네이버 카페를 통해 개량 화덕(Rocket Stove)과 깡통난로구들을 국내에 본격적으로 소개한 후 전국 각지의 회원들이 깡통난로구들을 직접 실험하고 설치해보기 시작했습니다. 저를 비롯해 '공방 무'의 이일우 소장, 영천 자천리의 도기호 씨, 창원의 다빈치, 강화 하점면의 송동민 씨, 횡성 학곡리 박의섭 씨, 제주도 오창협 씨와 참나무님, 인제 진동리 하문기 씨, 화천 공연예술텃밭의 배요섭 씨, 목포대학 흙건축연구실 강민수 외 연구원들, 부산 경상공방 박성수 씨 외 회원들이 용기를 내어 직접 만들어 사용하고 있습니다. 앞서 함께 실험하고 도전해본 회원들이 서로 인터넷 카페를 통해 나눈 정보와 경험은 또 다른 많은 분들을 위한 표지판이자 더 좋은 난방장치 개발을 위한 공동의 지적 자산이 될 것입니다. 이곳에 소개한 회원들 중 몇 분의 사례를 소개하려 합니다.

창원 다빈치님의 로켓깡통난로

창원에 사는 다빈치님은 깡통난로구들의 핵심인 로켓연소부와 발열 깡통만 따로 떼어서 로켓깡통난로를 만들었습니다. 본래 깡통난로구들은 연소부와 발열 깡통, 축열부 흙침대로 구성되어 있습니다. 난로와 구들 기능을 갖고 있어 공간난방과 바닥난방을 동시에 해결할 수 있도록 만들어져 있습니다. 연소부와 발열부만을 따로 떼내어 난로를 만들다보니 처음엔 제대로 작동하지 않았고 작은 문제들을 일으켰습니다. 다빈치님은 이리저리 실험하고 수정한 후에 결국 그 문제들을 해결해냈습니다. 문제를 해결하면서 로켓깡통난로의 작동원리를 좀 더 깊게 이해하게 됩니다. 다빈치님이 흙부대생활기술네트워크 카페에 소개한 글을 통해 그 과정을 살펴보도록 하겠습니다.

저는 화목보일러 특히 나무가스를 이용한 화목보일러에 관심이 많아서 인터넷을 검색하다가 로켓화덕과 깡통난로구들을 알게 되었습니다. 약 한 달 전부터 실험을 해보면서 원리를 터득하고 있었습니다. 제가 사는 곳은 아파트라서 고개 넘어 마을에 살고 있는 '할매집'이라는 간이음식점에 실물 로켓깡통난로를 만들게 되었습니다. '할매집'은 말 그대로 할매가 운영하고 있는데 손님이 별로 없어 버는 게 적어 간신히 운영되는 조그만 식당입니다. 추운 겨울에 할매는 기름브일러가 고장이 나도 고치지 못하고 난방도 하지 않은 채 할매를 포함해서 네 식구가 전기장판으로 겨울을 나고 있었습니다. 처음에는 제가 중고 기름보일러를 사서 놓아드리려다가 기름값도 비싸고 식당 홀 난방도 필요할 것 같아 로켓깡통난로를 설치하게 된 것입니다.

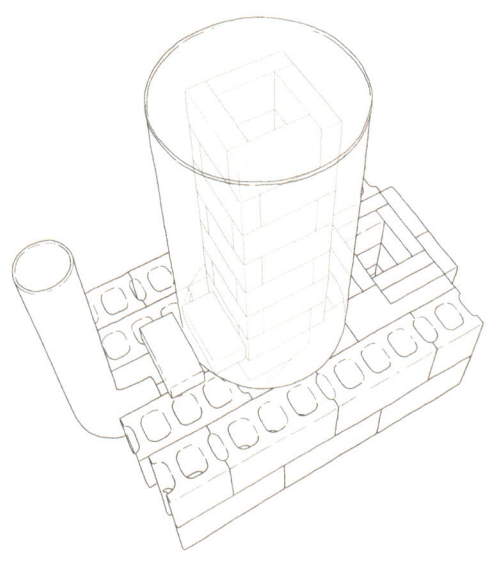

　처음 만들어 설치한 뒤부터 불이 너무 화구 쪽으로 잘 빨려들어가서 로켓깡통난로가 원래 그렇게 잘 타는 게 정상인 줄 알았습니다. 정말 안에서 불을 잡아당기는 그런 느낌이 듭니다. 며칠 후 비가 왔는데 그때 할매집 식구들과 친척들이 모여 로켓깡통난로에 불을 계속 지폈다고 합니다. 그런데 불은 너무 잘 타고 화구 쪽으로 잘 빨려들어가는데 발열 드럼통은 뜨겁지 않고 불을 때나 마나 한 정도였다고 합니다. 조금 과장된 엄살이겠지요. 아무튼 불은 너무 잘 들어가지만 따뜻하지 않다는 불만을 듣고 제 성격상 그냥 넘기질 못해 그 문제를 해결해야만 했습니다.

　일단 발열 드럼통에서 나온 열기가 연통으로 빠져나가는 연결 부위를 손보았습니다. 열기가 빠져나가는 속도를 늦추기 위해 연결 부위 구멍 크기를 기존보다 약 50% 정도 줄였습니다. 열기가 곧바로 빠져나가지 못하고 발열 드럼통 안에 체류하는 시간이 길어지도록 연통 역시 최대한 우회해서 설치했습니다.

화구(연소실 입구)도 약간 높게 쌓았습니다. 화구 높이가 높아지면 불이 덜 빨려들어 갑니다. 발열 드럼통 높이도 기존보다 약 3cm 정도 높게 올렸습니다. 발열 드럼통 내부의 연소기둥(열기상승관) 윗부분과 발열 드럼통 사이의 공간이 그만큼 넓어지게 되면 열기가 머무는 시간이 길어지게 되고 발열량도 늘어나게 됩니다. 몇 번 실험을 해보니 예전처럼 강하게 불이 빨려들어가진 않고 수정 전에 비해 불이 빨려들어가는 속도는 50% 정도로 줄었습니다.

다시 확인하려 며칠 후 할매집에 가보았습니다. 할매 말씀이 아침에 불을 때니 처음 불을 붙일 때 연기를 토해내길래 가게 문을 열고 환기를 시켰다고 합니다. 그러다 불이 제대로 붙고 타기 시작하니까 그제서야 불이 잘 들어가더라고 합니다. 이 말을 듣고 제가 화구를 확인해보니까 불을 빨아 당기는 힘은 예전보다 약합니다. 화구 위쪽으로 뜨거운 열기도 상당히 올라오고 있었습니다. 연기도 아즈 약간씩 새어 나오고요. 정상대로 가동되면 화구 쪽으로 연기나 열기가 그렇게 올라오지 않아야 됩니다. 할매 왈 "불 때는 집에 연기 안 나겠나? 이 정도 연기는 괘안타!" 할매는 로켓깡통난로가 좋은가 봅니다. 발열 드럼통의 열기는 확실히 높아졌습니다. 물을 튕겨보면 치~ 직 하고 소리를 냅니다.

다음날 저녁 할매집에 가서 한 번 더 확인해보았습니다. 할매집에 들어가니까 작은 장작 꼴랑 하나 넣고 불을 때고 있었습니다. 불이 아주 약하게 빨려 들어가고 화구 위로 열기도 많이 올라옵니다. 발열 드럼통 온도가 낮던 문제는 해결되었지만 연기를 내는 문제는 아직 해결되지 않았습니다. 드럼통은 뜨겁습니다. 열도 잘 나고 있었습니다. 연기가 약간씩 나오는 것을 잡으려고 벽돌로 약간 막아 화구를 좁혀 보았습니다. 화구가 좁아지면 공기의 흐름이 빨라집니다. 역시 예상한 대로 연기가 강하게 안으로 빨려들어갑니다. 장작을 하나 더 넣었습니다. 화력이 강해지니까 불이 안으로 잘 빨려들어갑니다. 내화벽돌로 입구를 좀 더 좁혀 보았습니다. 공기의 흐름이 빨라지면서 불이 안으로 더 세게 빨려들어가고 연기도 나오지 않습니다. 발열 드럼통도 더 빨리 뜨거워집니다. 처음엔 화구가 커서 지나치게 차가운 공기가 너무 많이 빨려들어갔기 때문에 장작불 온도를 낮췄기 때문일까요.

처음 배출연통을 설치할 때는 알루미늄 주름관을 집 밖으로 그냥 빼놓기만 했는데 지붕 밑의 풍압이 작용하는 높이에 둔 것이 문제였나봅니다. 배출연통을 지붕보다 80cm 위로 높이고 비막이 겸해서 'T'자 관을 맨 위에 달았습니다. 배출연통 높이가 높아질수록 연통 내 상승기류가 생겨 연기가 더 잘 빨려나갑니다. 'T'자 관은 자주 바람부는 방향을 향해 동남쪽과 북서쪽으로 열린 부분이 향하도록 위치를 잡았습니다. 연통을 은박단열재로 감싸서 보온을 했습니다. 연통은 미지근한 정도입니다. 드디어 화구에서 불과 연기를 거꾸로 토해내는 현상도 없어지고 발열 깡통은 뜨겁습니다. 로켓깡통난로는 제대로 작동합니다.

로켓깡통난로구들은 본래 로켓연소부와 발열 깡통을 통과한 열기를 축열부 흙침대 밑의 수평연통으로 강하게 밀어내며 흙침대를 따뜻하게 하는 구조입니다. 그런데 축열부를 잘라내고 곧바로 발열 깡통 뒤에 배출연통을 달았으니 뜨거운 연기가 곧바로 빠져나가버리게 됩니다. 연소부 연소기둥과 깡통난로 윗부분 사이의 간격은 발열 드럼통 내부에 연소가스가 체류하는 시간을 결정합니다. 체류 시간이 길수록 발열량도 많아집니다. 연통 연결 부위의 크기가 작아지면 연소가스의 배출을 지연시킵니다. 화구 크기는 연소브로 들어가는 공기의 양을 결정합니다. 너무 크게 되면 차가운 공기가 되려 많이 들어가 연소실 온도를 떨어뜨리고 장작이 고온 연소되는 것을 방해합니다. 불을 활활 붙인 후에 화구에 공기조절장치가 있는 뚜껑을 덮어두면 로켓깡통난로의 화력은 더 좋아집니다. 구들 아궁이나 벽난로에 불을 붙인 후에 화구문을 닫아두는 이유와 같습니다. 차가운 공기가 더 이상 연소실 안으로 들어가지 못하게 하기 위해서입니다. 연통의 높이와 크기는 흡입력과 배출량을 결정합니다. 연통 높이가 높고 단열되어 있어 연통 내부가 따뜻할수록 연통 내의 상승기류가 커지고 흡입력이 커집니다. 이러한 점을 다빈치님은 직접 해결하기 위해 여러 번의 실험과 수정을 거치면서 그 원리를 터득했습니다.

무안 감풀마을 도서관의 로켓연통구들

    목포대학 건축과 흙건축연구실은 무안군청과 함께 지역주민과 귀농자들을 대상으로 무안 감풀마을에서 흙건축 워크숍을 열었습니다. 무안 감풀마을 어린이도서관은 흙건축 워크숍을 통해 지어진 생태건축입니다. EP(Egg Plate) 공법으로 지어진 흙집인데 계란판과 진흙반죽을 켜켜이 쌓아 벽체를 만드는 특이한 방식이죠. 경제적이고 초보자도 쉽게 배울 수 있는 쉬운 공법입니다. 계란판과 진흙반죽을 교대로 켜켜이 쌓으면 흙벽도 빨리

그림 17-2_바닥에 유리섬유를 깔고 수평연통을 배치하고 있는 연구원들과 주민들

그림 17-3_ 무안 감풀마을 어린이도서관에 설치된 로켓연통구들의 로켓연소부

건조되고 벽체 틀을 잡기도 수월하다고 하네요.

　약 8평 정도 규모 도서관 한쪽 3평 정도 공간의 바닥난방을 위해 로켓연통구들이 놓여져 있습니다. 전통고래 대신 수평으로 연통을 깔고 흙과 자갈을 덮고 미장을 해서 바닥을 만들었습니다. 구들이 놓일 공간은 낮은 벽돌담을 쌓아 3평 정도의 바닥을 만들고 석회 20%를 섞은 흙을 200mm 정도까지 채워서 공이로 단단하게 다져주었습니다. 흙다짐 위에 바닥으로 열이 빠져나가는 것을 막기 위해 유리섬유를 깔아주고 수평을 맞춰 150mm 수평연통을 구불구불 깔아주었습니다. 수평연통과 수평연통 사이 간격을 최대한 좁혀야 열이 닿는 바닥면적이 넓어집니다. 국내에는 'U'자 연결관이 없어서 'L'자 연결관 두 개를 10cm씩 짧게 자른 후 이어 붙여 'U'자 관을 만들어 사용합니다. 이렇게 만든 'U'자 연결관으로 수평연통을 연결했습니다. 연통을 연결할 때는 알루미늄 테이프를 사용했습니다. 해외 사례를 보면 'U'자 관보다는 한쪽 구멍을 마개로 막은 'T'자 관과 'L'자 관을 붙여서 만든 수평연통을 연결해서 연통 사이 간격을 좁히기도 합니다. 이렇게 수평연통을 최대한 촘촘하게 깐 후 그 위에 열전도율을 높이기 위해 자갈과 모래를 깔아줍니다. 이 위에 골고루 열을 전달하기 위해 함석판을 덮고 마지막으로 플라스틱 그물망인 화이버 매쉬Fiber mesh를 깐 후에 흙미장을 해서 바닥을 만들었습니다.

　도서관 한쪽 벽에는 아궁이 대신 로켓연소부를 설치하고 연소기둥 상단 연통을 방바닥의 수평연통과 연결했습니다. 로켓연소부는 230×110mm 크기의 내화벽돌로 쌓아서 만들었습니다. 화구와 연소기둥의 크기는 화력을 높이기 위해 대략 20×20cm 크기로 만들되 화구가 위쪽으로 향하지 않고 앞으로 향하게 만들었습니다. 로켓연소부의 전체 형태는 'L'자 입니다. 로켓연소부는 틈새가 벌어지는 것을 막기 위해 내화몰탈로 10mm 두께로 덧발라주었습니다. 이렇게 몰탈을 덧바른 로켓연소부는 발열 드럼통 없이 연소부 외곽을 일반 적벽돌로 한 번 더 쌓은 후에 그 안쪽에 흙을 채웠습니다. 로켓연소부를 감싼 외벽체는 10mm 두께로 흙미장을 덧발라 마감했습니다. 물론 불도 잘 들고 방도 따뜻합니다.

무안 감풀마을의 로켓연통구들은 좌식문화와 입식문화의 난방 방식에 대해 곰곰이 생각하게 합니다. 본래 입식문화의 서양 사람들이 개발한 깡통난로구들은 공간난방을 위한 난로와 바닥난방을 동시에 해결하기 위해 개발된 난방장치입니다. 깡통난로구들은 실내에서 장작을 넣고 불을 피울 수 있는 구조가 특징입니다. 그런데 무안 감풀마을의 로켓연통구들은 고온 연소가 가능한 로켓연소부와 간단 시공이 가능한 수평연통 구들 방식만 채택하고 난로 역할을 할 수 있는 발열부를 버렸습니다. 연소부 전체를 실내가 아닌 집 밖에서 불을 피우는 아궁이처럼 밖에 두었습니다.

왜 그랬을까요? 입식공간과 달리 좌식공간인 방은 누워 자는 공간입니다. 이런 공간 안에서 불을 피운다는 것은 도저히 상상할 수 없는 일이겠지요. 방 안에서 나는 미세연기며 재를 치워야 하는 구조란 받아들일 수 없었을 겁니다. 불 피우는 화구야 그렇다치고 왜 난로 역할을 하는 발열부까지 버렸을까요. 화구는 밖에 두고 발열부는 방 안에 둘 수 없었던 걸까요? 발열 드럼통이 보기 싫다면 드럼통 대신 발열부를 이중 벽돌로 조적해서 벽난로처럼 만들 수 있었을 텐데요. 서양문화 속에서도 벽난로는 침실이 아닌 거실에 설치합니다. 하물며 좌식문화의 방에 놓겠습니까? 구들은 대부분 거실이 아닌 방에 설치합니다. 벽난로 형태의 발열부는 많은 바닥면적과 부피를 차지합니다. 대부분 방을 크게 만들지 않기 때문에 부담스러운 발열부를 방 안에 설치하지 않게 됩니다. 그렇다면 발열 드럼통이든지 벽돌조적 벽난로 형태이든지 난로 역할을 하는 발열부는 거실에 두고 거실에 접한 방은 연통구들을 깐다면 공간난방과 바닥난방을 동시에 해결할 수 있지 않을까요. 지금처럼 좌식 일변도의 수평 공간구조를 가진 주택은 아파트가 등장하면서 최근에야 등장했습니다. 전통 한옥 살림집은 좌식공간인 방과 마루, 입식공간인 부엌과 수돗가, 화장실, 마당이 수직적으로 단차를 가진 공간들로 어우러지며 배치되어 있었습니다. 아파트야 어쩔 수 없다 해도 농촌 주택이나 전원 주택이라면 전통 한옥을 현대적으로 재해석해서 입식공간과 좌식공간이 어울리고 실내와 실외가 연결된 구조로 현대화할 수 있지 않을까요? 그렇다면 입식공간인 거실과 좌식공간인 방을 만들고 화구를 밖으로 빼지 않고 거실로 끌어들여 집 안에서 불을 지필 수 있지 않을까요? 농촌에 살면서 더더욱 좌식과 입식, 실내와 실외가 어우러진 공간과 난방에 대해 생각해보게 됩니다.

인제 진동리의 하문기 씨 로켓구들

인제 진동리의 하문기 씨는 흙부대로 사랑채를 짓고 살고 있습니다. 그는 사랑채에 ALC 블록으로 만든 로켓연소부와 흙은 고래 방식의 전통 구들을 접목해서 로켓구들을 놓았습니다. 하문기 씨는 사랑채에 본격적으로 ALC 로켓구들을 놓기 전에 임시 거처로 쓰고 있는 인디언 티피 안에 로켓쪽구들 침대를 만들었습니다. 하문기 씨 역시 다양한 실험과 수정을 거쳐가며 원리를 터득해 나갔습니다. 그가 흙부대생활기술네트워크 카페에 게시한 글을 통해 그 과정을 살펴보도록 하겠습니다.

흙부대 공법으로 지은 사랑채에 로켓구들을 놓기 전에 먼저 임시 거처로 쓰는 인디언티피에 로켓연소부와 전통 구들을 결합한 로켓쪽구들 침대를 만들어 보았습니다. 먼저 적벽돌로 로켓연소부를 임시 조적하고 불을 피워본 후에 본격적으로 작업에 들어갔습니다. 쪽구들 침대의 크기는 1200×1800mm입니다. 고래 없이 띄엄띄엄 놓은 고임돌 위에 구들장을 바로 얹는 허튼고래 형식으로 놓았습니다. 구들장은 현무암 구들장을 사용했고 불과 가까운 쪽부터 두께 50T 구들장을, 그 다음은 40T, 그 다음은 30T 두께의 구들장을 덮었습니다. 구들장을 황토로 빈틈 없이 미장해서 마감했습니다.

황토로 약 2cm 두께로 미장한 다음 불을 지펴 잘 말렸는데도 도대체 침대 바닥이 따뜻하긴 해도 전통 구들방처럼 절절 끓지 않았습니다. 나름대로 생각해보니 연소부를 통과한 불이 직접 구들장에 닿는 직화 방식이 아니고 연소부에서 뜨거워진

그림 17-4_위 : 인디언 티피 안 쪽구들 침대에 부착할 벽돌조적 로켓연소부, 아래 : 사랑채 구들방에 연결한 ALC 블록 조적 로켓연소부

공기가 구들장을 데우는 간접 열풍 방식이기 때문에 전통 구들장처럼 뜨겁지 않은 듯합니다. 게다가 로켓 연소부를 내화단열 벽돌을 사용하지 않고 일반 적벽돌을 사용했으니 그곳에서 많은 열을 빼앗겼기 때문입니다. 연소부 몸체를 만져서 뜨거울 정도니 구들로 갈 열기를 여기서 다 빼앗기는 겁니다. 황토 바닥 미장도 위치와 상황에 따라 두께를 달리 해야 했는데 너무 두껍게 미장한 것도 원인 중의 하나였습니다. 게다가 화구 역시 너무 작아 한 번에 넣는 장작의 양이 적고 그만큼 화력이 약하기 때문이었습니다.

얼마가 지난 후 귀농인들의 모임에 갔다가 단열성이 높은 ALC(경량기포콘크리트) 블록을 알게 되었습니다. 비도 오고 공사 중 약간 다친 후라 집짓기를 잠시 쉬면서 벽돌로 쌓았던 인디언 티피 안의 로켓쪽구들 침대를 다시 손봤습니다. ALC 블록을 톱으로 반 정도 잘라 다시 로켓연소부를 쌓았습니다. 굴뚝에 손을 집어 넣어보니 전에는 미지근했는데 이번에는 뜨겁습니다. 한 30분 장작을 때자 온돌 바닥이 따뜻해져 옵니다. 로켓연소부 외부는 차갑습니다. 확실하게 단열되는 증거입니다. 한 시간가량 불을 지피자 침대 바닥이 뜨겁습니다. 이곳저곳 바닥 구석구석을 만져보니 골고루 뜨겁습니다. 소모된 장작 량은 예전의 절반 정도였습니다. 이럴 수가, 단열의 효과가 이리도 크다니. 서양의 연소효율 높은 로켓연소부와 열전도율과 축열성능이 높은 전통 구들을 잘만 결합하면 수평구조의 아파트에도 구들 시공이 가능하겠다는 확신이 들었습니다. 음! 거실에는 벽난로, 안방은 구들 침대, 다른 방은 로켓연소부에서 데워진 온수 보일러 난방… 이런저런 상상을 해봅니다. ALC 블록으로 로켓연소부를 고친 후 하룻밤 지내기 위해 벽돌 크기만 한 장작 8개 정도면 충분합니다.

말도 많고 사연도 많았던 사랑채의 로켓구들을 드디어 만들기 시작했습니다. 방 크기는 2700×2800mm. 작은 쪽구들침대에 비해 방 규모가 3.5배 커졌기 때문에 로켓연소부의 크기를 1.5배가량 크게 만들었습니다. 단열을 더욱더 철저히 하기 위해 ALC 블록을 켜지 않고 그대로 사용해서 연소부를 쌓았습니다. 인디언 티피 안의 로켓쪽구들은 구들이 빨리 식었는데 이 문제를 해결하기 위해 허튼고래를 놓고 구들장 위에 콩자갈을 깔아 축열효과를 높였습니다. 사랑채 방에 깐 구들장은 당구대 만드는 데 사용하는 섬록암을 사용했습니다. 두께는 30T 입니다. 짜투리 판석이었기 때문에 모양에 맞게 구들장을 덮은 다음 큰 틈은 더 큰 돌을 사용해 막고 작은 틈은 조그만 자갈로 막은 다음 진흙덩이로 새침막기를 했습니다. 계속 불을 지피면서 연기 나는 틈을 메웠습니다. 층이 지는 부분은 낮은 곳을 콩자갈을 깔아서 전체적으로 바닥 높이가 같아지도록 만들었습니다. 콩자갈 위에 촉촉한 흙을 덮어 단단하게 다졌습니다. 미장을 할 때는 먼저 바닥에 얇게 미장을 한 후 조경마대를 깔고 밑에서 흙물이 올라오도록 다독인 후 다시 그 위에 5cm가량 미장을 했습니다. 불을 때면서 바닥을 말려보니 조경마대가 연결된 부분은 틈이 많이 벌어졌지만 다른 부분은 훨씬 양호했습니다. 흙 앙금으로 틈을 메우며 바닥을 말렸습니다.

로켓연소부 제작은 구들장 놓기와 병행해서 진행했습니다. 직화 방식인 함실 아궁이를 만들면 훨씬 열전도율이 좋은데 굳이 로켓연소부를 만드는 이유가 있습니다. 사랑채이므로 손님들이 놀러와 즐기는 놀이 공간입니다. 어른도 아이도 아궁이에 불을 지피며 노는 것을 좋아합니다. 전통 함실 아궁이 바닥과 고래로 이어지는 길목에 있는 불목이나 고래바닥, 방바닥은 어느 정도 높이 차가 있어야 합니다. 불목과는 최소한 40cm, 고래바닥과는 50cm, 구들장 밑바닥과는 85~90cm, 방바닥과는 1m 정도 차이가 납니다. 아궁이 자리가 너무 낮아 테라스에서 바로 불을 지피며 놀기가 어렵습니다. 반면 로켓연소부는 간접 열풍 방식이라 열전도율은 조금 떨어지지만 불목과 화구 높이가 크게 차이나지 않아도 불이 잘 들어가기 때문에 테라스에서 바로 불을 피울 수 있습니다. 테라스에서 그 불에 고구마며 고기도 굽고 그 고기를 안주 삼아 술 한잔 하면서 담소를 나눈다면 얼마나 좋겠습니까.

로켓연소부 화구와 연소로에는 재거르개를 설치했습니다. 연소기둥(열기상승관) 안에는 현무암 구들장을 덧붙여 연소부 내에서 축열이 가능하도록 만들고 그 밖을 ALC 블록으로 감싸서 쌓았습니다.

불을 지펴보니 몇 가지 문제가 있었습니다. 재거르개 위에서 불을 지피니 불이 생각보다 잘 들지 않습니다. 고민을 하다가 재거르개 밑바닥에서 불을 지펴봅니다. 아이럴수가! 훨씬 불이 잘 들어갑니다. 불과 15cm 차이인데도 말입니다. 불목을 기준으로 보니 재거르개 위는 불목보다 5cm가 높고 재거르개 아래 바닥은 불목보다 10cm가 낮았습니다. 이 조그만 차이가 불이 들어가는 모습을 확연히 다르게 만듭니다. 결국 재거르개 아래에서 불을 지피는 방식을 택했습니다. 또 다른 문제가 있었습니다. 순풍이 부는 날에는 괜찮은데 역풍이 불면 불을 지필 수 없었습니다. 굴뚝 때문입니다. 직경 250mm 이중 주름관을 사용해서 추운 날 겨우 임시로 굴뚝을 만들었는데 굴뚝이 너무 작고 낮았습니다. 이후에 굴뚝을 더 크고 높게 세웠습니다. 로켓연소부 몸체는 봄이 되면 다시 흙미장할 생각입니다.

여기저기 수정을 하고 방바닥이 완전히 마른 후 불을 지펴보니 하루에 한 번 2시간 불을 지피면 아랫목이 따뜻해지고 윗목이 미지근해집니다. 3시간을 지피면 아랫목은 뜨거워지고 윗목까지 따뜻해집니다. 하루 장작 사용량은 벽돌 크기 장작 30개 정도입니다. 물론 불을 지필 때 재거르개 아래쪽 바닥에서 장작을 지피고 재거르개 위쪽은 주로 생활쓰레기를 태우는 용도로 사용하고 있습니다. 화력을 더욱 높이기 위해서는 쓰레기를 태우고 난 뒤 재거르개 위에서도 장작을 지핍니다. 화구가 작으니 한 번에 들어가는 장작량이 적어 방이 데워지는 데 예상보다 많은 시간이 걸리는 듯합니다. 하루 3시간 정도 불을 지피면 아랫목은 뜨겁고 전체적으로 따뜻하며, 하루가 지난 뒤에도 아랫목은 여전히 따뜻하고 전체적으로 미지근합니다. 이제는 구들이 쉽게 식지 않습니다. 콩자갈을 깔아 축열을 돕고 연소기둥 내부에 현무암을 덧붙인 결과인 듯 합니다. 아침에 로켓연소부 화구 안에 손을 넣어보면 아직도 따뜻하고 연기를 피워보면 연기가 잘 빨려들어갑니다. 콩자갈은 고려해봐야 할 것 같습니다. 콩자갈을 까느라 미장이 너무 두꺼워졌고 그 때문에 방이 늦게 데워지는 것 같습니다. 이듬해 다시 손을 봐서 불을 지피면 1시간 내 온방이 따뜻해지도록 고치려 합니다.

　제가 이렇게 로켓구들을 실험하는 이유는 사랑채에 로켓구들, 로켓오븐, 로켓화덕을 만들어 친지들과 따뜻하게 한겨울을 지내기 위해서입니다. 어슴푸레 해질 무렵 아이들은 거실에서 소꿉놀이하고 어른들은 테라스에서 담소를 나눕니다. 어떤 아낙은 발끝에 닿을 만큼 바짝 다가가 장작을 지피고, 누군가의 재미있는 이야기에 어른들은 손뼉을 치며 한바탕 웃음을 쏟아냅니다. 아이들은 휘둥그레한 눈을 뜨고 창밖 테라스를 바라봅니다. 아내 채영이 담근 석탄주 한 순배 돌리며 로켓오븐에서 잘 구워진 삼겹살을 꺼내 '위하여!'를 외칩니다. 옆에 쌓인 장작이 반쯤 줄어들면 먼저 잠을 청한 이들 뜨거워 못 살겠다고 아우성칩니다. 불놀이에 재미 들었던 아낙은 자리를 털고 일어나며 잘 익은 고구마를 탁자에 올려 놓으면 그걸 안주 삼아 또 석탄주 한 순배 돌아갑니다. 새벽 공기 마시며 한바탕 흙을 만지고 와서 아침을 먹을 때쯤 사랑채 손님들 어젯밤에 언제 그랬냐는 듯 말끔히 털고 일어나 하루를 준비하는 꿈을 꿉니다. 올 겨울에도 로켓구들은 여전히 저의 연구과제입니다.

영천 도기호 씨의 깡통난로 의자

도기호 씨의 첫 깡통난로구들의자 제작기를 들어보시죠.

지금은 영천에 살고 있지만 이사 오기 전 대구 옥포에 살고 있을 때 깡통로켓구들 의자를 처음으로 만들었습니다. 물론 영천에 이사 와서 새로 운영하고 있는 애견카 페에도 깡통난로구들과 거꾸로 타는 깡통난로를 만들어 사용하고 있습니다.

겨울 동안 사용하던 철판 화목난로를 걷어내고 깡통난로구들을 만들었습니다. 흙부대생활기술네트워크 카페에 회원들이 공개한 자료를 참고해서 연습 삼아 대충 만든 것입니다. 대구 옥포의 제 사무실은 비닐하우스와 천막으로 얼기설기 만든 곳 입니다. 얼마 전까지 화목난로가 활활 타고 있었지만 땔나무를 해대는 게 장난이 아 니었습니다. 엄청난 나무를 잡아먹는 데다 불 피울 때만 뜨거울 뿐 불이 꺼지면 잠시 후에는 곧 열기가 식어 외풍 많은 천막 사무실은 바깥이나 마찬가지로 추웠습니다.

로켓연소부는 화구와 연소로 앞부분은 내화벽돌이 비싸서 붉은 벽돌 50장으로 만들었습니다. 열기가 상승하는 연소기둥은 함석집에서 200mm 연통과 400mm 연 통을 이용해서 만들었습니다. 직경 400mm 연통 안에 200mm 연통을 끼워 넣고 그 안에 단열재인 펄라이트를 채웠습니다. 당연히 연통의 위아래는 시멘트로 막았 습니다. 이렇게 만든 연소기둥 위에 뚜껑을 딴 드럼통을 거꾸로 덮어 씌웠습니다. 드 럼통 측면 아랫부분에 직경 150mm 구멍을 뚫고 직경 150mm 짧은 연통을 끼우고 은박테이프로 대충 밀봉했습니다. 이 연통에 다시 'T'자 연통을 한 개 끼우고, 다시

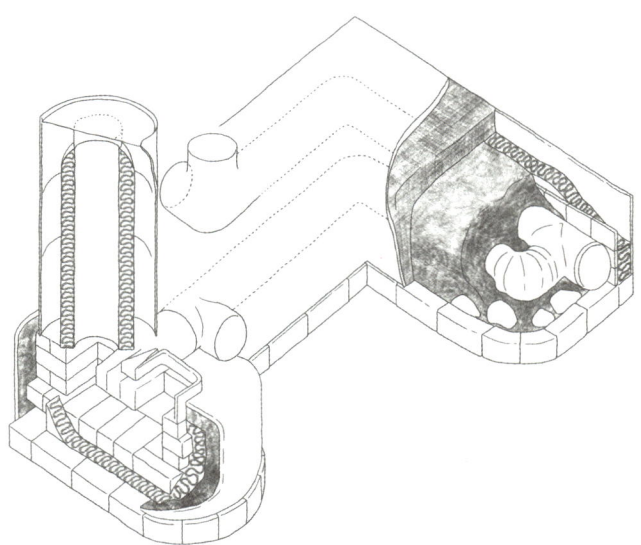

그림 17-5_도기호 씨 천막 사무실 안의 깡통난로의자와 구조도

150mm 연통을 연결해서 축열부 의자가 놓일 자리에 깔았습니다. 'T'자 연통의 한쪽 구멍은 드럼통으로 연결되고 한쪽은 축열부 수평연통으로, 한쪽은 재처리구입니다. 구멍 크기와 비슷한 밥그릇으로 평소 막아둡니다.

축열부 의자 밑에 깐 수평연통은 기존 화목난로의 150mm 파이프를 재활용했습니다. 수평연통 위를 3cm 정도 두께로 미장해서 벤치처럼 앉거나 누울 수 있게 만들었습니다. 폭을 좀 더 넓게 만들었더라면 좋았을 것을 아쉬움이 남습니다. 수평연통 밑부분에 흙부대를 몇 군데 고아두고는 나무로 틀을 만들어서 수평연통 주위의 빈 공간에 흙을 채워 벤치 역할을 할 의자 몸체를 만들었습니다. 그리고 얇게 미장해서 구들 비슷한 효과를 노렸는데 이게 아주 좋았습니다.

의자 밑을 지난 수평연통 끝은 벽 아랫부분에 구멍을 내어 뺀 후 배출 연통을 2.5m 높이로 세웠습니다. 연통 끝에 흡출기를 달아서 처음 불 붙일 때나 드럼통 위에서 급히 온도를 높여 라면 끓일 때만 돌립니다. 흡출기는 평소에 사용하지 않습니다.

깡통난로구들 의자는 아내와 둘이서 만들었고 어슬렁거리던 아저씨는 입으로만 거들었습니다. 재료는 붉은 벽돌 50장(15,000원), 직경 200mm와 400mm 연통(15,000원), 시멘트 2포(8,000원), 스테인리스 150mm 흡출기(42,000원), 펄라이트 1포(10,000원)는 기증을 받았습니다. 모래 대신 농장의 마사토를 미장할 때 사용했습니다. 수평연통을 사용한 150mm 연통은 6m 길이(50,000원)를 사용했는데 전에 쓰던 철물난로에 있던 것을 재활용했습니다. 드럼통(10,000원)도 재활용했습니다.

완성한 깡통난로구들 의자를 시험해보았습니다. 화구 가까이 카메라 렌즈를 가까이 해도 전혀 상관없을 만큼 온전히 열기를 화구 아래로 빨아들입니다. 발열 드럼통 위에 물을 살짝 부어봤습니다. 치익~하면서 방울져 튀어오릅니다. 고구마를 올려두면 적당히 말랑말랑하게 잘 구워집니다. 캔 커피도 데웁니다. 발열 드럼통은 상당히 뜨겁지만 그렇다고 주변의 물체가 열기로 탈 정도는 아닙니다. 화구 위에 구멍 뚫린 테이블을 만들어 놓았습니다. 어차피 투입구 위로는 열기가 거의 없으므로 나무로 된 테이블이라도 상관 없을 뿐 아니라 긴 장작을 투입할 때는 거치대 역할을 합니다. 깡통난로구들에 불을 때도 배출 연통에 연기는 거의 나지 않습니다. 보온을 위해 배출 연통을 은박 메트로 감아두었는데 미지근한 정도입니다. 아무튼 저처럼 별재주 없는 사람도 하루 고생하니 만들 수 있더군요. 일단 땔감이 적게 드니 땔감 걱정 덜어 좋고, 엉덩이 지질 수 있어서 제 아내가 너무 좋아합니다. 여러분께도 꼭 권해드리고 싶습니다. 한번 만들어 보세요. 따스한 것 이상으로 이야기거리가 되고 주위 분들이 행복해 합니다.

부산 경상공방의 깡통난로구들 흙침대

　박성수 씨가 주도하고 있는 부산 경상공방은 본래 한국 스트로베일건축연구회의 지역모임에서 출발한 회원 협동 건축목공공방입니다. 부산 경상공방은 회원 또는 비회원의 집을 짓기도 하고 한 달에 한 번씩 다양한 건축·목공 워크숍을 열고 있습니다. 2009년 7월 큰비가 지난 후 박성수 씨의 요청으로 깡통난로구들 워크숍의 강사로 참여했습니다. 큰비가 지난 후인 데다 공방으로 들어오는 진입로 뚝방이 일부 무너져 일부 자재는 싣고 들어오기도 어려운 처지였습니다. 부족하지만 20여 명 회원들과 함께 로켓화덕, 나무가스 풍로와 깡통난로구들의 원리에 대한 이론 강의를 하고 깡통난로구들 시공으로 곧바로 들어갔습니다.

　우선 펄라이트와 시멘트·모래를 섞은 반죽으로 로켓연소부 바닥기초를 만들었습니다. 로켓연소부 바닥은 불이 닿지 않는 단열처리한 기초 바닥이 꼭 필요하기 때문입니다. 기초 바닥이 굳는 동안 내화벽돌과 200mm 연통을 가지고 로켓연소부를 가조적했습니다. 부산 경상공방의 로켓연소부는 화구와 연소로, 연소기둥(열기상승관)의 낮은 부분만 내화벽돌을 사용했습니다. 내화벽돌이 비싸기 때문이죠. 대신 200mm 연통을 이용해서 연소기둥을 만들었습니다. 연소실험 결과 불은 잘 들어갑니다. 다음날 가조적했던 대로 로켓연소부를 만들었습니다. 벽돌을 조적하기 전에 미리 분무기로 물을 뿌려 촉촉하게 만든 후 황토세라믹 내화몰탈을 사용하면서 쌓아올렸습니다. 내화벽돌과 철제연통은 진흙 석회반죽으로 고정시켰습니다.

　중간 크기 드럼통의 밑바닥은 200mm 크기로 구멍을 뚫고 윗 뚜껑은 완전히 제거한

그림 17-6_부산 경상공방 안에 설치하고 있는 깡통난로구들 흙침대. ① 로켓연소부와 연소기둥, ② 발열드럼통 밑에 'T'자 관으로 연결부와 재점검구를 놓고 있다. ③ 흙부대 위에 수평연통이 배관되어 있다. ④ 2차 미장이 끝난 흙침대 앞쪽어 재점검구 마개가 보인다.

후에 연통으로 만든 연소기둥에 끼워 넣었습니다. 당연히 밑쪽에 구멍이 뚫린 중간 드럼통 바닥 쪽이 밑으로 향하게 끼워 넣었습니다. 연소기둥과 중간 드럼통 사이에는 단열성 높은 펄라이트를 가득 채웠습니다. 연소기둥을 단열시키기 위해서입니다. 펄라이트 윗부분은 펄라이트와 시멘트를 섞은 반죽으로 우선 메우고 다시 황토세라믹 내화몰탈로 깔끔하게 발라 마무리했습니다.

다시 그 위에 한쪽 면만을 따낸 드럼통을 뒤집어 씌웠습니다. 높이를 맞추기 위해 드럼통 밑쪽에 벽돌을 고이고 천천히 연소기둥이 무너지지 않게 여러 사람이 큰 드럼통을 잡고 조심스럽게 씌웠습니다. 이때 연소기둥 윗면과 드럼통 윗면 사이의 간격은 약 5cm 정도를 띄우고 측면 간격은 3cm 정도 띄울 수 있도록 자를 정확히 재가면서 드럼통 덮기 작업을 했습니다. 이 큰 드럼통이 발열 드럼통입니다.

공방이 자리잡은 곳이 본래 모래사장을 매립해서 만든 곳이라 주변에 거의 모래에 가까운 모래흙이 많았습니다. 이 모래흙을 부대자루에 담아 축열부 흙침대 밑바닥 자리에 깔고 다져서 평평하게 만들었습니다. 모래흙부대 위에 시멘트와 펄라이트, 따로 구입한 모래를 섞은 반죽을 한켜 발라서 수평연통 밑으로 빼앗기는 열을 차단하도록 단열처리 했습니다.

전통 구들이라면 고래에 해당하는 수평연통으로 연소가스와 연기가 흘러가게 됩니다. 직경 200mm 연소기둥을 세 줄 깔았습니다. 수평연통 사이가 너무 멀어 짧게 자른 'L'관 두 개를 맞붙여 'U'자 관을 만들고 수평연통을 연결했습니다. 이렇게 만들면 수평연통 사이가 좁아져 축열에 도움이 됩니다. 발열 드럼통과 수평연통이 연결되는 부분에 한쪽에 마개를 막은 'T'자 재점검구를 끼워넣었습니다. 이외에도 2곳에 더 마개를 막은 'T'자 관을 수평연통에 끼워 재점검구를 만들어두었습니다. 나중에 마개를 빼고 연결 부위나 수평연통 내부를 청소하기 위해서입니다.

수평연통 높이의 1/2 이하는 단열재가 부족해서 볏짚을 많이 넣고 흙물로 버무린 볏짚버무리를 깔아주었습니다. 그 다음 수평연통과 수평연통 사이에는 마사토에 가까운 모래흙을 채워서 축열에 도움이 되도록 만들었습니다. 흙침대 몸체는 볏짚·진흙반죽으로 1차 미장재를 만들어 수평연통을 덮으면서 대략적인 모양을 만들었습니다. 그 위에 찰기 없는 모래흙이라 10% 정도 시멘트를 혼합한 반죽흙을 만들어 2차 미장을 했습니다. 때마침 일요일이라 석회 등 다른 자재를 살 수가 없었기 때문입니다. 흙침대 바닥이 마르면서 약간의 금이 가겠지만 흙 앙금으로 메우면서 말끔하게 만들어야겠지요.

불을 붙이기 전에도 미세 기압 차이로 화구 가까이 담배를 대니 담배 연기가 거꾸로 빨려들어갑니다. 일단 시험삼아 불을 붙이자 장작의 불꽃은 쉭 소리와 타닥타닥 소리를 내며 거꾸로 잘도 빨려들어갑니다. 옆으로 불꽃이 확 당겨져서 들어갑니다. 연통으로 연기도 잘 나오고 발열 드럼통 위에 삼겹살은 익고 흙침대 바닥도 열기가 올라옵니다. 휴~ 성공이네요. 20여 명의 참석자 중 많은 사람들이 일찍 떠나고 마지막까지 남은 공방 회원들이 마무리 미장까지 완성했습니다. 몇몇 분은 직접 집을 지어본 사람도 있고 볏짚단으로 집을 만드는 스트로베일건축 워크숍 초기 참가자들과 시공자들이 섞여 있어 다들 흙미장 솜씨가 보통이 넘습니다. 깡통난로구들 흙침대를 만드는 중에 집주인이 공방 안에 불 쓰는 난로 설치 못한다고 버럭버럭 소리 지르는 바람에 한동안 분위기 썰렁해지고 작업을 중단해야 하는 상황도 있었습니다. 막걸리 한 잔과 각서를 쓰고 공사를 겨우 계속할 수 있었네요. 우여곡절 끝에 깡통난로구들 흙침대를 완성하고 나니 공방지기 박성수 님은 기쁨에 만세삼창을 부릅니다. 워크숍이 여러 날 지난 후 궁금해하던 차에 박성수 님이 사용기를 카페에 올렸습니다.

2×4인치 크기 장작을 처음에는 못 넣었는데 이제는 아주 잘 탑니다. 60cm 길이

2×4인치 각재 두 개면 대략 한 시간 정도 탑니다. 물론 발열 드럼통은 그 정도만 해도 삼겹살 구울 만큼 뜨거워집니다. 확실히 투입량 대비 발열량은 좋습니다. 사흘 불을 땠는데 재는 거의 두 줌 정도밖에 남지 않았습니다. 고온 완전연소 때문일 겁니다. 흙침대 바닥은 따뜻합니다. 서로들 보일러 깔린 공방 사무실 방이 아닌 흙침대 위에 자겠다고 다툽니다.

자재 및 비용 :

축열부 흙침대 크기는 2600×1450mm 입니다.
내화벽돌 60장×1,500=90,000원
연통 200밀리관 16미터×6300=100,800원
     U형 7개×8,900=62,300원
     T형 4개×7,400=29,600원
     캡 4개×3,900=15,600원
     은박테이프 1×6,000원
펄라이트 5포×4,000=20,000원
모래 13포×2,000=26,000원
마사토 공방주위 텃밭 채취
시멘트 3포×4,500=13,500원
내화몰탈 1포×7,000=7,000원
장갑등 기타 잡 자재 10,000원
드럼통 2개 10,000원
볏짚단 3단 / 무장갑, 흙자루 30개/ 기타 자재 후원
_____

                                총계 : 390,800원

화천 공연예술텃밭 배요섭 씨의 깡통난로구들 흙침대

배요섭 씨는 공연예술집단 '뛰다'에 참여하고 있는 연극인입니다. '뛰다'는 화천으로 극단원들과 함께 귀촌하면서 화천 공연예술텃밭이란 문화공간을 만들고 있습니다. 화천 지역 문화에 새바람을 불어넣기 위해서지요. 중앙에 있을 때 공연예술은 문화상품이 되지만 지역사회 속의 공연예술은 예술인들의 생활이 되고 지역민들의 문화적 호흡이 됩니다. '화천 공연예술텃밭' 바로 앞에 있는 집 '正齋'는 정집이란 동료가 살 집입니다. 이곳에 배요섭 씨는 동료를 위해 깡통난로구들 흙침대를 만들었습니다.

정집은 오랫동안 버려진 집, '正齋'를 고쳐 살리고 하고 있습니다. 가운데 4평 정도의 큰 방에는 동료를 위해 깡통난로구들 흙침대를 만들어 난방할 계획입니다. 깡통난로구들 흙침대는 건축공방 '無'의 이일우 소장 소개로 처음 알게 되었고, 흙부대 생활기술네트워크 주인장인 팻독피쉬 김성원 씨의 장작화덕 워크숍을 통해 여러가지 실질적인 도움도 얻을 수 있었습니다. 인터넷 카페 회원들이 공개한 다양한 정보와 사례들 역시 도움이 되어 드디어 저도 깡통난로구들 흙침대를 처음으로 만들 수 있었습니다. 처음이라 몇 가지 실수가 있었지만 몇 번 수정 후에 완성되었습니다. 흙침대가 완전히 건조한 요즘 잠시 불을 피우면 방 전체가 훈훈하고 흙침대 바닥도 구들처럼 절절 끓지는 않지만 따뜻해서 잠들기 좋습니다. 짧막하게 깡통난로구들 흙침대를 제가 어떻게 만들었나 소개하도록 하겠습니다.

근처 고물상에 가서 드럼통을 사왔습니다. 55갤런 드럼통이 3만 원 하네요. 내화

그림 17-7_화천 공연예술텃밭 앞 '正齋'에 만들고 있는 깡통난로구들 흙침대

벽돌이 없어 적벽돌로 연소부를 가조적해보았습니다. 벽돌은 춘천에서 사왔는데 구 멍없는 바닥용 적벽돌을 구하지 못해 벽돌 가운데 구멍이 뚫려 있는 중공벽돌을 사 오고 말았네요. 연소부를 제외한 다른 곳은 시멘트블록을 사용했습니다. 장당 300 원 하는 적벽돌이 60장이니 18,000원 들었네요.

로켓연소부를 가조적한 후 연소실험을 해봤습니다. 불은 잘 빨려 올라가네요. 흙 침대 밑에 깔 수평연통의 크기가 화구 크기를 결정하는 기준이 됩니다. 수평연통의 직경을 175mm로 하기로 했기때문에 연소부 화구(연소실 입구)의 크기는 15×15cm로 정했습니다. 이제 본격적으로 적벽돌로 로켓연소부를 쌓아 올립니다. 화구의 크기와 불길통로(연소로)와 연소기둥의 크기가 최대한 같도록 만들었습니다. 연소기둥의 높이는 60cm입니다. 방이 작아서 크기를 줄인 것인데 연소기둥이 높을수록 불이 빨려 들어가는 힘도 세지고 수평연통으로 뜨거운 공기를 미는 힘도 세집니다.

로켓연소부의 연소기둥을 감쌀 중간 드럼통을 구하지 못해 옆집 종현이네 할머니 소 여물용 짚을 얻어와 잘게 썬 다음 뒤뜰 흙을 섞어서 1차 미장을 했습니다. 입도 분석을 해보니 뒤뜰 흙의 점토 비율은 30% 정도 되는 것 같습니다. 석회를 구하지 못해서 시멘트를 조금 섞었습니다. 연소기둥을 중간 드럼통으로 감싸지 않고 진흙반죽으로 두껍게 감쌌습니다. 일일히 둘레 간격을 재가면서 흙을 덧붙였습니다. 발열 드럼통과 연소기둥 사이의 측면 간격을 3~4cm 정도로 유지하기 위해서입니다. 연소기둥 높이가 낮아서 나중에 좀 더 올렸습니다. 드디어 발열 드럼통을 씌웠습니다. 발열 드럼통은 원래 드럼통을 자르지 않고 본래 크기 그대로 사용하는 것이 더 좋았을 듯 합니다. 하지만 이 정도로도 충분히 잘 타들어가고 열기도 뜨겁습니다. 발열 드럼통이 올라갈 부분과 흙침대의 수평연통으로 빠져나갈 연결구를 만드는 작업은 처음이라 가늠이 잘 안되었는데 드럼통을 씌워보면서 맞추었습니다.

로켓연소부 주위와 흙침대가 놓일 자리 외곽은 시멘트블록을 쌓아 작은 틀을 만들었습니다. 시멘트블록이 40장 드네요. 흙침대에 놓일 수평연통은 직경 175mm짜리 4m를 사서 깔았습니다. 침대 길이가 2m 약간 넘는데 수평연통은 두 줄로 지나가게 만들었습니다. 'L'자 연결관은 5개, 배출연통 끝에 달 'T' 관은 하나가 사용됩니다. 연통이 연결되는 부분은 알루미늄 테이프를 붙이고 다시 석고붕대를 감아주었습니다. 시멘트 블록으로 침대 틀을 만들었습니다. 발열 드럼통과 수평연통이 연결되는 부분은 연결 구멍이 너무 작아지지 않도록 넓게 만들고 잿구멍도 하나 뚫어 놓았습니다. 수평연통을 깔기 전에 펄라이트를 먼저 흙침대 자리 바닥에 채우고 다져서 수평연통 밑으로 빠져나가는 열을 막아주었습니다. 나머지 부분은 축열에 도움이 되도록 뒤뜰 흙을 파면서 나온 돌로 채웠습니다.

로켓연소부와 축열부 수평연통을 연결한 후 다시 화구에 불을 피웠습니다. 불이 덜 빨려들고 연기가 약간 역류했습니다. 불길통로(연소로)도 길이도 조금 줄이고 불길통로 높이도 좀 낮추니 불길이 더 잘 빨려 들어가네요. 다시 시험해보고 문제가 없어 화구 부분을 마감했습니다. 구조는 마무리 되었고 흙미장으로 마감할 일만 남았습니다. 불을 때면서 마무리 미장을 했습니다. 로켓연소부 주위와 흙침대를 진흙과 볏짚반죽으로 감싸 몸체를 만듭니다. 2차 미장은 황토와 모래를 1 : 2 비율로 섞고 짚을 35mm 크기로 잘라서 물에 불린 후 섞은 반죽을 사용했습니다. 흙손을 사용하니 맨질맨질하게 마무리 되네요. 드디어 완성되었습니다.

1시간 정도 불을 때면 침상이 뜨끈 뜨끈해졌습니다. 그런터 일주일이 지났는데도 흙침대 미장은 다 마르지 않았습니다. 다 마르고 나면 침상의 축열기능이 더 좋아 지겠지 기대해봅니다. 15×15cm 화구의 크기가 화력을 결정하게 됩니다. 축열부에 깐 수평연통이 좀 더 크다면 18×18cm의 화구도 만들 수 있을겁니다. 한여름 공연과 해외 출장으로 바쁘게 지낸 후 다시 보니 흙침대 미장이 마르면서 작은 실균열이 생겼습니다. 지금은 그 균열을 흙앙금으로 보수하고 있습니다. 지금 불이 타는 기세는 대단합니다. 불길통로만 잘 예열해주면 연기가 그대로 빨려갑니다. 30분 정도 지나면 굴뚝에서 연기도 거의 나지 않습니다. 연기가 방 안으로 들어오지 않으니 공기 탁할 일도 없지요. 찬 바람이 부는 요즘 불을 때보니 4평 방안이 넉넉히 훈훈합니다. 바닥은 절절 끓는 건 아니지만 잠자기 편할 정도로 따뜻합니다. 문제는 발열 드럼통의 내구성입니다. 뜨거운 열을 계속받으면서 몇 년이나 버틸 수 있을지 모르겠네요. 혹 오랫동안 열을 받아 부식된다고 해도 교체하는 일이 어렵지는 않지만 말입니다. 내열페인트를 바르면 어떨까요. 하루 두 시간씩 일주일 넘게 불을 땠지만 아직

재를 치울 정도는 아닙니다. 이 경험을 계기로 이제 화천공연예술텃밭 사무실과 스튜디오에 또 다른 형태의 깡통난로구들과 로켓연소부를 장착한 종탑형 벽난로를 만들 생각입니다. 그때 화구 크기는 지금 것보다 큰 18×18cm로 만들 작정입니다. 축열부의 수평연통을 돌려서 마치 소파 의자처럼 사용할 수 있게 만들려 합니다. 자 그럼 기대해보세요.

제주도 깡통난로구들 방과 깡통난로구들 의자

2010년 3월 제주도 환경운동연합 공동의장인 오영덕 씨는 사랑채를 제주도 처음으로 볏짚단 흙집(Strawbale house) 워크숍 방식으로 짓기로 결정했습니다. 볏짚단 흙집은 압축볏짚단을 이용해서 벽체를 쌓고 흙미장해서 마감하는 흙집입니다. 생태적으로 건강하고 단열효과가 뛰어나 국내외에서 선호되고 있는 흙건축방법 중에 하나입니다.

흙건축 워크숍은 제주도의 쟁쟁한 생태건축인들이 강사가 되어 진행되었습니다. 제주 환경운동연합 공동의장인 오영덕 씨는 자신의 집을 제주에서 처음으로 장작목(cordwood, 일명 목천)흙집 방식으로 직접 지었습니다. 지원아방 오창협 씨는 국내 처음으로 양파망 흙부대로 자신의 집을 직접 지었습니다. 인월재 이승래 씨는 오랜 세월 집짓기에 종사한 목수입니다. 산적 같은 덩치에 마음은 천사인 통나무건축의 달인인 규선 아빠 김서중 씨는 볏짚단 건축 시공 경험도 갖고 있습니다. 참나무 김형배 씨는 깡통난로구들을 자신의 집뿐 아니라 대정골 지역아동센터에도 설치했습니다. 초기 깡통난로구들과 로켓화덕을 제주에서 실험하고 보급하는 데 일조한 분입니다. 이렇게 쟁쟁한 사람들이 제주 흙건축 워크숍에서 열강과 실습지도를 했습니다.

워크숍을 통해 지어진 볏짚단 흙집 사랑채에는 구들 방식과 LPG 가스통 두 개를 이용해서 만든 로켓연소부를 접목시킨 깡통난로구들방이 만들어졌습니다. 깡통난로구들 시공은 김형배 씨가 지도했습니다. 화력을 높이기 위해 로켓연소부를 LPG 가스통 두 개를 용접해서 화구와 연소기둥을 크게 만들었습니다. LPG통으로 만든 연소기둥 둘레는 철 그물망으로 감싼 후 그 사이에 톱밥과 섞은 흙를 채워서 단열처리했습니다. 그 위에

그림 17-8_제주 오영덕 씨 사랑채에 설치하고 있는 깡통난로구들방

드럼통을 거꾸로 씌워 발열부를 만들었습니다. 이 발열 드럼통이 난로 역할을 합니다. 물론 LPG통 연소부 몸체 주위 역시 단열처리하고 흙반죽으로 감싸서 마감했습니다.

김형배 씨가 설계한 깡통난로구들의 특징은 구들입니다. 보통 수평연통 구들을 까는데 반해 전통 구들 방식을 채택했습니다. 고래 없는 허튼고래 방식을 택했고 고임돌은 시멘트블록을 사용했습니다. 깡통난로구들이 불이 직접 고래 속으로 들어가는 직화 방식이 아니라 간접 열풍 방식이기 때문입니다. 구들장은 현무암 판석을 깔았습니다. 굴뚝으로 이어지는 부분의 연도와 개자리는 고래 바닥보다 훨씬 낮게 만들어 연소가스가 고래 안에 체류하는 시간을 길게 만들었습니다. 마치 종탑형 벽난로의 연실처럼 방구들장 밑 전체가 열기가 고이는 연실 역할을 하도록 만들었습니다.

김형배 씨는 오영덕 씨 사랑채에 앞서 제주 대정골 지역아동센터 안에도 깡통난로구들 흙의자를 만들었습니다. 연통구들 흙의자를 'ㄱ'자로 꺾어 벽체를 따라 설치했는데 길이는 3m, 3m 총 6m 길이에 폭 40cm, 높이 40cm입니다. 장작을 넣는 화구는 20×17cm로 만들었습니다.

발열 드럼통에는 내화페인트를 발라서 열부식을 최소화시켰습니다. 흙의자는 구들방식으로 만들었습니다. 의자 밑의 구들은 시멘트블록으로 고래와 의자 틀을 만들고 미장한 후 그 위에 대략 30×30cm 크기의 현무암 판석을 의자 앉을자리에 깔았습니다. 구들의자 측면에는 열에 강한 석고보드를 붙이고 밖을 초배지로 발라서 마감했습니다. 배출연통은 직경 150mm PVC 관에 직경 200mm PVC 관을 끼워 이중으로 만들었습니다. 맨 위에는 흡출기를 달아 초기 착화시에 사용하고 있습니다.

김형배 씨가 공개한 자료에 의하면 연소로 안쪽 온도가 대략 26C~371도에 이르고 연소기둥 윗부분은 648~982도의 고온으로 올라갑니다. 예상과 다르게 연소로보다 연소기둥 상부가 제일 뜨겁습니다. 따라서 발열 드럼통 맨 위쪽이 제일 뜨겁다는 얘기입니다. 구들의자는 110도 이상 바닥 온도가 올라가는데 배출 연통 끝 온도는 32~93도 정도로 낮아집니다.

전남 장흥 적당채의 벽돌난로구들 흙침대

　2009년 10월 전남 장흥에 있는 저의 집에서 전국귀농운동본부와 함께 생태건축워크숍이 열렸습니다. 전국에서 40여 명이 참가했습니다. 귀농자들과 귀농희망자들이 대부분이었죠. 8박 9일 동안 진행된 워크숍 기간 동안 흙부대 건축방식과 고재 기둥을 이용한 잡목간단골조에 이중심벽, 이중심벽 안에 짚버무리를 채우는 방식으로 사랑채를 지었습니다. 워크숍 기간 동안 사랑채가 다 완성되지 않았지만 지붕 골조도 올라가고 대충 집 형태를 갖추게 되었습니다. 그러나 집은 전문가만이 짓는 것이라는 통념을 깨고 초보자들 스스로 집을 지을 수 있다는 자신감을 갖게 하기 위해 마음껏(?) 지었으니 부족한 게 많습니다. 그 덕분에 사랑채의 당호는 초보자들이 적당히 지었다고 '적당채'로 정해졌답니다. 게으른 제가 강의며, 책을 쓰는 일이며, 농사일에다 한 동네 귀농한 남의 집 짓는 일 품앗이까지 오지랖이 넓게 움직이다 보니 1년이 지난 지금까지 흙미장을 다 못하고 미적거리고 있습니다. 금년 가을 추수가 끝나야 흙미장도 마무리하게 되겠지요. 2년에 걸쳐 짓고 있는 적당채 안에는 작년 워크숍 기간 동안 기본 틀을 만들어 놓은 벽돌난로구들 흙침다가 있답니다.

　왜 벽돌난로구들 흙침대냐고요? 본래 발열부를 드럼통을 씌워서 만드는 깡통난로구들로 만들었던 것이 발열 드럼통이 보기 싫어 드럼통을 벗겨내고 발열부를 벽난로처럼 벽돌로 다시 쌓았기 때문입니다. 물론 로켓연소부는 내화단열 벽돌과 중간 크기 드럼통을 이용해서 만들었고 축열부 흙침대 밑에는 수평연통을 깔았답니다. 발열부를 벽돌로 조적할 때는 즈의할 점이 있습니다. 벽돌은 이중으로 쌓아야 열팽창에 의한 균열에 대비

그림 17-9_장흥 적당채의 벽돌난로구들 연소부. 연소기둥에 중간 드럼통을 씌우고 수평연통이 놓일 자리를 점검하고 있다.

하고 연기가 새는 것을 막을 수 있습니다. 몰탈은 가능하면 열에 약한 시멘트몰탈보다는 내화몰탈을 사용하는 게 좋습니다. 이중 벽돌을 쌓을 때 약 2cm가량 간격을 띄우고 쌓아야 하고 중간 중간에 굵은 철사나 철물을 끼워 내외부 벽체가 서로 잡아주도록 만듭니다. 내외부 벽체에는 세라믹 울과 같은 모포형 단열재를 끼우거나 박스용 골판지를 끼워넣습니다. 이러한 시공 방법은 벽난로의 기밀시공 방법을 응용한 것입니다.

여전히 적당채의 벽돌난로구들 흙침대는 계속 실험하고 수정하기를 반복하고 있습니다. 워크숍을 하면서 많은 교육생들과 함께 제한된 시간에 만들다보니 정밀시공을 하지 못했습니다. 그때까지만 해도 제 부족한 경험도 한몫한 데다 깡통난로구들을 만드는 방법에 대한 내용 전달이 우선시될 수밖에 없는 상황이었기 때문입니다. 우선 화구의 크기가 17×17cm 정도로 흙침대 규모에 비해 작기 때문에 열량이 부족했습니다. 때문에 화구의 크기도 20×25cm 정도로 확장해야 했습니다. 연소실 바닥 기초를 너무 두껍게 깔아 연소실 바닥의 높이가 흙침대 내부의 수평연통 높이에 비해 많이 높아졌습니다. 아무리 연소실 호-구의 높이와 축열부 수평연통의 높이가 크게 상관 없다지만 화구의 높이가 상대적으로 낮을수록 불은 더 잘 들어가고 역류하는 경우도 없어지기 때문에 화구를 더 낮추기로 결정했습니다. 게다가 외부 배출연통도 제대로 설치하지 않은 상태라 가끔 기압이 낮은 날 연기가 역류하는 경우가 있었습니다. 물론 사랑채 외벽 미장을 마무리하면서 제대로 굴뚝을 높이 세우려 합니다. 역시 발열부와 축열부 수평연통의 연결 부위는 자칫 좁아지기 쉬운데 이 부분도 좀 더 넓혀 연소가스의 병목 현상을 해결해야 했습니다. 저는 적당채 이외에 여러 곳에서 실패와 실수를 거듭하면서 수정하며 배우고 깡통난로구들과 벽난로에 대해 더 깊이 알게 되었습니다. 낯 뜨거울 정도로 부끄러울 때도 있었지만 실패를 두려워하지 않았고 전통화덕, 로켓화덕을 비롯한 세계의 개량화덕들, 깡통난로구들, 북·동유럽과 북미식 벽난로, 오븐과 전통 구들을 거쳐 두루 살피고 연구하다보니 아주 조금씩 불을 다루는 장치들의 이치를 깨닫기 시작합니다. 아직도 너무 부족합니다. 하지만 지금까지 저를 비롯한 여러 사람들의 시공 경험과 실험, 실패와 수정의 기록들은 그대로 이 책의 밑거름이 되었습니다.

만나 생태마을의 벽난로 연통구들

진안 부귀면 만나공동체 최종수 신부님과 함께 신부님의 흙부대집 안에 벽난로 연통구들을 만들어 보았습니다. 이 작업은 제가 허리를 다치는 바람에 저와 신부님, 워크숍 참가자들, 변산공동체 청년들이 수고하셨네요. 만나공동체의 '벽난로 연통구들'은 밖에서 불을 때는 화구와 내화단열 연소부, 드럼통 대신 사용한 벽난로형 발열부, 연통구들이 결합된 실험적인 개량구들입니다.

화구

불을 밖에서 피우는 화구입니다. 다른 깡통난로구들의 'J'자형 연소부와 기본 형태는 같지만 장작을 위에서도 앞에서도 넣을 수 있는 화구 구조로 만들었습니다. 화구 앞쪽의 벽돌 두 장을 빼내면 앞쪽에서도 불을 지필 수 있습니다. 재료는 내화벽돌을 이용했

그림 17-10_미리 밖으로 뚫어 놓은 아궁이 구멍 안에 내화벽돌로 연소부를 쌓고 있다.

그림 17-11_아치 위쪽으로도 장작을 넣을 수 있고, 벽돌 두 장을 빼면 앞쪽으로도 장작을 넣어 불을 지필 수 있다.

고 접착 몰탈로 고온에 견딜 수 있는 내화본드를 사용했습니다. 3.8평 정도의 방을 충분히 데울 수 있을 정도로 화력을 높이기 위해 화구의 넓이는 23×25cm로 크게 만들었고, 연소실도 30cm 깊이로 깊게 만들었습니다. 보다 많은 장작을 넣을 수 있게 하기 위해서죠.

연소기둥과 벽난로형 발열부

　방바닥과 바깥 아궁이 쪽 바닥의 단차가 1m 이상 나기 때문에 연소기둥은 화구보다 약 3.5배가량 높이로 쌓을 수 있었습니다. 연소기둥 역시 내화벽돌과 내화몰탈을 사용해서 쌓았습니다. 방 안에 드럼통을 발열부로 사용하기에는 미관상 좋지 않다는 판단에 벽난로처럼 만들게 되었네요. 발열부는 적벽돌을 이용해서 이중으로 쌓았는데 벽 사이에 상자 종이를 끼워 넣고 약 2cm가량 띄워서 쌓았습니다. 이렇게 이중 벽 사이에 상자 종이를 끼워 넣으면 내부의 열팽창에 의해 발열부 외벽에 끼치는 영향을 최소화시킬 수 있기도 하고 일정한 간격을 유지할 수 있게 됩니다.

그림 17-12_연소기둥 둘레로 적벽돌을 이용해서 이중으로 발열부 벽체를 쌓고 있다. 이때 연소기둥과 발열부 벽체는 5cm 정도 띄우고, 이중 벽체 사이는 2cm 가량띄워서 쌓는다.

연소기둥을 감싸고 있는 벽난로형 발열부 벽체를 쌓으면서 중간에 'T'자 관을 써서 재점검구 겸 방바닥에 깔릴 수평연통과 연결할 연결구를 끼워 넣었습니다. 보통 발열부 밑단에 연결구를 만들어두는데, 아궁이 쪽 바닥과 방바닥의 단차를 고려하고 화구보다 높은 위치에 수평연통을 연결하기 위해 연결구를 중간 위치에 끼우게 된 겁니다. 구들에서 아궁이 바닥보다 고래 바닥이 최소 45cm 이상 높게 만드는데 이 점을 응용한 것입니다.

발열부 이중 벽을 다 쌓으면 발열부 상부는 구들장용 판석을 이중으로 덮어서 밀봉했습니다. 이때 안쪽의 연소기둥과 판석의 간격은 5cm 이상 띄웠습니다. 연소부에서 올라온 열기가 이곳에 곧바로 닿기 때문에 이곳을 철저히 단열처리해야 합니다. 지나치게 과열될 뿐 아니라 판석이 깨질 수도 있습니다. 이곳에서 지나친 열이 발산되면 방바닥 쪽

그림 17-13_ 발열부 이중 벽체는 안쪽의 연소기둥보다 약 5cm 이상 높게 쌓는다.

그림 17-14_발열부 상단에 첫 번째 판석을 덮고 고임돌을 사방에 괴어 놓았다. 발열부 벽체 한쪽으로 연결관이 끼워져 있다.

으로 깔아놓은 수평연통으로 충분한 열기가 가지 않게 됩니다. 첫 번째 판석 위에 고임돌을 두고 주위에 흙반죽으로 턱을 만든 후에 펄라이트를 채우고 다시 판석을 덮은 후 진흙반죽으로 두툼하게 감쌌습니다.

벽난로형 발열부는 완성되면 앉아서 등을 지질 수도 있고 방바닥이 데워지기 전 실내를 훈훈하게 만드는 공간난방장치로서 역할을 하게 됩니다.

수평연통 구들

방바닥을 흙으로 되메우고, 그 위에 단열재인 펄라이트를 깔아 바닥으로 빼앗기는 열을 차단한 후, 빈 병을 깔고 다시 흙을 채운 후 열기가 흘러갈 수평연통을 깔았습니다. 수평연통 사이에는 얼라이트란 축열용 석분을 채우고 수평연통을 살짝 덮을 정도로 다시 흙을 덮었습니다. 구들에서는 이렇게 덮는 흙을 '부토'라 부릅니다. 어느 정도 흙이 마르면 이 위에 바닥 미장을 7cm 정도 하게 됩니다.

그림 17-15_연통 사이 빈 공간을 줄이기 위해 똬리 형태로 배설한 수평연통. 중앙 부분의 틈이 많이 벌어지는 단점이 있다. 이후 중앙부만 구들장 형태로 만들어 보완키로 했다.

수평연통은 직경 200mm 스파이럴관을 사용했고 굴곡 부분에서 연통의 간격이 너무 넓어지지 않도록 방 전체를 똬리 형태로 휘돌아갈 수 있도록 배설했습니다. 똬리 형태로 수평연통을 깔아보니 바깥쪽 연통의 간격은 좁혀졌는데 방 한가운데 연통의 간격이 너무 벌어졌습니다. 게다가 굴뚝 쪽으로 내려 연통을 깔다보니 깊어졌네요. 그 결과 방의 벽체 주변은 뜨거운데 방 한가운데가 차갑고 쉬 데워지지 않았습니다. 이후 최종수 신부님은 방 가운데 부분만 구들 형식으로 만들고 이곳에 수평연통을 연결해서 이 문제를 해결하기로 하였습니다. 수평연통 사이의 넓은 간격은 방을 골고루 데우지 못하게 하는 원인이 될 수 있습니다. 이 문제는 진안의 경우처럼 따리 형태 배설 후 중앙 구들장 방식이나 무안의 사례처럼 함석판을 덮어 열전도율을 높이는 방식, 주문 제작한 틈 좁은 'U'자 관 이용 등으로 해결될 수 있습니다. 처음부터 수평연통이 아닌 구들장 방식으로 설치하는 것도 좋은 방법입니다.

이중 배출 연통

방 안의 수평연통은 전통굴뚝 형식으로 파 놓은 굴뚝 개자리에 연결했고, 이 위에 230mm 흄관 안에 200mm 흄관을 끼운 이중관 형태의 배출 연통을 만들어 세웠습니다. 배출 연통은 처마 끝보다 80cm 이상 더 높이 세워졌습니다. 이후 이 이중흄관 연통은 전통구들의 굴뚝처럼 굴뚝 몸체를 만들기로 하였습니다. 이렇게 만든 굴뚝은 연소실험 결과 연통 내부의 냉기를 몰아낸 후에 연기를 쭉쭉 잘 배출합니다.

아직 연소부와 바닥이 충분히 마르지 않은 상태에서 실험 삼아 불을 피워보니 잠시 연기가 역류합니다. 어느 정도 예열이 되니 벽난로형 발열부도, 바닥에 깐 수평연통도 손으로 만지지 못할 정도로 고루 뜨겁게 달아올랐습니다. 최종수 신부님과 정병석 만나 생태마을 총무님이 제일 좋아하셨네요. 실험적인 벽난로 연통구들 방식으론 처음이었는데 결과가 좋아 모두들 기뻐했습니다. 이렇게 동서양의 난방방식을 결합한 구들개량 실험은 종종 실패를 하기도 하고 부족한 점이 없지 않지만, 보다 열효율 좋은 난방장치를 향한 의미 있는 도전입니다. 창조적인 시도와 연구가 앞으로도 계속되면서 더 좋은 사례들이 나오길 기대해봅니다.

그림 17-16_음성 농촌선교교육원에 설치한 'ㄷ'자 흙침대형 깡통난로구들

18

구들 구조의 이해

구들 구조의 이해

구들은 우리 민족이 세계적으로 자랑할 만한 가장 우수한 전통 난방장치라고 귀가 따갑게 들어왔습니다. 정작 구들에 관한 자료를 찾아보면 도무지 제대로 된 자료를 찾기가 너무 어렵네요. 간신히 구한 절판된 책 한 권과 저자만의 원형구들 시공법을 자랑하고 있는 책 한 권이 전부라니. 물론 구들에 관한 학술적 논문이 왜 없겠어요. 전국에 명함 내미는 구들 전문가들이 참 많기도 합니다. 문제는 일반인들이 쉽게 접근할 수 있을 정도로 대중적이면서 체계적으로 시공 표준을 제시하는 구들 자료가 부족하다는 겁니다. 반면에 서양의 벽난로나 화덕·오븐에 관한 대중적인 해외 자료와 책들은 무수하게 출간되었습니다. 대중적인 구들 강좌가 없지 않지만 대중적 매체인 책과 자료를 통해 공개하는 것은 다른 차원의 문제입니다.

구들에 대해 많은 이들이 민족적 태도에서 무조건 자화자찬만을 일삼는 경향이 있습니다. 도대체 우리는 구들에 대해 얼마나 알고 있을까요. 구들이 과연 우리 민족만의 전유물일까요. 중국의 캉Kang이나 로마의 하이퍼코스트Hypocaust, 아프가니스탄의 타와카네tawakhaneh는 우리의 구들과 같은 바닥난방 장치이지만 얼마나 알고 있을까요. 미국 몬태나 미줄라시의 칼 마르쿠스Karl Marcus와 같은 벽난로 전문가는 벽난로 기술과 중국의 캉을 접목해서 철저하게 단열처리한 개량 구들을 만들어냈습니다. 마르쿠스의 개량 구들은 장작을 980도 가까이 고온 연소시키고 그 열효율은 90% 이상입니다. 우리는 무엇을 하고 있었을까요?

전통 구들의 구조

로켓화덕에서 시작한 탐구는 깡통난로구들과 벽난로를 거쳐 세계의 전통 화덕과 개량 화덕까지 확대되었습니다. 자연스럽게 탐구의 행로는 다시 우리의 구들을 향합니다. 구들에 관해 저는 아직도 배우는 이에 지나지 않습니다. 여기에 제시하는 구들 정보는 어설픈 공부의 흔적일 수밖에 없습니다. 구들에 대한 기본적 이해를 목적으로 하기 때문에 실제적인 구들 시공을 위한 안내로는 부족함이 많다는 점 이해하시기 바랍니다. 그동안 화덕과 벽난로, 깡통난로구들에서 사용해왔던 개념에 의존해서 설명하려 합니다. 물론 구들의 세부 구조를 지칭할 때는 가장 일반적으로 통용되는 구들 용어를 사용합니다.

구들

구들은 장작을 태워 그 열을 축열해서 방바닥을 데우는 바닥난방 기구입니다. 구들 역시 다른 축열식 난방장치들과 마찬가지로 장작을 태우는 연소부와 연소된 열을 저장하는 축열부, 연기를 실외로 내보내는 배연부로 나뉘어져 있습니다.

연소부

연소부는 연료인 장작을 넣어 연소시키는 공간입니다. 크게 아궁이와 함실로 이루어져 있습니다. 아궁이는 화덕의 화구나 장작투입구에 해당합니다. 함실은 화덕의 연소실,

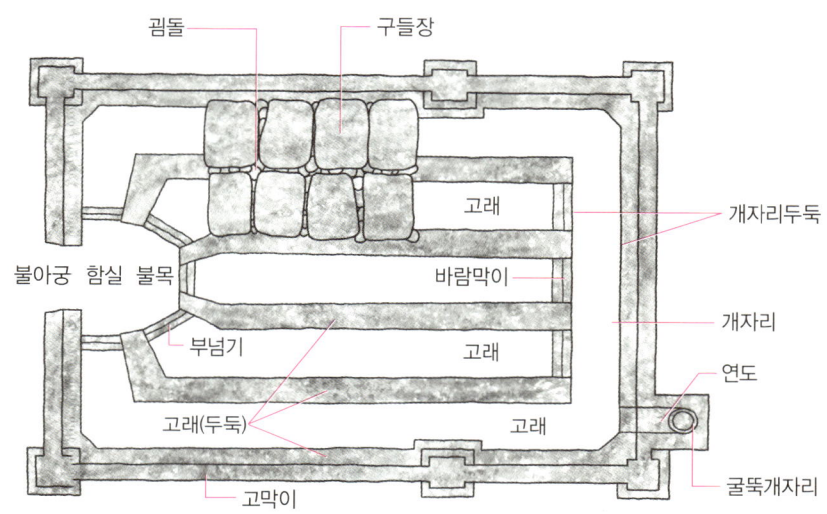

곱돌 구들장

고래

개자리두둑

불아궁 함실 불목 바람막이 개자리

부넘기 고래 연도

고래(두둑) 고래

굴뚝개자리

고막이

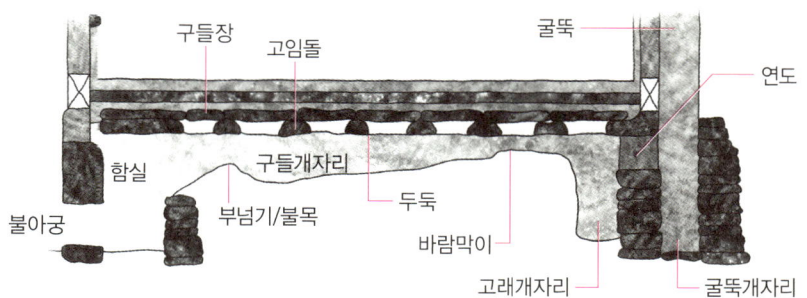

구들장 고임돌 굴뚝

연도

함실 구들개자리

불아궁 부넘기/불목 두둑

바람막이

고래개자리 굴뚝개자리

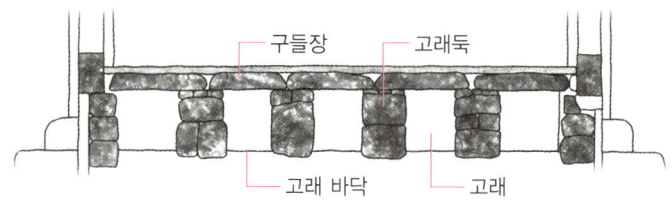

구들장 고래둑

고래 바닥 고래

그림 18-1_전통 구들 구조도

벽난로의 화실(firebox) 역할을 합니다.

축열부

축열부는 함실에서 연소된 연소가스가 방 밑을 흘러가면서 그 열기를 저장하는 공간입니다. 고래와 구들장, 개자리로 이루어져 있습니다. 고래는 연소가스가 흘러가는 통로로 벽난로의 열기통로나 연도에 해당합니다. 구들장은 열을 저장하는 축열체로 벽난로의 벽돌 몸체인 셈이죠. 구들장 위에 방바닥이 깔립니다. 개자리는 함실 바로 너머와 고래 끝 두 곳에 있는 특이한 구조로 재가 쌓이거나 외부 또는 구들 바닥에서 올라오는 습기와 냉기를 처리하는 장치입니다.

배연부

배연부는 고래를 통과하고 나온 다 식은 연소가스, 즉 연기를 실외로 내보내는 통로입니다. 고래 끝 개자리에서 연도를 거쳐 연통 또는 굴뚝을 통해 연기를 배출하게 됩니다. 굴뚝 밑에도 냉기와 습기를 처리하는 굴뚝개자리가 있습니다.

전통 구들 용어

전통 구들에 대해 공부하다 보면 가르치는 사람마다 책마다 자료마다 구들의 각 부위를 지칭하는 용어가 다릅니다. 자료마다 사용하는 용어가 다르니 비교하기도 쉽지 않습니다. 물론 구들의 형태가 각 지역마다 기후적 특성에 맞게 다르게 발전한 데다 지역 방언의 영향도 있을 뿐 아니라, 구들 관련 단체나 장인들마다 고유성을 주장하려 용어를 달리하니 답답할 따름입니다. 참고로 그림과 함께 구들 각 부위에 대한 다른 명칭들과 이 책에서 벽난로와 화덕, 깡통난로구들을 다룰 때 사용한 용어를 비교해 두었습니다.

'：' 부분 이후의 명칭은 구들 부위를 지칭하는 다른 용어
'→' 부분 이후의 명칭은 화덕, 벽난로, 깡통난로구들의 해당 부위 용어

연소부 명칭

아궁이 : 화구, 분구, 곡구락, 취구 → 연소실 입구, 장작투입구, 화구

아궁이 이마 : 아궁이 턱, 앞 이마, 윗입술턱 → 화구 인방

함실 : 연소실, 불주머니, 화장, 아궁이 후렁이 → 연소실, 화실

부넘기 : 불검이, 불목, 불고개, 부넹기 → 불목, 열기상승관, 연소기둥

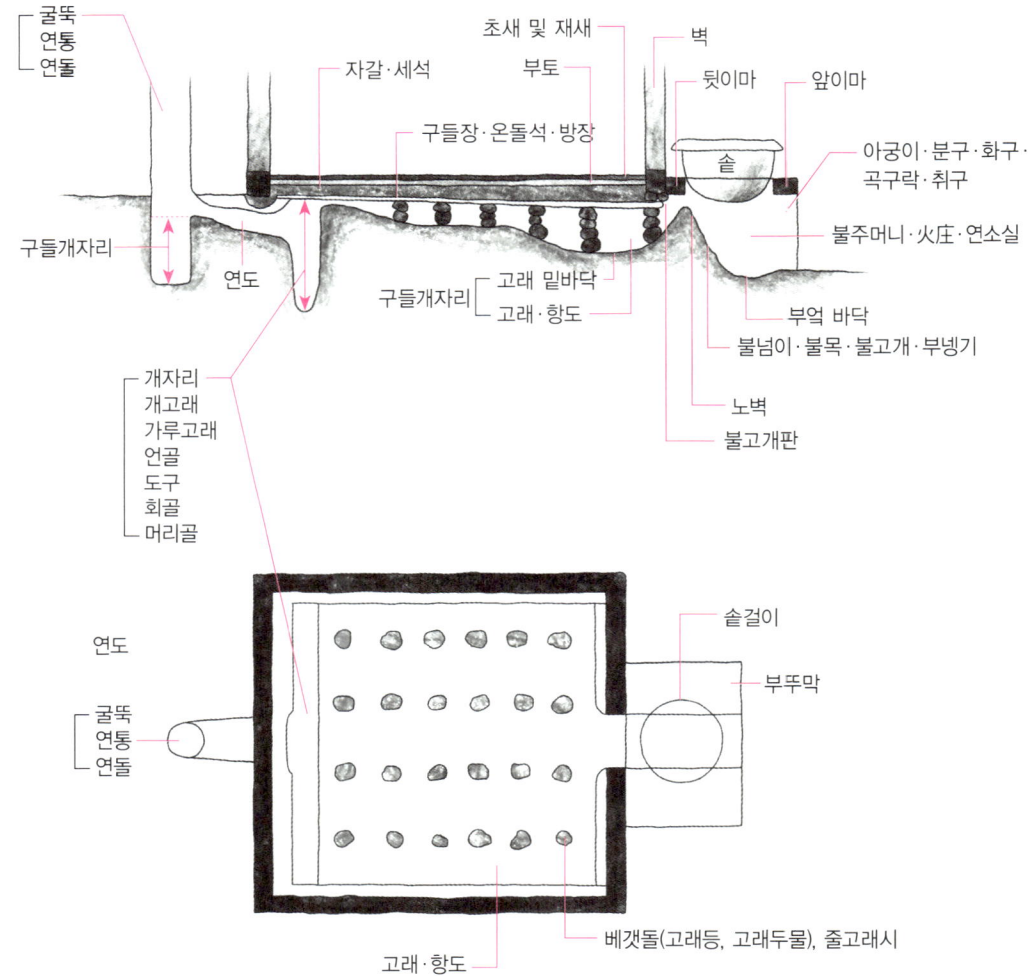

굴뚝
연통
연돌

초새 및 재새   벽

자갈·세석   부토   뒷이마   앞이마

구들장·온돌석·방장   아궁이·분구·화구·
곡구락·취구

솥

구들개자리   불주머니·火庄·연소실

연도   고래 밑바닥

구들개자리   고래·항도   부엌 바닥

개자리   불넘이·불목·불고개·부넹기
개고래
가루고래   노벽
언골
도구   불고개판
회골
머리골

연도   솥걸이

굴뚝   부뚜막
연통
연돌

베갯돌(고래등, 고래두물), 줄고래시

고래·항도

그림 18-2_구들 각 부위를 지칭하는 다양한 용어들

축열부(채난부) 명칭

구들장 : 구들돌, 온돌, 방장

이맛돌 : 아랫목에서 불을 바로 받는 두꺼운 구들장

고래 : 항도, 연도 → 수평연통, 연도, 열기통로

고래둑 : 베갯돌(허튼고래 경우), 고래두둑, 구들정개, 고래등, 고임돌

시근담 : 구들 아래 벽을 따라 막은 두둑, 시근담 밖을 막은 화방벽을 고막이라고도
        한다.

바람막이 : 가로둑 → 배연지연판, 열기배출지연장치

세석 : 사잇돌(구들장 사이 끼워넣는 작은 돌), 새침돌

초새, 재새 : 초벌미장, 재벌미장

부토(구들장을 덮는 흙)

구들개자리(부넘기 바로 넘어 아랫목 개자리) → 연실, 연기선반, 재점검구, 2차 연소실

개자리(고래 끝) : 개고래, 가루고래, 회골, 도구, 언골, 머리골, 고래개자리

배연부 명칭

굴뚝개자리(굴뚝 바로 밑)

연도 : 굴뚝과 개자리를 연결하는 통로, 내굴길

굴뚝 : 연통, 연돌, 구새

숨구멍 : 불갗이구멍

연가 : 굴뚝 위에 바람과 비막이를 위해 덮어씌우는 설치물

연소부–아궁이와 함실 구조

구들의 연소부는 크게 아궁이와 함실로 이루어져 있습니다. 아궁이는 장작을 넣는 화구로 한 번에 넣을 수 있는 장작의 양과 연소실인 함실로 유입되는 공기의 양을 결정합니다. 함실은 장작이 연소되는 공간으로 화실 또는 연소실에 해당합니다.

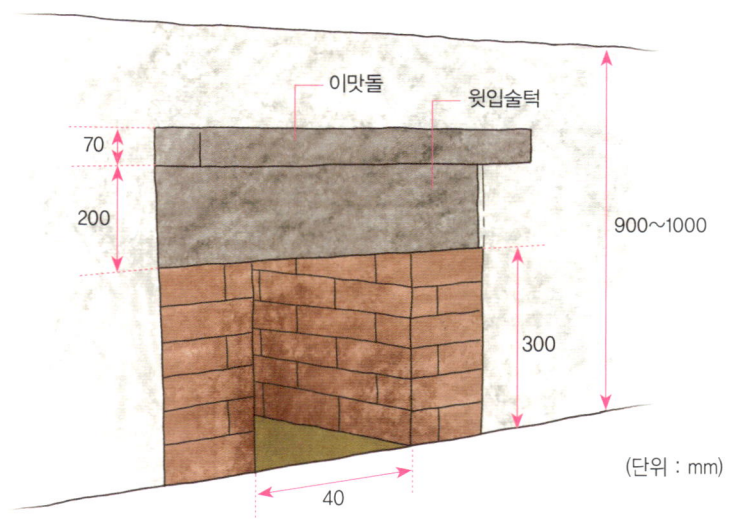

그림 18-3_아궁이의 크기와 구조

아궁이

　전문가들이 제시하는 아궁이 위치와 크기는 제각각인데 평균적으로 아궁이 바닥은 그래 바닥보다 최소 45~50cm 이상 낮아야 하고 방바닥 보다는 90~100cm 이상 낮게 시공할 것을 저안하고 있습니다. 아궁이의 크기는 가로 40cm, 세로 30cm가 적당하다고 합니다. 로켓화덕에서 화구와 열기상승관의 높이는 1: 2.5~3 비율입니다. 이와 비교해볼 때 아궁이의 높이 30cm의 2.5~3배는 75~90cm 정도가 되는데 아궁이 바닥에서 구들 장 밑바닥 또는 방바닥까지의 권장 높이에 근접합니다.

　아궁이에도 재받침(장작받침)을 두어 공기 유입을 원할하게 하거나 아궁이 바닥 밑에 아궁이 개자리를 별도로 만들어 마치 벽난로나 화덕의 별도 공기주입구(재점검구)처럼 재실을 만든 사례도 드물게 발견됩니다. 아궁이 윗부분에는 연기의 역류를 막기 위해 윗입술턱(아궁이턱)을 만듭니다. 벽난로의 화구 인방에 해당한다고 할까요. 벽난로 화구문처럼 아궁이에도 철제 불문을 달아 불을 피운 후에는 더 이상 지나친 공기의 유입이 일어나지 않도록 닫아둘 수 있도록 만듭니다.

함실

　함실은 장작이 타는 연소공간입니다. 이 함실에 해당하는 구조를 아궁이 후렁이라고 도 부릅니다. 로켓화덕의 연소실과 연소로, 벽난로의 화실에 해당합니다. 함실을 원형으로 만들 경우 직경 50~80cm 정도의 바닥면적에 40~50cm 높이로 장작을 충분히 집어 넣을 수 있도록 크게 만듭니다. 요즘 개량 구들에서는 원형으로 만들지 않고 직사각형 형태로 만드는데 70×80cm 너비로 만듭니다. 함실의 크기를 만드는 기준은 보통 방 크기의 1/20 정도입니다. 과거엔 주로 흙과 돌로 함실을 쌓았는데 요즘은 적벽돌이나 단열성 높은 내화단열벽돌을 사용하는 경우도 많습니다.

아궁이보다 넓은 함실은 장작을 한꺼번에 많이 넣을 수 있지만 자칫 장작의 연소온도를 낮추는 역작용이 발생할 수 있습니다. 함실 내벽을 열을 빼앗는 축열재(흙과 돌, 벽돌)로 만드느냐 단열재로 만드느냐에 따라 장작 연소에 끼치는 영향이 결정됩니다. 참고로 개방형 벽난로의 경우 충분한 복사열을 장작불에 반사시킬 수 있는 충분히 넓은 화실벽은 연소열을 높이는 결과를 낳습니다. 또 한 측면에서는 좁은 함실과 넓은 함실의 연소압력 차가 불목을 넘어 고래로 흘러가는 연소가스의 흐름에 어떤 영향을 끼치는지도 검토해 봐야 합니다.

부넘기/불목

부넘기는 함실에서 고래 쪽으로 45% 정도 경사지면서 불이 넘어가도록 만든 고개마루입니다. 요즘에는 함실을 벽돌로 쌓으면서 부넘기를 직각으로 세워서 만듭니다. 부넘기는 함실에서 치솟은 불을 불목으로 밀어주는 역할과 불꽃을 구들장에 바짝 붙여 올리는 역할을 합니다. 앞서 검토했던 중남미의 개량 화덕들에도 불을 솥바닥으로 밀어 올리기 위한 작은 고개턱 구조가 있습니다. 로켓화덕에는 연소기둥(열기상승관)이 불길을 솥 밑자리까지 바짝 붙여 올리는 역할을 합니다. 이뿐 아니라 연소실로 흡입되는 공기의 양을 조절하는 역할을 합니다. 수직연통 내부에서 강한 상승기류가 발생하기 때문입니다. 부넘기 역시 높아질수록 강한 공기 흡입력이 발생하고 그 결과 유입되는 공기량을 결정하게 됩니다.

불목은 아궁이와 고래 사이에 있는 좁은 통로입니다. 함실에서 압력이 높아지고 팽창

그림 18-4_직사각형 함실과 부넘기, 불목, 고래의 구조

된 연소가스는 불목을 빠른 속도로 통과하면서 더욱더 압력이 커집니다. 불목을 통과한 연소가스는 불목 너머의 확장된 공간인 구들개자리에서 공기와 뒤섞이고 와류를 일으키며 재연소가 일어납니다. 불목의 갯수와 크기는 고래의 구조와 방의 크기에 따라 달라지는데 보통 각 고래의 반 정도 크기로 막아서 만듭니다. 불목 위 아랫목 바로 밑에 놓이는 구들장을 이맛돌이라 하는데 겹층으로 해야 아랫목이 타지 않고 충분한 열을 축열할 수 있게 됩니다.

벽난로에도 화실(연소실) 바로 위에 좁은 통로인 불목이 있는데 구들의 불목과 같은 역할을 합니다.

축열부–구들장과 고래구조와 개자리

구들은 바닥난방방식입니다. 즉, 방바닥의 구들돌에 함실에서 연소되어 부넘기를 넘어 불목을 지나 고래를 흘러가는 연소가스의 열을 축열했다가 서서히 방 안으로 복사하는 방식입니다. 구들의 축열부는 열이 축열되는 구들장, 구들장을 받치는 고래두둑, 열기가 흘러가는 고래와 구들개자리, 고래개자리, 바람막이로 이루어져 있습니다. 벽난로에 비교하면 구들장은 벽난로의 몸체, 깡통난로구들의 흙침대에 해당하고 고래는 벽난로의 열기통로나 연도, 깡통난로구들의 수평연통에 해당합니다.

구들개자리

구들개자리는 불목 바로 다음 고래보다 확장된 공간으로 고래도다 깊게 판 구덩이입니다. 불목을 지난 연소가스의 확산, 공기와 연소가스의 혼합과 재연소, 무거운 분진과 재가 가라앉는 공간입니다. 구들의 형태에 따라 구들개자리 없이 불목에서 바로 고래로 이어지는 구들도 있습니다. 구들개자리는 30cm 폭에 20cm 깊이로 고래 바닥보다 더 낮게 고랑을 파서 만듭니다. 단 고래 바닥이 무너져 구들개자리 고랑을 메울 수 있으므로 벽돌을 쌓아서 개자리 형태를 만들어야 합니다. 구들개자리 역시 방의 크기가 커지면 비례해서 크게 만듭니다.

벽난로 역시 불목을 지나면 연실(Smoke Chamber)과 연기선반(Smoke Shelf)이 있는데 구들개자리처럼 재가 쌓이고 불목을 지난 연소가스와 공기가 뒤섞이며 와류를 일으키고 재연소가 일어나는 공간입니다. 구들이 수평으로 열기가 흘러가는 구조라면 벽난로는 주로 수직으로 열기가 이동하는 구조인 데도 그 구조적 유사점에 놀라지 않을 수 없습니다.

구들두둑과 고래

구들두둑과 고래는 잇몸과 이의 관계입니다. 구들두둑은 구들장(돌)을 받치기도 하지만 동시에 연소가스가 흘러가는 통로인 고래를 만듭니다. 두둑과 두둑 사이가 고래가 되는 셈이죠. 옛날엔 두둑을 주로 고임돌과 흙으로 쌓았는데 요즘은 대부분 시멘트블록이나 시멘트벽돌, 적벽돌 등으로 쌓습니다. 단, 불목을 통해 쏟아져 들어오는 불을 바로 맞는 부분은 불에 강한 돌을 사용하는데 '불맞이돌'이라 부릅니다. 요즘엔 돌 대신 내화벽돌로 쌓는 경우도 있습니다. 구들두둑은 아궁이 폭의 1/2~2/3 정도 높이로 쌓습니다. 아궁이 폭이 40cm인 경우 고래두둑의 높이(고래의 깊이)는 20~30cm 정도가 적당합니다. 두둑과 두둑의 간격, 즉 고래의 폭은 20~25cm 정도로 만듭니다. 4.5평 이상의 구들의 경우 고래는 깊이 35cm, 폭 40cm 크기로 만듭니다. 보통 아궁이 폭의 1/2 정도 너비의 고래를 만듭니다. 구들에 관한 여러 자료를 살펴보아도 방 크기에 비해서 정확히 어떤 비율로 아궁이와 고래, 개자리 등의 크기가 결정되는지 알 수 없습니다. 다만 고래의 깊이나 너비는 아궁이와 함실, 방의 크기가 커짐에 따라 비례해서 커진다는 사실을 확인할 수 있을 뿐입니다.

바람막이

바람막이는 고래 끝에서 고래개자리로 넘어오는 부분에 턱(가로 둑)을 주어 고래 속의 열기가 곧바로 빠져나가지 않도록 하는 열기배출지연장치라 할 수 있습니다. 이러한 열기배출지연장치(Baffle)는 개량화덕이나 벽난로 등에 자주 등장하는 구조입니다. 바람막이는 열기가 너무 빨리 빠져나가는 걸 막을 뿐 아니라 굴뚝을 통해 차가운 외기가 고래 안쪽으로 영향을 끼치는 것을 차단하는 역할도 함께합니다.

고래개자리

고래개자리는 대부분 고래 끝에 있고 굴뚝으로 이어진 연도와 연결되어 있습니다. 고래로부터 흘러들어온 연소가스를 모아 굴뚝으로 내보내는 역할을 합니다. 이뿐 아니라 굴뚝을 통해 들어올 수 있는 역풍과 빗물의 영향을 줄여줍니다. 고래개자리의 역할은 여기서 그치지 않습니다. 고래 안에서 생성되거나 굴뚝을 타고 들어온 냉기를 고래개자리 바닥으로 내려 앉혀 굴뚝과 고래 끝의 온도를 유지하는 역할을 합니다. 굴뚝과 고래 끝이 너무 차갑게 냉각되지 않고 일정한 온도를 유지하게 되면 굴뚝 쪽으로 안정적인 열기의 흐름을 유지할 수 있게 됩니다. 또 하나 중요한 역할을 합니다. 고래개자리 역시 열기배출지연장치의 역할을 합니다. 너무 빨리 굴뚝을 통해 열기가 빠져나가는 것을 막습니다. 보통 고래개자리는 20~25cm 폭에 아궁이 바닥 깊이와 같도록 30~60cm 깊이로 파고 고래보다 낮은 위치에 연도를 뚫습니다. 이렇게 굴뚝개자리를 깊게 파고 굴뚝으로 연결된 연도를 고래 바닥보다 낮춰 뚫으면 연소가스가 곧바로 굴뚝으로 빠져나가는 것을 막아줍니다. 결과적으로 구들 내 연소가스의 체류 시간이 길어지고 그만큼 더 많은 열을 구들돌에 저장하게 됩니다.

구들의 이러한 구조는 종탑형 벽난로에서도 발견됩니다. 종탑형 벽난로는 연실(방) 구조에 배연구를 낮은 위치에 뚫습니다. 따뜻한 기체는 위로 가고 상대적으로 차가운 기체는 밑으로 내려가는 자연 대류현상을 이용해서 뜨거운 연소가스가 오랜 시간 체류하면서 축열되도록 만든 구조입니다. 구들의 경우도 아궁이 바닥과 고래개자리, 연도(내굴길)가 낮은 위치에 있고 고래가 높은 위치에 있어 구들장에 충분히 축열될 수 있도록 만든 구조입니다. 고래 공간은 연소가스가 흘러가는 열기통로이자 뜨거운 연소가스가 체류하며 축열되는 연실(방) 공간이기도 합니다.

구들장

구들장은 고래 안의 열을 축열하는 축열재이자 방바닥을 수평으로 지지하는 구조입니다. 넓고 두꺼운 구들돌부터 아랫목 쪽에 놓습니다. 웃목으로 갈수록 얇은 구들돌을 놓습니다. 구들돌이 다 깔린 바닥을 구들장이라 합니다. 구들돌은 최소 5cm 두께 이상의 돌을 사용합니다. 구들돌을 고래두둑(고임돌) 위에 올려 주저앉지 않게 깔고 잔돌이나

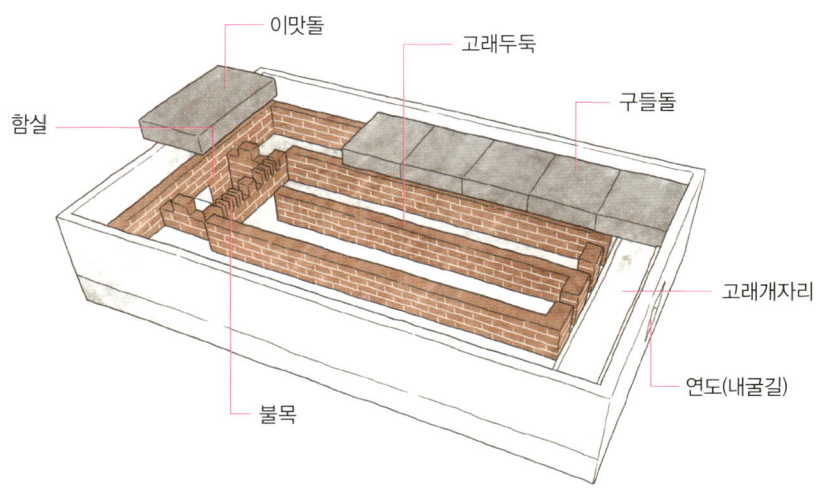

그림 18-5_개량 화덕의 고래구조와 구들장 시공

진흙반죽으로 구들돌 사이 빈틈을 메워줍니다. 이러한 작업을 새침질이라 합니다. 구들장이 다 완성되면 이 위에 40mm 두께의 자갈을 한 켜 깔아주면 보온에 도움이 됩니다. 다시 이 위에 황토를 5~25cm 정도 깔아주는 부토 작업을 합니다. 부토를 너무 두껍게 깔면 불을 지피고 방이 따뜻하게 되는 데 지나치게 오랜 시간이 걸립니다. 작은 방일수록 부토를 얇게 깔고 큰 방일수록 두껍게 깝니다. 작은 방일수록 아궁이도 작고 화력도 낮습니다. 큰 방일수록 아궁이가 커지고 따라서 화력도 커지기 때문입니다. 두껍게 부토를 할수록 늦게 데워지지만 한 번 데워진 열이 오래갑니다. 부토의 수평을 잡고 충분히 다진 후 1~2차에 나누어 진흙과 모래를 섞은 반죽으로 바닥미장을 합니다. 바닥이 다 마르고 난 후 콩기름과 같은 반건성유나 들기름, 아마인유 같은 건성유 계열의 기름을 발라 마감합니다.

배연부–연도(내굴길), 굴뚝개자리, 굴뚝

연도(내굴길)

 연도는 고래 끝 고래개자리에 모인 연기(연소가스)가 집 밖 굴뚝으로 빠져나가는 통로입니다. 연도의 크기는 아궁이의 크기와 거의 같게 만듭니다. 아궁이를 통해 들어오는 공기의 양만큼 굴뚝으로 나가는 연기의 양도 같다는 전제 하에 만듭니다. 아궁이보다 굴뚝 쪽으로 갈수록 연소가스의 온도와 압력이 떨어지므로 로켓화덕에서 언급한 것처럼 뒷 부분을 좀 더 크게 만듭니다. 그러나 실제 시공에선 아궁이에 화구문을 달아 공기량을 조절하는 경우가 대부분이므로 연도의 크기는 아궁이보다 작게 시공합니다. 보통 직경이 최소 200~250mm 이상인 흄관을 사용하고 아궁이의 크기가 클 경우 흄관 두 개

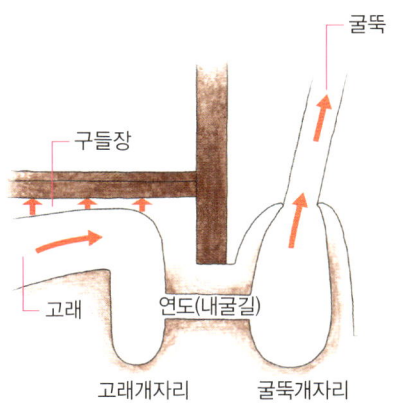

그림 18-6_구들 배연부의 구조

를 나란히 놓습니다. 이때 연도는 5~10도 정도 내림경사로 굴뚝개자리를 팔 곳까지 놓습니다. 연도의 위치는 고래개자리 한쪽에 고래 바닥보다 최소 15cm 이상 낮은 곳에 뚫고 연결되는 부위를 철저하게 방수처리해야 합니다.

굴뚝개자리

굴뚝개자리는 굴뚝 바로 밑에 깊게 판 구덩이입니다. 연기의 역류를 방지하고 굴뚝 안에서 떨어지는 재를 받아주는 곳입니다. 굴뚝개자리가 없거나 얕으면 연기를 빨아들이기 어렵고 기압의 영향을 크게 받습니다. 주로 굴뚝개자리는 한쪽에 연도와 연결할 구멍을 뚫은 옹기 항아리를 사용합니다. 굴뚝개자리는 구들개자리 바닥보다 20~30cm 낮게 기울여 묻고 지름 1m 이상 되는 옹기를 묻거나 50×50cm 너비에 60~70cm 깊이로 구덩이를 파고 시멘트블록을 쌓아 만들되 물이 차지 않도록 철저히 방수처리 해야 합니다. 굴뚝개자리에 종종 물이나 목초액이 차는 경우가 있는데 여기에 파이프를 끼워 바깥으로 빼낼 수 있도록 만듭니다.

굴뚝(연통)

굴뚝은 마지막으로 구들 안의 연기를 실외로 배출시키는 장치입니다. 굴뚝의 높이는 처마 위 30cm 이상으로 지붕 맨 위쪽 용마루보다는 낮게 만듭니다. 이 점에 대해 견해 차이가 있습니다. 벽난로의 굴뚝은 용마루보다 높게 세웁니다. 굴뚝이 높을수록 흡입력과 배출속도가 높아지고 굴뚝의 직경이 클수록 흡입력과 배출속도는 낮아지지만 전체 배출량은 커집니다. 굴뚝의 크기는 아궁이 크기의 2/3 정도 크기로 만드는데 보통

20~30cm 직경의 흄관을 사용해서 만듭니다. 깡통난로구들의 경우엔 화구의 크기와 연통의 크기를 같게 만듭니다. 벽난로의 경우에 보통 굴뚝은 벽난로 내부의 열기통로 크기와 같게 만듭니다. 벽난로는 화구문을 닫고 공기주입량을 조절할 수 있기 때문에 화구에 비해서 굴뚝의 크기를 작게 만듭니다.

굴뚝 시공에 있어 주의해야 할 점은 굴뚝을 철저하게 단열처리해야 합니다. 이를 위해 단열포로 굴뚝을 감싸거나 이중 흄관을 사용해서 안쪽 흄관과 바깥쪽 흄관 사이에 단열재를 채우는 방식으로 단열처리합니다. 굴뚝을 진흙반죽으로 감싸는 경우가 있는데 진흙은 축열저로 되려 열을 빼앗습니다. 흄관을 사용하지 않을 경우 도기관이나 옹기관을 사용하기도 하고 철제 연통을 사용하기도 합니다. 이외에도 모양을 내기 위하여 기와장이나 벽돌로 굴뚝을 만들고 비바람이 들어치지 않도록 연가나 바람막이를 얹습니다. 벽난로에선 굴뚝에 바람문을 달아 배연을 차단하는 장치가 있는데 현대 구들 시공의 경우에도 굴뚝 밑에 바람문을 설치하는 사례가 늘고 있습니다. 불을 충분히 지핀 후 아궁이문과 굴뚝 바람문을 닫으면 구들 내부에 뜨거운 열기를 보존할 수 있고 외부로부터 차가운 공기가 구들 안으로 들어가 냉각되는 것을 방지할 수 있게 됩니다.

서양의 고급 구들

미국 몬태나주 미줄라시의 칼 마르쿠스Karl Marcus는 벽난로 전문가입니다. 그는 벽난로 기술과 중국의 캉을 접목해서 철저하게 단열처리한 개량 구들을 만들어냈습니다. 중국의 캉을 접목했다고는 하나 우리의 구들과 더 닮아 있습니다. 마르쿠스의 개량 구들은 장작을 980도 가까이 연소시키고 그 열효율은 90% 이상입니다. 이 구들은 하루에 한 시간씩 두 번 불을 때면 하루 종일 따뜻합니다. 이처럼 서양인에 의해 개량 구들이 북미에서 고급주택의 바닥난방 방식으로 확산되고 있습니다. 우리는 과연 무엇을 하고 있었을까요.

칼 마르쿠스가 시공한 구들은 약 2평 정도 규모의 바닥을 난방할 수 있는 규모입니다. 연소실(함실)은 이중구조로 되어 있는데 외부 연소실(외 함실)과 내부 확장 연소실(내부 함실)이 불목을 사이에 두고 연결되어 있습니다. 외부 함실과 내부 함실 사이에 단차를 주고 턱을 만들었는데 우리 전통 구들의 불목 또는 부넘이에 해당합니다. 함실에 해당하는 연소실은 600~980도 견딜수 있는 11cm 두께의 내화콘크리트를 이용해서 아치로 만들었습니다. 연소실은 통을 세워놓은 듯한 우리 구들의 함실과 달리 통을 뉘여 놓은 듯한 화로 형태입니다. 연소실(함실)은 폭 45cm, 높이 약 65cm의 아치형, 길이 68cm 크기로 만들어졌습니다. 화구(아궁이)는 전통 구들 아궁이에 비해 약간 큰 편입니다. 아치 연소실 바깥은 단열재인 질석(Vermiculite)으로 채워서 철저하게 단열처리했습니다.

연소실
(함실)

연소실
(함실)

부넘이

확장연소실

중국식
개량 구들
(Kang)

재점검구

아궁이

그림 18-7_칼 마르쿠스가 시공한 개량형 구들

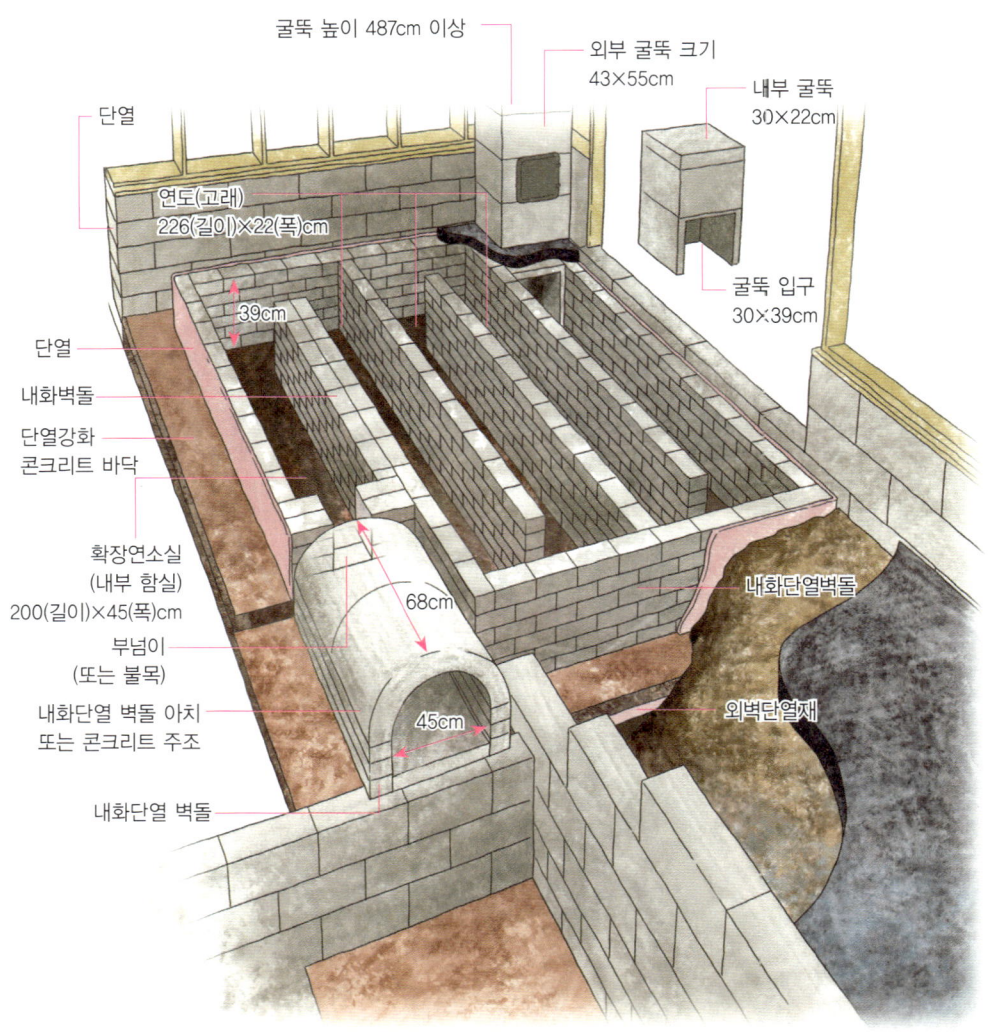

굴뚝 높이 487cm 이상

외부 굴뚝 크기
43×55cm

내부 굴뚝
30×22cm

단열

연도(고래)
226(길이)×22(폭)cm

39cm

단열

내화벽돌

단열강화
콘크리트 바닥

굴뚝 입구
30×39cm

확장연소실
(내부 함실)
200(길이)×45(폭)cm

68cm

내화단열벽돌

부넘이
(또는 불목)

내화단열 벽돌 아치
또는 콘크리트 주조

45cm

외벽단열재

내화단열 벽돌

그림 18-8_마르쿠스의 개량 구들 구조도

연소실(함실)에서 고래 쪽으로 넘어가는 좁은 불목(부넘이)은 22.86×22.86cm 크기로 열기가 고래로 치솟아 올라가도록 하고 이곳에서 공기와 연소가스가 혼합되어 와류를 일으키는 역할을 합니다. 연소실(함실) 바닥에서 부넘이 위까지는 약 40cm의 단차가 있습니다.

불목을 넘으면 확장연소실로 불리는 폭 45cm, 깊이 39cm의 넓은 고래로 이어지는데 연소가스의 팽창에 대비한 구조입니다. 확장연소실 다음엔 폭 22cm, 깊이 39cm의 좁은 고래가 여러 줄 있고 마지막으로 약간 넓어진 폭 30cm 깊이 39cm 크기의 고래로 이어진 후 굴뚝 연도로 연결됩니다. 전통 구들의 경우라면 확장연소실 위치에 구들개자리가 있고 연도에 이어지는 부분에 고래개자리가 있는데 반해, 마르쿠스의 개량 구들은 확장연소실이라는 큰 폭의 고래와 중간 크기의 고래가 앞뒤에 배치되어 있는 구조입니다.

굴뚝 역시 서양의 벽난로처럼 이중 구조로 내부는 도기관을 넣고 외부를 벽돌로 감싼 이중 굴뚝 구조입니다. 고래에서 굴뚝으로 이어지는 굴뚝입구, 즉 연도는 폭 30cm, 높이 39cm 크기입니다. 굴뚝 도기관의 단면적은 30×22cm이고, 도기관을 감싼 벽돌조적 굴뚝의 단면적은 43×55cm입니다. 굴뚝은 꽤 높게 시공했는데 480cm의 높이입니다. 굴뚝에는 재점검구가 실내 방향으로 뚫려 있습니다.

마르쿠스의 개량 구들은 철저한 단열이 특징입니다. 고래둑, 구들 외벽(시근담 또는 고막이) 등 전체 구조를 내화단열벽돌을 사용했고 다시 그 밖을 단열재로 덮었습니다. 고래 바닥은 약 5cm 두께의 유리섬유 단열재를 깔고 약 9cm 두께로 단열강화 콘크리트 시공을 해서 만들었습니다. 이처럼 열이 구들 밖으로 빠져나가는 것을 철저하게 막습니다.

구들돌은 불에 강한 화강암이나 소프스톤Soapstone이라 불리는 내화성과 축열성이 높은 활석을 사용합니다. 바닥에는 구들돌을 뚫고 고래와 연결된 두 개의 뚜껑이 있는 스테인리스 관을 수직으로 끼워넣어서 재점검구를 만들어두었습니다. 우리의 구들이 재점검구가 따로 없는데 비해 벽난로 전통의 영향을 받아 열기통로 역할을 하는 고래 중간에 재점검구를 만든 것으로 보입니다.

벽난로 전문가인 마르쿠스의 개량 구들은 중국식 캉을 기본으로 개량했다고 하지만 중국식 캉보다는 차라리 우리의 전통 구들에 가깝습니다. 높은 열효율을 보이는 이 개량 구들은 철저한 단열시공과 내화단열벽돌을 사용하기 때문에 시공 비용이 상당히 높아 부담이 될 수밖에 없습니다. 그러나, 빈 병이나 굴·조개껍질을 사용하고 톱밥을 섞은 흙벽돌 등을 구들 외벽(고막이. 시근담)에 사용하면 단열 성능을 높이면서 시공 비용을 줄일 수 있지 않을까요.

마르쿠스 개량 구들의 중요 부위 크기를 간단히 소개합니다. 우리의 전통 구들도 이처럼 구체적 수치들이 자세하게 제시된 구조도나 표준설계도가 보급되면 좋겠습니다. 전통 구들의 확산과 대중화는 말만이 아니라 이와 같이 대중이 쉽게 접근할 수 있는 자료를 개발할 때 구체화되는 것이라 생각합니다. 서양인들은 뒤늦게 아시아인의 지혜를 빌려갔지만 되려 더욱 체계화시키고 발전시켜 대중화, 고급화시켜 나가고 있네요. 아직 늦지 않았습니다. 전통에 대한 자부심의 허실을 솔직하게 점검해볼 필요가 있지 않을까요.

* 단위는 인치를 센티미터로 환산하여 소수점 뒷자리를 생략했습니다.

함실(바깥 연소실): 폭 45, 높이 약 65 이상, 길이 68

확장 연소실(확장 고래) : 폭 45, 높이 39, 길이 2m

작은 고래(열기통로) : 폭 22~23, 높이 39, 226

중간 고래(열기통로) : 폭 30, 높이 39, 226

굴뚝 입구(연도) : 폭 30, 높이 39~40

내부 굴뚝(도기) 단면적 : 30×22

외부 굴뚝(벽돌) 단면적: 43×55   (단위 : cm)

19

전통 구들을 다시 생각하다

전통 구들을
다시 생각하다

　　서양 사람들도 한때 온돌을 사용한 적이 있습니다. 로마 유적의 하이퍼코스트Hy-pocaust는 우리의 구들과 같이 바닥난방 설비입니다. 그러나 그들의 입식문화는 공간 난방을 위해 벽난로를 선택했습니다. 최근에 들어서 중국의 캉과 한국의 구들과 같은 바닥난방에 관심을 갖기 시작했습니다. 한쪽에서는 공간난방과 바닥난방을 결합시킨 깡통난로구들을 개발했습니다.

　　전세계 곳곳에서 온돌 유적이 발견되지만 현재까지 구들로 발전시켜가며 사용하고 있는 민족은 우리뿐입니다. 구들 문화를 버리지 않은 우리는 깡통난로구들을 접하게 되면서 구들과 벽난로나 깡통난로구들의 만남을 꿈꾸게 됩니다. 구들처럼 뜨근한 방바닥과 벽난로가 만들어내는 훈훈한 실내의 온기를 욕망합니다. 전통은 지키는 것이 아니라 지금의 필요와 요구에 맞게 현재화시켜야 할 것입니다. 구들은 구들대로, 벽난로는 벽난로대로, 깡통난로구들은 그것대로 장점과 단점을 갖고 있죠. 그러니 장점을 모으고 단점을 해결하면 현재화된 혁신적인 난방 방식이 개발될 수 있을 것입니다.

구들 함실과 로켓연소부

전통 구들과 서양의 깡통난로구들은 둘 다 바닥난방이 가능한 축열구조를 가지고 있습니다. 두 난방 방식은 많은 유사점을 가지고 있습니다. 두 가지 방식의 세부 구조를 자세히 비교해보면 두 난방 방식의 열을 다루는 방법에 있어 그 차이와 유사점을 보다 분명하게 알 수 있습니다.

구들에서 함실은 장작을 넣어 불을 때고 땔감이 연소되는 핵심 연소 공간입니다. 깡통난로구들의 로켓연소부에 해당합니다. 구들의 함실과 깡통난로구들의 로켓연소부는 차이점만큼이나 닮은 구석이 많습니다.

아궁이 VS 화구(장작투입구)

함실에 장작을 넣는 입구이자 화구(장작투입구)에 해당하는 부분이 '아궁이'입니다. 깡통난로구들에선 화구(장작투입구)가 그것에 해당합니다. 아궁이와 화구의 가장 큰 차이는 크기와 장작을 넣는 방식입니다.

구들은 실외에서 장작을 넣어 불을 피우게 되어 있습니다. 장작은 수평으로 넣습니다. 아궁이의 크기는 불을 때는 방의 크기에 따라 다르지만 일반적으로 30~40×30cm 이하입니다. 아궁이의 위치가 구들 고래 위치보다 40~50cm 이상 낮은 위치에 뚫려 있을 때 불이 잘 듭니다.

깡통난로구들의 화구는 실내에서 장작을 넣어 불을 피울 수 있습니다. 물론 실외에 화구를 둘 수 있습니다. 장작은 수평으로 넣을 수도 있고 수직으로 꽂아 넣을 수도 있습니다. 깡통난로구들은 연소점이 집중되도록 하고 중력에 의해 자동으로 장작이 투입되도록 'J'자 구즈로 되어 있습니다. 깡통난로구들은 구들에 비해 화구 크기를 작게 만듭니다. 적절한 공기량만을 주입해서 고온 연소 환경을 만들기 위해서입니다. 깡통난로구들은 화구(연소실 입구 또는 장작투입구)가 보통 15~17×15~20cm이거나 최대 25×20cm 이하로 작기 때문에 한 번에 많은 양의 장작을 넣을 수 없습니다. 한 번에 많은 장작을 넣을 수 없다는 점은 단점이자 장점입니다. 적은 나무로도 충분한 열효율을 낼 수 있습니다. 그러나 큰 규모의 방을 데우고자 할 때는 보다 큰 화력(열량)이 필요하기 때문에 깡통난로구들의 화구(연소실 입구)를 작은 흙침대나 흙의자가 딸린 깡통난로구들의 화구 크기에 비해 25×25~30cm 이상 크게 만들어야 합니다.

함실과 불목 VS 연소실과 연소로

'함실'은 부뚜막이 없는 구들의 핵심 연소공간으로 비교적 넓은 '방(실)' 구조입니다. 많은 장작을 한꺼번에 넣어 연소시켜야 되기 때문이죠. 함실 안쪽 불목에서 장작이 본격적으로 연소됩니다. 함실이나 불목은 고래 바닥보다 40~50cm 이상 낮고 아궁이보다 아주 약간 높거나 같은 높이로 팝니다.

깡통난로구들의 '연소실과 연소로'가 구들의 함실과 불목에 해당합니다. 연소실(화실)과 연소로는 함실처럼 통 구조가 아닌 '터널' 구조입니다. 많은 장작을 넣을 필요가 없기 때문입니다. 특히 연소로는 장작이 타는 공간이라기보다는 장작이 가열되면서 나온 나무가스를 재 연소시키기 위한 열풍 터널이라 할 수 있습니다.

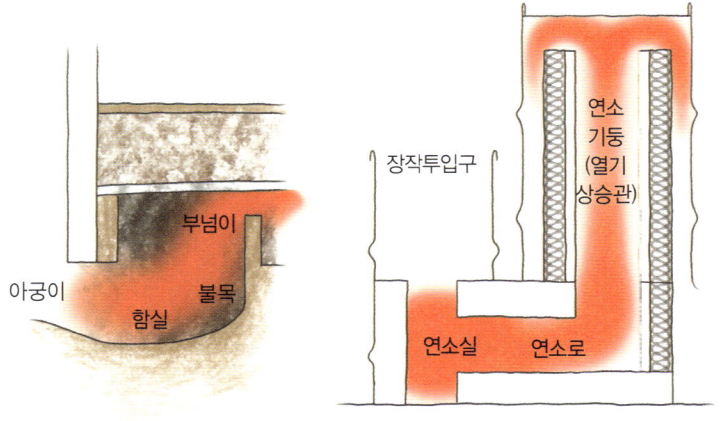

그림 19-1_함실과 깡통난로구들 연소부 구조

부넘이 VS 열기상승관

함실 안쪽 타오르는 불길이 위로 꺾여 아랫목 구들장으로 넘어가는 부분을 '부넘이(부넘기)'라 부릅니다. 불목은 함실에서 가파르게 경사지면서 올라간 고래 바닥 어귀에 세모꼴로 흙을 쌓거나 좁은 구멍만 남기고 벽돌이나 돌로 고래의 절반 정도를 막아서 만듭니다. 부넘이에서 상승기류가 만들어지면서 열기는 높이 올라가 구들장에 닿게 되고 고래장을 통해 골고루 보내집니다. 부넘이와 불목을 혼용해서 딱히 구분해서 쓰지 않는 경우가 많으므로 부넘이와 불목을 연결된 한 구조로 보아도 무방합니다.

불목에서부터 부넘이까지의 구조는 깡통난로구들의 연소로에서 연소기둥 구조와 유사합니다. 물론 그 역할도 같습니다. 부넘이에서 구들장으로 열기를 붙여 올리고, 연소기둥에서는 발열 드럼통 위쪽으로 올려보냅니다. 두 곳 모두 상승기류를 만들어내고 그 결과로 함실 아궁이나 연소실 입구 쪽에서 연소에 필요한 공기가 흡입됩니다. 구들에서 함실 바닥과 부넘이까지의 높이 차이는 깡통난로구들의 연소실 입구와 연소기둥의 높이 차만큼 중요합니다. 두 경우 모두 이 높이 차이 때문에 미세 기압이 생기고 무겁고 차가운 공기가 불아궁이나 연소실 입구로 빨려들어가게 됩니다. 종종 불이 잘 들지 않는 구들을 고칠 때 아궁이나 함실 바닥을 깊게 내려 고치는 걸 볼 수 있습니다. 깡통난로구들에선 연소기둥(열기상승관)의 높이를 높게 할수록, 즉 그만큼 연소실(화구) 입구를 낮게 할수록 불이 잘 들게 됩니다.

구들에서 브넘이를 넘은 열기는 개자리로 살짝 내려갔다가 그대로 방 구들장 바로 밑에 바짝 붙어서 흘러갑니다. 반면 연소기둥을 타고 올라온 열기는 발열 드럼통 위로 솟았다가 다시 한참 밑으로 다시 내려와 축열부의 흙침대나 흙의자 안의 수평연통이나 연도를 통해 빠져나갑니다. 또 다른 차이는 함실 구조가 모두 방바닥 밑에 있다면 깡통난로구들의 경우는 수평연통만이 흙침대 바닥 밑에 들어있고 나머지 구조는 모두 외부로 노출됩니다. 이중 노출된 연소기둥을 감싸고 있는 발열 드럼통 부분이 벽난로와 같은 역할을 하게 됩니다.

방 구들과 축열 흙침대

깡통난로구들과 구들이 가장 크게 다른 곳은 바닥난방 구조인 구들 고래와 축열부 흙침대의 수평연통입니다. 구들과 깡통난로구들을 결합시켜 혁신적인 난방방식을 만들어낼 수 있는 가능성을 엿보게 하는 곳도 바로 여기입니다.

고래 VS 수평연통 또는 수평열기통로

아궁이에서 굴뚝으로 연결되는 연도(고래에서 굴뚝까지 난 길)까지 두둑을 세워 도랑을 만들고 그 위에 너른 돌로 구들장을 덮어 열기와 연기가 지나가게 만든 구조를 고래라 합니다. 고래 속으로 뜨거운 열기와 연기, 즉 연소가스가 지나가면서 구들장(구들돌)에 열을 저장합니다. 열을 저장한 구들장은 서서히 위로 열을 내뿜으면서 방바닥을 따뜻하게 만듭니다. 구조적으로 보면 허튼고래를 제외하면 대부분의 고래 깊이는 구들장 밑에서부터 40cm~1m 이상으로 깊은 고랑을 파서 만듭니다. 구들은 바로 이 깊은 고래가 만들어내는 공간 구조 속에 열기를 가둬두면서 축열하는 구조입니다. 또한 열기를 방바닥 구석구석 퍼져나가게 하기 위해 연소가스가 흘러가도록 열기통로인 고래를 여러 갈래로 나눈 분기 구조입니다.

깡통난로구들의 축열부는 흙침대나 흙의자 밑에 수평연통을 깔아 열기와 연기가 지나가게 합니다. 이 수평연통이 고래에 해당합니다. 벽난로에 비교한다면 열기통로에 해당합니다. 깡통난로구들의 축열부는 별도의 구들돌 없이 바로 수평연통을 감싼 흙침대에 열기가 저장됩니다. 이렇게 연통을 까는 방식은 전래의 토관 구들과 같은 구조입니다. 구들과 깡통난로구들은 많은 유사점을 갖고 있기 때문에 두 난방 방식을 결합하기란 어렵지 않습니다

  건축공방 무無의 이일우 소장은 강원도 횡성군 청일면 유동리 현장의 거실에 구들 형식을 결합한 깡통난로구들을 바닥난방방식으로 채택했습니다. 이일우 소장은 구들을 여러 번 놓아보았고 단열 개량 화덕를 만들어봤던 횡성에서 공방을 하는 도목 박의섭 씨의 자문을 받아 시공을 했습니다. 화구(장작투입구)는 실내에 두지 않고 실외에 전통 아궁이 형태로 만들었습니다. 아궁이에 덧붙여 이중 연소기둥을 만들어 불목과 부넘기를 대신하면서 충분한 열량을 흡입하도록 만들었습니다. 이중 연소기둥을 발열 드럼통으로 감싸는 대신에 축열이 가능한 벽돌로 쌓아 벽난로처럼 거실 내부에 노출되게 만들었습니다. 거실 바닥은 콘크리트 바닥인데 이 위에 수평연통을 깔기 전에 단열성이 높은 경량토를 먼저 깔았습니다. 바닥을 데우는 수평연통은 소형 깡통난로구들처럼 단선 구조로 깔지 않고 3개로 분기시켰다가 굴뚝으로 가는 연도 쪽으로 모여 빠져나가는 구조로 깔았습니다. 연통 몇 곳에 그을음과 재를 빼낼 수 있는 잿구멍과 점검구를 만들어 두었습니다. 배출은 전통 굴뚝처럼 연통 밑부분에 굴뚝개자리를 만들었습니다. 거실 가장 자리에는 수평연통의 열기가 가지 않을 것을 대비해서 보조적으로 난방수가 흘러가는 엑셀 배관을 했습니다. 이 위에 콩자갈을 깔고 시멘트 미장 후 강화마루를 깔아서 거실 바닥을 마무리지었습니다. 이렇게 변형된 깡통난로구들은 6평 규모의 거실을 충분히 따뜻하게 만들 수 있었다고 합니다. 그동안 깡통난로구들 방식으로는 작은 흙침대나 흙의자 정도만 데울 수 있다고 여겨져 왔습니다. 건축공방 무의 시도는 비교적 큰 공간의 바닥과 공간난방에 구들과 깡통난로구들의 장점을 성공적으로 결합시켜 적용할 수 있다는 점을 확인시켜준 주요한 사례입니다.

그림 19-2_다양한 방식의 구들 고래 형태

　수평연통 대신 구들 고래처럼 벽돌로 수평 열기통로를 만들기도 합니다. 북유럽이나 북미식 벽난로에서 볼 수 있는 열기통로 구조의 영향으로 보입니다.

　깡통난로구들의 수평연통이나 수평열기통로는 구들 고래에 비해 매우 낮고 좁습니다. 또한 고래가 분기구조라면, 깡통난로구들의 수평연통이나 수평열기통로는 구불구불 휘돌아 연장 길이를 길게 한 단선구조입니다. 구들이 고래 공간 안에 열기를 가둬서 축열하는 방식이라면, 깡통난로구들은 수평연통이나 수평열기통로의 연장 길이를 길게 해서 통과 시간이 길어지도록 하고 빠르게 마찰을 일으키며 흐르게 해서 열기를 축열하는 구조입니다. 어떠한 방식이 더 효과적인지는 많은 실험과 시도가 필요하지만 인제 진동

그림 19-3_구들장 방식의 연도 시공을 한 깡통난로구들 축열부

리 산돈 하문기 씨의 실험은 그 실마리를 보여주고 있습니다.

강원도 인제 진동리에서 혼자 흙부대집을 짓고 있는 산돈 하문기 씨는 현장 옆에 임시 숙소로 쓸 인디언 티피Tipi를 세우고 그 안에 깡통난로구들 방식을 이용한 간이 흙침

그림 19-4_건축공방 '무'가 유동리 현장 거실에 시공하고 있는 변형 깡통난로구들

대를 만들었습니다. 간이 흙침대의 크기는 120×180cm 입니다. 산돈님 역시 구들과 깡통난로구들을 자신만의 아이디어로 결합시키는 실험을 했습니다. 우선 그는 단열성능이 좋은 ALC(경량기포콘크리트) 블록을 이용해서 열기상승관과 발열부를 포함해서 깡통난로구들의 전체 연소부를 만들었습니다. 이때 사용한 ALC 블록의 크기는 20×30×60cm였습니다. 두 번째로 흙침대 구들장 밑의 앞쪽은 줄고래로, 뒷쪽은 허튼고래 형식을 혼용했습니다. 줄고래는 말 그대로 줄고랑 형식의 고래로 열기와 연기를 빠르게 보내는 데 주안

점을 두고 있습니다. 허튼고래는 특별한 연도 없이 돌 받침이나 벽돌 받침을 곳곳에 흩어놓고 구들장을 올려 열기와 연기가 전면에 골고루 퍼지게 하는 데 주안점을 두고 있습니다. 고래 위에는 60×60cm 너비의 구들장을 깔았는데 불에서 가까운 곳은 가장 두꺼운 50mm, 중간은 40mm, 가장 먼 곳은 30mm 두께 순서로 구들장을 깔아 아랫목에서는 너무 뜨겁지 않게 윗목에서는 충분히 열이 전달되도록 만들었습니다. 구들장 위에 2cm 두께로 흙토 미장을 했습니다. 완성 후 30여 분 불을 때자 전체 흙침대 바닥이 따뜻해지고 한 시간 후에는 온돌 바닥이 뜨거울 정도가 되었다고 합니다. 이때 사용한 장작량은 시멘트벽돌 크기 정도의 장작 8개뿐이었다고 합니다. 이처럼 단열효과가 깡통난로구들의 열효율에 미치는 효과는 매우 큽니다. 그는 자신이 만든 ALC 벽난로형 구들 흙침대를 자랑스럽게 소개하며 자신의 희망을 이야기합니다.

"서양의 연소와 열효율 기술을 집약한 깡통난로구들! 우리 전통 구들의 축열 기술! 이걸 잘 접목하면 아파트에도 구들이 가능하지 않겠습니까? 음~ 깡통난로구들과 구들을 결합해서 이중 축열구조를 만들면 거실에는 벽난로, 안방은 구들침대, 다른 방은 단열 개량 화덕에서 데워진 물을 이용하는 보일러 난방 등 다기능 단열 개량 화덕 구들 난방 시스템을 만들 수 있을 것 같습니다."

개자리 · 바람막이 · 가로막이 VS 잿구멍 · 점검구 · 바람문

구들은 고래가 만들어내는 공간 안에 열을 가두고 조절하는 구조를 가지고 있습니다. 개자리 · 바람막이 · 가로막이가 그러한 역할을 합니다. 개자리는 전통 구들에 있어 가장 특이하고 핵심적인 구조입니다.

개자리 : 굴뚝이 있는 벽과 평행으로 좀 더 깊게 파낸 구덩이입니다. 보통 아궁이 반대편 굴뚝 쪽으로 연기가 빠져나가는 연도(내굴길)가 있는데 연도가 있는 벽 쪽에 만듭니다. 방구들 아래 벽체를 빙 둘러 흙과 돌로 막은 '고막이'를 따라 수평으로 개자리를 파서 굴뚝 방향 개자리와 연결해놓기도 합니다. 함실 부넘이 너머 아랫목 고래 쪽에도 펑퍼짐한 구덩이를 약간 깊게 파 놓기도 하는데 이곳을 '구들개자리'라 해서 따로 부르기도 합니다. 집 밖 굴뚝 바로 밑쪽에 구덩이를 깊게 파 놓은 '굴뚝개자리'도 있습니다. 부넘이 너머 구들개자리, 고래 끝 연도 쪽 고래개자리, 굴뚝 밑 굴뚝개자리, 이 모든 개자리가 열기를 가두고 지체시키거나 배출을 지연시키면서 찬 바람의 역류를 막는 역할을 합니다. 또한 재가 쌓여 고래나 굴뚝이 막히는 것을 막는 역할도 합니다. 장작이 연소될 때 나오는 수증기나 고래 바닥에서 올라오는 냉기와 습기가 열기의 흐름을 방해하는 것을 방지하는 역할을 합니다. 차가운 냉기가 깊은 개자리 밑쪽으로 내려 깔리고 뜨거운 열기는 구들장 위로 붙기 때문입니다. 부넘이 너머 아랫목 쪽 구들개자리는 부넘이를 넘어오는 강력한 불꽃과 연소가스가 와류를 일으키며 공기와 혼합되어 재연소되는 공간이기도 합니다. 굴뚝 연도 안팎의 고래개자리와 굴뚝개자리는 굴뚝을 통해 내려오는 차가운 기류가 역류하는 것을 막아 고래 안의 열기가 쉽게 식는 것을 막아줍니다. 개자리에서 차가운 기류와 열기가 만나면 와류가 생기는데 이 와류가 열기의 은도에 따라 적절히 수축 팽창하면서 고래 밑의 열기를 가둬두고 조절하는 역할을 합니다.

벽난로에도 개자리와 비슷한 구조인 연실선반(Smoke Shelf) 구조가 있습니다. 역시 벽난로의 불목을 지나 바로 수평으로 턱져 있는 연실선반에 재가 쌓이고 연소가스와 공기의 혼합으로 인한 와류와 재연소가 일어납니다. 깡통난로구들에서는 잿구멍과 재 점검구 정도가 구들 개자리의 일부 역할을 하고 있습니다.

바람막이 : 열기가 너무 빨리 굴뚝으로 빠져나가는 것을 막는 장치입니다. 바람막이는

구들 고래가 끝나고 굴뚝 쪽 개자리와 만나는 곳에 흙이나 벽(돌)으로 쌓은 턱입니다. 이 바람막이 턱이 굴뚝에서 내려오는 찬 바람을 막고 고래에서 흘러나가는 열기를 머무르게 하는 역할을 합니다. 벽난로의 열기배출지연장치에 해당됩니다.

서양의 벽난로나 주물난로에서 흔히 보는 바람문은 형태나 설치 위치, 구조가 다르지만 지나치게 빨리 연소가스가 굴뚝으로 배출되지 않게 조절하는 장치란 점에서 유사합니다.

가로막이 : 너무 짧은 방의 고래 중간에 턱을 만들어 열기를 한 번 차단했다 넘겨주도록 만든 구조입니다. 이처럼 구들은 고래 형태와 배치, 가로막이, 개자리, 바람막이 등을 이용해 열기의 배출을 지연시키고 위로만 올라가려는 열기를 사방으로 효과적으로 펼칠 수 있는 구조로 되어 있습니다.

굴뚝 숨구멍 : 날씨가 좋지 않은 날 연기가 굴뚝으로 잘 오르지 않고 아궁이 쪽으로 역류할 때를 다비해 굴뚝 아랫쪽에 뚫어놓은 작은 구멍입니다. 날씨가 궂은 날 이 구멍을 열어놓으면 이쪽으로 연기가 배출됩니다.

깡통난로구들의 고래에 해당하는 수평연통이나 수평연도는 길고 단선화되어 있습니다. 열을 가두고 지연시키는 입체구조를 갖고 있지 않습니다. 되려 깡통난로구들은 빠르게 열기를 거침없이 마찰을 일으키며 흐르되 통과하는 시간을 길게 하고 전체적으로 수평연통 내 연소가스의 체류 시간이 길어지도록 되어 있습니다. 추운 관북지방 전통 주택의 정주간은 실내에 아궁이가 있는데 역시 아궁이에서 고온 연소시킨 후 빠르게 열기가 구들 밑을 흐르도록 해서 실내로 연기를 내지 않게 한다는 점이 같습니다. 깡통난로구들은 개자리 대신에 재가 쌓이기 쉬운 부분에 재를 걷어내기 위한 잿구멍과 그에 연결된 점검구가 있을 뿐입니다. 한마디로 구들고래는 입체구조인 반면에 깡통난로구들의 축열부만 따로 보면 상대적으로 좁고 낮은 수평구조입니다. 이 점 때문에 바닥을 깊게 팔 수 없는 곳에도 설치가 편리하다는 장점을 가지고 있습니다.

깡통난로구들에서 열기를 가둬두고 조절하는 장치를 굳이 찾는다면 장작투입보호구 뚜껑과 배출 연통에 달린 배출조절장치인 바람문이 전부입니다. 집 밖 연통이 지붕 쪽으로 꺾여 올라가는 밑쪽에 작은 구멍을 뚫어 목탄액을 받아두는 깡통을 달아두긴 하지만 굴뚝 숨구멍과는 다른 용도입니다. 깡통난로구들에서의 배출 연통에서 찬 기류를 차단하는 장치라곤 삿갓 모양의 연가나 바람막이 정도뿐입니다.

냉습을 제어하는 구조

습기나 냉기는 열기를 빼앗는 주범입니다. 옛날엔 지금과 같은 방습 자재나 단열재가 개발되어 있지 않았습니다. 흙과 돌은 구들을 만들 때 주변에서 손쉽게 구해 사용할 수 있었던 값싼 재료들입니다. 문제는 흙이나 돌은 열기를 빼앗아 저장하는 축열재란 점입니다. 단열재가 아닙니다. 흙과 돌로 만들어진 아궁이와 함실, 고래 구조는 장작이 탈 때 내는 열에너지를 빼앗습니다. 그 결과 불완전연소가 일어납니다. 깨끗하게 고온 연소가 되지 않습니다. 연소효율이 낮기 때문에 많은 장작이 들어가고 연기가 많이 나게 됩니다. 반면 깡통난로구들은 내화단열 벽돌이나 부석, 질석, 숯, 톱밥 등을 이용해 연소부 주위를 철저하게 단열처리해서 고온 연소 환경을 만듭니다. 서양의 벽난로 역시 내화단열 벽돌로 화실을 만들고 열기통로 주변을 철저히 단열처리합니다.

구들은 냉기와 습기, 찬바람을 제어하고 조절할 수 있는 개자리, 바람막이, 깊은 고래와 같은 입체구조를 가지고 있습니다. 그러나 이러한 구조에도 불구하고 현대적인 방수재와 단열재가 없었던 옛날 아궁이와 고래 바닥, 고막이를 허술하게 그대로 흙이나 돌로 해두었기에 구들장 밑이나 벽체로부터 올라오는 냉기와 습기를 처리하는 데 한계가 있었습니다. 물론 고래나 개자리를 깊게 만들어 냉기를 바닥 쪽으로 내리도록 했지만 여름우기는 구들 방바닥의 습기를 어찌할 수 없습니다. 장작을 땔 때 나오는 수증기 역시 고래 속에서 습기를 만들어냅니다. 한여름 장마가 끝나고 축축히 젖어 있던 구들장 밑으로 뜨거운 장작불의 열기가 들어가면 구들장 밑에 물방울이 맺힐 정도입니다. 추운 겨울 뜨거운 장작불 열기와 차가운 공기가 구들장 아래 부딪히면서 결로가 생기기도 합니다. 구들에 정통했다는 어떤 이들은 이러한 냉기와 습기가 피치 못할 뿐 아니라 방의 건조를 막기 위해 필요하다고 주장합니다. 충분히 구들은 냉습을 조절할 수 있는 구조를 자체에 갖고 있다고 말합니다. 그런데 다른 구들 장인을 만나면 그와는 다른 주장을 합니다. 냉기와 습기를 막기 위해 고래 바닥을 방수처리하고 빈 병을 깔고 흙을 덮어 단열처리를 한다고 합니다. 흙과 돌로 대충 막던 구들장 옆벽의 고막이도 기초 안쪽에 벽돌을 이중으로 쌓고 그 사이에 빈 병 등을 넣어 단열처리한다고 합니다. 최근에는 단열성능이 매우 좋은 ALC(Aero Lighted Concrete 기포경량콘크리트) 벽돌로 고래 바닥은 물론 고래둑, 개자리 굴뚝 전체를 시공하는 사례도 있습니다. 고래 안쪽의 냉기와 습기는 열을 빼앗습니다. 어떤 이유를 대든 열효율성 측면이나 축열에 있어 부정적 역할을 하는 게 분명합니다. 구들을 단열처리하고 고래 밑 구조에서 냉기와 습기를 확실하게 차단할 수 있다면 열효율은 더욱 높아지고 땔감도 적게 들 것은 분명합니다.

깡통난로구들에는 바짝 마른 장작을 사용해야 합니다. 그만큼 불완전연소와 연소시 발생하는 수증기를 줄이는 것입니다. 방습이나 단열은 기본입니다. 바닥부터 연소실(화실), 연소로, 연소기둥이 전부 단열되어 있어 깨끗하게 고온 연소가 됩니다. 그만큼 재나 그을음, 연소시 발생하는 수증기가 최소화됩니다. 축열부 바닥 역시 단열방습 처리를 하기 때문에 수평연통 안에서 냉기와 습기는 거의 없습니다. 오로지 뜨거운 연소가스가 축열부 밑의 좁은 수평연통 내부를 밀면서 빠져나가게 됩니다. 장작을 땔 때 나오는 습기도 거의 무시할 정도밖에 나오지 않습니다. 물론 차가운 외기와 부딪히게 되는 배출 연통(굴뚝)에선 아무리 단열한다 해도 냉기가 있기 마련입니다. 뜨거운 연기와 냉기가 부딪혀 결로가 생기는데 이것이 목탄액이 됩니다. 목탄액을 받기 위해 실외 배출연통 밑부분에 작은 구멍을 뚫어둡니다. 그러나 우간다 담배건조장에 설치된 가마식 단열 개량 화력과 같이 이중 연통 구조로 만들어 철저하게 단열처리하면 연통에서 발생하는 결로까지 차단할 수 있습니다.

구들 개량을 위한 착상들

구들과 깡통난로구들은 절대 최고의 난방 방식이 아닙니다. 깡통난로구들이나 벽난로는 구들의 본고장인 한국에 와서 서로 상호작용을 일으키며 변화 개량되고 있습니다. 이미 깡통난로구들은 구들의 영향을 받아 진작에 그러한 형태를 갖게 된 것인지도 모릅니다. 다만 구들이 변하지 않았을 뿐일까요. 사실은 구들도 오랫동안 끊임없이 변화해왔습니다.

전통은 지키는 것이 아니라 현재의 필요와 요구에 맞게 발전시켜 현재화시켜야 할 것입니다. 전통을 고집하는 것이 아니라 창조적인 정신을 가지고 전통을 발전시키는 것이 진정으로 전통을 존중하는 것입니다. 이런 말을 굳이 하는 이유는 구들은 서양의 후진적인 난방 방식과는 절대 상접 못할 우수하고 고유한 난방 방식으로, 그 자체적 구조의 개선만을 통해 발전시킬 수 있다거나 그 자체로 완벽에 가까워서 그 근본 구조를 바꾸지 않아도 되는 난방 방식이라고 생각하는 사람들이 있기 때문입니다. 저는 그렇게 생각하지 않습니다. 깡통난로구들과 세계의 개량 화덕과 북동유럽의 벽난로들을 연구해보면서 그들 나름의 생활문화에 적합한 놀라울 정도의 불에 대한 지식과 기술을 갖고 있다는 점을 발견할 수 있었습니다.

다음 사진들을 보십시오. 무엇과 닮았나요? 바로 구들입니다.

『조선일보』 2007년 10월 22일자 신문에 보면 온돌(구들) 한민족 기원설을 뒤짚는 기사가 나왔습니다. 그 기사를 요약하면 이렇습니다.

온돌은 2500여 년 전 만주와 연해주 지역에 살던 북옥저인들에게서 기원했다는 게

그림 19-5_로마에서 발견된 바닥난방 하이퍼코스트 Hypocaust

그림 19-6_미국 알래스카 어낼리스카Unalaska 아막낙 Amaknak 섬에서 발견된 3000년전 구들 유적

정설입니다. 이곳 외에도 지금의 러시아 영내인 바이칼호 동쪽인 자바이칼에서도 온돌 유적이 발견되었고, 로마에서도 하이퍼코스트라는 온돌이 발견됐지만, 북옥저인들 것보다는 조금 늦습니다. 북옥저인들의 온돌을 고구려와 발해가 이어받았고 다시 고려를 지나 조선으로 계승되었다는 점에서 온돌의 한민족 기원설이 정설로 받아들여졌습니다. 그런데 최근 '한민족 온돌 기원설'에 중대한 '반론'이 제기됐습니다. 미국 알래스카주 알류산열도에서 북옥저인들 것보다 500년 빠른 3000년 전 온돌 유적을 릭 크넥Rick Knecht 페어뱅크스대 교수가 발굴했기 때문입니다. 알래스카에서도 3000년 된 온돌이 발굴됨에 따라 만주 연해주와 알래스카 두 지역에서 각각 독자 발생한 것으로 추정하고 있습니다. 아막낙섬의 온돌은 쪽구들로 보이는데 굴뚝 시설도 있고 집 바닥에 길이 2~4m 정도의 얕은 도랑을 파고 평평한 돌을 'V'자 형태로 여러 장 도랑 벽면에 세운 뒤, 그 위도 역시 평평한 돌로 덮어 방고래를 만들었다고 합니다. 아무래도 신은 불을 다스리는 지혜

를 누구에게나 골고루 나눠주었던 것 같습니다

단열 방습처리와 구들 구조의 변화

구들도 아궁이와 함실, 그리고 구들장 밑 고래 바닥과 벽면, 굴뚝을 철저하게 방습 단열처리한다면 어떻게 변할까요. 이른바 냉기와 습기를 다스리는 입체적 공간 구조인 깊은 고래와 여기저기 있는 개자리가 필요없게 될까요. 꼭 그렇지는 않을 것 같습니다. 구들의 입체적 구조는 단지 냉습을 다스리는 역할만이 아니라 재걸음과 연소가스 배출의 가둠 또는 지연이라는 또 다른 역할을 하고 있기 때문입니다. 물론 고래의 깊이는 보다 낮게 만들 수 있을지도 모릅니다. 이에 대한 반론도 있을 법합니다. 고래의 너비와 깊이, 그 배치와 모양은 난방을 해야 하는 방의 크기와도 밀접한 관련이 있기 때문입니다. 열기를 가둬두고 배출을 지연시킬 수 있는 충분한 공간이 필요하기 때문일 것입니다. 이 점 역시 좀 더 실험하고 검토해봐야 결론을 낼 수 있을 것 같습니다. 구들의 입체적 구조는 절대로 바뀌지 않는다 누가 장담할 수 있을까요.

한편 깡통난로구들의 축열부 수평연통이나 열기통로가 반드시 긴 단선구조여야 할 필요가 있는지 생각해보아야 합니다. 이미 구들 형태와 결합시킨 사례들이 등장하기 시작했습니다. 방열 라디에이터Radiator나 가스 배관구조처럼 효과적으로 분기된 좁고 긴 통로들의 연결 형태는 어떨까요? 고래 구조와 닮지 않았나요. 깡통난로구들의 축열부를 구들 고래로 단들었을 때의 효과는 이미 몇몇 사례에서 확인되고 있습니다. 반대로 구들이 깡통난로구들처럼 단열처리되고 좁은 연소로와 수평구조의 길고 좁은 형태로 바뀔 수는 없는 걸까요? 그러면 구들은 깡통난로구들이 되는 걸까요, 아니면 깡통난로구들은 구들이 되는 걸까요?

길고 좁은 단선구조와 깊고 넓은 공간구조

깊고 넓은 입체적인 공간의 고래 구조에 연소가스를 오래 가둬두는 방식과 좁고 긴 단선구조의 수평연통이나 연도를 빠르게 마찰을 일으키며 연소가스가 흘러가게 하는 방식, 둘 중에 어떤 방식이 축열에 효과적일까요? 큰 규모의 바닥을 난방하는 데는 과연 어떤 방식의 구조가 더 적합할까요? 현재로서 깡통난로구들의 수평연통은 10m가 최대 연장 길이입니다. '건축공방 무'가 이중 열기상승관에 수평연통을 3개로 분기해서 6평 거실을 데우는 데 성공했습니다. 그러나 아직 그 이상의 넓은 바닥에 적용한 사례는 없습니다. 더 큰 방을 데우기 위해 고온 연소뿐 아니라 보다 큰 고화력, 즉 총열량이 큰 연소를 일으키기 위해 보다 많은 장작을 넣어야 하지 않을까요? 많은 장작을 한꺼번에 태울 때 발생하는 다량의 연기를 처리해야 하는 경우라면 또 어떤 방식이 맞는 걸까요? 지름 2m의 대형 가마솥을 데울 수 있는 단열 개량 화덕의 변형인 사자화덕은 고화력을 요구함에도 불구하고 화구는 그리 크지 않은 구조로 되어 있습니다. 사자화덕에서 보듯 반드시 많은 장작을 넣어야만 많은 물을 끓일 수 있는 것이 아니듯 반드시 많은 장작을 넣지 않고도 큰 방을 데울 수 있지 않을까 하는 희미한 실마리를 보게 됩니다. 구들과 깡통난로구들, 사자화덕의 구조를 잘 결합한다면 더 좋은 대안이 나오지 않을까요? 상대적으로 장작은 적게 넣으면서 고온 청정연소가 가능하고 고화력에다 열전도 마찰이 커서 축열효율도 높고 게다가 한 번 불을 때면 오래 그 열기를 가둬둘 수 있는 구조는 불가능한 것일까요? 바닥을 깊게 파지 않아도 낮게 수평 시공이 가능해서 콘크리트로 지어진 아파트 바닥에도 시공할 수 있는 구들은 없을까요?

공간난방과 바닥난방을 동시에

깡통난로구들은 공간난방과 바닥난방이 결합된 형태입니다. 깡통난로구들은 구들과 같은 축열부 흙침대 외에 열교환 발열부를 갖고 있습니다. 보통 드럼통으로 만드는 열교환 발열부는 대류와 열복사를 통해 직접 공간을 데웁니다. 열교환 발열부는 드럼통이 아닌 깔끔한 벽돌로 벽난로처럼 만들기도 합니다. 그렇다면 전통 구들은 깡통난로구들과 같은 공간난방 구조와 결합될 수 없을까요. 실내에 벽난로 형태의 발열부가 있는 구들방은 꿈꾸지도 말아야 하는 것일까요? 이화종 선생의 벽난로 구들은 또 하나의 도전이었습니다. 깡통난로구들과 구들을 결합시키면 조금은 다른 형태로 공간난방과 바닥난방을 함께 해결할 수 있습니다.

구들에 깡통난로구들처럼 발열부를 붙이면 장작을 땔 때 나오는 열의 대부분이 발열부에서 발산되기 때문에 바닥을 충분히 데울 수 없다는 반론이 있을 수 있습니다. 맞는 말입니다. 불다궁의 뜨거운 열기가 곧바로 아랫목 구들장에 부딪는 경우와는 분명 다를 겁니다. 그러나 발열부에서 나오는 열은 어디로 도망가는 게 아니라 방 안의 공기를 데우는 데 사용됩니다. 즉 공간난방과 바닥난방을 동시에 할 수 있다는 점을 간과해서는 안됩니다. 발열부는 바닥보다 빨리 데워지고 방 안에 대류와 복사를 통해 실내 공기를 따뜻하게 단듭니다. 그리고 서서히 바닥 역시 달궈지고 따뜻해집니다. 제주도에 사는 참나무님의 실험 결과를 보면 깡통난로구들 연소부와 축열부가 접합되는 부위의 흙침대 온도가 110도까지 올라갑니다. 결코 낮은 온도가 아닙니다. 발열장치를 달고도 바닥을 충분히 데울 수 있습니다. 문제는 방바닥의 크기입니다. 깡통난로구들의 발열부 안쪽에 들어 있는 연소기둥은 열 펌프 역할을 합니다. 연소기둥의 높이가 높을수록 만들어내는 상승기류와 압력의 크기는 커집니다. 더 힘차게 보다 큰 공간 밑으로 열기를 뿜어내게 됩니다. 건축공방 무의 이일우 소장이 유동리 현장에서 행한 실험처럼 화구를 크게 만들고 연소기둥을 이중으로 만들고 그 높이를 높이고 수평연통을 분기구조로 만들거나 인제 진동리 하남기 씨 사례처럼 구들고래를 결합시킨다면 보다 넓은 방을 데우는 데 문제가 없을 것입니다.

집 밖 또는 집 안에서 불때기

구들의 아궁이는 실외에 있습니다. 사실 이 말은 반은 맞고 반은 틀립니다. 아궁이는 실외에 있기도 하지만 화덕 겸용 아궁이 구들의 경우는 부엌 공간인 정지에 주로 만드는데 정지는 방 밖이긴 하지만 실외는 아니기 때문입니다. 한서의 차가 심한 관북지방의 주택은 부엌과 방 사이에 '정주간'이라는 넓은 온돌방을 갖고 있는데 부엌과 방 사이를 벽으로 막지 않습니다. 이 같은 구조는 차가운 바람을 효과적으로 막고, 부엌을 안방 안에 끌어들인 구조가 되는 셈입니다. 정주간은 집 안에서 가장 넓은 안방 구실을 하기도 하고 평상시에는 거실이나 식당, 침실 등 다목적으로 이용됩니다. 정주간 구조에서는 불을 집 안에서 때는 구조인 셈입니다. 불 때는 아궁이가 실내에 있다고 전통 구들이 아니라

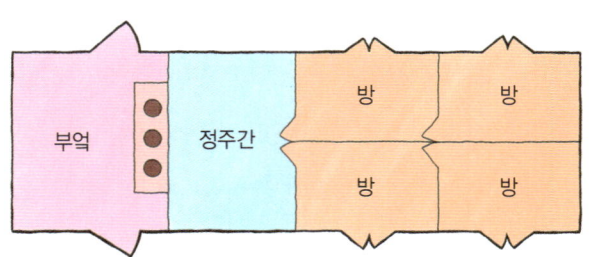

그림 19-7_추위가 심한 관북지방 가옥의 정주간 구조

고 볼 근거는 어디에도 없습니다. 고대 초기 구들은 움막 내에서 불을 피우는 구조였습니다. 깡통난로구들이나 벽난로처럼 집 안에서 불을 피우지만 실내 공기의 오염을 걱정하지 않아도 되면서 바닥난방까지 되는 구들은 불가능할까요?

거꾸로 타는 불아궁이

구들의 특징이라면 '열기의 분배와 배출 지연 등 적절한 흐름의 조절', '냉기와 습기의 공간구조적 차단'에 있습니다. 깡통난로구들의 특징은 '단열을 통한 고온 완전연소', '적절한 공기 주입을 위한 좁은 연소실 크기', '빠르고 일정한 연소가스의 흐름과 마찰을 이용한 열전도와 축열이 가능한 좁고 긴 축열부 하부구조', '공간난방과 바닥난방의 결합' 등 입니다. 이 두 난방 방식의 장점이 합쳐질 수 없을까요. 깡통난로구들의 특징 중에 구들과 결합시키고 싶은 또 하나는 '장작을 거꾸로 넣어 연소점을 집중시키는 구조', 즉 'J'자 형태의 연소실 구조입니다. 구들의 불아궁이를 'J'자 형태로 만들어 장작을 거꾸로 넣을 수 있게 만들고 한 번 넣어두면 저절로 타들어가고 연소점이 집중되어 그을음이 적고 완전연소시킬 수 있는 구조로 만들 수 있습니다. 사실 구들은 함실이나 아궁이가 단열재가 아닌 흙이나 돌과 같은 축열재로 만들어져 장작이 탈 때 연소열을 빼앗습니다. 이뿐 아니라 장작을 적재해서 연소시키는 방식이라 불완전연소될 뿐 아니라 그 결과 연기와 그을음이 많이 생깁니다. 구들의 아궁이와 함실을 단열처리된 'J'자형 구조로 바꿀 수 없을까요? 그러나 고화력을 요구하는 큰 방에 시공된 구들의 경우 장작을 많이 넣을 수 있도록 아궁이를 크게 만들 수밖에 없다면 '거꾸로 장작을 넣는 불아궁이'는 불꽃과 연기가 역류할 가능성이 높아지지는 않을까요? 나무가스 화덕과 단열 개량 화덕을 결합한 아반스토브Avan Stove의 장작투입구는 사선으로 경사지게 만들어져 있습니다. 어쩌면 아반스토브의 경사진 장작투입구는 '거꾸로 장작을 넣는 불아궁이'를 만들기 위한 해결책이 될지도 모릅니다. 세계의 전통 화덕들을 살펴보면 장작이나 왕겨 같은 연료를 사선으로 넣을 수 있는 화구를 가진 화덕들을 쉽게 발견할 수 있습니다. 불아궁 크기를 그대로 좁게 만들되 우산꽂이처럼 긴 장대 같은 장작을 세워 꽂아 놓을 수 있는 지지대를 만든다면 또 어떨까요? 1~2차 예열된 공기주입을 통해 다중연소를 유도하는 벽난로나 나무가스 풍로처럼 구들의 함실에 예열된 공기가 주입되도록 만든다면 그 효과는 또 어떨까요?

아궁이의 크기

깡통난로구들은 가늘게 장작을 쪼개 넣어야 하는 귀찮은 일을 감수해야 합니다. 좀 더 큰 화구(장작투입구)를 만들어 한 번에 장작을 넣을 수 있다면 좀 더 수월해지겠지요. 그러나 화구를 크게 하면 장작은 많이 넣을 수 있을지 몰라도 차가운 공기가 너무 많이 들어가기 때문에 연소로 안을 고온으로 유지하기 어려워집니다. 한꺼번에 많은 장작을 넣으면 공기 흐름이 막혀 불이 잘 붙지 않게 될 수 있습니다. 결과적으로 연기가 역류할 가능성이 그만큼 높아집니다. 해결의 실마리는 있습니다. 간단히 공기구멍 조절기가 달린 화구 뚜껑을 덮으면 해결되지 않을까요. 해외의 깡통난로구들의 사례를 보면 화구를 뚜껑으로 덮는 경우가 많습니다. 밀폐형 벽난로는 화구문과 공기주입구에 조절장치가 달린 문을 달아 많은 장작을 넣고 연소시킨 후 어느 정도 불이 활활 타오르면 문을 닫고 공기량을 조절합니다. 이러한 방법 역시 깡통난로구들의 화구에도 충분히 변형해서 적용가능한 방법입니다.

또 다른 해결책도 있습니다. 자메이카 담배 건조장을 개선하기 위해 사용한 가마식

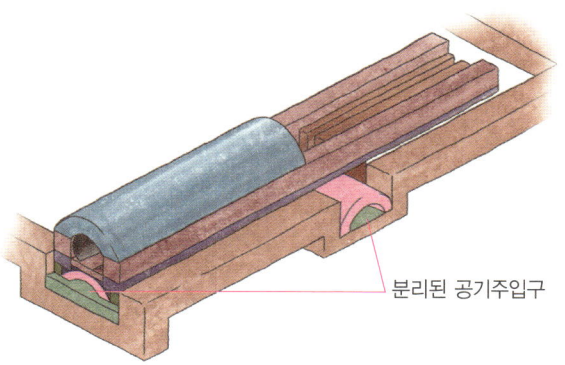

분리된 공기주입구

그림 19-8_자메이카 담배 건조장의 가마식 단열 개량 화덕 구조

단열 개량 화덕은 화구가 40×40cm 정도로 크게 만들어져 있습니다. 하단부 공기주입구(재청소구)와 상단 화구가 위아래로 분리 연결되어 있고 긴 통나무를 통째로 넣을 수 있도록 깊이가 긴 연소실 구조를 갖고 있습니다. 이때는 실외에서 장작을 넣는 구조이기 때문에 연기 역루를 걱정할 필요가 없습니다. 전통 구들의 불아궁이엔 아궁이턱 또는 아

궁이 이마가 있고 아궁이 철문을 달아 연기의 역류도 막고 공기 흡입량을 조절합니다.

또 하나의 실마리가 있습니다. 스와질랜드에 보급되고 있는 단열 개량 화덕의 변형 화덕인 사자화덕은 직경 2m 이상의 큰 가마솥을 데우는 화덕인데 고화력을 필요로 하기 때문에 많은 장작을 한꺼번에 넣어야 합니다. 그런데 정작 사작화덕의 화구(장작투입구)는 작은 단열 개량 화덕과 별반 다르지 않은 크기로 만들고 장작을 꼭- 끼워넣습니다. 대신 화구 반대쪽 방향에 별도의 공기주입구를 연소실 밑에 직접 연결하여 안정된 공기를 주입하는 방식으로 고화력을 만들어냅니다. 화덕은 이중 구조로 만들어 최대한 연소실 주변의 열을 빼앗기지 않게 만들었습니다.

장작을 넣는 입구나 연소가 일어나는 공간이 반드시 크고 장작을 한꺼번에 많이 넣어야만 고화력을 얻을 수 있고 큰 방을 데울 수 있는지는 다시 생각해보아야 할 부분입니다. 오히려 연소부의 단열을 통한 고온 완전연소와 방바닥 하부의 단열과 축열을 철저히 하는 작업이 중요합니다. 장작을 적게 넣고도 큰 방을 충분히 데울 수 있을 정도의 연소효율과 열전달율이 높은 난방장치는 지나친 욕심일지 모르지만 여전히 포기할 수 없는 희망입니다. 그리고 그 가능성은 이미 우리 앞에 열려 있습니다. 다만 더 많은 사람들의 용기와 도전, 실험을 기대해봅니다.

참고 사이트

국내 주요 참고

흙부대생활기술네트워크 http://cafe.naver.com/earthbaghouse(저자 운영 카페)

화덕 관련 주요 참고

글로벌 클린 쿡스토브 연맹 http://cleancookstoves.org/
독일기술협회 http://www.gtz.de/en/themen/umwelt-infrastruktur/energie/31322.htm
독일기술자협회 Probec 프로젝트 http://www.probec.org/
바이오에너지리스트 http://www.bioenergylists.org
에코웹 http://www.eco-web.org/page24.html
에코포가오 http://www.ecofogao.com.br/
올리비어앙퀴어 http://www.olivieranquier.com.br/perfil/fogao_home.php
컬쳐믹스 http://www.culturamix.com/fotos/fogao-a-lenha
포가오 http://carlos.cantelli.sites.uol.com.br/fogao/index.htm
하우스홀드에너지네트워크 http://www.hedon.info
호주적정기술센터 http://www.icat.org.au/
HPBA http://www.hpba.org/

로켓화덕 관련 주요 참고

굿스토브 http://www.goodstove.com/
그린트러스트 알란페이지 http://www.green-trust.org/wordpress/2008/12/26/allans-rocket-mass-heater/
동키그룹 http://donkey32.proboards.com/index.cgi?
로켓스토브 http://www.rocketstove.com
로켓스토브 디자인 베이스 http://www.rocketstove.org/
마하스토브 http://e-maghopenstove.blogspot.com/
스토브마스터 http://www.stovemaster.com/
스토브텍 http://stovetec.net/us/
아이러브 코브 http://ilovecob.com/
아프로베쵸 연구소 http://www.aprovecho.org/

어니와 에리카 http://www.ernieanderica.info/
데코줌 http://www.ecozoomstove.com/
우드히트 http://woodheat.org
존5 http://zone5.org/2007/01/rocket-stove/
헤비타트 스토브 문서 http://betuco.be/Nederlands/habitat_doc.htm

화목난로 관련 주요 참고

굿타임스토브 http://goodtimestove.blogspot.com/
뉴질랜드 디지털드서관 http://www.nzdl.org/
마키스토브 박물관 http://www.makistove-museum.com/
브리안트스토브 http://www.bryantstove.com/
앤틱스토브 http://www.antiquestoves.com/
오토노페디아 http://www.autonopedia.org/
위키피디아 http://en.wikipedia.org/wiki/Stove
침니닷컴 http://www.chimneys.com
하스 http://hearth.com/
홈우드파이어플레이스 www.homewoodfireplaces.co.uk

벽난로 관련

국립벽난로연구소(인증센터) http://nficertified.org/
국제석조연구소 http://www.imiweb.org/
도라도숍스톤 http://www.doradosoapstone.com/
럼포드 파이어프레이스 http://www.rumford.com/
렉시오러지 http://www.lexiology.com/soapstone-fireplace.pdf
마스터크레프트메이슨 http://www.mastercraftmasonry.net/
메인우드히트 http://mainewoodheat.com/
메이슨히터디자인하우스 http://www.masonryheaterdesignhouse.com/
세라믹투데이 http://www.ceramicstoday.com
세방화이버 http://www.kcc119.co.kr

스토브스페어 http://www.stovespares.co.uk/

스토브메이슨 http://www.stovemason.co.uk

와이즈키트 http://www.wisegeek.com/what-is-a-contraflow-heater.htm

코니쉬메이슨리스토브 http://cornishmasonrystoves.com/

크즈네쵸프 스토브 http://www.stove.ru/

키워드가이드(화덕) http://www.keywordguide.co.kr/ (저자 기고)

기타

피로메스 http://www.pyromasse.ca/

파이어크레스트 http://www.firecrest-fireplaces.com/

파이어플레이스 잡지 http://www.fireplacesmagazine.com/

AMHOP http://www.masonryheaters.org/

DIY Masonry Heater http://www.diymasonryheater.blogspot.com/

Temp-Cast http://www.tempcast.com/